NANFANG TESE GUOSHU
PINZHONG ZIYUAN HE GAOXIAO SHENGCHAN JISHU

南方特色果蔬
品种资源和高效生产技术

孟秋峰　李　刚　翁丽青　主编

中国农业出版社
农村读物出版社
北　京

编 写 人 员

主　　编： 孟秋峰　李　刚　翁丽青

副 主 编： 陈妙金　王　涛　郭斯统　潘丽卿　任艳云　王华英

参编人员： 杨连勇　徐芳杰　李　斌　汪红菲　魏伟金　吴　勇　曹亮亮　樊树雷　李海波　顿兰凤　陈　越　邵园园　曹国华　陆　瑾　韩益飞　张红英　古斌权　张华峰　吴　颖　庞钰洁　王　洁　任锡亮　高天一　周倩倩　范雪莲　王永存　李能辉　金　烨　胡建富　安学君　孙奇男　金　蓉　李林章　戴靖云　孙裕辉　张怀杰　徐沁怡

FOREWORD 前 言

南方地区是指我国东部季风区的南部，主要是秦岭—淮河一线以南的地区，该区地势西高东低，地形为平原、盆地和高原，位于第二、三级阶梯，丘陵交错。平原地区河湖众多、水网纵横，具有典型的南国水乡特色，其中以长江中下游平原地区分布最为集中。本区以热带、亚热带季风气候为主，夏季高温多雨，冬季温和少雨。南方地区特殊的气候环境等条件形成了具有浓郁地方特色的果树和蔬菜种植区域，是我国许多果树和蔬菜的重要产区。据不完全统计，我国南方地区种植的果树和蔬菜种类有近200种。本书选取柑橘、桃、杨梅、梨、葡萄、高山西瓜、芥菜、茭白等具有南方特色的果树和蔬菜进行详细介绍。

充分了解南方特色果树和蔬菜品种资源与高效生产技术等方面的知识，能够为南方地区果树和蔬菜产业的转型升级以及乡村振兴提供有力的技术支撑，对于助力农业供给侧结构性改革、促进农民增收和农业增效具有十分重要的意义。截至目前，国内外许多专家学者在果树、蔬菜品种资源和高效生产技术等方面做了大量的研究工作，本书在充分参考前人优秀科研成果的基础上，结合编者自身的研究特长以及多年来的工作经验，分别从品种资源的分布、形态与生长习性、品种类型、主要新品种、栽培技术、高效种（养）模式等方面对柑橘、桃等多种南方特色果树和芥菜、茭白等南方特色蔬菜的高效生产技术进行了科学总结及精心归纳，以期能够抛砖引玉，对广大南方地区果树和蔬菜科技工作者、基层农技推广人员、种植基地技术和管理人员以及种植户有所启发，从而加快南方特色果树、蔬菜优良品种及高效栽培技术的应用和推广，切实帮助广大种植户学习掌握实用技术知识、提高种植经济效益，进一步推动南方果树和蔬菜产业的可持续发展。

本书编写团队长期从事南方特色果树和蔬菜的研究工作，理论和实践经验丰富。编写团队广泛收集了国内外有关资料，由孟秋峰、李刚、翁丽青等同志编写初稿，经过5次汇总讨论后，修改定稿。

本书的编写得到了宁波市农业科学研究院、中国科学院城市环境研究所、长三角健康农业研究院及有关部门领导的关心和支持，浙江省农业技术推广中心胡美华研究员和济宁市农业科学研究院任艳云研究员对本书的有关内容进行了审阅指正，并提供了部分相关资料，提出了很多宝贵意见。在此向他们以及本书所参考引用图书、论文、资料的作者致以衷心的感谢。本书还得到了余姚市农业技术推广服务总站、宁波市奉化区水蜜桃研究所、嘉兴市农渔技术推广站、常德市农林科学研究院、浙江省农业机械研究院以及有关果蔬产区乡镇、果蔬加工企业科技人员的大力协助和无私帮助，感谢所有对本书的编写和出版作出贡献的科技工作者！

由于本书编写任务较重且时间紧迫，加之编者的水平有限，疏漏之处在所难免，敬请广大读者和同行专家给予批评指正！

编　者

2022年12月

CONTENTS 目录

NO. 1 第一章 绪 论

第一节 南方特色果树和蔬菜的营养价值

一、柑橘

柑橘因具有特殊的色、香、味和较高的营养价值而深受广大消费者喜爱。其果实色泽鲜艳、酸甜可口，富含多种有机酸、氨基酸、维生素、膳食纤维、蛋白质、多糖等营养成分和许多功能性活性物质，如类胡萝卜素、类黄酮和多酚等，具有抗炎、抗癌、抗氧化、抗过敏等重要生理作用。随着人们生活水平的提高，高品质、风味优良且具有保健功效的柑橘品种越加受到消费者的青睐。柑橘作为日常消费水果，除金柑外，大部分品种的可食部分为果肉，果肉营养成分以及口感等成为消费者选择购买柑橘的重要指标，也是决定其市场竞争力的重要因素。柑橘除部分用于鲜食之外，另有很大一部分用于榨汁和罐头制作等，而在柑橘加工后产生了大量的皮渣副产物，其主要成分有皮、种子、橘络和残余果肉等。这些副产物中仍含有丰富的碳水化合物、维生素、矿物质、脂肪、蛋白质等。

二、桃

桃味甘、酸、性温，有生津润肠、活血消积、丰肌美肤的作用，可用于强身健体、益肤悦色及治疗体瘦肤干、月经不调、虚寒喘咳等诸症。《随息居饮食谱》中说桃："补血活血，生津涤热，令人肥健，好颜色。"每 100 克桃的可食部分中，能量为 40～50 千焦，约含蛋白质 0.8 克、脂肪 0.1 克、各种糖类 10.7 克、钙 8 毫克、磷 20 毫克、铁 10 毫克、维生素 A 原（胡萝卜素）60 微克、维生素 B_1 30 微克、维生素 B_2 20 微克、维生素 C 6 毫克、烟酸 0.7 毫克，另含其他多种维生素、苹果酸和柠檬酸等。桃树许多部位具有药用价值，其根、叶、花、仁可以入药。桃花、桃叶、果实均被报道有不同的营养保健功能，如抗氧化、抗衰老、抗癌、降低化疗引起的肝肾功能损伤、消炎、控制血糖、抑菌、预防动脉粥样硬化和高血压等疾病。

三、杨梅

杨梅具有很高的营养和药用价值。据测定，依不同品种，优质杨梅的果实大小一般在10～25克，东魁杨梅最大可达40余克，可食率一般在90%以上，最高可达97%左右，果肉可溶性固形物含量在12%～14%，可滴定酸含量1.0%～1.5%，每100克杨梅果肉含水量83.4～92.0克、蛋白质0.6～0.8克、胡萝卜素30～40微克、脂肪0.2～0.3克、膳食纤维1.0克、硫胺素10微克、视黄醇92微克、维生素9.8毫克。此外，杨梅果实还含有18种氨基酸，其中7种为人体必需氨基酸，必需氨基酸的含量占氨基酸总量的1/3左右。杨梅的药用价值最早在《本草纲目》中已有记载，杨梅"止渴，和五脏，能涤肠胃，除烦溃恶气"。宋代《开宝本草》中记载，杨梅"主去痰、止呕、断下痢，清食解酒"。杨梅鲜食有止渴、活血、涤肠胃的作用，果实经白酒浸渍，可消痧开胃。杨梅酱能消肿止痛，可治疗扁桃体炎、牙痛、牙龈红肿、眼热痛、体外损伤、蜂蜇虫咬及身体其他部位红肿化脓。现代医学研究证明，杨梅能起到上述作用与其所含的营养物质成分有直接关系：杨梅中的柠檬酸、苹果酸、酒石酸等果酸既开胃生津、消食解暑，又可抑制糖向脂肪转化，有助于减肥；杨梅中含有以矢车菊素-3-葡萄糖苷为主的花青苷，其有很强的抗氧化活性，具有抗溃疡、消炎、抗突变、保护血管和保护胃肠道等功能。此外，杨梅果汁中的黄酮及多酚类物质均具有较强的生物活性，对调节人体机能、延缓衰老具有积极的作用。

四、梨

梨每100克鲜果的可食用部分中，除含水分89.1克、糖分9.4克外，还含有维生素C 4毫克、烟酸0.1毫克、维生素B_1（硫胺素）0.06毫克、维生素B_2（核黄素）0.04毫克。梨果实可入药，梨膏和冰糖梨广泛用于治疗干咳和久咳不愈。

五、葡萄

葡萄鲜食价值较高，还可以酿酒、制干、制汁、制酱、制罐等。我国鲜食葡萄占80%以上，人均年消费量约9.8千克。成熟的葡萄除含有70%～85%的水分外，还含有15%～25%的葡萄糖和果糖、0.5%～1.5%的有机酸、0.3%～0.5%的矿物质（包括钙、镁、磷、铁等）和多种维生素。葡萄中发现的白藜芦醇糖苷，对心脑血管疾病有积极的预防和治疗作用。

六、西瓜

西瓜堪称"瓜中之王"，味道甘味多汁，清爽解渴，是盛夏佳果。西瓜含有大量的葡萄糖、苹果酸、果糖、氨基酸、番茄素及丰富的维生素C等物质，是一种富有营养、纯净、食用安全的食品。据测定，普通西瓜每100克果实中含有蛋白质0.6克、糖40克、钾87毫克、磷9毫克、镁8毫克、维生素C 6

毫克、维生素 A 75 毫克、维生素 E 0.1 毫克。此外，西瓜还含有谷氨酸、瓜氨酸、丙氨酸等多种氨基酸，苹果酸等有机酸，甜茶碱、腺嘌呤等多种生物碱。西瓜中所含的各种矿物质元素、有机酸、生物碱、维生素等对保持人体正常功能、预防和治疗多种疾病具有重要作用。西瓜果实中所含的配糖体，还有降血压、利尿和缓解急性膀胱炎的疗效。西瓜果皮可凉拌、腌渍，制蜜饯、果酱和饲料，在中医学上以瓜汁和瓜皮入药，清热解暑。西瓜种子含油量达50%，可榨油、炒食或作糕点配料。

七、芥菜

芥菜富含维生素、矿物质，其磷、钙含量高过很多蔬菜，蛋白质及糖含量也较为丰富。芥菜含有丰富的硫代葡萄糖苷，同时伴生有硫代葡萄糖苷酶。通常两者是分离的，只有当植物组织受到破坏时，两者才因相互作用而酶解，除释放出葡萄糖和 HSO_4^- 离子外，非糖部分经过分子重排产生各种异硫氰酸酯和单质硫，或经另一类型分子重排形成硫氰酸酯。芥菜具有特殊的刺激性香味，挥发性成分具有消炎、祛风及抑制甲状腺肿等药理作用。芥菜具有较强的鲜味和微带酸味。芥菜在腌制过程中，原料中的蛋白质在蛋白酶的水解下生成氨基酸。其中，茎瘤芥（俗称榨菜，本书采用俗称）含有 17 种氨基酸，氨基酸对榨菜风味形成具有重要的作用，榨菜含有的谷氨酸和天冬氨酸，是其鲜味的主要来源。食盐中的钠与谷氨酸结合生成了谷氨酸钠，增强了榨菜的鲜味。榨菜因含有甘氨酸和色氨酸而呈现甜味。

八、茭白

茭白营养丰富，据测定，每 100 克茭白含磷量高达 43 毫克。磷是构成人体骨骼、牙齿的主要成分，也是各种酶和细胞核蛋白质的重要组成部分。此外，每 100 克茭白还含钙 4 毫克、铁 0.3 毫克、粗蛋白 21.75～23.35 克、脂肪 0.63～0.66 克、还原糖 9.16～9.44 克、维生素 C 685～720 毫克和氨基酸 11.26～12.69 克。茭白含有 17 种氨基酸，其中苏氨酸、甲硫氨酸、苯丙氨酸、赖氨酸等为人体必需氨基酸。同时，茭白还含有丰富的无机盐和维生素 B_1、维生素 B_2 等。此外，茭白可入药，具有解毒、清湿热、催乳汁等作用，其中的豆甾醇能清除体内的活性氧，抑制酪氨酸酶活性，阻止黑色素生成，还能软化皮肤表面的角质层，使皮肤润滑细腻。

第二节　南方特色果树和蔬菜的产业发展现状

党的二十大指出，全面建设社会主义现代化国家，最艰巨最繁重的任务仍然在农村。坚持农业农村优先发展，坚持城乡融合发展，畅通城乡要素流动。加快建设农业强国，扎实推动乡村产业、人才、文化、生态、组织振兴。深入实施种业振兴行动，强化农业科技和装备支撑，健全种粮农民收益保障机制和主产区利益补偿机制，确保中国人的饭碗牢牢端在自己手中。树立大食物观，发展设施农业，构建多元化食物供给体系。发展乡村特色产业，拓宽农民增收致富渠道。党中央的正确决策开启了新时代农业农村现代化的新征程。果树和蔬菜产业作为现代农业的重要组成部分，在推动全体人民共同富裕中发挥着极其重要的作用。近年来，随着人们生活水平的不断提高，消费者对于具有地方特色的“舌尖上的美味”需求越来越高，南方地区经济繁荣且气候条件适宜多种特色果树和蔬菜作物生长，形成了多个享誉世界的特色果树和蔬菜产业集群。

一、南方地区发展特色果树和蔬菜产业的优势

1. 自然环境优越　南方地区是指我国东部季风区的南部，主要是秦岭—淮河一线以南的地区，东面和南面分别濒临黄海、东海和南海，大陆海岸线长度占全国的2/3以上。地形地貌丰富，主要地形区有长江中下游平原（江汉、洞庭湖、鄱阳湖、长江三角洲）、珠江三角洲平原、江南丘陵、四川盆地、云贵高原、横断山脉、南岭、武夷山脉、秦巴山地、台湾中央山脉、两广丘陵、大别山脉。南方地区以热带和亚热带季风气候为主，夏季高温多雨，冬季温和少雨，河流湖泊众多，水资源丰富，特别适合特色果树和蔬菜产业的发展。

2. 区位优势明显　南方地区经济发达，我国人口集聚最多、创新能力最强、综合实力最强的三大城市群有两个在南方地区。长江三角洲城市群是“一带一路”与长江经济带的重要交汇地带，在我国现代化建设大局和全方位开放格局中具有举足轻重的战略地位。珠江三角洲城市群是亚太地区最具活力的经济区之一，是有全球影响力的先进制造业基地和现代服务业基地，南方地区对外开放的门户，我国参与经济全球化的主体区域，全国经济发展的重要引擎，辐射带动华南、华中和西南地区发展的龙头。优越的地理位置、发达的经济基础为南方特色果树和蔬菜发展奠定了坚实的基础，具有较好的发展前景。

3. 科技资源丰富　南方地区果树和蔬菜种植历史悠久、政府重视、科技扶持力度大。另外，南方地区高校林立，拥有浙江大学、南京农业大学、华中农业大学、华南农业大学、福建农林大学等著名学府，中国科学院武汉植物研究所、中国科学院华南植物园等科研院所云集，在果树和蔬菜育种、栽培、产业发展等方面具有较强的科研实力与师资力量。此外，南方地区在果树、蔬菜等方面拥有丰富的种质资源。良好的科技基础为南方特色果树和蔬菜的种植推广提供了技术支持，也为特色果树和蔬菜产业发展奠定了坚实的基础。

二、存在的问题

1. 种质资源缺乏收集和系统保护　南方地区优越的自然环境、悠久的果树和蔬菜种植历史，形成了各具特色的地方传统果树和蔬菜品种，种质资源十分丰富。但随着社会经济的发展、人口的增加、交通条件的改善以及外来品种的大量涌入，新的种群逐渐替代传统地方品种。由于传统地方特色种质资源常常采用粗放、落后的自交方法代代留种，品种严重退化，许多优异性状已经丢失，种植面积不断缩减，大部分已慢慢退出生产。再加上相关部门在传统地方特色品种方面缺乏系统的收集调查，保护研究工作相当薄弱，传统特色种质资源濒临灭绝。

2. 标准化生产程度不高　现阶段，南方特色果树和蔬菜在大部分地区标准化生产水平较低，生产基地不规范，生产管理不到位，有的果树和蔬菜种植户对各类特色果树和蔬菜品种的植物性状掌握浅显，缺乏配套的栽培技术，生产技术含量低，有的缺乏统筹规划，随意盲目种植，不能适应果树和蔬菜生产现代化、标准化的新要求。

3. 加工转化能力较低　大部分南方特色果树和蔬菜销售仍停留在鲜品上，多数未经处理加工直接上市，产品保鲜和加工滞后，初级产品多，产品质量和附加值较低，不利于果树和蔬菜储存、保持供给平衡以及增值增效。

4. 产销结合不紧密　由于受种植习惯、品牌效应、销售经纪人缺乏、渠道信息不畅等因素影响，产销衔接不到位，产销滞后、脱节，已成为严重制约南方特色果树和蔬菜产业发展的瓶颈。

三、对策建议

1. 加强种质资源收集保护　对南方特色种质资源进行广泛收集和调查研究，通过种质资源农艺性状综合评价，结合现代分子生物学快速精准鉴定技术全面鉴定评价其应用价值，收集入库。开展种质资源的长期保存保护技术研究，通过提纯复壮技术、分子育种等选育技术，提纯种性。进一步完善种质资源研究技术，加强种质资源性状鉴定评价体系建设，加强地方种质资源圃、种质资源库建设，建立种质资源的保护和繁育基地，并在此基础上进行有序开发利用。

2. 加强标准宣贯，推动生产标准化　加快标准制修订，完善各类南方特色果树和蔬菜的生产标准与技术规程。加强农业标准宣传贯彻与推广使用，集中打造一批特色鲜明、设施标准、管理规范的果树和蔬菜生产基地。推进果树和蔬菜种植户等经营主体按标准规范生产，果树和蔬菜主产区基本实现生产有标准、产出有检测、产品有包装、销售有标识、质量可追溯的果树和蔬菜标准化基地。

3. 实施提升行动，推动加工工业化 淘汰落后产能，大力扶持新型经营主体发展储藏、保鲜、包装、分级等设施设备升级，促进初加工、精深加工、主食加工和综合利用加工协调发展。鼓励企业兼并重组，支持果树和蔬菜主产区就近就地加工转化增值，打造一批产业融合发展示范园、先导区。引导和促进南方特色果树和蔬菜及其加工副产物资源化循环高效利用。

4. 多方法促销售，多产业融合发展 培育南方特色果树和蔬菜种植专业大户，选择适应地区种植、适合地区口感风味和符合市场需求的优良品种种植，有目的、有计划地进行生产，确保专业、优质、绿色、安全，提高市场竞争力。加强品牌建设，打造地方特色品牌，提高产品美誉度，扩大产品市场影响力。

优化销售模式，销售渠道发展线上线下并举。加强农业信息平台和电子商务平台的有效对接，如微信公众号、社区供应网点、网上商城等，实现产销直接连接。发展社区销售网点直销，开展优势品种展示展销会等对接活动。充分利用长三角、珠三角等高端消费市场的区位优势，加强政府相关部门的协作、共赢。拓展后续附加功能，通过举办美丽乡村休闲观光旅游采摘节、科普教育、亲子游等活动，促进多产业融合发展，进而促进经济社会和谐发展。

NO. 2 第二章 柑　橘

柑橘是芸香科（Rutaceae）柑橘亚科（Aurantioideae）柑橘属（*Citrus*）的一类植物，是世界著名的大宗水果。从植物分类学上讲，具有经济栽培价值的有柑橘属（*Citrus*）、金柑属（*Fortunella*）和枳属（*Poncirus*）3 个属。其中，最具有经济价值的栽培种主要有宽皮柑橘、甜橙、柚、葡萄柚、柠檬、金柑和酸橙等。此外，还有一些杂柑品种属于橘橙、橘柚或橙柚的杂交种，是常见的亚热带常绿果树。在我国，柑橘同样是南方最重要的常绿果树之一，在长江流域及其以南的广大地区有近 20 个省份栽培柑橘，总产量仅次于苹果，排在第二位。目前，我国生产的柑橘主要以鲜食为主，加工只占到 5%左右。我国栽培柑橘有 4 000 多年的历史，丰富的种质资源加上多样的气候为我国柑橘品种结构多样化打下坚实的基础，大部分品种成熟期覆盖 8 月中旬至翌年 6 月。目前，经济栽培的类型主要有柑、橘、甜橙、柚、金柑、柠檬以及枸橼等。除了鲜食和加工以外，柑橘还被广泛用作观赏和入药。

第一节　营养价值

一、柑橘果肉、果汁的营养价值

1. 类黄酮和酚酸　果肉中类黄酮主要为橙皮苷、香风草苷、芸香柚皮苷等，酚酸主要为阿魏酸、对香豆酸、咖啡酸和芥子酸等。其中，橙皮苷占类黄酮总量的 70%以上，阿魏酸占酚酸总量的 63%以上。不同类别及品种的柑橘果肉中类黄酮与酚酸的组成和含量存在差异。有研究表明，甜橙果肉中维生素 C 含量以及芥子酸含量都高于杂柑，而咖啡酸含量都低于杂柑；杂柑果肉中的酚类物质总含量最高。

2. 类胡萝卜素　类胡萝卜素主要为番茄红素、α-胡萝卜素、β-胡萝卜素、叶黄素、β-隐黄质等，它们不仅是合成维生素 A 的前体，而且在淬灭自由基、增强人体免疫力、预防心血管疾病和防癌、抗癌等保护人类健康方面起着尤为重要的作用。由于类胡萝卜素主要存在于新鲜蔬菜和水果中，既无法由动物及人体自身合成，又无法由化学合成的 β-胡萝卜素替代（没有同等的保健效果）。因此，从天然食材中获取 β-胡萝卜素对人体保健十分重要。

柑橘是类胡萝卜素含量最为丰富的水果之一，总体而言，果肉类胡萝卜素成分含量的次序为β-隐黄质＞叶黄素＞玉米黄素＞β-胡萝卜素＞α-胡萝卜素，但不同类型柑橘类胡萝卜素的组成特点存在明显差别。宽皮柑橘、杂柑类和金柑以β-隐黄质为主，其含量超过其他4种成分之和；而甜橙则以叶黄素为主。β-隐黄质、叶黄素和玉米黄素是所有柑橘类胡萝卜素的主要成分，α-胡萝卜素、β-胡萝卜素在宽皮柑橘、甜橙、酸橙和杂柑中少量存在，而在柚、柠檬、金柑和枳中检测不出。各种类胡萝卜素组分均以宽皮柑橘类的含量最高；其中，宽皮柑橘的β-隐黄质高达7.38微克/克鲜重，为杂柑类的1.8倍，甜橙、酸橙、柠檬的10倍以上，柚的25倍；宽皮柑橘的玉米黄素含量约是甜橙、杂柑类的2倍，其他种类的3倍以上；宽皮柑橘的叶黄素含量略高于甜橙、杂柑类，但远远高于酸橙等其他种类。

3. 氨基酸　氨基酸是柑橘药理作用的主要物质之一，也是人体生长发育必需的营养物质之一。自然界中的氨基酸包括苏氨酸（Thr）、缬氨酸（Val）、蛋氨酸（Met）、异亮氨基酸（Ile）、亮氨酸（Leu）、赖氨酸（Lys）、苯丙氨酸（Phe）7种必需氨基酸以及天冬氨酸（Asp）、丝氨酸（Ser）、谷氨酸（Glu）、甘氨酸（Gly）、丙氨酸（Ala）、胱氨酸（Cys）、酪氨酸（Tyr）、组氨酸（His）、精氨酸（Arg）、脯氨酸（Pro）等非必需氨基酸。不同品种柑橘果肉中，鲜味氨基酸主要有谷氨酸（Glu）、天冬氨酸（Asp），甜味氨基酸则主要包括丙氨酸（Ala）、甘氨酸（Gly）、丝氨酸（Ser）和脯氨酸（Pro）等，芳香族氨基酸主要包括苯丙氨酸（Tyr）和酪氨酸（Phe）含量，药效氨基酸则主要指异亮氨基酸（Ile）、亮氨酸（Leu）、苯丙氨酸（Phe）、赖氨酸（Lys）、胱氨酸（Cys）、酪氨酸（Tyr）、精氨酸（Arg）等，构成柑橘独特的风味及营养成分。

4. 维生素C

（1）采前措施对柑橘果实中维生素C含量的影响。柑橘类水果含有丰富的维生素C，其含量是柑橘及其衍生产品的重要营养品质指标，受多种采前因素影响，包括基因型、砧木品种、栽培措施、环境条件、果实成熟度等。研究表明，不同品种柑橘果汁中维生素C含量的差异很大，范围在16.2～46.2毫克/毫升。同一品种嫁接在不同种类的砧木上，其果实维生素C含量可能相差数倍之多。光照、温度是影响柑橘果实维生素C含量的主要环境条件，果实发育期间接受阳光照射较多的果实会比生长在树体阴面的果实合成更多的维生素C。不同施肥配方也被认为会显著影响柑橘果实维生素C含量，其中大量元素主要包括氮、磷，微量元素主要包括锌、硼。在柑橘果实发育不同阶段使用赤霉素和细胞分裂素等植物生长调节剂，也会对柑橘果实维生素C含量造成影响。

（2）采后措施对柑橘果实中维生素C含量的影响。除了上述采前因素外，水溶性维生素C对一些采后处理非常敏感。柑橘果实在采收后、储藏前常常需经过诸如表面涂蜡法、热处理以及辐照处理等，以尽可能在保证品质稳定的同时延长鲜果的采后寿命。例如，控制在低温低氧条件下，适宜剂量的辐照对大部分品种柑橘果实品质没有负面影响，部分品种如血橙经γ射线辐照后果实维生素C含量有所升高。

果实储藏过程中的温度和相对湿度也是影响鲜果品质的重要因素之一。适当低温储藏（如4℃）可以降低代谢率和真菌的生长，大幅降低维生素C代谢速率。但为保证维生素C含量稳定，储藏温度不能过低。同时，较高的相对湿度（90%～95%）能显著降低果面蒸腾速率，对延长保鲜期有利。

此外，果实采收时机械损伤和病害也会显著影响果实中的维生素C含量。大部分研究认为，果面擦伤或采收时机械损伤产生的伤口会使维生素C含量显著降低。一方面，水溶性维生素C可能很快被氧化分解；另一方面，机械损伤有可能引起呼吸作用增强，导致水溶性维生素C被快速消耗。

二、柑橘皮渣营养价值和利用方法

柑橘除部分用于鲜食之外，另有很大一部分用于榨汁和罐头制作等，而在柑橘加工后产生了大量的皮渣副产物，其主要成分有皮、种子、橘络和残余果肉等（表2-1）。这些副产物中仍含有丰富的碳水化合物、维生素、矿物质以及脂肪、蛋白质等。

表2-1 柑橘皮渣中的主要成分

主要功能性成分	含量（%）	主要组成成分
香精油	2～4	萜烯烃、倍半萜烯烃、高级醇、醛类、酮类、酯类、D-柠檬烯、含氧化合物
果胶	20～30	聚半乳糖醛酸
类黄酮化合物	1～6	黄烷酮、黄酮、黄酮醇、花色苷、橙皮苷、橘皮素芸香苷
膳食纤维	45～55	纤维素、半纤维素、木质素、原果胶、壳聚糖、瓜尔胶、藻酸钠、葡聚糖

注：含量以湿质量计。

在美国、巴西等柑橘加工业发达的国家，柑橘皮渣已经被广泛地用于反刍动物饲粮。而在我国，长期以来相关研究的缺乏及技术的落后使其除了少量用于提取果胶、作中草药（陈皮）以及被用作饲料外，大部分都被抛弃或填埋，不仅造成了资源的巨大浪费，而且造成了严重的环境污染，给柑橘加工业和环境治理都带来了很大的负面影响。近年来，随着相关研究的不断深入和推进，国内外对柑橘皮渣综合利用途径的关注和研究逐步增多，主要集中于两个方面：一方面集中于对柑橘皮渣的功能性成分包括香精油、果胶、膳食纤维等的提取利用，另一方面集中于柑橘皮渣生物转化生产乙醇燃料、饲料、酶制剂、食品及食品添加剂等。

1. 制作动物饲料 研究证实，柑橘皮渣含有大量可消化的粗纤维和果胶，能为反刍动物提供一定的能量，可部分替代反刍动物饲粮中的玉米等谷物饲料。而柑橘皮渣中含有的大量纤维素类物质作为猪饲料添加剂，能有助于促进仔猪消化系统、特别是仔猪肠绒毛发育，预防消化紊乱，增强消化系统吸收营养的能力，提高仔猪的生长发育性能。目前，柑橘皮渣作为动物饲料原料，常用的利用方式包括鲜喂、干燥制粒及发酵处理。因为鲜喂具有明显的季节性，且鲜柑橘皮渣水分和糖分含量都较高，易腐烂变质，不易运输与储存，因此其利用受到了很大限制，不能作为皮渣利用的主要途径。生产中常以干燥制粒和发酵处理两种利用方式为主。

（1）鲜柑橘皮渣。因柑橘品种和加工方式的不同，鲜柑橘皮渣营养成分含量差别很大。以干物质90%为基础计算，鲜柑橘皮渣常规养分含量：无氮浸出物55.3%～71.6%，粗蛋白质6.4%～10.7%，粗脂肪2.2%～12.6%，粗纤维7.8%～18.5%，粗灰分3.1%～11.9%，钙0.34%～1.68%，磷0.07%～0.27%。同时，鲜柑橘皮渣还含有一定数量的矿物质元素和维生素等，如铁、铜、锌、锰、B族维生素、维生素E、维生素C和类胡萝卜素等。

（2）干燥柑橘皮渣。干燥柑橘皮渣是采用自然晾晒和机械制作两种方法，间接或直接将柑橘皮渣中的水分含量降低到12%左右。其中，机械制作是生产中最常用的方法。该方法首先将鲜柑橘皮渣切碎成约0.6厘米的颗粒，加入其重量0.2%～0.5%的石灰粉，混合反应至颜色变成淡灰色时，经过压榨、回添浓缩糖浆或不经压榨直接干燥至含水量低于10%时冷却、粉碎或制粒。干燥制粒是国外柑橘皮渣利用的最主要方式，干燥柑橘皮渣含有大量的营养成分，包括22%～40%的果胶、7.2%±0.2%的粗蛋白质、3.0%±1.0%的粗脂肪、19.3%±1.3%的中性纤维、16.9%±2.0%的酸性纤维，钙磷比高达3.5±1.7。在巴西、美国等柑橘主要生产和加工大国，干燥的柑橘皮渣被广泛用作肉牛和奶牛等反刍动物的饲料原料，大比例替代其饲粮中的谷物精料。有研究表明，动物饲粮中添加柑橘皮渣可能会提高其机体抗氧化能力，改善畜产品品质，如降低脂质氧化、提高乳脂率等。究其原因，动物机体正常新陈代谢过程中，体内与脂质过氧化物作用后可使多种大分子成分发生变性，产生大量的自由基，氧化反应能力极强，对机体有很大的危害性，而干燥的柑橘皮渣中含有多酚、类黄酮、萜烯、柠檬酸、类胡萝卜素等具有抗氧化功能的生物活性物质，能够清除自由基，或通过抑制自由基链的传递过程来阻断氧化反应，从而保护动物机体内细胞膜免受自由基引起的氧化损伤。但是，此类生物活性物质的存在同样导致柑橘皮渣苦麻味重、适口性差，这在一定程度上限制了其在动物饲料中的添加比例，限制了相关产业的进一步发展。

（3）发酵柑橘皮渣。利用微生物发酵对柑橘皮渣进行改造，有望达到降低苦味物质含量、提高蛋白质含量、平衡氨基酸、改善适口性的目的。有研究报道称，当黑曲霉、米曲霉、扣囊腹膜孢酵母的混合比例为2∶3∶1，培养基中含柑橘皮渣85%、麸皮15%，含水量70%，接种量为0.4毫升/克时，柑橘皮渣的粗蛋白质含量可从发酵前的10.37%提高到发酵后的34.40%。而黑曲霉、啤酒酵母等量混合，配以20%接种量、60克/升柑橘皮渣加上21克/升尿素的情况下发酵5天，可使关键氨基酸的产量大幅提升，特别是其中苏氨酸、甲硫氨酸、赖氨酸的含量大约能占到皮渣中氨基酸总量的14.77%。这几个特定的氨基酸组分和含量的变化是改变柑橘皮渣作为饲料添加剂适口性的关键。

2. 微生物发酵法制取生物燃料 以柑橘皮渣为原料，通过酶或酸水解成可发酵糖液，通过糖酵解途径经发酵乙醇的微生物将其转化为乙醇，提取脱水到体积分数99.5%，即得到燃料乙醇。试验表明，每1 000千克粗柑橘皮渣废弃物能获得乙醇的量为50～60升。而利用丝状白腐真菌等微生物制剂分解柑橘皮渣并进行厌氧发酵能够产生甲烷（即生产沼气），但该技术目前仍不成熟。

3. 微生物发酵法生产有机肥 柑橘皮渣内含有丰富的有机质以及氮、磷、钾等植物需要的营养元素，兼具营养植物和改良土壤的功能。高温堆肥可无害化处理柑橘皮渣，生产有机肥，既可解决环境污染问题，又可实现农业资源的再利用。研究表明，影响有机质高温发酵的关键因素是微生物种类、原料性质（包括水分、酸碱度、原料成分、碳氮比等）和发酵过程中的条件控制。但柑橘皮渣含有大量的果胶、纤维素和水分，极易影响发酵过程中环境的相对稳定。故在处理柑橘皮渣生产有机肥的过程中，必须有效地分解果胶、纤维素和脱水。

在堆肥发酵过程中，微生物使有机质发生矿化和腐殖化，在高温阶段，高温微生物最活跃，有机质矿化和脱水速率最快，是无害化处理有机废弃物生产有机肥的关键时期。除了必须要接种合适的耐高温微生物菌种，如高温果胶芽孢杆菌和高温纤维芽孢杆菌等，主要用于酸性条件下分解皮渣物料中的果胶、纤维素和半纤维素以外，在无害化处理柑橘皮渣生产有机肥时，适量添加作物秸秆对于提高发酵温度十分必要。一方面，可调节物料水分含量，改善通气状况；另一方面，可调节物料的碳氮比，满足微生物对碳、氮的营养需要，从多方面促进微生物活动，对于无害化处理柑橘皮渣生产有机肥过程中的脱水、腐熟、提高堆肥质量、除臭、灭菌等均有重要作用。

4. 柑橘皮渣的其他生物转化利用途径 柑橘皮渣中含有香精油、果胶、柑橘皮色素、柠檬苦素类似物、类黄酮及一些生物碱类化合物等功能性物质。因此，柑橘皮渣有报道被用作酶制剂、食品添加剂等。例如，以柑橘皮渣作为唯一的碳源，利用黑曲霉属真菌 A－20 制备果胶酶、纤维素酶和木聚糖酶等多酶制剂；同样在黑曲霉催化下，干燥柑橘皮渣作为引诱剂能够在含有海藻酸钠和戊二醛的藻酸盐系统中连续生产多聚半乳糖醛酸酶；还有诸如以黑曲霉为菌种，对柑橘皮渣进行半固态发酵生产柠檬酸；用酿酒酵母发酵甜橙皮渣生产单细胞蛋白；葡萄酒活性干酵母和醋酸发酵柑橘皮渣生产柑橘果醋饮料；*Candida* sp. 接种柑橘皮渣发酵生产木糖醇等。此外，橙皮精油、青皮橘油还被报道可用作常规的农药助剂、杀菌剂和叶面肥增效剂等，柑橘皮中提取的黄色素则是一种天然的食用色素。

综上所述，柑橘皮渣生物转化的研究虽然较为深入，但是由于受到一些因素（如发酵温度、发酵时间、微生物、pH、培养基等）的影响，导致生物转化效率不高，致使柑橘皮渣工业生产转化不能大规模进行。柑橘皮渣生物转化食品的开发利用研究较少，特别是转化食品的种类缺乏多样化，这主要是因为新功能食品的开发研究未得到重视。总体来说，柑橘皮渣进行生物转化的利用途径多、附加价值高、前景十分广阔，利用柑橘皮渣生物转化生产食品、酶制剂、饲料和生物燃料仍是今后研究的重点方向。

第二节　特色优势产区的分布与产业概况

一、我国柑橘特色产区分布、主栽品种和产业现状和地方特色简介

柑橘是全球最重要的经济作物之一，到 2017 年，全球共有 150 个国家（地区）生产柑橘。多数国家（地区）柑橘的面积、产量均保持稳中有增的态势。其中，中国、印度及尼日利亚 3 个国家产量增长最快。在我国，柑橘有 4 000 多年的栽培历史，新中国成立以来，尤其是改革开放 40 多年来，我国柑橘产业迅速发展，栽培面积从 1978 年的 17.8 万公顷发展到 2017 年的 268.88 万公顷，增长了约 15 倍，总产量从 1978 年的 38.3 万吨发展到 2017 年的 3 853.32 万吨，增长了约 100 倍。根据《中国农业统计资料》数据，我国柑橘面积和产量自 2007 年超过巴西以来，一直稳居世界首位。到 2018 年，我国柑橘栽培总面积约 3 900 万亩*，传统栽培品种有宽皮柑橘、橙、柚、杂

---

* 亩为非法定计量单位。1 亩＝1/15 公顷。

柑、其他（包括枸橼、柠檬、枳、金柑等）。其中，宽皮柑橘占比最高，约为71%，主供鲜食，其产量占到全世界宽皮柑橘总产量的一半以上；橙占16%，柚占12%，其他1%。居于全国前10位省份的柑橘面积、产量和平均亩产数据见图2-1。

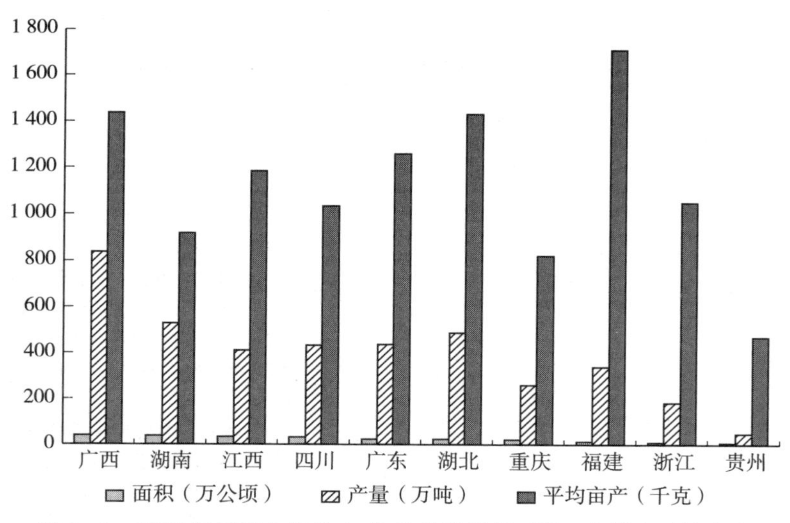

图2-1 2018年居于全国前10位省份的柑橘面积、产量和平均亩产

我国柑橘从边缘热带至北亚热带均有分布，但多数分布在南亚热带和中亚热带，其中70%～80%集中在中亚热带气候区（≥10℃年积温5 300～6 500℃），约20%分布在南亚热带气候区（≥10℃年积温6 500～8 200℃）。这些地区年平均气温19～22℃，年降水量1 600～2 100毫米，年日照时数1 900～2 100小时。热量充足、雨量充沛，适合对积温要求高的柑橘栽培。根据各地气候特性，大致可将我国柑橘产区分为浙南闽西粤、赣南湘南桂、鄂西湘西北、长江上中游4个优势柑橘产业带和陕西汉中、云贵2个特色优势柑橘基地。各地都有自己的传统地方品种，可实现全年“无缝连接”鲜果供应。2003年，农业部发布了中国柑橘优势区域规划，根据气候、土壤、交通、生产现状等因素，将中国柑橘生产的优势区域划分为“三带加特色基地”，分别是长江上中游柑橘带，浙南、闽西、粤东柑橘带以及赣南、湘南、桂北柑橘带；特色基地包括云南早熟蜜橘、江西南丰蜜橘、广西融安金橘等。3条柑橘带各有特色。其中，长江上中游柑橘带主产脐橙、夏橙等鲜食和加工兼用型品种，浙南、闽西、粤东柑橘带主产鲜食和加工兼用型的宽皮柑橘，而赣南、湘南、桂北柑橘带则主产鲜食甜橙。实际上，在北起湖北的丹江、南到湖南的邵阳这一丘陵山地区连成了一条新的宽皮柑橘优势带，显著弥补了东部宽皮柑橘

带的不足。再进一步详细划分，我国柑橘30强县（市、区）主要来自10个生产柑橘的省份。截至2017年，该30强县（市、区）共有柑橘面积810.64万亩、产量1 038.17万吨、产值618.65亿元，柑橘面积和产量分别占到同期全国柑橘面积（3 841.2万亩）和产量（3 816.78万吨）的21.10%、27.20%。各县（市、区）柑橘主栽品种、栽培面积、产量、产值等数据见表2-2。

表2-2　2017年我国柑橘30强县（市、区）主要信息

省份	县（市、区）	主栽品种	栽培面积（万亩）	产量（万吨）	产值（亿元）	备注
四川	安岳县	尤力克柠檬	54	60	102.4	占全国总产量的70%；安岳县有无公害认证柑橘基地25万亩；绿色认证柑橘基地15万亩；有机认证柑橘基地0.8万亩；出口柑橘示范基地10.8万亩；深加工能力60万吨/年；“安岳柠檬”品牌价值173.61亿元
	蒲江县	不知火、春见、清见	25	36	40	蒲江县有无公害认证柑橘基地2.24万亩；绿色认证柑橘基地1.25万亩；有机认证柑橘基地2.77万亩；出口柑橘示范基地1.0万亩；“蒲江丑柑”品牌价值68.48亿元
	眉山市东坡区	春见、不知火、爱媛38、黄金蜜柚	36	48.4	27.8	东坡区有无公害认证柑橘基地0.58万亩；绿色认证柑橘基地0.42万亩
	丹棱县	晚熟杂柑	13	20	9	
	邻水县	脐橙	34.6	14.6	6	邻水县有无公害认证柑橘基地34.6万亩；绿色认证柑橘基地9.4万亩；“邻水脐橙”品牌价值11.39亿元
	井研县	沃柑、春见、清见、大雅柑、不知火、爱媛38、塔罗科血橙	19.26	10.29	3.3	井研县有无公害认证柑橘基地3万亩；绿色认证柑橘基地1.2万亩；有机认证柑橘基地0.3万亩；出口柑橘示范基地0.1万亩
	富顺县	金秋砂糖橘、春见、塔罗科血橙	12.26	15.2	4.51	富顺县有绿色柑橘认证基地13.1万亩；获“全国绿色食品标准化生产基地”的殊荣

（续）

省份	县（市、区）	主栽品种	栽培面积（万亩）	产量（万吨）	产值（亿元）	备注
江西	南丰县	南丰蜜橘	25	16	8	南丰蜜橘原产地和生产基地；“南丰蜜橘”是国内知名品牌
	信丰县	脐橙	10	12	6.5	信丰县是脐橙重要生产基地；“赣南脐橙”是国内知名品牌
	寻乌县	脐橙	12	13	7	寻乌县是脐橙生产大县；“赣南脐橙”是国内知名品牌
	安远县	纽荷尔脐橙、林娜脐橙	26.8	22	11	安远县有无公害认证柑橘基地13.6万亩；绿色认证柑橘基地12万亩；有机认证柑橘基地0.56万亩；出口柑橘示范基地10.7万亩
	宁都县	脐橙	8	8	4.5	宁都县是脐橙生产大县；“赣南脐橙”是国内知名品牌
广西	融安县	融安金柑	13.3	12.6	12.6	融安金柑原产地；融安县有无公害认证柑橘基地0.74万亩；绿色认证柑橘基地0.57万亩；出口认证柑橘基地0.57万亩
	永福县	砂糖橘	39.7	50	30	永福县有无公害认证柑橘基地7.5万亩
	容县	沙田柚	21	22	18	容县有无公害认证柑橘基地5.5万亩；绿色认证柑橘基地1.5万亩；出口柑橘示范基地15万亩；广西沙田柚原产地，又是主产大县
	南宁市武鸣区	砂糖橘、沃柑、皇帝柑、茂谷柑、马水橘	55.95	100	40	
湖南	石门县	日南一号	44.05	58.2	12	石门县有绿色认证柑橘基地4万亩；出口柑橘示范基地10.05万亩；柑橘品牌“石门柑橘”价值19.09亿元
	新宁县	脐橙	20	18	10	脐橙生产大县，脐橙产量占柑橘的90%以上；早在20世纪80年代就定为全国四大脐橙基地县（四川奉节、湖北秭归、江西信丰、湖南新宁）之一

（续）

省份	县（市、区）	主栽品种	栽培面积（万亩）	产量（万吨）	产值（亿元）	备注
湖南	麻阳苗族自治县	冰糖橙	32.5	50.2	15	“麻阳冰糖橙”品牌评估价值17.66亿元；麻阳苗族自治县有无公害认证柑橘基地10.5万亩；绿色认证柑橘基地10.1万亩；出口柑橘示范基地0.85万亩
湖北	宜昌市夷陵区	特早、早熟温州蜜柑	31.95	75	25	夷陵区栽培技术、果品产后处理技术先进；2016年出口柑橘13.5万吨，贸易额6.43亿元
	秭归县	伦晚脐橙	30.2	40.48	25.6	秭归县有无公害认证柑橘基地30.2万亩；绿色认证柑橘基地9.47万亩；出口柑橘示范基地0.3万亩；“秭归脐橙”，品牌价值17.1亿元
	宜都市	特早、早熟温州蜜柑	31.65	55	18	选育出的光明13号温州蜜柑抗寒性强
福建	平和县	琯溪蜜柚	65	120	50	柑橘加工综合利用成效显著：深加工项目40多个，加工企业超过20家，加工鲜果5万多吨，技术全国领先。平和县是柚出口的重要基地
	永春县	芦柑（椪柑）	12.53	19.7	39.88	“永春芦柑”品牌价值32.95亿元；永春县有无公害认证柑橘基地12.53万亩；绿色认证柑橘基地1.04万亩；有机认证柑橘基地0.26万亩；出口柑橘示范基地7.5万亩。永春县是芦柑（椪柑）出口大县
浙江	象山县	大分、尾张、红美人	10.6	10.5	10	“象山柑橘”品牌价值10亿元；象山县有无公害认证柑橘基地7万亩；绿色认证柑橘基地0.11万亩
	常山县	常山胡柚	9.8	12	9.4	常山县有无公害认证柑橘基地0.8万亩；绿色认证柑橘基地0.5万亩；出口柑橘示范基地0.5万亩；胡柚加工产业较发达
重庆	忠县	爱媛38、春见和默科特	35	34	29	忠县有无公害认证柑橘基地35万亩；绿色认证柑橘基地0.8万亩；出口柑橘示范基地18万亩；忠县是我国橙汁加工重要基地和无病毒柑橘苗繁殖基地；“忠橙”品牌价值8.86亿元

（续）

省份	县（市、区）	主栽品种	栽培面积（万亩）	产量（万吨）	产值（亿元）	备注
重庆	奉节县	奉节脐橙	33	30	24.3	“奉节脐橙”品牌价值182.2亿元；选育出了凤早、凤园、凤晚和翠红2号等具有自主知识产权的脐橙新品种
广东	大埔县	蜜柚	21.89	25	9.86	红肉蜜柚13.5万多亩；大埔县有无公害认证蜜柚基地0.75万亩；绿色认证蜜柚基地13.27万亩；有机认证蜜柚基地0.18万亩；出口柑橘示范基地1.58万亩
陕西	城固县	兴津、宫川	26.6	30	10	“城固柑橘”品牌价值20亿元；城固县有无公害认证柑橘基地15万亩；绿色认证柑橘基地10万亩；有机认证柑橘基地1.0万亩；出口柑橘示范基地6万亩

由图2-1和表2-2可见，在我国几大柑橘主产区几乎都有自己的地方特色品种和自带“品牌效应”，获得无公害认证、绿色认证甚至有机认证的柑橘基地均具有较高的规模。其中，从规模比较优势来看，排名靠前的区域有江西、湖南、重庆，这3个省份的柑橘种植面积占到了全国的37.23%，相比较而言，主产区中规模比较优势较弱的是广东、广西、浙江3个省份。从种植面积来看，湖南柑橘种植面积占全国的16.12%，稳居第一位；其次是江西和广东分别占全国的13.01%和12.25%；种植面积最少的是浙江，种植比例为4.15%。究其原因，浙江、福建等地因其处于沿海经济发达地区，柑橘产业逐步缩小、转移，优势下降，湖北、广东等地种植面积增长平缓，但有赖于优质高效栽培技术的集成与推广应用，单产增加，故综合优势稳中有升。而在中西部经济相对落后的各省份，随着近年来种植柑橘的经济效益提升，各地承接来自沿海经济发达地区的种植业转移，种植规模飞速增长。但与此同时，中西部地区农业机械化水平仍然较低，故总体呈现规模大、效率低的特点，区域比较优势反而有所下降。

二、我国柑橘产业现状、存在的问题、发展趋势与未来展望

（一）产业现状

1. 品种结构 从全球范围来看，我国柑橘种类是世界上最丰富的国家，但我国的柑橘种类构成同世界其他柑橘国家相比存在着较大差异。国际上主要

以甜橙种植为主，甜橙种植比例占到世界柑橘总品种的 61.7%；我国的柑橘种植则主要以宽皮柑橘为主，占我国柑橘总种植面积的 70.5%（图 2-2）。

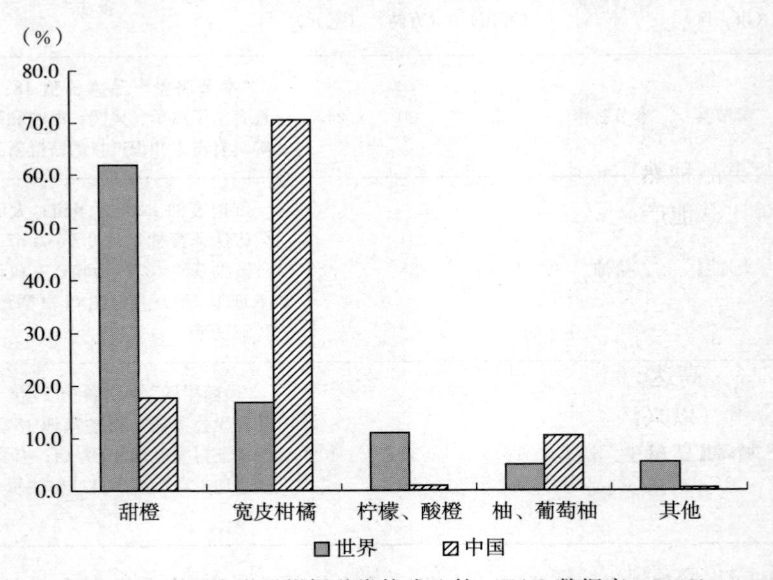

图 2-2　中国和世界柑橘种类构成比较（FAO 数据库，2017）

在我国栽培柑橘的分类中，柑类和橘类占据相当大的比例。图 2-3 展示了我国柑橘品种构成的大致特点，从图 2-3 可以看出，橘和柑分别约占 37% 和 34%，合计占到我国柑橘总量的一半以上；橙、柚和杂柑类近年来发展迅速，但相对占比仍然较低，分别占 17%、11%和 1%。

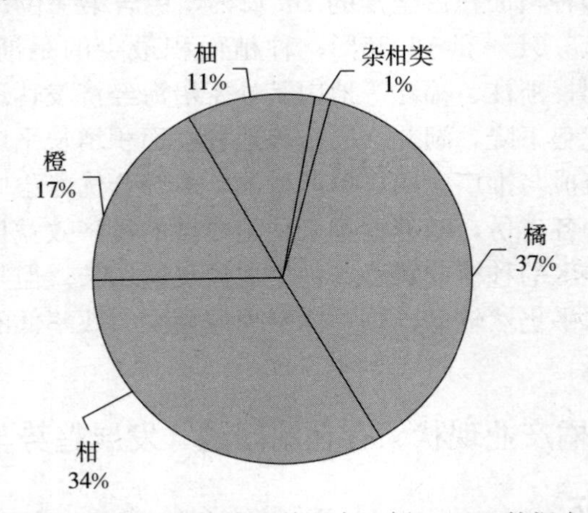

图 2-3　我国柑橘品种构成及其所占比例（FAO 数据库，2017）

我国大部分柑橘产区均不同程度地存在着品种结构单一、主栽品种占比过高，成熟、上市期过于集中，整体经济效益不佳等问题。从整体来看，我国柑橘有70%以上的产量仍属于中熟品种。以浙江为例，浙江柑橘品种资源丰富，地方良种、培育和引进的柑橘品种（品系）有上百个，主栽品种为早熟温州蜜柑，另有椪柑，胡柚、红美人、甜橘柚等杂柑，玉环柚、四季柚、早香柚等柚子，还有瓯柑、脐橙等。2016年，浙江早熟品种温州蜜柑面积和产量约占全省柑橘总栽培面积和总产量的一半；中熟品种椪柑栽培面积和产量则约占三成，这两类品种熟期集中在10月上中旬，而晚熟品种仅占10%左右，主要是胡柚。对比其他产区，如陕西省城固县，全年第一个“双节”（即国庆节和中秋节）假期成熟上市的极早熟蜜柑占总栽培面积的比例不足3%；在当年11月下旬至12月上旬成熟上市的中晚熟柑橘品种（包括椪柑、脐橙、冰糖橘、贡橘、朱红橘、香圆、金橘等鲜食、药用及景观类柑橘）面积，占总面积的比例不足2%；高达95%以上的仍是在当年10月下旬至11月中旬成熟上市的早熟温州蜜柑（以兴津、宫川等鲜食或加工品系为主）。在闽东地区，主栽柑橘品种多为中熟品种，以椪柑、蜜柚等为代表。在江西几大柑橘产区，脐橙品种95%以上为纽荷尔脐橙，其余5%为朋娜脐橙、林娜脐橙和奉节72-1等，南丰县主栽品种南丰蜜橘在当地熟期主要集中在11—12月。综合来看，国内柑橘产区目前仍然缺少10月前成熟的极早熟品种和12月以后成熟、能安全越冬的晚熟品种，大部分品种从10月中下旬开始集中采摘上市，每年11月至翌年3月的运销压力非常大，再加上产业化程度相对较低、深加工能力不足，因此柑橘果实在国际市场上缺乏竞争力。以浙江目前主栽的温州蜜柑为例，在鲜果市场上具有竞争力的只有宫川、兴津两个早熟品系，但供应期较短，而尾张、椪柑等中晚熟品种除部分用作制罐原料外，在鲜果市场上并不受欢迎。品种结构单一、成熟期过于集中给果品鲜食鲜销、储藏、加工、运输各环节都造成了很大的压力，也严重影响柑橘全产业链的经济效益和整体产业的健康、可持续发展。

（二）柑橘产业目前存在的几大问题

1. 品种结构不合理 如前所述，我国现有几大柑橘主产区或多或少都存在着主栽品种占比过高、品种结构单一、上市时间过于集中、鲜果供应期短、销售压力过大等问题。目前，我国柑橘产量中甜橙占30%、宽皮橘占65%，其余5%则为杂柑、金柑类。与世界柑橘主产国相比，我国柑橘生产既有互补性，又有缺陷。互补性是指其他主产国宽皮柑橘少，只要我国柑橘生产提高品质，就可打入国际市场。缺陷是指甜橙类紧皮柑橘品种少，很难与国外品种竞争，特别是每年3—8月的柑橘供应淡季。

2. 成熟期过于集中 在柑橘的成熟期上，我国存在的问题更多，有70%以上的柑橘是中熟品种。我国柑橘的人均占有量还不到世界平均水平的一半，就已出现了柑橘“过剩”现象。除国民购买力相对较低以外，一个重要的原因就是成熟期过于集中，主要以9—11月为主。这就显著限制了整个产业经济效益的提升。

3. 采后加工水平不高 我国95%以上的果实用于鲜食，加工主要是橘瓣罐头的生产。我国发展柑橘榨汁生产有两个制约因素：一是人多地少，农民对土地的期望值较高；二是规模化生产不够，致使加工厂不能全年满负荷工作，加工成本与国外相比要高得多。加入WTO以后，柑橘业受到冲击最大的是加工业，特别是橙汁加工业。我国柑橘制汁业在规模、质量及价格等方面尚不具备强劲的国际竞争力。

（三）柑橘产业发展趋势和未来展望

1. 不同熟期品种的合理搭配 结合不同产区气候、土壤特色和本地消费市场现状，适当选育其他适栽的优良柑橘品种，丰富主栽品种结构。例如，在我国现有品种大多为中熟品种的产业现状下，优先引进早熟、特早熟、晚熟或极晚熟的品种。因我国自有品种以宽皮柑橘为主，则在引进新品种时应特别注意选择甜橙类或杂柑类，合理排布各品种熟期或用途（鲜食、加工或鲜食加工兼用，或考虑不同品种的耐储运性能等），以期尽可能延长柑橘类鲜果在本地或周边地区果品市场上的供应期。

2. 高规格、无病毒良种繁育体系的建立 建立良种繁育基地，用苗木穴盘、营养钵、加仑花盆、美植袋等不同规格的容器，在设施大棚条件下培育不同规格、品种优良的无病毒苗木。一方面，能够及时为地方满足老果园改造、新果园建园等不同的实际需求提供不同规格的优质苗木；另一方面，从源头控制一些病害，特别是检疫性病害的传播和扩散，为建立高规格果园及优质、高效栽培管理技术规程的实施夯实基础。

3. 深加工/高附加值产品的研发 近年来，随着果品加工行业的不断进步，在进一步细化提升果实采后分级技术的基础上，柑橘鲜果加工方面也产生了一系列高品质、高附加值的深加工产品，如柑橘香精/香水、柑橘果酒/果醋、柑橘茶（橘普洱茶）或抗氧化类食品添加剂、中药材（如橘络、橘籽）等。这些深加工产品的研发不仅进一步提高了柑橘产业的效益，也为一些在常规加工（如糖水罐头）中无法得到有效利用的“废品”找到了高附加值的新出路。

第三节 起源与进化

一、柑橘的起源

柑橘属果树是全球种植最广的果树之一。然而，关于柑橘属果树的起源和进化历史仍不完全清楚。不同学者对柑橘属物种的概念理解各有不同，分歧很大。究其原因，一部分是因为本属植物繁殖的方式较为特殊，大多数是栽培种，很多现有栽培种的野生祖先早已不复存在，使得解决柑橘属物种的问题变得更为复杂。

2018年，美国能源部联合基因组研究所、佛罗里达大学、加利福尼亚大学以及西班牙瓦伦西亚农业研究所等多个团队，合作在 *Nature* 杂志上发表了题为 *Genomics of the origin and evolution of Citrus* 的研究论文（Wu et al.，2018）。该研究分析了已发表的柑橘属果树基因组和30种本研究新测序的基因组，发现现今的柑橘属果树至少起源于10种柑橘物种。柑橘物种的多样化发生在600万～800万年前的中新世晚期，并快速在东南亚传播，这与亚洲夏季季风减弱相关。澳大利亚柑橘多样化开始地更晚一些，大约在400万年前越过“华莱士线”（亚洲与澳大利亚的过渡区）。同时，对野生柑橘的驯化研究发现，柚子的基因可能也对柑橘有所贡献。该研究通过基因组学分析、系统发育分析以及生物地理学分析，揭示了柑橘属植物的起源、进化与驯化历史，为柑橘的分类和系统发育研究提供了新的参考。

柑橘属大家族中众多的品种包括柚、橙、柑橘、柠檬等，大多数是由宽皮柑橘、野生柚及香橼三大野生种通过相互杂交、杂交后代再多次杂交结合定向选种培育而来的。如香橼和野生柚杂交获得来檬、宽皮柑橘和野生柚杂交获得橙、橙和野生柚杂交又获得西柚、橙子和宽皮柑橘杂交得到柑、香橼与橙子杂交得到柠檬等。总的来说，杂交需要经历非常复杂的、长期的定向选育，才能得到人们如今看到的不同品种的商品柑橘。

在原生种起源方面，生物地理学研究表明，整个柑橘家族的祖先很可能都在800万年前起源于喜马拉雅山脉，也包括前述三大“祖先”——宽皮柑橘、野生柚和香橼。其中，中国云南西南部、印度阿萨姆地区以及相邻区域为柑橘起源的中心。据研究，柑橘大家族中最先分化出来的是莽山野橘和宜昌橙。距今约600万年前，一路向西的柑橘家族中“三元老”之一——香橼（*Citrus medica*）从喜马拉雅山脉南部分化出现，随后向南的行进路线上出现了野生柚（*Citrus micrantha*），向东的路线上则出现了小花橙（*Citrus micrantha*）和金柑（*Fortunella japonica*）。距今约400万年前，向南行进的柑橘先祖在澳大利亚生根发芽，衍生出了像手指一样细长的澳洲指橙（*Citrus australasica*）、澳洲来檬（*Citrus australis*）和澳洲沙地橘（*Citrus glauca*）。直至约200万年前，柑橘家族中最重要的“先祖”——宽皮柑橘（*Citrus reticulata*）出现，彻底改变了当前柑橘家族的品类，有商品性的柑橘类品种开始逐步发展壮大。可以说，野生柚、香橼和宽皮柑橘为柑橘家族的繁衍作出了突出贡献。

二、柑橘栽培的历史

中国是柑橘重要的原产中心之一，被誉为世界柑橘资源的宝库。枳、金柑、宽皮柑橘、橙、柚均原产于我国，可以说是柑橘家族三大“先祖”的发源地。中国有着悠久的柑橘种植历史，早在4 000多年前的夏朝，我国长江流域（包括江苏、安徽、江西、湖南和湖北等地）就有生产柑橘的历史。《尚书》中《禹贡》有记载：“卉服。厥篚织贝，厥包桔柚，锡贡。沿于江、海，达于淮、泗。”意为东南沿海各岛的人们穿着草编织的衣服，用筐装有贝锦包裹的橘柚来作为贡品，进贡的船只沿着长江、黄河，到达淮河、泗水。战国时期楚国诗人屈原也曾著有一篇《橘颂》吟咏柑橘。西汉司马迁所著的《史记·苏秦传》中记载：“齐必致鱼盐之海，楚必致橘柚之园。”反映了当时荆楚之地盛产柑橘、柚子。南宋韩彦直所著《橘录》是国内最早的柑橘专著，也是第一次将柑橘大家族明确地区分为柑、橘和“橙子之属类橘者”三大类，包括柑8种、橘14种、“橙子之属类橘者”5种，共27种。说明在南宋时期，柑橘栽培品种已经非常丰富。

枳原产于长江上游，广泛分布于西南地区和中南地区各省份。此外，陕西、甘肃、山西、山东、河南等省份也有分布。广东、广西、福建、浙江、湖南、江西等省份均有野生的山金柑（俗名“金豆”）。金沙江、大渡河上游的河谷地带曾发现野生、半野生的黄果（甜橙）、白橘（椪柑）、柚和大翼橙、红河橙、马蜂柑等的原始种群；大巴山、武当山、巴东三峡、广西龙胜山、苗二山、云贵高原等地均曾发现野生的宜昌橙。近年来，在湖南道县、莽山和江西崇义县发现野生橘，广东龙门县南昆山发现300多年生的野生橘柚自然杂交种（当地俗称香橙）以及近百年生的野生金柑。

（一）中国柑橘产业随柑橘种质资源演进与驯化的历史

自新中国成立以来，中国柑橘产业发展经历了农民自发性生产、专业园艺场生产到农户和地区专业化生产几个阶段。与此同时，中国柑橘研究同中国柑橘产业一样，近20年进入一个全面快速发展的阶段，取得的成绩可以概括为以下几个方面。

1. 种质资源发掘、创新与利用彰显了中国作为柑橘原产地的特色 20世纪60—70年代，老一辈科学家曾勉、贺善文、叶荫民等组织调查小组，历时多年，对中国柑橘种质资源进行了较全面的普查，并收集保存于国家柑橘资源圃。在此期间，道县野橘、崇义野橘、莽山野橘、莽山野柑、红河大翼橙、云南富民常绿枳等野生资源被先后发现。

自20世纪90年代以来，华中农业大学柑橘团队持续进行柑橘野生和地方资源的研究，利用分子标记技术对种质资源的遗传进化关系进行了持续研究，并弄清楚了一些农家零星自行栽种优异种质资源的来源，如汉中的枳雀来自枳壳与柚子的杂交；系统调查了宜昌橙和山金柑以及枸橼资源，发掘到单胚山金柑资源，有望成为未来柑橘功能基因组研究的模式材料。在野生资源利用方面，近年来，香橙作为一种新的砧木在生产中大面积应用。

2. 栽培品种的选育、引进和优势栽培区域的形成 品种选育与引进促进了中国柑橘良种化。20 世纪 30 年代，中国留日学者从日本引种温州蜜柑，最早栽于湖南邵阳。50 年代之后，温州蜜柑在南方多个省份广泛种植。在 20 世纪 50—60 年代的资源整理中，中国老一辈科学家选育了一批地方良种，加快了柑橘良种化进程。当时选育的良种包括沙田柚、南丰蜜橘、锦橙、桃叶橙、本地早橘、冰糖橙、大红甜橙等，形成了中国柑橘品种的基本结构。70 年代以后，选育种工作全面推进，选育的品种主要是温州蜜柑系列品种，如国庆一号；甜橙有奉节 72－1、罗脐 35 等。

改革开放后，中国开始有序开展柑橘的引种驯化工作。1984 年，由章文才、赵学源等组成的柑橘考察团赴美国交流，引进 12 个脐橙品种；筛选出朋娜脐橙、纽荷尔脐橙、奈维林娜脐橙。1998 年，农业部实施“948 柑橘品种引种与示范”重大项目，持续近 10 年，引进了近百个当时世界的优良品种。之后，筛选出的品种有脐橙福本、伦晚以及杂柑不知火、天草等。与此同时，20 世纪 90 年代以来，中国以每年平均选育 2～3 个品种的速度为产业提供良种，自主选育的包括琯溪蜜柚（红肉、三红系列品种）、沙糖橘、早红脐橙、崀丰脐橙、赣南早脐橙、长叶橙、金煌杂柑、金秋沙糖橘、无籽红橘等。近 20 年来，通过引进筛选和自主培育相结合，科技人员共为产业提供了 60 多个柑橘优良新品种，为中国柑橘产业发展，实现早中晚熟多品种搭配、鲜果周年均衡上市提供了品种保障。

（二）世界柑橘栽培的历史

早在 2 500 多年前，柑橘“先祖”之一的香橼最先由阿拉伯人传入中亚地区。在以色列犹太教传统节日住棚节中，香橼被作为“圣果”。位于以色列内盖夫沙漠的 Maon 犹太教堂里的 6 世纪马赛克烛台图案中就出现了香橼（佛手柑）的图案。

公元前 3 世纪至公元前 2 世纪，香橼随着亚历山大远征军被带到了地中海地区，柠檬被传入欧洲地区的时间还要更晚，在公元 1—2 世纪。一开始，香橼和柠檬都属于非常稀有的、只有贵族才能享用的水果。而到了 11 世纪左右，柠檬、柚子、宽皮柑橘等才开始由阿拉伯人大量带入地中海地区，由于地中海地区的气候非常适宜柑橘类植物生长，柑橘自此才在欧洲得到大量种植。到了 12 世纪左右，柑橘在欧洲已经成为常见果树。

1492 年哥伦布发现美洲大陆后，柑橘随着新航线由欧洲人带入美洲各地，其中包括传统品种的橙子。1820年秋，巴西一处修道院内种植的一棵普通橙子树，第一次结果就长出了外形完全异于其他橙子树的果实，果实顶部呈开裂状，果肉香甜可口，无籽。后因开裂的顶部形同人的肚脐，故得名“脐橙”。由此可见，脐橙大约是早先的橙子基因突变的产物，因其无籽而无法开展有性繁殖。1870年，在美国加利福尼亚州，脐橙第一次被嫁接成功，这才得以快速扩繁。国内久负盛名的赣南脐橙，其原种同样来源于美国的脐橙品种，是1971年由江西省赣州市信丰县安西园艺场从湖南省邵阳市引种的156株华盛顿脐橙中逐步发展起来的。直至20世纪80年代，赣州从华中农业大学引种美国纽荷尔等8个脐橙品种并试种成功，因赣南地区气候条件优越，非常适宜柑橘树生长，当地所产脐橙果实品质远高于美国本地产的脐橙。自此，赣南脐橙名扬海外，信丰、寻乌、安远、会昌等县现今均为我国赣南脐橙的优势主产区。

（三）柑橘属植物进化和演化规律及其在现今杂交育种中的指导意义

柑橘属植物形态特征的演化仍遵循由简单到复杂的规律，植物学家在柑橘家族“联姻”中发现，柑橘杂交的后代基本会符合以下几条规律：①果形大小：通常会偏向果形较小的亲本。②果实形状：取中间值，兼具父本和母本的特征。③果肉糖含量：取中间值。④果肉酸度：通常会偏向更酸的一方。

上述规律也成为柑橘杂交育种中筛选目标性状的重要参照之一。在柑橘杂交育种相关研究，特别是亲本材料的选择中，有一些特性需要特别留意。

1. 单胚与少胚品种的应用　柑橘类果树与其他果树相比，不仅种间容易杂交，而且与其近缘枳属、金柑属之间也容易杂交，但大多数柑橘类品种的种子都是多胚的。如果以多胚品种为母本，由于珠心胚的干扰，要获得杂交有性苗是比较困难的，同时多胚品种的合子胚往往受压制，不容易得到杂交有性苗。即使得到有性苗，在结果前也很难鉴别。因此，在选择母本时，一般选单胚或少胚品种获得有性杂交苗的概率比较大。例如，日本、美国等国家以单胚的克里迈丁红橘为母本与奥兰多橘杂交获得日辉橘柚、与椪柑杂交获得费来蒙特橘、与丹西红橘杂交获得福琼橘、与明尼奥拉橘柚杂交获得佩奇橘等。浙江省柑橘研究所以单胚槾文橘为母本与文旦杂交也获得槾文柑。但是，多胚品种并非不能作为育种亲本，浙江省柑橘研究所曾以刘勤光甜橙为母本与本地早杂交获得刘本橙，再以刘本橙为母本与本地早回交获得优良品种红玉柑；以欧柑为母本与漳州橙杂交获得四三九橘橙，再以四三九橘橙为母本与克里迈丁红橘杂交获得少核、高糖的新品种凯旋柑。

2. 不育性品种的利用　柑橘类品种中如脐橙、温州蜜柑、南丰蜜橘、伏令夏橙、马叙葡萄柚和克里迈丁红橘、奥兰多橘柚、明尼奥拉、佩奇、高班柚、麻豆文旦等品种产生少核或无核的主要原因，是生殖器官不育或自交不亲和等因素所致。利用这些品种作为杂交育种的亲本获得有性苗的概率大。例如，日本、美国等以特罗维塔甜橙（华盛顿脐橙的变种之一）与宫川早熟温州杂交育成清见橘橙；以清见橘橙为母本与中野椪柑杂交获得阳香、不知火；以清见橘橙与费尔柴尔德橘（克里迈丁红橘×奥兰多橘柚）杂交育成南风；以清见为母本与明尼奥拉杂交育成清峰；以清见为母本与兴津早熟杂交获得津之香；以三保早熟温州蜜柑为母本与克里迈丁红橘杂交育成南香；以邓肯葡萄柚为母本与丹西红橘杂交育成明尼奥拉；以清家脐橙为母本与克里迈丁红橘杂交育成有明。

3. 抗寒性强的品种利用　柑橘抗寒性的强弱与其形态特征、组织结构、抽枝生长习性、生理机能、生化特征及化学成分含量有密切关系，与不同树龄、植株健康情况、所处自然环境和气候以及栽培技术也有一定关系，但主要取决于该品种的固有特性。

柑橘不同品种、品系其抗寒性的强弱顺序为枳、宜昌橙、金柑、橘、柑、酸橙、甜橙、柚、葡萄柚、柠檬。柑橘亚科的酒饼簕及澳洲指橘和沙漠橘抗寒性很强，可以与枳、宜昌橙、香橙等杂交培育抗寒砧木。以往抗寒育种经验表明，枳与柑橘属的种杂交获得的杂种大多数是抗寒的，但都比抗寒亲本弱，同时也存在中间或偏向父本的类型。温州蜜柑与柚的杂交后代多数是抗寒的，而且大多比亲本抗寒性还强。一般抗寒性强弱的比例取决于杂交组合，因此要获得抗寒性强的有性杂交苗，在选择杂交组合上就要选抗寒性强的品种为亲本。

4. 果实形状、色泽、品质及成熟期等遗传因子的应用　果实形状的遗传，一般果实扁圆形与高圆形杂交的后代倾向扁圆形或中间形。果皮与果肉的色泽遗传，甜橙与宽皮橘杂交后代颜色从淡黄色、橙黄色至橙红色、深红色，表现出广泛分离的现象。果实品质的遗传，一般酸度很低的品种与酸度中等的品种杂交可以获得酸度相对低一些的杂交种；酸度相等的两亲本杂交可以获得后代比两亲本都高的杂种。果实成熟期的遗传，一般早熟品种与早熟品种杂交第一代可获得比双亲更早熟或中熟的杂交种；早熟品种与中熟品种杂交其后代多数为中熟品种，但其中也有接近早熟或比亲本更晚的品种；早熟品种与晚熟品种杂交其后代多数倾向晚熟品种。例如，浙江省柑橘研究所以晚熟品种槾橘母本与比较早熟的本地早杂交其后代有的在10月下旬成熟，有的却在12月上旬成熟。以成熟期相似的槾橘与朱红进行杂交其后代也出现很多早熟品种。因此，如确立以果实形状、色泽、品质、成熟期为育种目的，就要根据其遗传特性选择亲本。

5. 显性基因的利用　根据以往杂交试验的结果，枳的三出复叶与柑橘类的单生复叶是显性，果树的常绿性对落叶性是显性，柚类与蜜柑、橙类杂交，柚类的叶片大、翼叶发达是显性。如果要以改变叶片的某种特性为育种目标，就要选择具有某种显性基因的品种为母本。

第四节　新优品种和良种繁育技术

一、部分柑橘新品种介绍

（一）宽皮柑橘新优品种简介

1. 宫川　日本从温州蜜柑的芽变中选育出，果实高扁圆形，果面光滑，橙黄色至橙色，果蒂部略凸，有4～5条放射沟。可溶性固形物含量10%～12%，可滴定酸含量0.6%～0.7%，无核。该品种早结丰产，果形整齐美观，品质优良，成熟期为10月中旬，是我国南方许多柑橘产区中早熟温州蜜柑的主栽品种。

2. 由良　由良是日本和歌山县从早熟温州蜜柑品种宫川的芽变中培育而成的特早熟温州蜜柑，我国于2006年从日本引入，幼树期生长发育势强，进入结果期树势中等，较宫川稍弱，树姿开张，结果后更加开张，树体矮化。早结丰产，具备串状结果和簇状结果的特点。幼苗移栽后一般3年能开花始果，适合在平均气温16℃以上的区域栽种。果形比宫川更高、更圆，单果重比宫川略小；果肉黄色，外果皮中等厚度，光泽度中等水平，剥皮稍难，可溶性固形物含量可达到15%～16%，属高糖高酸的品种，风味品质佳。在浙江、上海等地露地条件下，9月上旬果面开始着色，9月中下旬果实成熟，比宫川早20天左右。

3. 日南一号　日南一号是日本从早熟温州蜜柑芽变中选育出，树势中等，树姿较开张，果实扁圆形，橙黄色，果顶平，果蒂部分微凹。10月初至10月上旬，当可溶性固形物含量11%、可滴定酸含量在1.0%以下时即可上市，在同产区通常日南一号的成熟上市期略早于宫川。

4. 大分　大分原名大分一号，是日本大分县从日南一号芽变中选育出来的特早熟高糖柑橘新品种。树势较强，树体较紧凑，层次分明，成熟期比日南一号更早，大约在9月中旬。果形扁平、果面有光泽、着色均匀；油胞细小、整齐度好，果顶平，果梗部无明显凸起，果皮薄，易剥离，果肉呈深橙色，肉质细腻爽口、汁多化渣，每果平均11瓣，无籽。

（二）甜橙、杂柑类新优品种简介

1. 红美人　原产自日本，品种登记名称为爱媛果试第28号，简称爱媛28。母本为南香，父本为天草，为橘橙类杂交品种。果面浓橙色，果肉细腻、极化渣，高糖优质，有甜橙般香气。在浙江等产区设施栽培条件下，成熟期在11月下旬，12月上旬完熟。红美人树势略强，幼苗期及高接初期易发生徒长枝，表现较直立，结果后逐渐趋于开张。单果重250克左右，大于其亲本南香

和天草。果形呈扁球形，果皮浓橙色，比较光滑，果皮色泽、果形等均与天草更相近。油胞大且较凸。果肉黄橙色，柔软多汁，囊瓣壁薄，果冻样的食用感觉是其最明显的特征。果皮薄而柔软，由于囊瓣壁极薄并与白皮层密接，剥皮较难。切片后果皮容易剥开。果实紧，无浮皮。单性结实能力强，通常无核。授粉后，种子单胚，胚淡绿色。果实完熟后，可溶性固形物含量可以达到14%以上，可滴定酸含量通常在1%以下。但该品种抗寒性较弱，易发生冻害，在柑橘栽培的北缘地带用作商品性栽培时，应采取适地栽培或保护地栽培的措施。

2. 春见（兴津44号） 春见俗称耙耙柑，是1979年在日本静冈县果树试验场由清见橘橙与F-2432椪柑杂交育成，有冰糖橙的风味。2001年，由中国农业科学院柑橘研究所引进，广泛种植于四川蒲江县、眉山市、彭山区、丹棱县、荣县、仁寿县、金堂县，重庆、江西、湖南，福建三明、南平、龙岩、福州等地，成熟期通常在12月底至翌年开春，是冬橘之一，春见树姿直立，生长势较强。11月中下旬完全着色，果实完整生育期270天左右。果实呈高扁圆形，大小较均匀。果皮橙黄色，较薄，果面光滑有光泽，油胞细密，果皮与肉质分离，轻轻一捏即破。果皮柔软易剥，肉质脆嫩，汁胞颗粒大，多汁、囊壁薄、化渣好，糖度高，风味浓郁，清甜，少籽或无籽。可溶性固形物含量在14.5%左右，完熟果实可滴定酸含量在1%以下，可食率>75%，每100克鲜重平均维生素C含量达到30.5毫克。

3. 春香 原产日本，由日向夏自然杂交而成，2003年从重庆引进。该品种初期树势较旺，结果后枝条逐渐开张，生长势中等。在福建省三明市大田县桔鑫果场种植，萌芽期2月上旬，现蕾期3月下旬，盛花期4月中旬，果实成熟期12月上旬。早结性能好，丰产、稳产。初果期果实较大，果实近圆形，果皮粗厚、黄色，果顶有圆形深凹圈印与乳头状凸起，果肉淡黄色，味清甜，较化渣，种子少，单果重250克以上，可食率70%～75%，可溶性固形物含量11%～12%，固酸比约20∶1。

4. 媛小春 媛小春是由日本爱媛县果树试验场以清见橘橙为母本和黄金柑为父本杂交育成的，1994年杂交，2007年完成选育，2008年10月在日本进行种苗登记。自2002年开始，浙江象山、四川、重庆等地从日本引进媛小春，因其果皮呈柠檬黄色、果实的口感与红美人相近，在浙江象山有商品名叫做绿美人。单果重约150克，半球形，果皮呈亮黄色，柔软易剥离，肉质清爽口感好，无核。成熟期为1—2月。可溶性固形物含量平均13.9%，可滴定酸含量0.88%左右，平均固酸比15.8，甜酸比适中，口感清甜、气味清香、品质上乘。幼树生长快，树姿较直立，能快速成形，丰产性好；与大叶尾张、市文、上野等品种高接换种亲和力强，成活率高，生长势强旺。该品种的缺点也很明显，包括花药易退化、花粉少、花朵畸形，坐果难，要适当保花保果。对炭疽病敏感，新梢生长前后要注意防治该病。需要根据树势适当控制挂果量。若挂果太少，会导致果形过大且容易浮皮；若挂果过多，则果形小且大小不均匀。此外，该品种采收有较严格的时间限制，若上市太早，则果实口感偏酸。通过大棚设施栽培才能与红美人一样赶在元旦和春节前上市，也不能采收延迟太久，否则容易产生浮皮，严重降低鲜食品质。

5. 天草 日本农林水产省于1982年用清见和兴津早生14号的杂交后代为中间母本再与佩奇橘杂交育成。20世纪90年代，我国从日本引入，四川、重庆、湖北、湖南、浙江、广东、广西等地有少量作为花色品种种植。树势中等，幼树梢直立，进入结果后树姿较开张。枝梢中等或偏密。叶片椭圆形，自花不育，能单性结实。果实扁球形，橙红色，表面光滑，果皮稍难剥。可溶性固形物含量11%～13%，可滴定酸含量0.7%～1.1%，早结丰产。

6. 不知火 日本农林水产省用清见和中野3号椪柑杂交育成。1992年，我国从日本引入，浙江、重庆、湖北、广东有少量种植。树势中等，幼树树姿较直立，进入结果后开张，枝梢短而细、密生，叶片卵圆形，花型大，多畸形花，花粉量少。果实倒卵形，多数有短颈，无短颈的扁果其顶部有脐，果实橙黄色，果皮易剥。可溶性固形物含量13%～14%，可滴定酸含量1.0%，无核，果肉脆，多汁化渣，香气明显，有后熟，12月上旬果皮完成着色，翌年2—3月成熟。该品种适应性强、适栽区域广。

7. 明日见 明日见是日本农业技术中心果树试验场兴津分场用兴津46号（甜春橘柚）和春见杂交育成的品种。2011年申请品种登记，同年由中国农业科学院柑橘研究所从日本引进，其树形开张，树势较强，树冠圆头形。枝梢稀，发梢力中等，树冠扩大较慢，一次梢生长量大，枝梢节间较长，枝条上少刺。叶片长椭圆形，叶尖渐尖，叶基楔形，叶尖有凹口，叶缘全缘。从果实外观看，该品种有春见和甜春橘柚的血缘。果实高扁圆形，果形大小不太整齐，果皮薄，光滑，油胞细小而凸起。果皮橙色，包着紧，但易剥离。单果重150克左右，果顶平，有不明显的印痕，果基平，囊瓣9瓣，果肉橙色，种子5～10粒，单胚，子叶绿色，外种皮和内种皮棕色，合点赭色，外种皮较光滑。该品种肉质细嫩化渣，汁多味浓，品质优良，可溶性固形物含量高，12月下旬可溶性固形物可达12.2%，翌年2月中旬成熟时可溶性固形物含量14.2%，成片种植时通常无核，一般有种子5粒，单胚。该品种果皮较硬，但又易剥离，加之可溶性固形物较高，冬季落果少，是值得推广发展的杂柑品种。

8. 晴姬 晴姬是由日本农林水产省果树试验场兴津支场［现果树研究所柑橘研究部（兴津）］以E647（清见×奥塞奥拉橘柚）为母本、宫川为父本杂交育成的柑橘品种，浙江象山于2002年从日本引入。果实扁圆形，平均单果重150～180克，果皮橙黄色，果肉橙色，果皮光滑易剥，不易浮皮，可溶性固形物含量12%～16%，囊衣薄，化渣性好，无核或少核，有橙子和橘子的甜味，口感柔和，有清香味。10月下旬开始转色，11月下旬完全着黄色，12月上旬转橙色，12月上中旬上市，设施栽培可完熟到翌年1月上中旬上市。幼树树姿较直立，结果后树冠开张，整体树势较为中等，枝条密且粗壮，节间较短，有短刺，结果后短刺逐渐退化。叶片与宫川、红美人相比略小，平展或略上卷，纺锤形，单生复叶，边缘有钝或圆裂齿，叶色浓，坐果率较高，结果大小年现象不明显。该品种抗病性比红美人强，且抗冻性强，－4～－3℃可露地种植，但对土壤、肥水管理要求较高，目前在国内产区栽培面积很小。

9. 甘平 源于日本，是由西之香和椪柑杂交而来的柑橘新品种，在2010年引进中国。甘平果实扁平，偏大，单果重240克左右，果形指数0.64，果皮橙红，极薄，果皮易剥、内层几乎无白皮层，果面较光滑，油胞大小混合，凸起密生，果梗处有6～8条较短的放射状沟纹，囊瓣8～11瓣，易内裂。肉质细嫩化渣，汁多味甜，品质优良，香气较浓。通常在11月下旬时糖度就可达12白利度。到翌年1月上旬，糖度达到15白利度，果实成熟期为1—3月，属于晚熟柑橘品种。幼年树和高换早期树势较强旺。但该品种缺点也很明显，如皮薄易裂果、果实转色期遭遇低温会导致果面上色不均匀而影响外观、抗寒性较差，故必须采用设施栽培；结果大小年现象明显等。

10. 沃柑/无核沃柑 沃柑由中国农业科学院柑橘研究所于2004年从韩国引进，是坦普尔橘橙与丹西红橘的杂交种，属于晚熟杂柑品种。沃柑在广西、云南等地的表现优异，市场效益明显。树势较健壮，果实在10月中下旬开始变色，到翌年1月下旬至4月下旬采摘。果实呈扁圆形，单果重100～120克，结果过多会使单果重偏小；其果皮光滑呈现橘红色，果实包裹严密，较易剥离。果肉排列紧密，呈现深橘红色。

无核沃柑是由γ射线辐射诱变育成的沃柑新品种，在保留了沃柑生长势强、高糖、肉脆、多汁、味浓、越冬落果少、成熟后挂树期长等优点的同时，克服了普通沃柑多籽的缺点，经多点、多年试验，无籽性状稳定。在气候适宜的产区，该品种留树时间最长可以达到8～9个月而较少发生果实枯水，是可实现柑橘鲜果全年无缝连接供应和满足绿色都市农业观光采摘需求的重要品种，而且该品种可以免套袋，大大节省了人工成本。

二、柑橘良种繁育技术

（一）良种常规嫁接育苗技术

1. 嫁接技术要点 嫁接是柑橘中最常规也是最常用的苗木繁育技术之一，

影响嫁接成活的因素主要包括以下3点。

（1）砧木和接穗亲缘关系远近，即砧穗亲和性。砧穗亲和性是指接穗和砧木双方愈合并生长为一体新植株的能力，通常嫁接亲和性与砧穗间亲和性远近呈现正相关，即亲缘关系越近，嫁接成活率就越高。

（2）形成层细胞的再生能力强弱。嫁接的原理就是利用形成层细胞的再生能力，在正常生长情况下，形成层薄壁细胞进行细胞分裂，向里形成木质部，向外部形成韧皮部和皮层，植物进行加粗生长。由于嫁接时，砧木和接穗上都有新鲜的伤口，嫁接口周围具有分生能力很强的薄壁细胞，在激素的作用下开始分裂增生新细胞，出现愈伤组织。同时，愈伤组织的外部细胞形成栓皮细胞相互连接而愈合，形成新的独立植株，即表明嫁接成活。

（3）工人嫁接技术水平和环境条件。温度20～25℃、土壤含水量14%～17%时适宜嫁接，工人技术水平对嫁接成活率也有很大影响，“砧穗形成层至少一侧对齐”“砧穗切面需紧密贴合不进水、不受污染”“嫁接完成后适度遮光保水”是保证嫁接成活的重要技术关键，都是需要经过多次摸索才能熟练掌握的技术要点。

2. 砧木的选取 砧木是关系到柑橘果实品质和产量的决定性因素之一，柑橘品种扩繁中常用的砧木包括枸橘（枳壳）、枸头橙、香橙、酸橘、红橘等。不同品种的砧木对不同质地的土壤适应性有显著的差异。例如，枳壳的优点主要包括与大多数柑橘品种亲和性强，嫁接成活率高，能够有效矮化树体，促进早结丰产，且抗寒能力强；但是，枳壳耐盐碱土壤的能力不强。因此，当土壤含盐量偏高或pH偏高时，枳砧嫁接的柑橘树很容易出现缺铁等生理性病害（如树体黄化等），此时就应改选抗盐碱能力强的枸头橙或香橙为砧木。在土壤相对贫瘠的山地果园种植柑橘时，则可选取根系生长深、抗旱能力强的香橙和枳橙等作为砧木。酸橘和红橘耐酸性土壤能力较强，但作为砧木，适用的接穗品种范围较小，当砧穗亲和性差时，容易发生“小脚病”。

3. 接穗的选取 在秋、冬季降温前，中熟、晚熟品种一般还未生理成熟，果实采摘后，树势来不及恢复，枝条成熟度不高。故最好选取抗寒能力强的早熟、中熟品种作接穗，采集接穗的时间选择秋季果实成熟采收后，有利于树体营养物质的积累，枝条成熟度好。在挂果量少的年份，老熟的夏梢也可作为接穗使用。

4. 嫁接方法 柑橘嫁接与其他果树一样，主要在春、秋两季开展。常规方法包括嵌芽接、T形芽接、贴皮接、枝接、劈接等。其中，T形芽接和贴皮接因其砧穗接触面大，在炎热夏季使用也能获得不错的成活率。

（二）无病毒/脱毒苗木繁育体系

近年来，柑橘良种繁育，特别是针对柑橘病毒类和检疫类病害检测、无病毒苗木繁育技术体系取得多方面的长足进步。自20世纪80年代初开始，华中农业大学、中国农业科学院柑橘研究所等单位较早地开展柑橘脱毒技术研究，主要通过茎尖微芽嫁接技术，培育无病毒柑橘原种。2000年以来，在国家和地方财政的支持下，建立了中国柑橘无病毒良种繁育体系。在江西赣州以及重庆、湖北、湖南、广西等地，无病毒育苗技术普及率较高。如今，中国柑橘病毒性病害的研究已有稳定的队伍。

以广西柑橘产区为例，2013年，广西特色作物研究院牵头组织的“柑橘良种无病毒三级繁育体系构建与应用”项目获国家科技进步奖二等奖。此项技术有以下几个方面的特点。

首先，逐步明确了我国柑橘病毒类病害（包括衰退病、黄龙病等）的种类和分布，探明重要病原的起源、流行规律和致病机理。在国际上率先建立微量快速柑橘病原核酸模板制备技术和衰退病毒在寄主中的时空分布模型；系统建立了我国柑橘病毒类和国内外检疫类病害分子检测技术，建立了疫病监测预警系统，创立黄龙病联防联控模式，集成创新综合防控措施，突破高通量实时快速监测、预警等防控瓶颈，支撑我国柑橘非疫区建设和疫病防控体系建立。

其次，创新柑橘无病毒容器育苗技术，构建国际先进的柑橘无病毒良种三级繁育体系。在国内率先建立柑橘茎尖嫁接脱毒技术，国际首创茎尖脱毒效果早期评价技术，极大限度地缩短了苗木脱毒进程；创建世界最大的无病毒原种库；研发营养土配方和设施育苗技术，集成创新柑橘无病毒容器育苗技术，无病毒苗木在圃时间由3年缩短到1年半；建成国家柑橘苗木脱毒中心，以无病毒原种库为基础构建了国家级母本园和以采穗圃、省级采穗圃、地方繁育场为主体的柑橘无病毒良种三级繁育体系，推动我国柑橘良种繁育跨越发展。在此基础上，创新配套栽培技术，优化柑橘产业结构。变革传统密植栽培为现代稀植栽培模式，通过良种推广推动了我国柑橘产业结构优化进程，提质增效作用显著。

生物技术研究加快了柑橘种质创新与遗传改良的步伐，华中农业大学于20世纪70年代末在国内率先开展柑橘生物技术研究。40多年来，先后建立起茎尖微芽嫁接技术并应用于良种脱毒，为福建永春芦柑的产业重振提供了无病毒材料；建立起完整的柑橘细胞工程技术体系，创造出一批体细胞杂种，以及单倍体、三倍体、四倍体材料。中国农业科学院柑橘研究所较早地开展柑橘遗传转化研究，获得了多个抗病株系。2012年，中国率先完成了甜橙全基因组测序，此后其他8个柑橘品种的测序工作也陆续完成，由此构建的柑橘基因组综合分析平台向研究者免费开放，为国际同行开展相关研究提供了重要平台，提升了中国柑橘研究的国际影响力。

第五节 栽培管理技术

一、园地地理位置选择

柑橘对园地的要求很高，需要湿润的气候，肥沃、松散的土壤，最好选择有坡度、光照好、向阳面的平缓坡地建园。园地可以根据条件修建生产便道、排水沟和储藏间等，园地建设和柑橘生产要与自然环境相协调，尽可能因地制宜利用现有的山、水、园、林、路等条件，统一规划，集中成片。新建的柑橘园要远离污染源，绝对不能建立在发生过污染的土地之上，以土壤pH为5.5～8.2、土层厚度100厘米以上、有机质含量超过1.2%、地下水位80厘米以下为宜。

二、果园基础设施建设

1. 果园主支干道和排灌水配置 为便于日常田间管理和除草、打药、修剪、采摘等小型机械化操作，柑橘园主干道宽应留足3.0～5.0米，支路宽2.0～3.0米，田间操作道宽2.0～2.5米。为不同季节果园排灌水考虑，可挖畦沟宽30～40厘米，深60～80厘米；腰沟宽40～50厘米，深80～100厘米；围沟宽300～500厘米，深100～120厘米。

2. 防护林设置 在露地栽培模式下，冬季如遇极端低温可能会给树体或晚熟挂树越冬的果实造成冻害。因此，可根据实际需要在果园四周设置主、副防护林带：主林带间隔150米，宽度6米，4行树；副林带设在2条主林带中间的支路边，宽度2米左右，1～2行树。树种以与柑橘没有共生病虫害的小冠幅速生乔木树种为主，混合搭配，实践中常见的有水杉与法国冬青或水杉与女贞组成的混合林带，以密蔽度0.7～0.8的透风林效果最佳。

3. 其他设施设备 每10公顷橘园应配置相应的库房、场地350～400米^2，自动分级选果机1台，农用运输车1辆，塑料周转箱1 500～2 000只，并配有防蚊蝇的设施，以及相应的喷药、旋耕、施肥、除草等大中小型机械设备。

三、定植

1. 品种选择 根据柑橘生态区域指标和柑橘种植习惯、环境气候，突出选择无污染、无病虫害以及特早熟、早熟、中熟、晚熟、极晚熟相搭配的品种，选择优质、高效的优良品种和抗逆性较强的品种。

以温州蜜柑为例，常见的特早熟品种有桥本、宫本、岩崎、大分、日南一号；早熟品种有宫川、兴津、南柑20号、由良；中熟品种有尾张等；杂柑则大多数为中晚熟或晚熟品种，如红美人、媛小春、晴姬、明日见、不知火等在江浙一带产区成熟期为12月初至12月末不等；春见、沃柑成熟期则在翌年2月，其中沃柑甚至可挂树至翌年5月前后品质仍保持稳定。甜橙类和柚类品种大部分成熟期在12月至翌年1月，挂树时间也较长。不同熟期品种相互搭配，不仅能延长鲜果采收期和上市供应期，提高市场占有率，更能开展观花、观果、采摘一系列活动，配合新型都市绿色观光农业产业发展，进一步提升柑橘产业综合经济效益。

2. 砧木选择 目前，我国已栽植的柑橘几乎都是使用嫁接苗。嫁接苗是由接穗品种与砧木品种嫁接组合而成的共同体。上部的接穗与下部砧木相互依存、相互影响。柑橘砧穗组合适宜时，其苗木、植株就能正常生长发育、结果、丰产稳产，树体寿命长，果实品质佳，且有的植株还有早结果、抗病虫、抗自然灾害和耐土壤盐碱等特性；反之，柑橘砧穗组合不适宜时，轻者影响生长发育、结果，重者死苗死树。为此，在柑橘栽培中，对接穗和砧木都应充分重视。但实践中往往仅重视上部的接穗，而对砧木重视程度不够，导致砧木在使用过程中出现了不少问题，影响了柑橘的优质、丰产稳产和果树寿命，不利于柑橘生产的稳健发展。

我国是世界柑橘资源的宝库，不仅柑橘品种丰富、应有尽有，而且柑橘的砧木也很多，生产上应用过的有二三十种，如枳（有大叶大花、小叶小花、大叶小花等）、枳橙（从国外引进的卡里佐枳橙、特洛亚枳橙，我国湖北的长阳枳橙、云南的富民枳橙等）、香橙、资阳香橙、酸橘（红皮酸橘、软枝酸橘）、红橘、红柠檬、朱橘、枸头橙、酸柚、土橘、枳柚（从国外引进的施文格枳柚，我国四川的简阳枳柚等）、甜橙、宜昌橙、小红橙、朱栾、本地早和椪柑等。以下简单列举几种主要砧木品种的特性。

（1）枳。枳是柑橘中使用最为广泛的砧木品种之一，可用作温州蜜柑、红橘、椪柑、南丰蜜橘、普通甜橙、脐橙、沙田柚和金柑等的砧木，是我国长江流域柑橘产区的主要砧木。其主要特点是根系发达，嫁接亲和力强，早结果、早丰产，半矮化或矮化，耐湿、耐旱、耐寒，抗病力强（对脚腐病、衰退病、木质陷点病、溃疡病、线虫病抵抗力强，但对裂皮病、碎叶病等敏感）。此外，枳在我国华南地区与新会橙、柳橙、红江橙（改良橙）嫁接时表现出不亲和，品种嫁接后常出现黄化现象。

（2）枳橙。在我国，枳橙主要分布在浙江、湖北、云南、四川、安徽和江苏等省份，如浙江的黄岩枳橙、云南的富民枳橙、湖北的长阳枳橙等。枳橙是枳与橙类的自然杂交种，为半落叶性小乔木，植株上具3小叶掌状复叶、单身复叶两种叶型，种子多胚。枳橙可在中、北亚热带柑橘产区作砧木，嫁接甜橙、椪柑、本地早和温州蜜柑等；嫁接后树势强，根系发达，耐寒、耐旱，抗脚腐病及衰退病，结果早、丰产稳产，但较不耐盐碱。

（3）香橙。香橙又名橙子，原产于我国，在各柑橘产区都有分布，但以长江流域各省份较为集中。香橙树势较强，树体高大；枝密生，刺少；叶片长卵圆形或长椭圆形，翼叶较大；果实扁圆形，单果重50～100克；果肉味酸，汁多；每果有种子20～30粒；种子大，多数为多胚、少数为单胚，子叶白色；果实于11月上中旬成熟。香橙有真橙、糖橙、罗汉橙、蟹橙等不同类型。用香橙作柑橘砧木，嫁接后一般树势较强、根系深、寿命长、抗寒、抗旱、较抗脚腐病、较耐碱，故可作温州蜜柑、甜橙、柠檬的砧木。

（4）资阳香橙。资阳香橙又名软枝香橙，20世纪80—90年代从四川资阳选育出，经中国农业科学院柑橘研究所试验，在土壤pH为4.0～8.5的条件下生长正常，未见叶片黄化。资阳香橙树势较强，枝梢粗短，丰产；每果有种子20多粒，种子较大、发芽率较高。资阳香橙适合作甜橙、温州蜜柑、柚的砧木，尤其适宜在四川、重庆、云南、贵州碳酸钙含量高的紫色土栽培。该砧木具有抗碱性、早结果、丰产稳产的优良性状，是四川、重庆目前主要推广的砧木之一。用其作砧木，苗木长势较枳砧强健，树冠半矮化，枝梢紧凑，叶色浓绿，无黄化现象，又较抗寒、抗旱。嫁接苗通常定植2年后开花结果、3～5年后进入丰产期。用作脐橙、温州蜜柑的砧木时，虽结果较枳砧稍晚，但后期较枳砧丰产稳产。

（5）酸橘。用作砧木的酸橘有红皮酸橘和软枝酸橘（又叫软枝黄皮酸橘）。

①红皮酸橘。原产于我国，广东、湖南和广西等省份均有栽培及分布。其主要特性：树冠圆头形，树势强健，枝条较粗，嫩梢紫红色，每果有种子14～15粒，果实在12月中下旬成熟，是蕉柑、甜橙的优良砧木。

②软枝酸橘。原产于我国广东潮汕地区，广东、广西等地均有栽培。其主要特性：树冠圆头形，树势中等，枝条细软密生，果实扁圆形、橙黄色，每果有种子15～17粒，果实12月上旬成熟。植株表现为根系发达，水田和山地栽培均适宜，适应性、抗逆性强，优质丰产，树体寿命长。软枝酸橘是我国华南地区常用的砧木，尤其在广东系公认的宽皮柑橘和甜橙的最佳砧木。

（6）红橘。红橘又名川橘、福橘，在四川、重庆、福建等省份栽培普遍；果实扁圆形，大红色，12月成熟，风味浓；树较直立，尤其是幼树直立性强；苗木生长迅速；耐涝、耐瘠薄，耐寒性较强，抗脚腐病、裂皮病，较耐盐碱，在粗放管理条件下也可获得较高的产量。在四川、重庆、云南、福建等柑橘产区用作甜橙、红橘、椪柑、脐橙、柠檬的砧木，与枳砧相比，进入结果期要晚2～3年，但中后期产量高、品质好，植株寿命更长。

（7）红柠檬。红柠檬根系较浅，根群较稀疏，但吸水能力强，耐湿，耐热，较耐盐碱，不耐寒（低于－3℃就会受冻），对裂皮病和脚腐病敏感。红柠檬砧要求肥水充足，否则高产后会出现树势早衰。红柠檬在广东、广西的中南部广泛用于水田、围田及肥沃山坡地蕉柑、红江橙、暗柳橙、新会橙、椪柑、大红柑（又名茶枝柑）、年橘和新会甜橘等的砧木，植株表现为树冠生长快，早结丰产。但初结果时易出现粗皮大果，味淡、偏酸，品质较差的情况，在结果初期若能适当控氮，增加磷钾肥，果实的品质会有所改善，进入盛果期后品质正常。红柠檬在南亚热带及其南缘用作红江橙砧木，植株表现为结果早、果大优质、果皮色泽鲜艳。

（8）朱橘。朱橘根系发达，细根多，多分布在土壤浅层；耐旱、耐瘠、耐湿、耐盐碱；耐衰退病、裂皮病；抗脚腐病的能力也较强；因根系较浅，抗风能力差。20 世纪 60 年代以来，广东采用三湖红橘作暗柳橙、蕉柑、椪柑、化州橙和红江橙的砧木，植株表现为树势中等、结果早、丰产稳产、果实品质好；但作蕉柑、椪柑砧木时，砧穗组合有不亲和的现象。

（9）枸头橙。枸头橙根系深广，抗旱力强，耐盐碱，耐湿，较耐寒，抗脚腐病，可适应黏重土壤和黏性的红壤土。浙江黄岩历来用枸头橙作早橘、本地早的砧木。枸头橙砧的温州蜜柑在盐碱的海涂栽培表现好；在四川、重庆等省份碳酸钙含量高的紫色土栽培表现生长旺盛，树冠高大，果实品质好，但早期产量较低。

（10）酸柚。酸柚原产于我国，主产区为重庆、四川和广西等省份。酸柚属于乔木，根系发达，分布深广，垂直大根较多；适宜在深厚肥沃、排水良好的土壤栽培；耐热，抗根腐病、流胶病及吉丁虫；树体高大，树冠圆头形；果实种子多，平均每果有 100 粒以上；种子单胚，子叶白色；果实 11—12 月成熟。用酸柚作砧木，植株表现大根多、根深、须根少，嫁接亲和性好，适宜在土层深厚、肥沃、排水良好的土壤栽培；酸柚砧抗寒性较枳砧差。

3. 苗木选择与株行距设置　健壮的无病毒容器大苗是建园的最佳选择。定植时间通常选在每年春季 3 月初至 3 月中旬柑橘萌芽前定植为宜。常规栽植密度一般为株行距 3.5 米×4.5 米或 3 米×4 米，也可进行株行距 1.5 米×4 米或 2 米×4.5 米的宽行密株栽培。建园早期为追求早结丰产，也可采取以常规栽植 2～3 倍的密度进行密植。但投产后，待树冠扩大到 3 米×4 米左右时，应及时间伐或分散移栽，避免因冠幅过大、株行距过密而导致果园郁闭，影响树体生长和果实发育，甚至诱发一些病虫害。定植前准备的苗木数量应比果园实际所需多出 10%左右作为备用。另外，每亩地需 2～3 吨商品有机肥。

4. 苗木定植　定植前应先进行土地平整，按照设计的株行距作畦，南北行向。作畦时充分捣碎土块并使畦面呈弓背形，畦顶应高出畦沟面 50 厘米以上。在畦中央挖定植穴，深度 0.5～0.6 米，直径或宽度为 0.6～0.8 米，挖出的表层土与深层土分开放置。每穴施商品有机肥 20～30 千克、磷肥 1～1.5 千克。将苗木根系和叶片适度修剪后放入穴内，舒展根系，扶正，边填土边轻轻向上提苗、踏实，使根系与土壤充分接触。回填土时，下层土与肥料充分混合后，再回填至穴内，表层土平铺在上层，做一高出土表的定植墩。苗木嫁接口不能埋在土中。定植后应尽快浇透水，这被称为“定根水”，遇晴天干旱天气应补浇一次，保持土壤湿润。

四、土肥水管理

1. 土壤管理

（1）间作绿肥或生草。橘园树行间隙地尽可能地栽种绿肥和生草。间作物或草类应与柑橘无共生性病虫害、浅根、矮秆，以豆科植物和禾本科牧草为宜。绿肥和生草可在不同时期结合其他农事活动进行刈割覆盖、翻埋，或用于扩穴改土。如前所述，柑橘园生草品种可选余地很大，三叶草、黄花苜蓿、紫花苜蓿、鼠茅草等均可，自然生草也可，但需要定期修剪去除一些生长过于旺盛的或恶性杂草（如水花生等）。

（2）覆盖与培土与采后深翻。高温或干旱季节，树盘内生草刈割或秸秆覆盖，厚度以15～20厘米为宜，覆盖物应与根颈保持10厘米左右的距离。培土在秋冬季节进行，把清理沟系挖出的泥土培于根系表面，增加土层厚度。中耕可在夏、秋季和采果后进行，结合除草每年中耕1～2次，保持土壤疏松。中耕深度8～10厘米。雨季不宜中耕。

每年果实采收结束后，应及时清园，除开展一些树体整形修剪工作外，还应对果园土壤进行一次深翻。深翻是果园管理中的一项关键技术措施，可以疏松土壤，避免土壤板结，增加土壤团粒结构，提高土壤孔隙度，增加土壤通透性，促进土壤优质团粒结构的形成，显著提高土壤熟化程度和肥力，有利于保水保肥和通气，有利于土壤中微生物的活动，增加土壤中养分有效性。而且，通过深翻断根还可以促发大量新根，促进根系更新，从而提高根系活力，促进根系向土壤深层发展，扩大吸收根分布范围。一方面，有利于养分和水分的吸收；另一方面，也增强植株的抗旱、抗寒能力。深翻时结合施肥能更有效地复壮树势、提升果实品质，具体措施：全园深翻的，在深翻前撒入腐熟的有机肥或有机复合肥和钙镁磷肥或过磷酸钙，也可以施入绿肥。一般每亩施用有机肥2～3吨、钙镁磷肥或过磷酸钙75～150千克。酸性重的果园，深翻前宜全园每亩增施石灰75千克。

2. 施肥原则 应充分满足柑橘对各种营养元素的需求，提倡多施有机肥，合理施用化肥、速效肥等。另外，应根据土壤质地状态、树体发育不同阶段和不同季节实际需要，施用一些微生物土壤改良剂、微量元素和中量元素叶面肥等。其中，有机肥施用量占全年总施肥量的50%～70%。

3. 施肥方法

（1）土壤施肥。可采用环状沟施、条沟施肥和土面撒施等方法。环状沟施：在树冠滴水线处挖沟（穴），深度20～40厘米；条沟施肥：条沟深度应内浅外深，东西、南北对称轮换位置施肥；土面撒施的肥料以颗粒缓释肥为主，应在下小雨前后撒施。速溶性化肥应浅沟（穴）施，可进行液体施肥。

（2）叶面追肥。在不同的生长发育期，选用不同种类的肥料进行叶面追肥，以补充树体对营养的需求。高温干旱期应按使用浓度范围的下限施用。用于叶面追肥的肥料通常有尿素、磷酸二氢钾、复合肥浸出液（含有硼、钙、钾、氨基酸或腐殖酸以及其他复合型营养元素的水溶性肥料等）等。适用叶面追肥的时机主要包括春、秋梢生长期、果实快速膨大期和果皮转色期。果实快速膨大期应特别注意在保证大量元素养分的同时合理增施硼、钙等中量元素，防止裂果、落果。果皮转色期同时也是果肉中糖、酸快速积累的开始时期，应特别注意增施复合磷钾肥以增糖降酸。此时应注意钾元素的含量和比例不能过高，否则可能导致果实硬度和酸度偏高、成熟期延后。果实采收前20天内停止叶面追肥。

（3）幼树施肥。1～3年生幼树施肥主要以氮肥为主，配合施用磷、钾肥。重点是促进营养生长、快速扩冠。单株年施纯氮80～300克，氮∶磷∶钾以1∶0.3∶0.5为宜。施肥量随树龄的增长和生物量的增大逐年增加。重点配合春、夏、秋三次放梢，进行薄肥勤施。8月以后停施氮肥。晚秋可喷施0.2%磷酸二氢钾，以促进秋梢枝叶成熟，增强抗寒力。

（4）结果树施肥。结果树施肥重在遵循"以树定产，以产定氮，以氮定磷、钾，微量元素以缺补缺"的原则，根据土壤肥力、供肥状况、树龄树势、坐果情况等综合考量确定化肥施用量。氮∶磷∶钾以1∶(0.5～0.8)∶(0.6～0.9)为宜。

（5）周年管理之施肥时间及施肥量、营养元素配比。

基肥：采果后至11月底，早施为好，以商品有机肥和充分腐熟的畜禽肥为主，每亩施肥量2～3吨。

芽前肥：2月下旬至3月中旬（根据不同产区实际情况调整）春季新梢萌发前施用，每株树施均衡型复合肥1.5～2千克、磷肥1千克、氮肥0.5千克。

稳（壮）果肥：6月下旬至7月上旬，果树第三次生理落果结束前后施用，每株树施复合肥1.5～2千克、磷钾肥0.5～1千克。

采果肥：9月下旬果实转色期（果面由青转黄，黄色面积占果皮总面积的15%～20%时）施用，每株树施复合肥0.5千克。

（6）水分管理。多雨季节（如南方地区的梅雨时期）应提前清理沟渠，及时排水。做到控梢期沟渠不积水、放梢期土壤湿润、果实采收前适当控水。夏季连续天晴高温时，应配合施肥进行灌水。移栽大苗初期尤其要勤浇水保湿以促进新根尽快萌发。

五、病虫害综合防控技术

1. 防治原则 遵循“预防为主，综合治理”的植保方针，从改善果园生态系统出发，加强栽培管理，培养健壮树势，增强抵御病虫害能力。在预测预报的基础上，优先运用植物检疫、农业防治、物理防治和生物防治的方法，在达到防治指标时，科学运用化学防治，选用高效、低毒、低残留的农药品种，合理用药。

2. 我国南方产区柑橘主要病虫害种类、发生时间和防治方法 详见表2-3。

表2-3 我国南方产区柑橘常见的主要病虫害防治时间和防治方法

病虫害名称		防治时间与指标	防治方法
主要真菌性、细菌性病害	疮痂病	4月上中旬萌芽初期、5月中旬花谢2/3时	农业防治：结合冬春修剪清除病源，增强果园通透性，控制肥水，促使新梢抽发整齐，减少侵染机会 化学防治：第一次用铜制剂，如波尔多液、氢氧化铜、氧氯化铜等，第二次、第三次交替使用戊唑醇、代森锰锌、代森联、多菌灵、甲基硫菌灵等
	炭疽病	新梢抽发期（4月上旬、5月上中旬至6月中旬及8月上中旬）、9月果实转色期	农业防治：加强栽培管理，增强树势，提高树体抗逆性；秋冬旱季灌水1～2次，做好防旱保湿工作 化学防治：交替使用丙森锌、醚菌酯、多菌灵、代森锰锌、甲基硫菌灵等。每隔10～15天喷药1次，连续2～3次
	灰霉病	5月中旬花谢2/3时	化学防治：交替使用氢氧化铜、丙森锌、多菌灵、醚菌酯、代森锰锌、甲基硫菌灵、苯醚甲环唑等
	树脂病	5月中旬花谢2/3时、6月上旬和7月上旬幼果期	农业防治：挖除死树、重病树，剪除病枯枝，剪后大伤口及时涂抹保护剂；剪除病枝叶集中粉碎或深埋；主干涂白，夏天防日灼，冬天防冻；较粗枝条上的病斑用刀刮除后涂防病剂 化学防治：交替使用氢氧化铜、丙森锌、代森锰锌、甲基硫菌灵等，6月、7月雨水多时应及时补喷

（续）

病虫害名称		防治时间与指标	防治方法
主要真菌性、细菌性病害	溃疡病	4月上旬花苞期至11月下旬，主要危害春梢、夏梢和秋梢，以夏梢、秋梢发病最重，梢萌芽展叶后6～8天见病症。遇高温高湿、台风、降雨等病害易扩散	病害检疫：种植无病毒苗 农业防治：在注意品种区域化的基础上，完善果园水利设施，合理施肥（增施有机肥、钾肥，少施氮肥），增强树势，可有效提高植株抗病力 化学防治：春梢展叶7～10天后以及夏秋新梢萌芽期、果实横径达到0.8～3.0厘米时是防治该病的重点时期，交替使用铜制剂（波尔多液、氧氯化铜、氢氧化铜等）、抗菌剂等，7天用药1次，连续3次以上
	煤污病	全年都可发生，发病盛期在5—9月，8月中下旬为病菌上果危害关键时期。好发于种植过密、施用氮肥过多的果园	农业防治：加强管理，增强树势，提高树体抗病能力。通过合理修剪促进通风透光，降低果园湿度。多施用有机肥，忌多施氮肥，增加秋梢抽发整齐度和新老叶的比例，增强树势，从根本上减少粉虱、木虱数量。做好冬季清园 化学防治：注意防控蚜虫、介壳虫、粉虱等刺吸式口器害虫，切断该病菌的营养源；已发病的果园重点抓住7月中旬和8月中旬2个防治时期喷施抗菌剂，如多菌灵等
主要病毒病	黄龙病	病原菌属韧皮部杆菌属（*Candidatus liberobacter*），我国的柑橘黄龙病病原菌属亚洲种（*Candidatus liberibacter asiaticus*），典型症状为叶片斑驳黄化、发生“红鼻子果”等	其传播方式主要为柑橘木虱传播、嫁接传播以及运输传播 农业防治：推广使用无病毒苗木和接穗；嫁接工具及时消毒 化学防治：控制柑橘木虱
	裂皮病	由柑橘裂皮类病毒引起，症状表现为砧木部分树皮纵向开裂、翘起、剥落、流胶，树冠矮化，树势生长变弱	常通过苗木的转运和嫁接进行传播 农业防治：推广使用无病毒苗木，选用抗病性强的砧木品种；嫁接工具及时消毒 按规定开展植物检验检疫，防止带病植株扩散
	黄脉病	由黄化脉明病毒（Citrus yellow vein clearing virus）引起，嫩叶黄化、脉明，发病后叶片皱缩和畸形，春梢危害较重，秋梢和晚秋梢次之，夏梢基本无症状	主要通过嫁接、豆蚜、绣线菊蚜等媒介昆虫传播 农业防治：嫁接工具及时消毒 化学防治：控制蚜虫

（续）

病虫害名称		防治时间与指标	防治方法
主要病毒病	衰退病	由柑橘衰退病毒引起，属长线性病毒科（Closteroviridae）长线性病毒属（*Closterovirus*），分为3种类型：速衰型（quick decline，QD），引起植株快速衰退或死亡；茎陷点型（stem pitting，SP），引起感染植株茎枝木质部出现凹陷点或沟，同时导致树体矮化、树势衰弱、生长迟钝等；苗黄型（seedling yellow，SY），引起植株叶片黄化	农业防治：推广使用脱毒苗繁育；可用一些弱毒株系（SY）通过交叉保护的方式防治强毒株系（QD、SP）的危害 化学防治：柑橘衰退病除通过嫁接传播外，在田间还可通过橘蚜、棉蚜、桃蚜和绣线橘蚜传播，其中橘蚜传毒能力最强。应针对传毒害虫的发生规律开展防治工作
	碎叶病	属发状病毒科（Capilloviridea）发状病毒属（*Capillovirus*）单链正义RNA（ssRNA）病毒，我国枳壳砧的宽皮柑橘类品种发病较重，常见症状为砧穗结合部位肿大并形成明显的黄色环，植株叶片碎小缺损，树势衰弱甚至死亡	因该病主要通过汁液进行传播，嫁接工具是其主要传播途径，远距离传播则主要通过带毒苗木和接穗，未见昆虫传播 在推广使用无病毒苗木的同时，嫁接也应重视对工具的及时消毒
主要虫害	柑橘螨类	柑橘红蜘蛛春季平均每叶3头，夏秋季平均每叶5头 柑橘锈壁虱，6月中下旬、7月中下旬至9月，10倍放大镜下每视野10头虫以上或肉眼见果面灰蒙蒙时	生物防治：4月末5月初，柑橘红蜘蛛田间数量在2头/叶以下时，释放捕食螨防治，释放前需彻底清园，同时注意果园留草 化学防治：交替使用螺螨酯、矿物油、乙螨唑、丁氟螨酯、阿维菌素（绿色不可）等
	蚜虫类	5月和8月的新梢抽发期，有蚜梢率达20%～25%时	生物防治：保护利用食蚜蝇、草蛉、瓢虫等天敌 化学防治：交替使用啶虫脒、矿物油、吡蚜酮、吡虫啉、苦参碱等
	柑橘粉虱	5月上旬越冬代集中羽化期，5月下旬第一代若虫危害高峰	物理防治：4月果园悬挂黄板引诱粉虱成虫，大棚内使用效果较好 化学防治：交替使用啶虫脒、苦参碱等
	柑橘蚧类	卵孵化盛期（6月中旬至7月上旬）	农业防治：剪除虫枝，刮除成虫 化学防治：交替使用螺虫乙酯、矿物油、噻虫嗪、苦参碱等，间隔15天喷2～3次

（续）

病虫害名称		防治时间与指标	防治方法
主要虫害	尺蠖	6—8月夏秋梢抽发期，发现有虫害叶时	物理防治：杀虫灯诱杀成虫 化学防治：交替使用苏云金杆菌、矿物油、除虫脲、啶虫脒、菊酯类农药等
	柑橘潜叶蛾	秋梢抽发期（8月上中旬至9月上旬），发现有虫害叶时	农业防治：抹除夏梢，8月中旬统一放秋梢 化学防治：交替使用印楝素、氟虫脲、菊酯类农药、阿维菌素（绿色不可）等。间隔7～10天树冠喷雾2～3次
	天牛	6—8月观察树干有新鲜虫粪时	物理防治：沿新鲜虫粪排出处用钢丝勾杀幼虫，伤口涂以石硫合剂或波尔多浆等保护剂 化学防治：5月中下旬幼虫孵化期在树体主干1米以下部位喷洒1次噻虫啉
	蜗牛	9—10月潮湿多雨天气上树危害时	农业防治：果园散放鸡、鸭 化学防治：撒施四聚乙醛颗粒
	柑橘木虱	柑橘木虱是田间传播柑橘黄龙病的唯一途径。其具有明显的趋嫩性，卵、若虫的发生盛期与柑橘抽梢期相吻合，橘园橘树每次嫩梢长至3～6厘米时，虫口密度最大，卵量在每次梢发芽期5毫米时最大。特别是每年7—9月夏秋梢发生时期危害最重	生物防治： 寄生性天敌：亚洲地区柑橘木虱的优势寄生蜂为亮腹釉小蜂 *Tamarixia radiata*（Waterston）和阿里食虱跳小蜂 *Diaphorencyrtus aligarhensis*（Shafee，Alam and Argarwal） 捕食性天敌：瓢虫、捕食螨、草蛉等 生物防治菌种：玫烟色棒束孢、球孢白僵菌、绿僵菌、橘形被毛孢等 化学防治：新梢抽发期交替喷施矿物油乳剂、啶虫脒、吡虫啉、高效氯氟氰菊酯等

六、整形修剪和花果管理技术

柑橘树一生要经历幼年、成年和衰老等生物学阶段，就修剪而言，不同阶段的技术要点不同：幼树阶段以整形为主，通过整形修剪，使树体能尽快投产；成年结果树修剪的目的是尽可能保持树体营养生长与生殖生长平衡，延长丰产稳产年限；衰老树生长趋向衰弱，为促其长势稳定继续结果，应进行不同程度的更新复壮修剪。

（一）幼树整形修剪技术

幼树过度修剪会影响生长，甚至可能导致推迟1～2年进入盛果期。因此，目前普遍推广前3年基本轻度修剪甚至免剪，即在定植后前2年任其自然生长，及时除去砧木萌蘖，树冠长到1米左右大小时，采用撑枝、拉枝、吊枝、扭枝、弯枝、摘心、剪顶等措施培养主枝和副主枝，尽量少用抹芽、疏枝、回缩等整形方法，夏梢要多采用拉枝、反复摘心等方法培养树形。待幼树长至3～4年后，采用简化修剪，疏去少量旺长枝、背上直立枝、密弱枝和低垂枝等，再根据实际生产需要，结合拉枝、生长抑制剂（多效唑、烯效唑）使用、配合控氮控水、以果压树等措施，逐步培养丰产树形。

以纽荷尔脐橙为例，幼树通常采用自然圆头开心形，苗木定干高度60～70厘米，主干高度40～50厘米。选留3个分布均匀、着生角度合理、生长势较强的新梢（不在同一平面上）作主枝，其余枝条除少数留作辅养枝外全部去除，采用拉枝或立支柱的方式，使主枝分枝角呈30°～50°。翌年春梢抽生后，每个主枝上选留1～2个相互错开的枝条作副主枝，同时选留一定量的侧枝作辅养枝，副主枝与主干呈60°～70°。幼树时期尽量轻剪或避免修剪，以增加枝梢密度和叶面积，使幼树提早结果。修剪时尽量采取抹芽、摘心、放梢等手段，除短截主枝、副主枝的延长枝外，其余枝均保留。新梢长度为3～5厘米时，疏除过密新梢；新梢（主要是春、夏梢）长至8～10片叶时，摘去顶端，促其老熟；秋梢一般不摘心，以免萌发晚秋梢。

（二）成年树整形修剪技术

成年结果树通常可进行冬春修剪和夏季修剪：冬春修剪是指柑橘树进入相对休眠的冬季至春梢芽萌动前这一时期的修剪；夏季修剪则泛指柑橘树生长季节里，从春梢到秋梢生长期的修剪管理。

1. 冬春修剪　冬春修剪又叫休眠期修剪，主要包括对以下6类枝条的修剪：①病、虫、枯枝的修剪。这类枝条通常从基部剪除，剪除后清除出园并烧毁，以减少病虫源。个别尚有利用价值的病虫枝，可将病虫危害部分剪除，保留未受害的健壮部分。②密生枝、荫蔽枝的修剪。密生枝按“三去一，五去二”的原则剪弱留强。对密生的丛生枝，因其生长纤细衰弱，常从基部剪除。荫蔽枝因光照条件差，一般生长都较弱，可行剪除。③交叉枝、重叠枝的修剪。常依据“去弱留强，去密留稀，抑上促下”的修剪方法处理。④徒长枝、骑马枝的修剪。徒长枝：除对发生在树冠空缺处的留30厘米左右长短剪，促其形成分枝丰满的树冠外，其余的一律剪除。骑马枝：即大枝空膛处的直立枝，可进行短截，促其分枝，这样有利于降低结果部位，促生优质的结果枝组。⑤下垂枝的修剪。对长势健壮的采取分年回缩，回缩部位以结果果实不下垂碰到地面为度，待结果后视情况再行回缩；长势较弱的枝从弯曲处短截；长势弱或过密的枝从基部剪除。⑥结果枝修剪。结果母枝通常保留健壮带叶的。但为防止出现结果大小年现象，对结果母枝可短剪一部分，使其抽生营养枝，成为下一年的结果母枝。若不易出现结果大小年现象，也可对结果母枝去弱留强。结果枝一般均作保留，但在结果过多的情况下，常按“疏果不如疏花，疏花不如疏枝”的原则将过多的结果枝疏除。对结果后的果蒂枝，若是有4～5片叶的较强健壮枝，其腋芽能转变为混合芽，则可作为结果母枝保留，且不短剪；至于较弱和弱的果蒂枝，则一律剪除。

2. 夏季修剪 夏季修剪又叫生长季修剪，通常采取疏春梢、抹夏梢、放秋梢的修剪方法。①疏春梢。春梢如抽发过多，就会与花、果争夺养分而加剧落花落果，因此应将树上过多的春梢疏除一部分，以利于保花保果，剩下的留作下年的结果母枝。疏春梢量：花枝上的春梢全部疏去，无花枝上的春梢按“三剪一，五剪二”的原则疏除，通常使新老叶之比保持在1∶1.5，遇干旱或气温较高时，新老叶之比以1∶2为宜，以减轻异常落果。②抹夏梢。夏梢抽生正值果实膨大期，此时梢果矛盾突出。所以，必须采取及时抹除夏梢的方法，以保果稳果。尤其是初结果树，在开始结果的同时常抽生夏梢，若未能及时地抹除夏梢，则常造成落果严重，甚至无果。抹夏梢的时间和方法：通常随夏梢的陆续发生开始每隔3～5天抹除1次。③放秋梢。秋梢是成年结果树的良好结果母枝。通常在立秋前后放秋梢，8月中旬前后放齐秋梢。配合放秋梢在7月下旬施肥，使之抽发整齐。放梢后，当其生长至10～15厘米时，按“三去一，五去二”的要求留强去弱，使留下的秋梢生长健壮、分布均匀，从而成为良好的结果母枝。

仍以纽荷尔脐橙为例，成年树修剪主要包括及时回缩结果枝组、落花落果枝组和衰弱枝组，适当疏去过密新梢，控制夏梢，剪除病虫枝、枯枝和交叉枝。对于当年抽生的夏、秋梢营养枝，通过短截部分枝梢，调节翌年产量，防止出现结果大小年现象；对于较拥挤的骨干枝实行大枝修剪，使树冠保持通风透光。

（三）花果管理技术

柑橘树除正常生理落果外，常因立地条件的差异、结果大小年现象的不协调、生长势的强弱、病虫害的侵染以及外界气候因素（冻害、干旱、暴风、冰雹）影响等，造成花果生长不良而脱落减产。因此，在管理中应根据实际情况，因地制宜，克服不利因素，创造有利条件，合理控制花量和果量，保证树体健康生长和丰产稳产。

1. 保花保果技术 柑橘喜湿润，但忌潮湿积水和干旱无墒。生理落果与营养缺乏、水分不足和长期积水有关。春旱时，花前、花后进行灌水可减轻落花落果，但若盛花期橘园积水，会加剧落花落果。因此，对高湿积水橘园要在花前排除积水，减少土壤水分，以增强土壤通透性，提高着花坐果率。若在花前、花后和果实膨大期遇严重干旱，要及时灌水。但应以快灌速退为佳，避免大水漫灌。

结合施肥则保花保果效果更好，包括3—5月开花和春梢生长期、5月下旬至7月下旬根系生长高峰期、6—8月果实膨大期、7月下旬至8月中旬晚夏梢、早秋梢抽发期等时期，树体快速生长发育消耗了大量养分，因此，在此期间应重视壮果促梢肥的施用，肥料以偏氮、重钾、配施磷肥为宜。有条件的可以开沟深施有机肥，以进一步增强土壤通透性。

此外，春夏花前修剪可通过改善通风透光条件来调节生长和结果的平衡，增强树体营养水平，促进花芽分化，提高坐果率。

2. 疏花疏果技术 疏花疏果是疏去过多的花果和病虫危害的花果以及畸形花果，减少后期生理落果，维持生长与结果的平衡，保证树体健壮，预防结果大小年现象发生，达到优质、高产、稳产的目的。

疏花：通常在盛花期对蛆蕾、虫花、无叶花枝、畸形花进行疏除。密集花枝按“三取一、五取二”法去留，保留中庸健壮枝上的花。

疏果：在第二次生理落果前疏去虫果、病果、顶花果。对强旺早秋梢母枝，要疏去中下部果，保留上部果；对弱秋梢母枝，要疏去上部和下部的果，保留中部果。强枝留2～3个果，中庸枝留2个果，弱枝留1个果。强旺春梢母枝留2个果，其余1枝1果。强旺树多留，弱树少留，大树多留，小树少留，旺树冠外多留，弱树冠内多留，偏冠树强面枝多留，弱面枝少留，保留适量的果个数，以达到丰产优质的目的。

柑橘上还可选用适当种类和浓度的化学药剂进行疏花疏果。

第六节　露地和设施栽培技术

一、露地栽培

柑橘是喜温植物，对积温要求较高，温度决定着树体的生长发育过程，对光合作用、呼吸作用、蒸腾作用以及根系吸收水分和养分都有重要的影响。柑橘传统上以露地栽培为主，在露地条件下，树体生长、果实发育及其糖、酸积累进程无一不受到气温、降水、光照、季节等外界因素的影响，我国几大主要柑橘产区都曾在冬季遇到过不同程度的低温冻害，不仅可能会削弱树势，诱发一些病害，如树脂病等，还可能影响一些挂树越冬的晚熟、极晚熟品种的产量和果实品质。在适栽区边缘地带、次适栽区等地区，如果仍简单使用露地栽培模式培育柑橘，则极有可能出现因年积温不足（北缘地区）或气温/空气湿度过高（热带）导致果皮变厚、果皮质地变粗、囊衣变厚、果肉汁液减少、果肉质地变干甚至汁胞粒化、果肉糖分积累不足、酸度偏高、风味不佳等问题出现，严重降低鲜食品质。

二、设施栽培

设施栽培是在玻璃、塑料薄膜等材料搭建的大型可封闭空间中进行栽培，可以对柑橘果树生长发育温度、水分等环境因子进行调控。与露地栽培相比，柑橘设施栽培的关键作用就是调节柑橘生长的温度，克服不良环境对柑橘果树生长的不良影响。例如，当极端低温发生时，可提高设施内温度、防止造成冻害；当夏季高温超过 40℃的临界温度时，可以通过在设施内外覆盖遮阳网，降低环境温度，达到保证柑橘始终在较适宜环境下生长的目的。设施栽培在灵活调控成熟期以延长果品的供应期方面也具有重要意义。

按照柑橘生产目标，柑橘设施栽培可以分为促成栽培、延后栽培和避雨栽培 3 种类型。按功能的不同，柑橘设施可分为简易设施和高级设施。简易设施栽培的功能主要是保温、防冻、调控水分，可以达到提高柑橘品质和产量的目的。常见的有覆膜促早、避雨栽培等。高级设施栽培可以利用设施配套装置，从而对柑橘生长的温度、湿度和肥水等环境因子进行调控，可以达到提前或延后柑橘成熟期、提高柑橘品质的目的。以下罗列 7 种柑橘上常见的、配合设施栽培模式实施可显著提高果实品质的栽培技术。

1.（覆膜）加温促早技术 柑橘促成栽培以加温型大棚为主，根据加热时间的不同，又可分为早期加热型和普通加热型。早期加热型于 11 月上中旬至 12 月开始升温加热，柑橘于翌年的 5 月中旬至 7 月上市；普通加热型在 12 月中下旬至翌年 1 月上中旬开始升温加热，柑橘果实于 7 月中旬至 9 月上市。柑橘加温促早栽培技术是利用连栋温室大棚、加温设备等，通过加温打破柑橘树休眠，使树体提早进入生长期，并在生长发育过程中根据需要人工调节温度、光照、水肥等，使其整个物候期提早的栽培技术。延后栽培技术则是通过设施保护将柑橘果实留树，以达到让果实有充分时间完全成熟，积累更多糖分；同时，避免柑橘遭受冬季冻害，延迟到翌年采收的一种栽培方法，可以达到提升果实品质、“错峰”推迟上市的目的。早在 1619 年，德国就有利用玻璃温室栽培甜橙的报道，并实现了甜橙的安全越冬。17 世纪末，法国建设了凡尔赛大温室，用于柑橘设施栽培。亚洲国家中尤以日本和韩国的柑橘设施栽培面积大，技术较先进。其中，日本柑橘设施栽培以加温型大棚为主。韩国柑橘则通过设施栽培调控产期基本实现了柑橘鲜果周年供应：2—4 月是避雨、越冬栽培温州蜜柑的采收上市期，3—5 月是避雨栽培晚熟杂柑类的采收上市期，5—10 月是加温设施栽培温州蜜柑的采收上市期。

2. 避雨栽培技术 在高温多雨的地区可通过避雨栽培达到减轻病虫危害、

提高果实品质的效果。在果实成熟期间、特别是果实成熟后期糖分快速在果肉中积累，此时如遇雨水过多，果实中含水量增高，不仅会降低糖分的相对浓度，导致果实的可溶性固形物含量下降，同时当湿度过高时，如遇果面有擦伤或其他伤口，可能导致病害发生和快速扩散。而避雨栽培可以使果实在成熟期不被过多雨水浸淋，不仅能降低空气湿度，减少病害发生，而且有利于糖分积累，能显著提高果实可溶性固形物含量，从而提高柑橘果实品质。避雨栽培在实际生产中操作十分简便，如可以在简易支架顶部覆盖塑料薄膜，甚至下雨前直接在树顶覆盖塑料薄膜用以避雨，雨后再揭去薄膜以通风透气，或者直接在树体下的地面覆盖塑料薄膜等防水材料，都可以达到阻止树体吸收过多的水分、提高果实品质的目的。

3. 延后栽培技术 延后栽培技术又称为留树保鲜技术、完熟栽培技术等。顾名思义，既可以延长果实的采收期，避开上市高峰，又可以降低果实储藏成本。近年来，为了提高果实品质和进一步提高经济效益，浙江目前已大面积推广柑橘设施延后栽培技术。但在实际应用中也发现，采收越迟，果实浮皮和结果大小年现象越明显，造成产量和品质不稳定，树势也因此受到影响。这一现象在宽皮柑橘（如浙江产区的主栽品种温州蜜柑）中尤为明显。通常认为，用于储藏的柑橘不适用于完熟栽培，晚熟品种在完熟栽培模式下越冬应做好相应的防冻措施。可选择坡向朝南、日照时间长、土层中厚、排水性良好的丘陵缓坡地，橘园应选择树势略强或中庸的成龄橘园。完熟栽培比普通采收期延后15～30天，分批采收。在该技术实施过程中应特别注意：①谨慎选择品种，应注意选择晚熟或至少中熟的宽皮柑橘品种或选择紧皮型柑橘品种实施延后栽培技术；②避免果实浮皮，果实长时间挂树可能会出现果肉失水、浮皮等现象，降低果实品质，而喷施全营养剂和螯合钙新型叶面肥能有效提高设施栽培柑橘的可溶性固形物含量，同时大幅度降低酸度，在一定程度上能促进品质的进一步提高；而喷施螯合钙新型叶面肥在提高果实紧皮度和减少浮皮方面效果明显。

4. 限根栽培技术 从20世纪90年代开始，限根栽培成为一种新型技术并迅速发展。其本质是通过一些物理或生态方法把根系控制在一定土层内控制根系生长，调节地上部营养生长和生殖生长过程的一种新型栽培技术。该技术最早源于起垄栽培。限根栽培对果树一生的各个环节都有不同程度的影响，主要包括植株生长指标，如株高、茎粗、树冠大小、坐果率、单果重；植株生理方面，如叶绿素含量、内源激素的活性、根系生长与分布、水分利用效率、叶片碳水化合物和营养元素的含量等方面。通常限根栽培被认为能够显著降低树体株高，使树冠变小，基径及叶面积也都有所减少。在实际生产和科研中，该技术的应用可以调控树体长势和根域环境，具体表现为降低果树叶片净光合速率，抑制新梢生长，但限根栽培后增加了纤维根的数量，提高果实坐果率与果实品质，且不同材质的限根容器影响效果不同。

限根栽培后植株根系再生长及外部环境变化，让植株发生根系功能不同的变化，进而改变植株生长表现和内部生理变化。限根后能促进植株根系再生及新根生长，但使地上部新梢生长受到抑制。大量试验结果表明，限根栽培能够促使果树发侧根、抑制新梢生长、提高成花率、增加果树产量、提高幼树质量。研究发现，在柑橘上实施限根栽培可以降低土壤水势，使得柑橘树体受到水分胁迫而促进果实含糖量的增加。另外，限根栽培可以明显提高柑橘成花量。除柑橘外，限根栽培技术目前在桃、猕猴桃、葡萄等果树的研究和应用也较为广泛。在农业生产中，限根栽培可以有效提高肥水等农业资源利用率，控制果树新梢生长，调控光合产物在营养器官与生殖器官的均衡分配。另外，该技术的实施便于田间管理，特别是便于调节土质，能有效减少不良土质对根系生长发育和养分吸收利用的抑制，进而有效提高果实品质。该技术在土质不佳（如土壤偏酸或盐碱化、地下水位过高、土质黏重不透气等）的情况下效果更为明显。

5. 生草栽培技术 传统果园的土壤管理仍以传统清耕为主，加之化肥过量使用，导致土壤板结、地力下降、生物多样性降低，严重制约产量和果实品质的提高，影响果树产业的健康发展。近年来，随着国内对果园生草栽培的不断重视，果树-绿肥复合种植模式成为研究热点。果园生草栽培是随灌溉系统的不断发展而兴起的一种现代化果园土壤管理模式，对土壤改良有多方面的作用，如有效提高果园土壤有机质和矿质营养元素含量及其稳定性，明显改善土壤容重和孔隙度，影响土壤水分含量，提高土壤相关酶活性，增加土壤微生物种类及含量，调节土壤盐碱性、提高有机质含量，维持养分平衡，改善果园生态环境，有效解决长期清耕带来的负面危害等。此外，果园生草还具有改善果园生态环境、抑制杂草生长、保水保土、减少人工等多方面的作用。我国于1998年将果园生草栽培作为绿色果品生产主要技术措施进行大面积推广，但时至今日，生草栽培仍处于小面积应用阶段，未成为我国主流果园土壤管理模式。诸多研究表明，果园生草栽培可改善果园土壤生态及土壤理化性状，提高土壤含水量，增加土壤有机质及营养元素含量，促进果树生长发育，提高果实品质及产量。但不同地区因其土壤生态环境的差异，其适宜种植的果园生草种类也会略有不同。目前，生产上有使用自然生草，也有专门栽培特殊的草种，常用的草种包括黑麦草、三叶草、紫花苜蓿、百脉根、鼠茅草等。这些草种在柑橘园中都有栽种报道，与清耕相比，生草被认为能不同程度地改变土壤含水量，显著降低土壤、特别是0～20厘米耕层土壤的容重和pH，大幅提高土壤总孔隙度和有机质含量，同时显著提高土壤中全氮、全磷、有效磷、速效钾含量，特别是土壤中容易被固定、难以被植物吸收利用的磷元素。在生草栽培模式下，土壤有效磷含量通常会显著升高，这对提高果树对土壤养分的有效吸收利用十分有利。

此外，生草栽培模式营造的果园小气候被认为能够直接影响果树的生长发育以及果园病虫害发生规律，良好的微环境能够为果树优质高产创造条件。大量研究表明，生草栽培具有调节果园气温、土壤温湿度的作用，在苹果、梨、桃等不同树种上开展的试验均表明，生草栽培可以在高温季节有效降低果园温度，在冬季低温时有效提高果园温度，减轻冻害。

目前，国内外已开始关注生草条件下果园土壤团聚体及有机质碳的变化动态。所谓土壤团聚体，是一种由土壤颗粒胶结形成的颗粒状或团块状结构体，其数量和质量不仅决定土壤肥力的高低，还与土壤的抗侵蚀能力、固碳容量和环境质量等直接相关。通常研究认为，土壤团聚体可划分为大团聚体（>0.25毫米）和微团聚体（≤0.25毫米）。不同团聚体具有特定的孔隙特征以及不同粒级团聚体碳源数量、质量的差异，影响有机介质的持久性及有机质的亲水性和疏水性物质的比例，进而影响团聚体的稳定性。其中，>0.25毫米粒级的土壤团粒结构是土壤中最好的结构体，其数量与土壤稳定性成正相关，即土壤团聚体粒径越大，土壤稳定性越好。团聚体的稳定性直接影响土壤表层的水、土界面行为，稳定性越好，越有利于土壤对水分、养分的转化。团聚体平均直径越大，结构体破碎率越低，表示团聚体的团聚度越高，稳定性越强，越有益于果树生长。土壤团聚过程是土壤固碳中最为重要的途径之一，团聚体形成是土壤有机碳蓄积的重要机制，对有机碳有着“隔离”和“吸附”等物理保护作用。而土壤有机碳则是土壤环境质量和功能的核心，其含量与土壤物理性状、化学性状、生物性状变化密切相关，对土壤团聚体数量、大小、分布具有重要的影响，且与水稳性团聚体关系密切。不同类型果园生草栽培试验结果表明，生草栽培可对果园土壤团聚体及其稳定性产生积极影响，主要表现为能够活化土壤养分，改善土壤根际微环境，提高树体长势和营养水平。

6. 矮化栽培和早结丰产技术　采用大枝修剪技术。通过夏季大枝修剪营造开心形的矮化树冠，控制树体向上生长，促进树体横向生长，去除顶部强枝。一方面，改善内膛光照条件，促进立体结果；另一方面，调节营养生长和生殖生长的平衡，促进提早坐果。对初果期果树达到以果压冠，减缓生长势；对成年树则促进内膛结果及降低结果部位，提高采摘效率和安全性。

7. 反光地膜提升内膛光照、提高果实糖度技术　光照是影响柑橘内膛果品质的最重要原因之一。低光照限制了柑橘中下部树冠叶片及果皮的光合作用能力，从而引起果实品质降低。铺设反光膜能够有效增强果园地面对阳光的漫反射，能够改善和显著提升整个果园尤其是树冠中下部及内膛的光照条件，提高整体光合效率，从而使这些树冠内膛和中下部的果实充分着色，包括加快果实着色进程和增加着色度，进而提高优质果率。

可溶性固形物是果实中可溶解的糖、有机酸及其他营养物质的总量，是果实品质的重要指标之一，在一定程度上反映了果实品质的优劣。有研究表明，树冠光照强度影响柑橘生长发育及果实品质，其中可溶性固形物含量在一定程度上随着光强的变化表现出正相关。不同质地的反光地膜能够不同程度地提高中下部果实可溶性固形物的含量。可溶性固形物/有机酸值（即固酸比）是衡量果实综合风味的重要参数，由于消费者对果实酸度的偏好不同，铺设反光膜也可不同程度地改善果实中有机酸的含量以面对不同的消费市场。以浙江黄岩产区的宽皮柑橘品种本地早为例，有研究发现，柑橘果实的酸度会随着光照度减弱而逐渐增高，而铺设反光地膜能够显著提升树体中下部和内膛光照条件，进而有效降低内膛果实的酸度，使得最终果实的综合风味口感得到明显提升。

主要参考文献

邓秀新，2005. 世界柑橘品种改良的进展［J］. 园艺学报，32（6）：1140-1146.

蒋飞，张喜喜，毛家男，等，2020. 限根栽培模式对柑橘品质的提升作用研究初探［J］. 浙江柑橘，37（3）：11-14.

单杨，丁胜华，苏东林，等，2021. 柑橘副产物资源综合利用现状及发展趋势［J］. 食品科学技术学报，39（4）：1-13.

沈兆敏，1995. 我国柑橘早中晚熟优良品种（系）配套探讨［J］. 中国柑桔，24（1）：38-42.

沈兆敏，2020. 世界柑橘产销现状及做强我国柑橘产业的建议［J］. 果农之友（3）：1-3.

翁法令. 浅谈柑橘杂交育种［J］. 浙江柑橘，2005，22（3）：10-11.

吴剑，曾凡坤，文红丽，2012. 柑橘皮渣提取液中类黄酮与柠檬苦素分离工艺［J］. 食品科技，37（12）：189-193.

肖凯，赵良忠，尹乐斌，等，2013. 柑橘类皮渣综合利用研究进展［J］. 邵阳学院学报（自然科学版），10（3）：73-78.

Brar H S，Thakur A，Singh H，et al，2020. Photoselective coverings influence plant growth，root development，and buddability of citrus plants in protected nursery［J］. Acta Physiologiae Plantarum，42（2）：1-15.

Costanzo G，Iesce M R，Naviglio D，et al，2020. Comparative studies on different citrus cultivars：A revaluation of waste mandarin components［J］. Antioxidants，9（6）：517.

Debroy P，Varghese A O，Suryavanshi A，et al，2020. Characterization of the soil properties of citrus orchards in central India using remote sensing and GIS［J］. National Academy Science Letters，44（4）：313-316.

Devy N F，Dwiastuti M E，Hardiyanto，2022. Effect of different soil fertility on growth and development of two citrus cultivars under two locations［C］. IOP Conf. Series：Earth and

Environmental Science 985：012033.

Dogar W A，Ahmad T，Umar M，et al，2020. Study to determine the effect of spacing and varieties on fruit quality of citrus [J]. Journal of Pure and Applied Agriculture，5（4）：74－82.

Erni S，Hanevi K，Kori D，2020. Citruses in Croatia—Cultivation，major virus and viroid threats and challenges [J]. Acta Botanica Croatica，79（2）：264－273.

Feng S，Frederick G，Gmitter Jr，et al，2021. Identification of key flavor compounds in citrus fruits：A flavoromics approach [J]. ACS Food Sci. Technol.，1（11）：2076－2085.

Gomes F R，Rodrigues C，Ragagnin A，et al，2020. Genetic diversity and characterization of sweet lemon（*Citrus limetta*）fruits [J]. Journal of Agricultural Science，12（8）：181.

González－González，Gómez－Sanchis，Blasco，et al，2020. Citrus yield：A dashboard for mapping yield and fruit quality of citrus in precision agriculture [J]. Agronomy（10）：128.

Itoh K，Matsukawa T，Deguchi T，et al，2021. Effective utilization of *Citrus unshiu* plant waste extracts with lipase inhibitory activities [J]. Journal of Plant Studies，10（2）：1－7.

Muske D N，Gahukar S J，Akhare A，2015. Review：Virus－indexing of citrus tristeza virus for screening quality planting material in *Citrus* spp. [J]. Trends in Biosciences，8（19）：5141－5153.

Niu Y H，Wang L，Wan X G，et al，2021. A systematic review of soil erosion in citrus orchards worldwide [J]. Catena（206）：105－108.

Sania R，Mona H S，Sharif M S，et al，2020. Biological attributes of lemon：A review [J]. Addiction Medicine and Therapeutic Science，6（1）：30－34.

Thirunavukkarasu S A，Kumar N V，Rawat V，2020. A review on techniques of various post－harvest treatments on *Citrus* spp. [J]. International Journal of Current Microbiology and Applied Sciences（11）：2670－2680.

Wu G A，Terol J，Ibanez V，et al，2018. Genomics of the origin and evolution of *Citrus* [J]. Nature（554）：311－316.

Wu Q S，Wang P，Hashem A，et al，2021. Field inoculation of arbuscular mycorrhizal fungi improves fruit quality and root physiological activity of citrus [J]. Agriculture，11（12）：1297.

Xu F，An H，Zhang J，et al，2021. Effects of fruit load on sugar/acid quality and puffiness of delayed－harvest citrus [J]. Horticulture（7）：189－203.

Zla B，Rja B，Zya B，et al，2020. Comparative study on physicochemical，nutritional and enzymatic properties of two *Satsuma mandarin*（*Citrus unshiu* Marc.）varieties from different regions [J]. Journal of Food Composition and Analysis（95）：103614.

NO. 3 第三章　桃

桃［*Prunus persica*（L.）Batsch.］是蔷薇科李亚科桃属植物，原产于我国陕西、甘肃、西藏等黄河上游海拔1 200～2 000米的高原地带，是我国最古老的栽培果树之一，在全国32个省份中，有29个有桃的产业化栽培，桃是我国分布范围最广的果树之一。按照农业农村部统计，2018年我国桃栽培总面积为82万公顷，产量1 300万吨，是世界第一桃生产大国。我国桃产区主要有西北、华东、华北、西南、东北5个产区，2018年我国桃产量居前10位的省份为山东、河北、河南、湖北、辽宁、陕西、江苏、北京、四川、浙江。

《诗经》是世界上最早以文字记载桃的书籍，其中有很多篇章提到桃和桃花。而且，桃在当时已经进入了人工驯化栽培阶段，《诗经》成书至今已有2 500～3 000年，说明我国祖先进行人工桃栽培至少已经有3 000年的历史。

我国桃消费主要分布在4—10月，其中设施栽培桃集中于5月上市，露地栽培桃集中于6—8月上市，桃种质资源非常丰富，目前我国栽培品种有2 000多个，其中3个国家级桃种质资源圃共保存桃种质资源1 300余份，包含普通桃、山桃、光核桃、新疆桃、陕甘山桃、甘肃桃6个种。21世纪以来，我国桃产业发展十分迅速，面积、产量都有稳步提升，新增品种300余个，品种更新快。

目前，我国生产的桃主要以鲜食为主，用于加工的比例较低，约占桃产量的4%。加工产品有桃罐头、桃干、桃果酱、桃汁、果酒等，以桃罐头为主。其中，经济栽培的品种有200多个。根据地理分布、果实性状，又可将桃划分为3个品种群，即普通桃、油桃和蟠桃，鲜食品种中普通桃占比在70%以上，桃果肉营养成分丰富，除了鲜食和加工以外，桃还被广泛用作观赏和入药，如桃仁可榨取工业用油，桃花有消肿、利尿之效，桃胶可以替代阿拉伯胶用于颜料、塑料、医学以及工业用途。

第一节　营养价值

桃味甘、酸、性温，有生津润肠、活血消积、丰肌美肤的作用，可用于强身健体、益肤悦色及治疗体瘦肤干、月经不调、虚寒喘咳等诸症。《随息居饮食谱》中说桃："补血活血，生津涤热，令人肥健，好颜色。"

每100克桃的可食部分中，能量为40千焦，约含蛋白质0.8克、脂肪0.1克、各种糖类10.7克、钙8毫克、磷20毫克、铁10毫克、维生素A原（胡萝卜素）60微克、维生素B_1 30微克、维生素B_2 20微克、维生素C 6毫克、烟酸0.7毫克，另含多种维生素、苹果酸和柠檬酸等。

桃树许多部位具有药用价值，其根、叶、花、仁可以入药。桃花、桃叶、果实均被报道有不同的营养保健功能，如抗氧化、抗衰老、抗癌、降低化疗引起的肝肾功能损伤、消炎、抗糖尿病、抑菌、预防动脉粥样硬化和高血压等疾病。

1. 抗氧化活性 营养学研究表明，自由基清除等抗氧化是预防衰老和许多过氧化相关疾病的重要步骤，因为过多的自由基会影响细胞和组织正常的代谢功能。作为世界范围普遍消费的水果，桃不同组织的抗氧化活性屡见报道，桃果实抗氧化活性机理已受到越来越多的关注。酚类物质是植物次生代谢产物，许多文献认为，它们是桃发挥抗氧化活性的主要物质。桃中已经明确报道的酚类物质包括绿原酸、儿茶素、表儿茶素、没食子酸、新绿原酸、原花青素B_1、原花青素B_3、鞣花酸、芦丁槲皮素-3-葡萄糖苷、矢车菊素-3-葡萄糖苷和矢车菊素-3-芸香苷等。果蝇试验表明，通过调节葡萄糖和机体氧化代谢，桃果实提取物可以延长果蝇寿命。另有文献报道，桃果实提取物中的2-异丁基-5-甲氧基吡嗪有预防衰老的作用。

2. 抗癌活性 有关桃提取物抗癌活性屡见报道。研究人员利用细胞模型发现，桃果实提取物可以显著抑制乳腺癌MDA-MB-435细胞的恶性增殖，其中的绿原酸和新绿原酸可能是发挥作用的重要物质，它们可显著抑制乳腺癌细胞的生长，却对正常乳腺上皮细胞表现出很小的毒性作用。另有文献报道，桃果实酚类物质可以抑制人类结肠癌细胞（S1116、HT29、Caco-2、NCM460）的恶性增殖，同时可以促进Caco-2细胞的分化。桃仁中的苦杏仁苷、洋李苷、扁桃酸苷、苄醇苷可以抑制由肿瘤因子诱导的EB病毒的产生，从而达到抗肿瘤的效果。化疗药物通常对癌症患者的正常细胞与器官组织有严重的毒副作用。研究人员发现，桃果肉提取物可以显著减轻由化疗药物顺铂引起的小鼠肝毒性，扭转了由顺铂引发的血清谷丙转氨酶和谷草转氨酶的增加，较好地维持了肝脏的重量，同时提高了小鼠机体内还原型谷胱甘肽等水平。另外一项在结肠癌异种移植小鼠上的研究表明，桃果实提取物单独处理可以显著抑制结肠癌CT-26细胞的生长，且基本没有毒副作用；它也可通过抑制血清中尿素氮和肌酸酐含量上升，协同顺铂促进化疗效果，同时降低化疗过程中顺铂类化合物对肾脏的功能性损伤。

3. 抑制过敏性疾病 过敏性炎症可引发哮喘和鼻窦炎等多种疾病，最新研究表明，桃果实提取物能抑制过敏性炎症。该研究结果显示，桃提取物可抑制全身性过敏和免疫球蛋白 E 介导的局部过敏反应，并可调控细胞内的钙离子，进而抑制组胺的释放和促炎性细胞因子的表达与分泌。这一研究成果无疑对哮喘、鼻窦炎等疾病患者来说是莫大的喜讯。

4. 其他功效　桃含有多种维生素，其中含铁量居水果之冠。铁是人体造血的主要原料，对身体健康相当有益。此外，研究人员发现，桃叶提取物中的多花蔷薇苷 A 可以抑制小鼠小肠葡萄糖的吸收，维持小鼠血回流的稳定；而其中的类胆碱物质则可以起到改善肠道状况、促进通便的作用。桃花提取物还可以保护皮肤，抵抗紫外线诱导的 DNA 损伤，抑制皮肤癌的发病率，其在防辐射护肤用品等化妆品的开发方面有巨大的应用潜力。

第二节　育种研究现状

一、桃的生长环境

1. 光照　桃是亚热带落叶果树，原产于我国海拔较高、日照长而光照强的西北地区，为喜光的树种。光照与桃花芽分化和果实品质有密切的关系，一般山地桃园桃枝条生长充实，花芽饱满，而平地较差；同一品种在山地味甜，外观美，而在平地味淡，色泽差。且同一株树，树冠外围光照充足花芽多且饱满，果实品质好；树冠隐蔽处花芽少而瘦瘪，果实品质差，结果部位逐渐外移，产量下降。

桃树中心主枝很早消失，树冠开展，叶狭长，都是喜光的特征。因此，栽植桃树不宜过密，以免树冠彼此遮阳，影响光照强度。而对于树冠整形，因考虑其喜光特性，均以造成自然开张的形状为宜。

2. 温度　桃为喜温树种，对温度适应范围广，耐寒力较强，我国除极寒、极热地区以外，自南而北各处皆可栽培。桃树在清凉温和的气候条件下生长最佳。其中，北方品种群以 8～14℃、南方品种群以 12～17℃的年平均温度为宜，地上部发育的温度为 18～23℃，新梢生长适温为 24～25℃，花期 20～25℃，果实成熟期 25℃左右。高温、多雨同时出现的地区，不适于经济栽培。

桃树在冬季需要一定的积温（低温），才能正常完成休眠过程，按 7.2℃以下的低温计算，在 400 小时以内完成休眠过程的为短低温品种，适于南部地区栽培；多数品种需 750 小时，才能完成休眠；在 800 小时以上完成休眠过程的为长低温品种，就不适于南方栽培。

南方引进北方品种时，特别是冬季 3 个月平均气温超过 10℃的地方，多数品种落叶延迟，进入休眠不完全，往往引种不成功，桃树耐寒力在温带果树中属于较弱的一种，但也能耐相当低温。桃萌芽期和开花期在我国北部地区往往遭到晚霜危害，在江南地区春暖较早的年份里，一些品种也会受到不同程度的霜害影响，桃的生殖器官花蕾耐寒力最强，能耐－3.9℃；花次之，能耐－2.8℃；幼果最弱，在－1.1℃就会受冻，开花期间温度越低，持续时间越长，受害越严重。

3. 水分 桃原产于干旱地区，其性耐干旱，雨量过多，常会引起徒长，致花芽少而结果不良，品质下降。这种现象在华北系品种移到南部地区栽培时比较常见，桃对湿度的要求依品种群而不同，如华中系品种（包括日本品种），要求雨量较多，故在我国南方地区如杭州（年降水量 1 511 毫米）、宁波（年降水量 1 546 毫米）、成都（年降水量 1 000 毫米）等地广泛栽培；华北系和欧洲系品种群则喜欢较干燥气候，故此类品种多在山东、河北、山西、陕西等地栽培。

桃树开花期不宜雨水过多，因雨水多常影响昆虫正常活动，造成桃树授粉受精不良；成熟期雨多，则果实色泽不良，品质降低，味淡而不甜，储藏性差。桃树最怕水淹，桃园短期积水超过一定时间（2～3 天），会造成桃树迅速枯死，若是排水不良或地下水位高的果园，也会引起根系早衰，叶片变薄，叶色变淡，同化作用降低，致使落叶、落果、流胶及死亡。

4. 土壤 桃树对土壤的要求不严，在丘陵、山地和平原均可种植。但最适宜的是排水良好、土层深厚的沙壤土，在黏重土易发生流胶病。桃树喜酸性土壤，一般以 pH 4.9～5.2 为宜。

桃树较耐盐碱，pH 7.5～8.0 范围尚可正常生长，8.0 以上会因缺铁引起黄叶病。据测定，当含盐量为 0.13％时，对果树没有影响，至 0.28％时则部分死亡。因此，土壤含盐量高、未经改良的盐碱土不适于栽培桃树。

据研究，桃根系中含有扁桃苷，当土壤中老桃树的残根腐败水解时，能产生氢氰酸和苯甲醛，杀死新根和幼根，故老桃园更新后，不能立即种新桃树，否则树冠矮小，甚至死亡，最好隔 2～3 年再种，至少也需挖净老根，进行土壤消毒后再种。

5. 地形、地势 桃喜光怕涝，应选择地势较高、地下水位较低的地块建园，更适合在海拔 400 米以下、坡度在 5°～15°的低山缓坡地种植。

种植在南坡地段，阳光充足，气温回升快，相对湿度较低，土壤中温度、湿度变化较大，物候期早，可明显提高果品质量；而种植在北坡地段，光照条件较差，果实成熟期延迟，果品质量下降，山坳谷地，日照时数较少，温度较低，湿度较大，容易造成徒长。影响花芽分化，产量较低。而低洼谷地因冷空气沉积，易遭受晚霜袭击，引起落花落果。

二、中国桃育种研究现状

国家对桃育种研究尤为重视，我国自 20 世纪 50 年代后期开始有目的、有计划地开展桃育种工作。70年代后期以来，我国桃产业迅速发展，跃居为世界桃和油桃生产第一大国。我国桃品种选育以鲜食品种为主，辅以加工品种和观赏品种，鲜食品种以果个大、优质、耐储运、丰产和多样化类型为主要目标，今后桃育种总体目标是优质、耐储运、多样化和抗性。此外，培育树形紧凑、成花容易、具有下垂和矮化基因、抗病性强、管理省力的品种是我国桃育种的一个方向。目前，桃树育种主要途径是杂交育种、实生育种和突变育种，我国桃育种工作经历了从起步到快速发展的历程，主要可分以下5个阶段。

1. 资源调查与育种起步阶段（1949—1959）　这个时期是我国桃育种的起步阶段，科研体系尚未完全建立，生产力水平低，生产所种植的品种基本上是地方品种或国外引入品种。这个阶段，我国开展了全国性的桃资源普查工作，基本查清了我国桃的种类和品种资源。同时，开展杂交育种试验，主要育种目标为选育适应性强、品种优良的早熟和晚熟品种。江苏省农业科学院园艺研究所的晚硕蜜、迟园蜜和江苏省里下河地区农业科学研究所果树花木研究室的晚白蜜、扬州124蟠桃就是最早开展杂交育种培育出的4个品种。江苏是我国在桃育种的起步阶段较早获得品质优良品种的省份，其成绩一直走在我国桃种质资源研究队伍的前列。

2. 早期杂交育种阶段（1960—1969）　这个阶段主要开展的是初期早、中、晚熟鲜食桃的育种，这也是我国一直致力于发展的方向。针对当时地方品种品质较差、产量较低、成熟期不配套、国外品种适应性差以及果实风味品质较差的问题开展了有性杂交育种，选用中晚熟品种作为母本，对地方品种进行了初步改良。育成的早熟白桃品种有江苏省农业科学院园艺研究所的雨花露、钟山早露、雪香露、白香露，北京市农林科学院林业果树研究所的庆丰、麦香、早香玉、京红，浙江省农业科学院园艺研究所和浙江农业大学（现为浙江大学）共同育成的杭州早水蜜，北京农业大学（现为中国农业大学）园艺系的北农2号等；中熟品种有河南农业大学园艺系的豫甜、豫白，江苏省农业科学院园艺研究所的朝晖、京玉；晚熟品种有北京市农林科学院林业果树研究所的八月脆、京艳、京蜜、秋玉，江苏省农业科学院园艺研究所的新白花，大连市农业科学研究院的丰白等。

为弥补桃供应期短的劣势，将桃制成罐头制品能填补桃的市场空缺，当时缺乏专用品种，完全使用鲜食品种中的白桃和黄桃，提前采收制罐，严重影响加工品质。因此，不少科研单位意识到了这个问题，开展了罐桃育种初期研究，提出了罐桃的选育目标是黄肉不溶质、黏核。经过杂交育种，首先选育出的品种有大连市农业科学研究院的丰黄、连黄，随后北京市农林科学院林业果树研究所的燕黄、京川，江苏省农业科学院园艺研究所的金丰和金橙，江苏省里下河地区农业科学研究所的扬州40也相继培育成功。这是我国培育的第一代制罐品种，为后期当地大规模开展黄桃育种奠定了基础。这个阶段还培育出了一些早熟鲜食黄桃品种，如江苏省农业科学院园艺研究所的金花露等，丰富了我国的桃品种结构。

在我国，桃种质资源的收集工作主要通过建立种质资源圃来完成。根据国家果树科研规划（1962—1972）任务，1965 年在江苏南京建立了第一个国家桃品种资源圃。

3. 以罐桃和特早熟桃品种选育为主的选育阶段（1970—1979） 为解决我国缺乏专用的罐桃品种和成熟期在 5 月下旬至 6 月初桃品种缺乏的现状，这一阶段主要开展的是以罐桃和特早熟桃品种的选育工作。

1973 年，轻工业部组织了全国罐桃育种加工研究协作组，组织江苏省农业科学院园艺研究所等多单位协作开展罐桃的选育，由此罐桃育种研究取得较快进展。培育出的专用品种有浙江省奉化食品厂的奉罐 1 号、奉罐 2 号、奉罐 3 号，江苏省农业科学院园艺研究所的金晖、金旭、金艳、金莹，北京市农林科学院林业果树研究所的燕丰，中国农业科学院郑州果树研究所的郑黄 2 号、郑黄 3 号、郑黄 4 号，浙江省农业科学院园艺研究所的浙金 1 号、浙金 2 号、浙金 3 号等，早、中、晚熟品种基本配套。这些品种的问世使我国制罐桃品种又上了一个新台阶。

随着组织培养技术的发展，在桃育种上，借助胚培养技术，可以克服早熟桃种胚败育、直播不能获得成苗这一难题。20 世纪 70 年代以来，陕西、北京、上海、江苏、浙江、山东、山西、河南等地相继开展这方面的研究，成绩斐然，育成了特早熟及早熟桃，开创了我国早熟桃生产新局面，通过有性杂交培育出的特早熟品种有上海市农业科学院园艺研究所的春蕾，江苏省农业科学院园艺研究所的早花露，浙江省农业科学院园艺研究所与杭州市果树研究所协作育成的玫瑰露和雪雨露，北京市农林科学院林业研究果树研究所的京春，河北农业大学的新星。这些品种的果实发育期均在 60 天左右，该阶段我国的特早熟桃育种处于世界领先水平。蟠桃在该阶段也获得了一些早熟的品种，主要为北京市农林科学院林业果树研究所的早露蟠桃、陕西省果树研究所的新红蟠桃和新红早蟠桃。

4. 油桃、蟠桃等育种为主的多样化起步阶段（1980—2000） 20 世纪 80 年代起，北京等地引进美国、意大利的油桃花粉种质及优良品种，与我国异质型桃京玉、秋玉等杂交，开展了我国第一代油桃杂交育种，选育出一批适应性较好、风味甜的新品种，使我国的油桃生产得到了发展，第一代油桃有北京市农业科学院林业果树研究所的瑞光 1 号、瑞光 2 号、瑞光 3 号、瑞光 5 号、瑞光 7 号、瑞光 11，北京市农林科学院的早红珠、丹墨、早红霞，陕西省果树研究所的秦光，江苏省农业科学院园艺研究所的霞光，中国农业科学院郑州果树研究所的曙光等。但第一代油桃品种多数存在外观欠佳、裂果较重的现象。为此，在20世纪80年代末和90年代初，又开展了第二代油桃育种。1993年以来，相继推出了华光、艳光、瑞光22、瑞光28、红珊瑚、香珊瑚、美秋、红芙蓉等甜油桃品种。

从20世纪80年代中期开始，育种科研单位将蟠桃育种作为一个主要的育种目标，实施于育种计划中。蟠桃育种的最初目标为成熟期配套、味甜、果大、丰产。培育出的蟠桃品种有北京市农林科学院林业果树研究所的瑞蟠2号、瑞蟠3号、瑞蟠4号，中国农业科学院郑州果树研究所的早黄蟠桃，江苏省农业科学院园艺研究所的早魁蜜、早硕蜜。上海市农业科学院还选育出了锦绣黄桃鲜食黄肉桃品种，大连市农业科学研究院培育出了橙香鲜食黄肉桃品种，江苏省农业科学院园艺所培育出了金花露鲜食黄肉桃品种，其中锦绣黄桃的应用比较广泛。

随着保护地栽培和设施栽培的兴起，矮化桃育种和短低温桃育种也逐步受到重视，通过杂交将油桃与矮化品种杂交，中国农业科学院郑州果树研究所培育出矮丽红。我国的短低温桃品种资源丰富，中国农业科学院郑州果树研究所率先开展了桃品种需冷量和短低温种质的遗传评价研究，获得了需冷量400～650小时的优良桃、油桃及其观赏桃新品系。

5. 多样化、优质、耐储运育种的飞速发育阶段（2001年至今）　2001年，全国桃育种协会将耐储运作为今后的总体育种目标，同时为了满足消费者的需求，以多样化和优质为主要育种目标，不同类型的桃也制定了相应的桃育种方向。鲜食品种以优质、大果、耐储运为目标；在加工桃品种中，制罐品种和制汁品种分别以黄肉、黏核、不溶质、出汁率高、不容易褐变为目标，而设施栽培品种则以短低温、弱光照为育种目标；油桃育种已进入第三代育种阶段，主要目标是果面全红、不裂果，同时油蟠桃、鲜食黄桃、观赏桃育种也获得了一些新品种，育出了超红珠、丽春、千年红、玫瑰红、中油5号、中油7号等油桃新品种；中国农业科学院郑州果树研究所育成的金霞油蟠、风味太后、风味天后等黄肉油蟠桃代表品种，在国内得到广泛推广。此外，培育抗病性强、管理省力（不疏果、不套袋）的品种也是该阶段及未来我国桃树育种的一个方向。

三、桃优异种质利用

1. 普通桃优异种质及其利用　白花为我国南方溶质桃的典型品种，至今仍在生产中应用，白花在我国桃品种品质改良中发挥了重要作用。我国原产的早李光桃、日本的兴津油桃是早期油桃育种仅有的亲本资源，不但果小、味酸，而且易裂果。利用早李光桃、兴津油桃的无毛基因与我国优良的水蜜桃品种白花、新白花杂交，获得了品质优良的含隐性油桃基因的单株。再经过同胞交配，与欧美油桃品种 Fantasia 等杂交，通过基因重组，使油桃隐性同质基因与优质性状结合，获得霞光、93-18-5 等甜风味油桃。

以白花为直接或间接亲本培育出雨花露、白蜜蟠桃、朝霞、朝晖、锦绣、新白花、钟山早露、金花露、雪香露、芒夏露、银花露、玫瑰露、早霞露、雪玉露、霞晖 1 号、霞晖 2 号、春蕾、早硕蜜、春花、秦蜜、霞晖 5 号、霞晖 3 号、霞晖 4 号等众多品种，在我国桃生产中发挥了重要作用。

美国、日本利用引进的上海水蜜作为育种亲本，培育出了爱保太、大久保、白凤等优良品种，其中大久保因果实综合品质优良，在北方桃品种选育过程中被经常用作亲本。含有大久保遗传背景的育成品种包括麦香、双丰、庆丰、京玉、秋红、金艳、半月脆、早香玉、北农 1 号、早玉、丰白、秦蜜、晚红蜜、春丰、春艳、津艳、美硕、华玉等品种。

2. 油桃优异种质及其利用 油桃是普通桃的变种，我国油桃种质资源主要分布在新疆和甘肃，目前主产区以山东、河北等北方产区为主，油桃表面光滑无毛，果皮韧性较差，大多数品种在南方高温多湿的气候环境下，易裂果和产生日灼。我国现在大量栽培的油桃品种几乎都是从国外引进的或者是以引种的国外品种为亲本杂交选育而来的。

目前，我国育成的油桃品种成熟期较为集中，以早熟品种为主，生产上缺点明显，存在味淡、裂果、产量低等问题。

利用美国油桃阿姆肯、丽格兰特、新泽西 76 等培育出了甜风味油桃曙光、瑞光 2 号、丹墨等，推动了我国的油桃生产。

油蟠桃新品种由于其兼有油桃的光滑无毛、色泽艳丽和蟠桃的果形独特、食用方便、风味甘甜，而成为重要的育种目标，中国农业科学院郑州果树研究所通过杂交聚合选育的方式，先后育成了中油蟠 9 号、中油蟠 5 号以及中油蟠 7 号等早、中、晚熟相配套的黄肉油蟠桃新品种，既满足了当地市场的需求，也为推动我国黄肉油蟠桃种质作出了重要的贡献。

3. 黄桃优质种质及其利用 黄桃主要分布在西北、西南等地，华北、华东也有栽培，如渭南甜桃、庄里白沙桃、临泽紫桃、张掖白桃、兰州迟水桃，12 月成熟，极耐储运。

云南省昆明市呈贡区是我国西南黄桃的主要分布区，著名品种有呈贡黄离核、大金旦、黄新桃、黄锦胡、泸香桃等。

辽宁大连是我国制罐黄桃的主要产地之一，主栽品种有金露、秋露等，成熟期较集中。2016 年，大连市农业科学院培育出晚熟优良制罐黄桃品种橙露，其母本为丰黄、父本为橙香。

2003 年，山东省沂源县果品产销服务中心利用金黄金桃为母本，用曙光、雨花露、中华寿桃等品种的混合花粉进行点授，通过 10 多年的努力，选育出了金黄金 1～4 号黄桃系列品种。其中，金黄金 1 号为大花品种，花粉量大，自花结实率高，含糖量高，含酸量极低，半溶质，丰产稳产，表现突出，经济效益显著。

4. 蟠桃优质种质及其利用　蟠桃品种在江苏、浙江一带栽培比较多，如白芒蟠桃、玉露蟠桃等。此外，西北地区也有蟠桃栽培，并且有黄肉蟠桃。

第三节　区域分布与产业概况

目前，世界各国均有桃的分布，是栽培最为广泛的温带落叶果树之一，遍及 80 多个国家和地区，桃主要分布在南北纬 25°～40°，是世界六大水果之一，栽培品种 3 000 多个。主要生产国有中国、美国、西班牙、意大利、法国、希腊、土耳其、伊朗、智利、阿根廷、埃及、印度、巴西、日本等。

桃在我国栽培普遍，集中产地为山东、河北、河南、湖北、四川、江苏、陕西等地。从 1993 年起，我国桃产量和面积一直居世界第一位。其中，2015 年全国桃面积、产量居于前十位的省份见图 3－1。

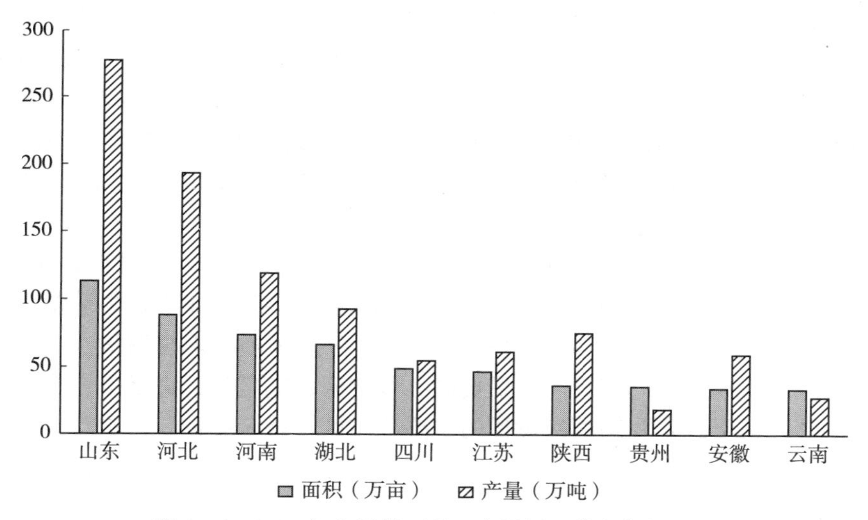

图 3－1　2015 年全国桃面积、产量居于前十位的省份

根据我国各地生态条件、桃分布现状及其栽培特点，可划分为 5 个桃适宜栽培区：华北平原桃区、长江流域桃区、西北干旱桃区、云贵高原桃区、青藏高寒桃区；2 个次适宜栽培区：东北高寒桃区、华南亚热带桃区。

1. 华北平原桃区　该区位于秦岭、淮河以北，地域辽阔，包括北京、天津、河北、辽宁南部、山东、山西、河南、江苏和安徽北部，降水量 700～

900 毫米，年平均气温 10～15℃，无霜期 200 天左右。根据气候条件差异，又可分为大陆性桃亚区、暖温带桃亚区，该区为我国桃最适栽培区域，各种类型均可以生长，各个成熟品种都有，露地栽培鲜果供应期长达 6 个多月。蜜桃及北方硬肉桃主要分布于该区，著名地方品种有深州蜜桃、肥城桃、青州蜜桃等。

2. 长江流域桃区 该区位于长江两岸，包括江苏、安徽南部、浙江、上海、江西和湖南北部、湖北大部以及成都平原、汉中盆地，处于暖温带与亚热带的过渡地带，雨量充沛，年降水量在 1 000 毫米以上，土壤地下水位高，年平均气温 14～15℃，生长期长，无霜期 250～300 天。该区桃树栽培面积大，是我国南方桃树的主要生产基地，适于南方品种群的生长，尤以水蜜桃著称，如奉化玉露、白花、白凤、湖景蜜露等品种，以皮薄易剥、肉质细软、入口即化、汁多味甜、芳香浓郁而扬名国内外，该区域以发展普通桃、蟠桃为主，可适当发展早熟油桃、油蟠桃，但需要谨慎选择品种，可适当选用设施栽培技术以提高品种的品质及效益。

3. 西北干旱桃区 该区位于我国西北部，包括新疆、陕西、甘肃、宁夏等地。该区是桃的原产地，海拔较高，属于大陆性气候的高原地带。季节分明，光照充足，气候变化剧烈。年降水量 250 毫米左右，空气干燥。冬季寒冷，最低气温常在－20℃以下，生长季节短，无霜期 150 天以上。桃在该区适应性强，分布甚广，尤以陕西、甘肃最为普遍，各县均有栽培。我国著名的黄桃多集中于此，如渭南甜桃、庄里白沙桃、兰州迟水桃等，12 月成熟，极耐储运。新疆传统以种植蟠桃为主，在发展生产的同时，主要考虑桃储运的问题。

4. 云贵高原桃区 该区包括云南、贵州和四川西南部，纬度低、海拔高，形成立体垂直气候。夏季冷凉多雨，7 月平均温度在 25℃以下；冬季温暖干旱（在 1℃以上），年降水量约 1 000 毫米。桃树在该区多栽培在海拔 1 500 米左右的山坡上。以云南分布较广，呈贡区、晋宁区、宜良县、宣威市、蒙自市为集中产区。呈贡区是我国西南黄桃的主要分布区，著名品种有呈贡黄离核、大金旦等。该地区以发展优质水蜜桃和蟠桃为主，可适当发展早熟油桃品种，应限制发展中晚熟油桃品种。

5. 青藏高寒桃区 该区包括西藏、青海大部、四川西部，高寒地带海拔多在 3 000 米以上，地势高，气温低，降水量少，气候干燥。桃树栽植于海拔 2 600 米以下的高原地带，以硬肉桃居多，如六月经早桃、青桃等。在西藏和四川木里地区，野生光核桃很多，也有成片种植，可供生食和制干。

6. 东北高寒桃区 该区位于北纬 41°以北，是我国最北的桃区。生长季节短，无霜期 125～150 天，气温和降水量虽然能满足桃树生长结果的需要，但是冬季漫长，气候严寒，绝对最低气温常在－30℃以下，并伴随干风，桃树易受冻害，影响产量，栽培甚少。只有黑龙江省的海伦市、绥棱县、齐齐哈尔市、哈尔滨市，吉林省的通化市等地采用匍匐栽培，覆土防寒，方能越冬。在吉林省的延吉市、和龙市、珲春市一带分布有能耐严寒（－30℃）的延边毛桃，无须覆土防寒也能越冬。果形大、风味好的珲春桃，是抗寒育种的珍贵种质。近几年，在珲春市、安图县进行了少量南方水蜜桃品种的设施栽培，基本上树体生长正常，能挂果，高寒地区根据区域特点，重点发展早熟且适合保护地栽培的品种。

7. 华南亚热带桃区 该区位于北纬23°以北、长江流域以南，包括福建、江西、湖南南部、广东、广西北部。夏季温热，冬季温暖，属亚热带气候，年平均温度17～22℃，1月平均温度在4℃以上，降水量1 500～2 000毫米，无霜期达300天以上。该区桃树栽培较少，一些蓄冷量低的品种可以生长，生产上以硬肉桃居多，如砖冰桃、鹰嘴桃、南山甜桃等。华南亚热带桃区栽培桃的限制因子是冬季低温不足，多数品种的需冷量不能满足需要，该区宜发展短低温桃品种。

第四节 新优品种和良种繁育技术

一、桃新优品种

1. 西王母 2006年，西王母在河南南阳从日本引进的苗木中嫁接繁育而来，是超甜中晚熟桃新品种，具有长势旺、超甜、口感好、果实大、抗性强、耐储藏等特点。果实近圆形，黏核，硬溶质，果皮不宜剥离，有香气，果肉极甜，平均单果重281克，最大单果重370克，可溶性固形物含量平均17%左右，最高达23%。果肉黄白色，近核处有红色素。果实8月下旬至9月上旬成熟。品质极佳，耐储运，可自然存放10～15天。2014年，通过河南省林木品种审定委员会审定。

2. 赤月（白凤×白桃） 2003年，奉化市水蜜桃研究所从日本冈山县引进，果实近圆形，黏核，肉质致密，果皮不易剥离，香气浓郁，平均单果重202克，最大单果重387克，可溶性固形物含量平均在14%以上，最高达18%。果肉乳白色，近核处有红色素。果实在南方地区6月中下旬成熟，目前是宁波市奉化区[①]早熟水蜜桃优良主栽品种。与南方传统水蜜桃相比，品质佳，较耐储运，可自然存放3天以上，适合物流运输及电商销售。

3. 白凤 1924年，日本神奈川县农事试验场以岗山白与橘早生杂交育成。

① 奉化于2016年底撤市变区。

白凤目前是我国苏浙沪一带早熟水蜜桃的主要栽培品种，树势中等，树形较开张。长、中、短果枝结果都很好，花芽着生多，复芽形成好，大花型，花粉多，自花结实率高，丰产。果实圆形，果顶平，平均单果重 198 克，最大单果重 380 克，果皮黄白色，着生有鲜红条纹，色泽美观，果肉乳白色，近核处为淡红色，肉质致密，纤维少而细，稍坚实，汁液多，较耐储运，味鲜甜，无酸，可溶性固形物含量 14%，黏核。南方地区果实 6 月中下旬成熟。

4. 湖景蜜露 湖景蜜露系江苏无锡实生变异的优良地方品种。20 世纪 80 年代初，浙江奉化林业部门从江苏无锡引入湖景蜜露，通过 10 多年的栽培管理和驯化，适应奉化当地的气候环境，于 2000 年通过了浙江省农作物新品种认定证书。

该树树势中庸，树姿较开张，以中、长果枝结果为主，花芽多，丰产性好，果实近圆形，平均单果重 192 克，最大单果重 442 克，果顶平，果皮浅黄白色，阳面有玫瑰红色，外观艳丽，果肉白色，肉质细密，比水蜜桃耐储运，汁多味甜，香气浓郁，可溶性固形物含量 14%～17%，黏核。果实 7 月上中旬成熟，采摘期比一般水蜜桃品种长，可采摘 15～25 天，一般水蜜桃采摘期 7～15 天，其表现为肉质较密、采摘期长、货架期较长、管理方便、丰产稳产、抗病虫害能力强等特点，使得该品种在 2012 年左右占近一半的苏浙沪桃栽培面积，后在江苏无锡当地研究机构的精心培育下，又相继选育出了早湖景、大湖景、晚湖景等优良品系，栽培面积较大。

5. 奉化玉露桃 奉化玉露桃系奉化传统品种，最早是浙江奉化从上海引入的龙华水蜜桃，经过多年的培育管理，形成了独特的、适应当地气候的水蜜桃特性，故之后的育种人员以“琼浆玉露、瑶池珍品”为由，取名奉化玉露桃，该品种在 2000 年获得了浙江省农作物新品种认定证书。自此至 2012 年左右，玉露桃一直是奉化主栽品种，栽培面积一直占 50%以上，奉化玉露桃以皮薄易剥、肉质细软、入口即化、汁多味甜、芳香浓郁而著称，全国桃专家都称之为“中国桃品质之最”。原先奉化玉露桃销售半径较小，后来由于人们生活方式和消费习惯的改变，促使电商销售的流行，加之奉化玉露桃极不耐储运性、抗病性弱、果面色泽不佳、果形不够大（平均单果重不到 200 克）等缺点，导致栽培面积下降明显，目前不到宁波市奉化区桃栽培面积的 20%，急需进行传统品种提纯复壮、栽培技术研究、品质提升或品种选育、更新换代。

奉化玉露桃树势强健，树姿半开张。各种果枝均能结果，以中长果枝结果为主，花芽形成好，复花芽比例高，花粉多，自花结实率高，丰产性较好，但近几年存在后期落果加重的情况。

果实近圆形，两边对称，果顶平，平均单果重 177 克，最大果重 298 克，果皮乳黄色，果面有少量红色，很难着色，一般八成熟以上采摘当日即发生褐变，隔日商品性差，极难储运。果肉乳白色，近核处紫红色，肉质细软，汁多味甜，香气浓，风味浓，可溶性固形物含量14%～18%，黏核。果实7月下旬成熟。

6. 山东肥城桃 目前，肥城桃分2个类别，即白里佛桃和红里佛桃。

(1) 白里佛桃。树势强，树姿开张。坐果力强，生理落果少，采前落果少，丰产。果实采收期9月上旬，平均单果重450克，最大单果重870克。果实浅黄色，部分有红晕，缝合线浅，果顶凸尖，果肉细腻，汁液多，风味浓甜，可溶性固形物含量16%～18%，最高达26%，品质佳，黏核。

(2) 红里佛桃。树势强，树姿开张。坐果力强，生理落果少，丰产，抗病性强。果实大，圆形，平均单果重469克，最大单果重750克。果面乳黄色，色彩呈玫瑰红色，部分有晕，缝合线极深，两侧对称，果顶尖圆，果肉白色，近核处红色，果肉质地致密，脆，纤维多，汁液多，风味酸甜，香味浓，品质极佳，核中等大小，黏核，不裂，可溶性固形物含量14.9%。

7. 金秋红蜜 极晚熟冬桃，挂果期长，一般可采摘20多天。果实圆形，果顶略凸，去袋后全果可着红色，口感硬脆，可溶性固形物含量16%～20%，单果重250克以上。果实10月上旬成熟，可采至11月初，耐储运，货架期长。

8. 锦绣黄桃（鲜食黄桃） 树势较强，树姿较开张，各类果枝均能结果，有花粉，较丰产。果实高圆形，个大，果形整齐，果肉淡黄色，果皮底色为乳黄色，果面分布少量红晕，平均单果重250克，最大单果重415克，肉质细韧，汁液中等，味浓甜，有香气，可溶性固形物含量13.5%～16.5%，黏核，8月中旬果实成熟。

二、桃良种繁育技术

桃苗在繁育过程中，如各生产过程管理及时，可达到苗木快速繁殖、快速成园、实现生产的目的。

（一）砧木培育

1. 选地整地 应选择地势较为平坦、土层深厚、土质疏松、低下水位低、易排易灌、背风向阳的地块作为砧木苗圃地。平整成宽1.3米（带沟）、高30厘米的畦，肥力差的土地可结合深耕，适当施基肥，整细耙平压实。

2. 砧木选择与种子处理 桃繁育通常采用的砧木有毛桃、山桃，南方常采用毛桃作砧木。其优点是能适应温暖多湿的气候条件，与水蜜桃亲和力强，嫁接成活率高，嫁接后生长发育好，根系发达，耐干旱瘠薄，寿命长，结果好。缺点是过于肥沃或低洼地栽培生长过旺或生长不良，易发生流胶病。

播种可分为秋播和春播，秋播一般在10月下旬至11月上旬进行，秋播前将毛桃种子取出后漂洗干净，放在阴凉通风的地方晾干，不可暴晒，种子干燥后收藏，注意防止鼠害与霉烂变质，一般采用层积处理，以促进种子后熟及打破休眠。层积处理的具体做法：在背风高燥的地方挖沟，深60～100厘米，长与宽根据种子量而定。挖好沟后，先在沟底部铺1层5厘米厚的河沙，含水量为50%左右（即以手捏成团、手松一触即散为宜），河沙与毛桃种子的比例为(5～10)：1，混合后平铺于沟内后，再铺上1层10厘米厚的河沙，铺好河沙后再在上面铺上1层种子与河沙的混合物，接近地面时不再铺种子，用河沙铺高出地面并覆土成屋脊状，四周挖排水沟，每隔50厘米左右，可在层积沟中插一小捆秸秆通气。层积过程中要时常检查，注意通气状况和湿度，并注意防止鼠害和霉烂，层积温度可保持在2～7℃，待层积的种子有30%露白时，即可取出播种。

3. 播种　一般采用冬播，将层积好的种子播入作好的畦中，用木板压实，覆土、拱膜，覆土的厚度高于种子1.5厘米。若播种量不多，可在育苗地上用农家肥及秸秆、稻草等制作温床，并在育苗地上平铺1层腐熟的有机肥，翻土、整平、耙细、耙平，做成宽1米、高30厘米的育苗床，浇足水，用木板刮平后，均匀撒播毛桃种子，盖上干净的黄土约6厘米厚，再盖上1层茅草，以保持土壤湿度，或盖上薄膜，做小拱棚保温保湿。播种量为4.5～7.5吨/公顷，出苗为225万～300万株/公顷。

4. 间苗与移栽　未出苗前应注意保持土壤的湿润，进行干湿交替管理，但不可过湿，以免产生烂种等问题。幼苗出土时多疏密不均匀，要及时间除细弱株、病株，将长出5～8厘米的毛桃及时间苗并拔出移栽至苗圃地，移栽要选择晴天的傍晚或阴天进行，移栽后立即浇水。移栽时行距为25厘米，株距为8厘米。

5. 苗木管理　种子萌发与幼苗生长都需要大量水分。在南方，播种前浇足水后，在出芽前一般不再浇水，幼苗期则应适时适量浇水，保持土壤湿润，雨季注意排水防涝。当毛桃恢复生长后，及时中耕除草。保持土壤通气，使苗木正常生长。可选择在雨前、雨后或结合中耕除草时施入磷酸钾复合肥150～225千克/公顷，以加快毛桃的正常生长。及时对细菌性穿孔病、流胶、蚜虫、夜蛾等桃树病虫害进行防治。

（二）嫁接

桃苗的嫁接可分为2个时期：一是生长期嫁接，一般采用芽接的方法；二是休眠期嫁接，一般采用枝接的方法。

1. 接穗选择　选用当年生、无病虫害、生长充实枝条上的成熟芽。

最好随采随接，若需保存，可将接穗每50～100根捆好，标明品种，进行沙藏或用薄膜包紧后，放入冰箱保鲜，保鲜温度为5～8℃。若要第二年春切接，接穗的采集应在桃树落叶后、萌芽前采集，可随采随接。

2. 适时嫁接　当年种植的毛桃，当年嫁接，当年出圃。因此，当毛桃直径达 0.3～0.4 厘米时，即可嫁接，一般选择在 5 月中下旬至 10 月上旬进行。具体的时间应根据毛桃的生长情况及接穗的成熟度来决定嫁接时期，应随时观察，及时嫁接，以利于延长苗木的生长时期，提高苗木的当年出圃率。嫁接方法有多种，可采用腹芽接、腹切接、切接等。但无论采用何种嫁接方法，绑膜时需露出芽点。

3. 嫁接苗管理　嫁接后要及时检查成活率，未接活的要及早补接，并注意适时解缚、剪砧。在距接芽的上方 5 厘米处将砧木折伤，或将接芽上的砧木保留 4～6 片叶，其余的剪去，这样可利用砧木上的枝叶，辅助提供接芽萌发生长所需的养分。待接芽成活，萌芽长至 10 厘米左右，再剪去副梢。无论采用何种方法，都要因时、因地、因气候而异。嫁接 5 天后可检查苗木的成活率，发现死芽及时补接。及时抹除毛桃叶腋中的萌芽，使其不能与接芽争夺水分和营养，以保证新芽有足够的养分，全力保证接芽新梢的生长。当嫁接苗生长至 10～15 厘米时可剪砧，剪除接芽上方 0.5 厘米以上的砧木。为满足苗木生长要及时追肥，及时施用磷酸钾复合肥 225～450 千克/公顷，坚持少量多次、分次施用的原则，根外追肥可用 0.3%～0.5%的磷酸二氢钾。在水分管理上，查看苗地的水分，不可过干与过湿，及时灌水与排水，可时干时湿、干湿交替。当灌水时，要灌跑马水，水不要太大，湿润地面即可，以免水分过多，影响苗木的生长。苗圃地要及时中耕除草，以保证土壤疏松、无杂草，有利于苗木的生长。当苗木长到 15～20 厘米，确定苗木成活时，可进行揭膜，方法是用锋利的小刀，在接芽后割 1 刀，去除薄膜，并集中处理。当苗木长至 30 厘米左右时进行摘心，使苗木分枝及加粗生长，以提高苗木的质量。8 月中下旬，为了使枝条充实，要将未停止生长的副梢和主梢全部摘心。

第五节　栽培管理技术

一、园地选择要求

桃树适应性强，在平原、山地均可生长。如在山地种植，坡度应小于 30°。桃树在沙质壤土和红黄壤土生长较好，pH 4.5～7.5 可以种植，但以 pH 5.5～6.5 微酸性为宜，盐分含量≤1 克/千克，有机质含量最好≥10 克/千克。水蜜桃根系较浅，在土层较浅的土壤也能生长；在土质较疏松的土壤，根系发育范围大，生长较好，可以延长盛果期的年限。根据水蜜桃根系分布规律，在选择园地时，土层深度以 1.0～1.2 米为宜。桃树为浅根系植物，对水分敏感，根层分布在地表下 20～50 厘米处，根系呼吸旺盛最怕水淹。因此，当选择在平地建园及河滩地建园时，地下水位应在1.0米以下。

二、园地规划

1. 小区划分 平地建园以10～20亩为一个小区，并以5～6个小区为一大区。小区形状以长方形为好，山地小区以长边方向贯彻坡面，以利于机械操作和水土保持，并按地形修筑梯田。地形复杂的丘陵地带，小区形状不必拘于一种形式，要因地制宜划分小区。

2. 园区道路 为便于肥料、农药和产品的运输，必须修筑道路，一般主干道宽4～5米，能通行拖拉机和货车，区间道路宽2.5米，各区间道路与主干道路相通，形成交通网络。山区桃园应按面积和坡高设计环山主道路，在主干路中间，依坡势设计区间道路，使之形成交通网络。

3. 排灌系统 桃树怕涝，积水易导致烂根死亡。因此，排水系统的设置十分重要，排水系统与道路设计相结合，其深度根据当地的地下水位、雨量大小、果园积水程度而定，小区内的排水沟与树行一致。山地排水沟应设在梯内壁，垂直的排水沟应选在自然状态的山地处，依适当地形建立蓄水池，以拦蓄山水，缓冲大雨对土壤的冲刷，还可供灌溉、喷药时使用。

三、定植

（一）品种的选择

应根据种植地区气候、园区环境条件、果实成熟期、品质、储运性、抗逆性等制定品种规划方案，同时需考虑市场、交通、消费和社会经济等综合因素，合理搭配早、中、晚熟不同成熟期的品种。当主栽品种无花粉时，按不少于4∶1的比例配置授粉品种。

（二）砧木的选择

水蜜桃繁育一般都采用毛桃作砧木，其优点是能适应南方温暖多湿的气候条件，与水蜜桃亲和力强，嫁接成活率高，嫁接后生长发育好，根系发达，较耐干旱瘠薄，寿命长，结果好。缺点是过于肥沃或低洼地栽培生长过旺或生长不良，易发生流胶病。

（三）定植时间

水蜜桃定植从桃苗落叶后半个月开始，直至翌年发芽前都可种植。落叶后秋冬季节种植，翌年春季先发根后长枝叶，有利于提高成活和枝叶生长；春季定植，桃苗先抽芽后发根，前期嫩芽生长靠苗木储藏养分为主，长势较慢，生长不如秋冬季定植好。

（四）定植密度

应根据品种、树势、土壤质地、栽培管理水平综合考虑，一般平地桃园以

4 米×5 米或 5 米×6 米为主，山地桃园应修筑梯田，以 4 米宽为佳，株距在 4～5 米。

（五）定植技术

1. 做好定植穴　定植穴深浅视土壤条件决定，地下水位较低的平地及山地，定植穴要求上宽 100 厘米，下宽 80 厘米，深 80 厘米；地下水位较高的水稻地，定植穴要求上宽 80 厘米，下宽 60 厘米，深 60 厘米。每穴施农家肥 40～50 千克，再将表土回填，做成直径 100～120 厘米、30～40 厘米高的馒头形，经 1 个月左右，松土下沉，穴内土壤紧实，就可种植。

2. 定植方法

（1）苗木修整。定植前，先将受伤部分的根系剪除，再将长的根系适当短截。定植时，根系应该处于舒张状态。由于水蜜桃根系对环境适应性较强，移植时可不必带土。

（2）定植。种植时嫁接口要朝迎风方向，以防风折。种植深度以根颈部（即苗圃地的苗木根系与地面交界处的部位）与地面相平为宜。芽接苗嫁接口应露出土面 5～6 厘米，使苗木成活后根颈部分不致埋入土中导致接口处腐烂，影响苗木生长。成苗的嫁接口要高出地面，种植过深，影响树体生长，延迟结果。种植时扶正苗木，边填土边轻轻向上提苗，还需注意将根际的覆土充分踏紧实，使之与根密接。种植完毕后，在苗木周围培土埂做树盘，立即灌定根水，水要浸透，待水渗下后覆土与地面齐平。既有利于苗木成活，还便于吸收养分和水分。遇晴天干旱天气，应补浇一次，保持土壤湿润。定植后应立即定干，减少地上部分负担，并节约再次进行定干的劳力，在风害较严重的地区，还需立支柱，以防苗木吹斜或折断。

3. 种植后管理

（1）剪砧。剪砧有 2 种方法，即一次剪砧法和二次剪砧法。一次剪砧法是在接芽上方 0.5～1.0 厘米处将砧木剪除，剪口要光滑，并向接芽背后微斜，以利于愈合。留桩过高，影响伤口愈合形成死桩；留桩过低，会使接芽风干枯死。二次剪砧法是在春季种植后，继续保留 10～15 厘米的活桩，当接芽萌发后，适时将新梢引缚在砧木活桩上，待新梢长至 50～60 厘米时，再把接芽以上的砧木活桩剪除。

（2）立支柱。在有风害的地区，剪砧后紧靠砧木处插一支棍，待接芽长到 20 厘米以上时，绑缚新梢，以防风折。

（3）除萌蘖。种植后，砧木毛桃上的萌蘖随接芽一起萌发，不但争夺养分，甚至毛桃萌蘖的生长超过接芽。因此，对毛桃的萌蘖要随时除去。除萌蘖的关键时期为 4—5 月。除萌蘖是一项细致的工作，切勿将接芽误当砧木除去。如接芽死亡，可选留一个健壮的萌蘖作为新砧木培养，待来年高接。

（4）定形。

三主枝开心形培养：当接芽抽梢，长至50～60厘米时，可摘心定干或将中心枝顶部扭梢，下方保留3个强壮的二次枝作为主枝培养，于7月中下旬分别以120°的相互间隔拉向3个方向，而将其余二次枝留10厘米左右扭倒进行扭枝，作为辅养枝。

二主枝开心形培养：当接芽抽梢，长至70～80厘米时，可将新梢斜拉，选留一个健壮的与新梢成180°、离地高度在50～60厘米的二次枝，而将其余二次枝留10厘米左右进行扭枝，作为辅养枝。

（5）补栽补接。种植后接芽死亡或全枝枯死，在4—5月选阴天随时发现随时补种，最好进行带土补种，以保证成活。如果错过早期补种时间，可于当年秋冬补种或翌年开春补接。

（6）加强肥水管理和病虫防治。种植后当年4月应加施速效肥料，促使新梢生长，施肥浓度不宜过高，最好溶于水中浇施，做到薄肥勤施，加速苗木生长。此外，还要注意开沟排水，防止土壤积水。如发现有病虫害，应及时防治。

四、土肥水管理

（一）土壤管理

1. 种植绿肥和间作 利用幼龄桃园种植绿肥不仅是广开肥源、改良土壤、提高肥力的重要措施，而且有利于山地桃园保持水土。间作物或草类应与桃树无共生性病虫害、浅根、矮秆，以豆科植物和禾本科牧草为宜。成龄树桃园夏季树冠密封，不宜套种，可在行间种植绿肥或生草。桃园生草品种可选余地很大，三叶草、黄花苜蓿、紫花苜蓿、鼠茅草等均可，自然生草也可，但需要定期去除一些生长过于旺盛的杂草或恶性杂草以及藤本类杂草。

2. 中耕除草 在春季植物生长旺盛期间，在桃园内通过微型中耕机械结合桃树施肥，对园区内种植的绿肥或杂草进行中耕除草。中耕除草能减少土壤板结，减少杂草对土壤水分及养分的竞争，减少病虫害的来源。一年中，中耕除草2～3次。

3. 深翻 深翻是果园管理中的一项关键技术措施，可以疏松土壤，避免土壤板结，增加土壤团粒结构，提高土壤孔隙度，增加土壤通透性，促进土壤优质团粒结构的形成，显著提高土壤熟化程度和肥力，有利于保水保肥和通气，有利于土壤中微生物的活动，增加土壤中养分有效性。而且，通过深翻断根可以促发大量新根，促进根系更新，从而提高根系活力，促进根系向土壤深层发展，扩大吸收根分布范围。一方面，有利于植株对养分和水分的吸收；另一方面，增强植株抗旱、抗寒能力。桃树深翻均在秋季进行，一般结合秋施基肥进行，如要种绿肥，深翻时间需适当提早，深翻深度从主干向外逐步加深。内深 15～20 厘米，树冠外围深可达 30～40 厘米。

（二）肥料管理

1. 施肥时期和施肥量

（1）基肥。过去习惯在冬季农闲时施肥，实践证明秋施基肥效果更佳，其好处：一是弥补采后树体亏损，有利于树体恢复；二是促进有机肥的转化，促进根系的恢复生长；三是有利于秋季保叶，延缓落叶，促使其花芽分化；四是减缓翌年新梢生长势，协调新梢伸长和果实发育，减少生理落果。基肥秋施以在 9 月进行为宜，如果错过秋施时间，也可在整个休眠期，即落叶后的 11 月至翌年春季 2 月萌芽前施用。一般每亩施有机无机复混肥 200 千克左右或有机肥 300～400 千克加复合肥 20 千克。

（2）芽前肥。以氮肥、磷肥为主，一般在 2 月底至 3 月上旬施用，施肥量因树势强弱和基肥用量不同而定，对基肥已施足、树势又偏旺的，可少施或不施；反之，宜多施。每亩施碳酸氢铵 15～30 千克加过磷酸钙 15～20 千克。

（3）花后追肥。落花后施用，以速效氮、磷、钾复合肥为主，主要针对开花量大且树势弱的桃树，每亩施复合肥 8～10 千克。基肥施用充足且施用了芽前肥的桃树，可不施。

（4）壮果肥。一般在果实成熟之前 30 天左右施用，此次施肥以钾肥、氮肥为主，氮、钾结合，促进果实膨大，提高果实品质。每亩施硫酸钾 20 千克、复合肥 20 千克。

（5）采后肥。为促进根系和新梢的进一步生长，恢复树势，使枝芽充实、饱满，增加树体内储藏的营养，为翌年的丰产打下良好的物质基础。肥料以氮、磷、钾复合肥为好，每亩施 15 千克。但幼龄果园不施。

2. 施肥的方法

（1）环状施肥法。按树冠大小，在树冠外围下方挖一环状沟，沟深约 30 厘米，宽 30～50 厘米，将肥料施入沟中，幼龄桃树用此法有利于养分吸收。

（2）沟状施肥法。在桃树树冠外围下，或东西、南北方向开沟，沟深约 30 厘米，宽 30～50 厘米，长 100～150 厘米，将肥料施入沟中，如肥料体积不大，可隔年轮换施，以避免每年将肥料施于同一沟内，促进根系往四周均衡发展。成年树树冠大，两树之间已封行，施肥沟可设在两树之间，沟的长度可增至 150～200 厘米，以增加施肥面，促进根系的吸收。

（3）地面撒施。地面撒施的肥料以颗粒缓释肥为主，应在下小雨前后撒施。速溶性化肥应浅沟（穴）施，可进行液体施肥。

（三）水分管理

桃树最怕涝，轻者黄化，树势衰弱，重者死树，南方多雨，在雨季或台风来临前，应提前清理沟渠，及时排水。做到控梢期沟渠不积水，放梢期土壤湿润，果实采收前适当控水。夏季连续天晴高温时，应配合施肥进行灌水。

五、病虫害综合防控技术

（一）防治原则

遵循“预防为主，综合治理”的植保方针，从改善果园生态系统出发，加强栽培管理，培养健壮树势，增强抵御病虫害能力。以农业防治和物理防治为基础，提倡生物防治，按照病虫害的发生规律和经济阈值，科学使用化学防治技术，选用高效、低毒、低残留的农药品种，合理用药，有效控制病虫害。

（二）主要病害及其防治方法

1. 褐腐病 主要危害果实，初期呈浅褐色斑点，几天后逐步扩大，果肉变软，病斑呈灰白色霉状，有同心环状轮纹，严重时果实干缩成僵果。花器发病时，柱头先产生褐色斑点，渐扩至花萼、花瓣及花柄，嫩叶受害先从边缘发生褐色水渍状病斑。

防治方法：①农业防治。控制树势，使树姿通风开张，冬季修剪彻底清除园内树上的病枝、枯枝、僵果和地面落果，集中烧毁，减少侵染源。②化学防治。冬季喷5波美度石硫合剂进行清园；花前、花后各喷1次50%腐霉利可湿性粉剂1 000～1 500倍液；发病后可交替使用丙森锌、醚菌酯、戊唑醇、多菌灵、苯醚甲环唑等农药，每隔10～15天喷药1次，连续2～3次，采收前20天停止用药。

2. 炭疽病 叶片染病时为淡褐色，产生圆形或不规则形病斑，后期病斑中部呈灰褐色，最后病部干枯脱落而穿孔。发病严重的桃园，花芽、枝条枯死，叶片纵卷成管筒状。

防治方法：花芽露红时，喷洒4波美度石硫合剂，落花后可选用70%甲基托布津800倍液防治。发病后可交替使用腈苯唑、醚菌酯、戊唑醇、甲基硫菌灵、苯醚甲环唑等农药，每隔10～15天喷药1次，连续2～3次，采收前20天停止用药。

3. 细菌性穿孔病 一种细菌引起的病害。主要危害桃树叶片，也侵染枝梢和果实。叶片受害后出现近圆形或不规则形褐色病斑，病斑逐渐干枯、脱落而形成穿孔，故称穿孔病。严重时往往几个病斑相连而形成焦枯状大斑，使叶片大部分干枯，造成早期落叶，所以该病也称为桃树早期落叶病。果实发病，果实形成暗紫色稍凹陷小圆点，边缘水渍状，遇潮湿气候，病斑分泌黄白色黏质分泌物，干燥时发生裂纹。枝条发病，春季溃疡斑呈暗褐色小疱疹，由小逐步扩大，严重时成枯梢，夏季在嫩枝皮孔中心形成水渍状圆形暗紫色斑点。该病主要发生在果园的风口处，南方地区5—6月叶片发病较严重。

防治方法：①农业防治。桃园注意排水；增施有机肥，合理修剪，使桃园通风透光，增强树势，提高树体抗病力。②化学防治。花芽露红时，喷洒5波美度石硫合剂；发芽后，可选用噻唑锌、喹啉铜、四霉素等农药，每隔10～15天喷药1次，连续2～3次；采收前20天，停止用药。

4. 疮痂病 又称黑星病，此病主要危害果实，也能危害叶片和新梢。果实发病时，多在果肩部产生暗褐色圆形小斑点，逐渐扩大至2～3毫米，似黑痣状，严重时病斑融合、龟裂，使果实失去经济价值。

防治方法：①农业防治。加强桃园田间管理，秋季落叶后及时清理病叶，集中烧毁。②化学防治。果实发病后，可交替使用腈苯唑、醚菌酯、戊唑醇、甲基硫菌灵、苯醚甲环唑等农药，每隔10～15天喷药1次，连续2～3次；采收前20天，停止用药。

5. 流胶病 此病是南方地区桃树最常见的病害。病因复杂，难以彻底防治。引起流胶的原因有病理性和生理性两种说法。流胶病现在没有根治的方法，只能通过以下措施来减轻症状：①加强树势管理，提高自身免疫力。②多施有机肥，增加土壤通透性。③桃树修剪采用轻修剪，减少机械损伤。

6. 白粉病 桃白粉病主要危害果实。果实染病症状出现在5月，果面上生有直径1～2厘米的粉状菌丛，扩大后可占果面的一半，果表变褐、凹陷或硬化。

防治方法：①农业防治。加强桃园田间管理，秋季落叶后及时清理病叶，集中烧毁。②化学防治。发病后，可交替使用腈苯唑、醚菌酯、戊唑醇、甲基硫菌灵、苯醚甲环唑等农药，每隔10～15天喷药1次，连续2～3次；采收前20天，停止用药。

7. 霉污病 霉污病主要危害果实。果实受害，多发生在果实生长中后期，在果面上产生霉污状病斑，霉斑附生在果实表面，不深入果实内部，对产量没有影响，但显著降低果实的外观品质。霉污病病菌属“附生”类型，其在果园内广泛存在，多借助雨水或气流传播扩散，以果实表面营养物质或叶片表面的有机物为基质进行生长。

防治方法：①农业防治。合理修剪，促使果园通风透光良好，降低环境湿度。低洼果园雨季注意排水。②化学防治。霉污病多发的果园，及时喷药保护果园，发病后可交替使用腈苯唑、醚菌酯、戊唑醇、甲基硫菌灵、苯醚甲环唑等农药，每隔10～15天喷药1次，连续2～3次，采收前20天停止用药。如发病严重的果园，减少或停止使用叶面肥，可有效降低果园发病率。

8. 褐锈病 此病主要危害叶片，尤其是老叶。正反面均可受侵染，先侵染叶背，后侵染叶面。叶面染病，产生红黄色圆形或近圆形病斑，也可产生稍隆起的褐色圆形小疱疹状斑。南方一般在6—7月开始侵染，8—9月进入发病盛期，并导致大量落叶。

防治方法：①农业防治。消灭越冬菌源，结合修剪彻底清除病枝、僵果，集中烧毁，同时进行耕翻，深埋地面上的病残体。②化学防治。生长季节结合防治桃褐腐病喷药保护，果实采收后再喷施1次丙森锌、醚菌酯、多菌灵、代森锰锌、甲基硫菌灵等。

（三）主要虫害及其防治方法

1. 蚜虫 分布十分广泛，有3种蚜虫危害桃树，即桃蚜、粉蚜、瘤蚜。1年发生20代以上，以卵寄生在芽腋、裂缝、小枝杈处越冬。桃蚜是第二年于开花前后孵化产生无翅蚜虫，5月上中旬繁殖迅速，5月中下旬产生有翅蚜虫迁至蔬菜产生危害。9—10月形成雌雄性蚜，迁回桃树越冬。粉蚜3月中下旬发生无翅胎生雌蚜，5月上中旬虫口最多。瘤蚜在6—7月危害最严重。

防治方法：①生物防治。保护利用食蚜蝇、草蛉、瓢虫等天敌。②化学防治。交替使用啶虫脒、吡蚜酮、吡虫啉、苦参碱等。

2. 梨小食心虫 1年发生6～7代。主要危害桃嫩梢。幼虫孵化数十分钟至1～2小时蛀入嫩梢、果实，3天后嫩梢萎蔫枯黄而死，一头幼虫可连续危害2～3个嫩梢。7月下旬以后由桃梢转为蛀果，因此对中、晚熟品种要加强防治。

防治方法：①农业防治。冬春刮除受害树皮，彻底挖除越冬幼虫，夏季及时剪除被害叶并烧毁。②化学防治。交替使用螺螨酯、乙螨唑、丁氟螨酯、菊酯类药剂等。

3. 桃小食心虫 以幼虫危害果实，被害果表面出现针头大小的蛀果孔，孔外出现泪珠状汁液，汁液干后呈白色蜡状物。幼虫在果实内危害，造成纵横弯曲的虫道。虫粪留在果内，果实呈豆沙馅状。

防治方法：①农业防治。冬春刮除受害树皮，彻底挖除越冬幼虫，夏季及时剪除被害叶并烧毁。②化学防治。交替使用螺螨酯、乙螨唑、丁氟螨酯、菊酯类药剂等。

4. 桃蛀螟 1年发生4～5代，桃蛀螟幼虫孵化后，多从桃果梗基部或两果相贴处蛀食幼嫩核仁、果肉，蛀孔外流透明胶质，与虫粪便黏结而附贴在果面上。这是区别于其他蛀果害虫的特征。

防治方法：①农业防治。冬春刮除受害树皮，彻底挖除越冬幼虫，消灭越冬虫源。②化学防治。交替使用螺螨酯、乙螨唑、丁氟螨酯、菊酯类药剂等。

5. 红颈天牛　主要是开春以后，幼虫蛀入枝干皮层下或木质部形成不规则隧道，并向蛀孔外排出大量虫粪和碎屑。枝干受害，易引起流胶，生长衰弱，严重时，全树死亡。6—7月出现成虫，成虫寿命10天，卵经8～10天孵化，就进入树皮危害。

防治方法：①物理防治。杀灭幼虫。发现新鲜虫粪和锯木屑，可用细铅丝随洞插进去刺死幼虫。②化学防治。5月中下旬幼虫孵化期在树体主干1米以下部位喷洒1次噻虫啉。

6. 潜叶蛾　幼虫在叶组织串食叶肉，造成弯曲的隧道，被害处表皮发白，严重时叶片枯黄。

防治方法：①农业防治。冬春刮除受害树皮，彻底挖除越冬幼虫，消灭越冬虫源。②化学防治。交替使用螺螨酯、乙螨唑、丁氟螨酯、菊酯类农药等。

7. 小绿叶蝉　以成虫和若虫在叶片上吸食汁液，使叶片出现失绿白斑点，引起早期落果、花芽发育不良，或二次开花，影响翌年产量。

防治方法：应抓住3月、5月中下旬、7月这3个时期进行防治，交替使用螺螨酯、乙螨唑、丁氟螨酯、菊酯类农药等。

8. 桑白蚧　以雌成虫和若虫群集在枝条上吸食养分，严重时介壳密集重叠，引起枝条表面凹凸不平，导致枝条枯死，全树死亡。1年发生3代，以受精雌虫在枝干上越冬，翌年5月产卵。若虫发生期分别在5月中下旬和7—8月，以第1代、第2代危害较严重。

防治方法：①保护天敌，利用瓢虫杀死介壳虫。②抓好孵化期、爬行扩散阶段喷药防治，交替使用螺虫乙酯、矿物油、噻虫嗪、苦参碱等，间隔15天喷2～3次。

六、整形修剪及花果管理

（一）幼龄树树形的培养

1. 三主枝自然开心形　其主干高度40～50厘米，3个主枝平均分布在主干四周，3个主枝的夹角各为120°，各主枝的开张角度（主干与主枝的夹角）一般在50°左右，每个主枝配1～2个侧枝，第一侧枝与主干距离50～60厘米，各主枝上第一侧枝按同方向排列，第二侧枝与第一侧枝反方向排列，不可相互重叠。两个侧枝间隔距离应大于50厘米，侧枝和主枝的开张角度可达60°左右。同时，在主枝、侧枝的基础上，配置大小结果枝组。幼树树形培养需花费2年时间，第一年当幼苗新梢长至50～60厘米时，可摘心定干或将中心枝顶部扭梢，下方保留3个强壮的二次枝作为主枝培养，其余新梢进行扭枝作为辅养枝。冬季修剪时，对主枝进行重修剪，每个主枝留60厘米左右。第二年保留主枝延长枝，在每个主枝上选留同方向侧枝各1个，当主枝延长枝长至80

厘米左右，选留合适的侧芽培养成第二侧枝。

2. 二主枝自然开心形 其主干高度50～60厘米，主枝的方位角各占180°，主枝开张角度（主干与主枝的夹角）45°左右，每个主枝一般配2～3个侧枝，均匀地分布在主枝两侧。第一层侧枝开张角度65°左右，位置在距主干60～80厘米处；第二层侧枝开张角度60°左右，位置在距第一层副主枝50～60厘米。同时，在主枝、侧枝的基础上，配置大小结果枝组。幼树培养二主枝树形一般需要花费2年时间，第一年当新梢长至70～80厘米时，可将新梢斜拉，选留一个健壮的、与新梢呈180°、离地高度在50～60厘米的二次枝，而将其余二次枝留10厘米左右扭枝，作为辅养枝。冬季修剪时，对主枝进行修剪，每个主枝留80～100厘米。第二年保留主枝延长枝，在2个主枝上距离主干60～80厘米处选留不同方向侧枝各1个，当主枝延长枝长至80厘米左右，选留合适的侧芽培养成第二侧枝。

（二）挂果期桃树的修剪

1. 修剪的原则 修剪的实质是对桃树营养的控制、利用和分配，进行适当调节。由于修剪本身不能提供水分、养分，只能在土、肥、水等管理的基础上加以调节，以减少和克服不必要的消耗，因此在修剪时应遵循以下原则：一是必须正确判断树势，根据树体的营养状况进行修剪；二是必须根据不同树龄和不同品种的特性进行修剪；三是必须根据不同季节桃树的生长特点，利用时间差进行修剪。

2. 休眠期修剪（冬季修剪） 桃树秋季落叶后到翌年萌芽前都可进行。休眠期修剪主要有以下方法。

（1）病、虫、枯枝的修剪。这类枝条通常从基部剪除，剪除后清除出园并烧毁，以减少病虫源。

（2）短截。短截就是把枝条剪短，可以增强分枝能力，降低发枝部位，增强新梢的生长势。

（3）疏枝。疏枝就是把密生的枝条从基部剪除，使留下的枝条分布均匀。

（4）回缩。回缩就是对多年生枝的短截，通过枝条短截刺激发出健壮新枝。

（5）长放。长放就是对恰当部位的徒长枝、徒长性结果枝或结果枝放任不剪，用于培养结果枝组，替代衰弱的多年生结果枝组。

（6）拉枝。拉枝就是对直立的徒长枝或徒长性结果枝进行长放的一种特殊方法。主要在树冠空余部位操作居多。

（7）更新。通过短截、回缩等手段，刺激衰弱部位激发健壮新枝，用于来年结果或形成结果枝组。一般在树冠的中下部操作居多。更新是衰老期桃树修剪的重要手段。

休眠期修剪一般采用轻修剪方式进行，冬季适当多留结果枝条，有利于保证桃树的丰产性。

3. 生长期修剪（春季修剪、夏季修剪）　生长期修剪是休眠期修剪的补充手段。生长期修剪能利用时间差，起到休眠期修剪不能代替的作用，已作为水蜜桃栽培技术不可缺少的措施之一。生长期修剪在不同时期的方法和作用有以下几个方面。

（1）花后复剪。花谢后（4 月上中旬）疏去无叶果枝，回缩细弱枝、空档枝及冬季漏剪枝。如花期气候适宜且结实率高，可适当删除结果枝，或对结果枝进行回缩，以减少疏果的工作量。

（2）除萌抹芽。在 4 月上中旬，及时抹去剪口下的竞争芽和树冠内膛的徒长芽。抹芽主要用于幼树树形培养。

（3）疏枝。在 5 月上中旬，疏去过密小枝；在 6 月中下旬，将树冠上方和外围过多强枝与直立枝疏去，以平衡树势，改善光照条件。

（4）扭枝。在 5 月至 6 月上旬、新梢尚未木质化时进行，将直立徒长性结果枝和部位高、长势旺的长果枝，于枝条基部 3～5 芽处，朝空隙方向扭转 90°～120°，将其改造成为良好的结果枝，同时也改善了光照条件。

（5）摘心。摘心是把枝条顶端一小段嫩枝摘除，在 5 月上中旬将长势旺、周围较空的徒长枝留 6～8 芽摘心，培养成结果枝组。

（三）花果管理技术

1. 疏花疏果　桃树是一种多花多果的树种，疏花疏果可节省养分，减少无效养分消耗，增加有效养分积累，合理负担结果量，有助于留下的果实发育、增大，可明显提高果实品质，还能防止隔年结果，达到高产稳产、减少病虫害、节省套袋和采收劳力等作用。因不确定花期气候，无法确定果实结实率，疏花在实际生产中应用较少。

疏果不仅是提高单果重、调节枝果营养争夺的一种方法，而且是控制枝梢抽生类型、部位和改变树冠结构的手段之一。疏果最好分 2 次进行，第一次在花落后 25 天进行，第二次在生理落果之后进行。一般疏除病果、虫果、僵果、畸形果、无叶果等。

留果标准：在一定留果范围内，一般产量与留果量成正比，但留果过多，则单果重明显下降，果实品质下降。因此，应根据品种、树龄、树势、树冠大小和叶枝数量等，确定合理的留果量。一般特早熟小果形品种每 20 片叶留 1 果，早熟大果形品种每 25 片叶留1 果，中晚熟中大果形品种每 30 片叶留 1 果，在实际疏果时，应按结果枝长度不同而做调整，一般中、短果枝留果 1 个，长果枝留果 2 个，每亩留果量一般在 6 000 个左右。

2. 套袋　套袋是水蜜桃生产一项必需的管理环节，套袋可以防止病、虫、鸟、兽危害果实，使果实着色均匀，改善外观色泽，提高果品质量。

（1）套袋时期。套袋应在病虫害发生以前进行，避开几种主要害虫在果实上的产卵期。同时，从生理落果的时期来分析，以硬核前为最多。因此，套袋应在生理落果最严重的时期之后进行，可以减少空袋率。根据这些原理，南方水蜜桃套袋应在 5 月下旬至 6 月上旬为最佳时期。

（2）纸袋种类。根据无公害农产品生产要求，应全面推广应用水蜜桃专用袋，用淡黄色条纹纸制作。在桃袋选择上，为了便于果实着色，也可选择两头通风透气的果袋设计。套袋方法：将果袋顺着枝条套入果子上，在枝条上用订书机将袋子口钉牢即可，通常一个劳力每天能套 4 000～6 000 个。

主要参考文献

陈杰忠，姚青，曾明，等，2015. 果树栽培学各论　南方本 [M]. 北京：中国农业出版社.

陈锦桃，蔡延渠，董碧莲，等，2018. 原桃胶及其多糖提取物的吸湿保湿性能研究 [J]. 广东药科大学学报，34（4）：422-424.

杜小龙，李建龙，刘影，等，2017. 水蜜桃采后防腐、保鲜与贮藏研究进展 [J]. 食品安全质量检测学报，8（9）：3295-3303.

国家桃产业技术体系，2016. 中国现代农业产业可持续发展战略研究　桃分册 [M]. 北京：中国农业出版社.

姜全，2020. 中国桃产业的变化及发展趋势 [J]. 落叶果树，52（5）：1-3.

刘晨霞，乔勇进，王晓，等，2018. 桃果采后生理与贮藏保鲜技术研究进展 [J]. 江苏农业科学，46（17）：18-23.

刘慧，2015. 桃果实酚类物质及其抗氧化功能研究 [D]. 北京：中国农业大学.

刘丽萍，朱金瑶，2016. 桃叶提取物的抑菌活性 [J]. 湖北农业科学，55（21）：5543-5544.

潘婧毓，2019. 无锡市阳山镇水蜜桃产业融合发展现状 [J]. 黑龙江农业科学（7）：159-161.

彭兵，陈文玉，王兵，等，2020. 乡村振兴战略背景下肥城桃产业高质量发展路径探析 [J]. 农业科技通讯（12）：39-40.

彭福田，2019. 山东省桃产业存在问题与对策建议 [J]. 落叶果树，51（2）：1-3.

田益华，黄健，杜纪红，等，2015. 上海地区桃苗繁育生产技术规程 [J]. 现代园艺（8）：47-48.

汪祖华，1990. 桃品种 [M]. 北京：农业出版社.

王虹，2016. 超甜中晚熟桃新品种‘西王母’的选育 [J]. 河南林业科技，36（4）：14-15.

王玉霞，李延菊，张福兴，等，2019. 桃采后贮藏保鲜技术研究进展 [J]. 烟台果树（4）：1-4.

吴大军，沈淦卿，陈克明，等，2004. 水蜜桃 [M]. 北京：中国农业出版社.

谢鸣，李雄俊，梁英龙，等，2015. 浙江地区桃产业技术 [M]. 北京：中国农业出版社.
许筱凰，李婷，王一涛，等，2015. 桃仁的研究进展 [J]. 中草药，46 (17)：2649-2655.
张慧琴，周慧芬，汪末根，等，2019. 浙江省桃产业现状与发展思路 [J]. 浙江农业科学，60 (1)：1-3.
朱更瑞，2019. 我国桃产业转型升级的思考 [J]. 中国果树 (6)：6-11.
朱明涛，王美军，2020. 1-MCP 和蜂胶对水蜜桃贮藏保鲜效果的影响 [J]. 包装工程，41 (11)：33-39.

第四章　杨　梅

第一节　概　述

一、杨梅的食用栽培历史及其营养价值

杨梅（*Myrica rubra*）为杨梅目杨梅科杨梅属常绿乔木，“杨梅”一名来源于明代李时珍的《本草纲目》记载“其形如水杨子而味似梅”，是我国传统特色果树。从余姚河姆渡遗址发掘出的野生杨梅属花粉，是目前我国发现的最早的杨梅原种资料标本，距今已有 7 000 多年的历史。从马王堆西汉古墓和罗泊湾西汉古墓中都发现了保存完整的杨梅果核，证明早在 2 000 多年前人们就已开始食用杨梅果实。据西汉时期的陆贾《南越纪行》记载：“罗浮山顶有湖，杨梅、山桃绕其际”，表明杨梅栽培历史至今已有 2 200 余年。西汉时期东方朔《林邑记》记载：“邑有杨梅，其大如杯碗，青时极酸，熟则如蜜。用以酿酒，号为梅香酎，甚珍重之。”这是目前世界上制作杨梅酿酒的最早记录。可见，我国的江南地区在西汉时期就已经将杨梅当作主要水果食用。

古往今来，称赞杨梅的诗词很多。例如，南朝梁江淹《杨梅颂》称杨梅“宝跨荔枝，芳帙木兰。怀蕊挺实，涵黄糅丹。镜日绣壑，霞绮峦。为我羽翼，委君玉盘。”宋代苏东坡评曰：“闽广荔枝，西凉葡萄，未若吴越杨梅。”南宋诗人陆游在《六峰项里看采杨梅连日留山中》中赞美杨梅：“绿荫翳翳连山市，丹实累累照路隅。未爱满盘堆火齐，先惊探颔得骊珠。斜簪宝髻看游舫，细织筠笼入上都。醉里自矜豪气在，欲乘风露摘千株。”

杨梅果实气味香甜，食用杨梅时，整颗放入口中，轻轻一咬即可留下满口鲜甜，让人欲罢不能。同时，杨梅还具有很高的营养价值和药用价值。据测定，依不同品种，优质杨梅果实大小一般在 10～25 克，东魁杨梅最大可达 40 余克，可食率一般在 90%以上，最高可达 97%左右；果肉可溶性固形物含量在 12%～14%，可滴定酸含量 1.0%～1.5%，每 100 克杨梅果肉水分含量 83.4～92.0 克、蛋白质 0.6～0.8 克、胡萝卜素 30～40 微克、脂肪 0.2～0.3 克、膳食纤维 1.0 克、硫胺素 10 微克、视黄醇当量 92 微克。此外，杨梅果实中还含有 18 种氨基酸，其中 7 种为人体必需氨基酸。必需氨基酸的含量占到了氨基酸总量的 1/3 左右。

杨梅的药用价值最早在《本草纲目》中已有记载“止渴，和五脏，能涤肠胃，除烦溃恶气”。宋代《开宝本草》中记载“主去痰、止呕、断下痢，清食解酒”。杨梅鲜食有止渴、活血、涤肠胃的作用，果实经白酒浸渍，可消痧开胃。杨梅酱能消肿止痛，可治疗扁桃体炎、牙痛、牙龈红肿、眼热痛、体外损伤、蜂蜇虫咬及身体其他部位红肿化脓等病症。现代医学研究证明，杨梅能起到上述作用，与杨梅中所含的营养物质成分有直接关系。杨梅中的柠檬酸、苹果酸、酒石酸等果酸既开胃生津、消食解暑，又可抑制糖向脂肪转化，有助于减肥；杨梅中含有的以矢车菊素-3-葡萄糖苷为主的花青苷有很强的抗氧化活性，具有抗溃疡、消炎、抗突变、保护血管和保护胃肠道等功能。此外，杨梅果汁中的黄酮及多酚类物质均具有较强的生物活性，对调节人体机能、延缓衰老具有积极的作用。

二、杨梅产业现状

杨梅系杨梅科杨梅属（*Myrica* L.）植物的总称，全球共有60多个种，我国有6个种，分别为毛杨梅、青杨梅、矮杨梅、杨梅、全缘叶杨梅和大杨梅，目前作为水果开发食用的主要为杨梅种。2010年，全球杨梅经济栽培面积约40万公顷，产量100多万吨，其中98%以上来自中国。我国杨梅主要分布在长江流域以南、海南岛以北，即北纬20°～31°，主要分布在浙江、福建、江苏、广东、云南、重庆、四川、贵州、广西等省份。其中，浙江杨梅栽培面积和产量均居全国第一位。2019年，浙江杨梅栽培面积8.9万公顷，产量61.8万吨。其中，东魁杨梅、荸荠种杨梅、丁岙梅、晚稻杨梅占浙江杨梅栽培总面积的85%以上，是浙江“四大杨梅良种”。除中国外，仅韩国、日本、印度等亚洲国家有极少量的杨梅栽培。在日本的高知县、爱媛县及大垠府泉南群多奈川村有小果形和观赏型杨梅，2000年前后，从我国得到东魁杨梅接穗，现在其规模栽培面积约100公顷；在印度、缅甸、越南等地出产的全缘叶杨梅，以及北美的*M. cerifera*、欧洲的*M. galevar*，均为小果形，作为庭园观赏用。除中国外，目前其他国家和地区无杨梅产业化的报道，也未见媒体报道其研究成果。

三、杨梅的社会效益、经济效益及生态效益

杨梅为我国南方地区珍果，承载着杨梅传统产区在外游子的思乡之情。在杨梅成熟季节，品尝鲜甜可口的杨梅已然成为一种民俗。每年的这段时间，有杨梅种植的农户都会呼朋唤友，请大家品尝自己劳动的成果、品尝大自然的“鲜”，以“梅”为媒，拉近人与人之间的感情；没有种植杨梅的食客们，也多会三五成群到杨梅园体验采摘的乐趣。杨梅是梅乡故里人们心灵间的桥梁。除了鲜食，杨梅还可以用来泡酒，杨梅酒是盛夏消暑佳品。地道的梅乡人，每家

都会有三五坛杨梅酒，用以招待客人和犒劳自己。

杨梅还有显著的经济效益，其根系与放线菌共生，具有生物固氮作用，同时菌根可以分泌分解酶，能将土壤中作物不能利用的有机磷降解为有效磷，有利于增加土壤中磷的有效性。因此，杨梅树对土壤营养要求低、耐瘠薄；杨梅树体含有单宁类物质，有抗病虫害的特性，病虫害发生相对较少，生产管理相对粗放。以浙江省宁波市杨梅生产为例，成龄杨梅园每亩商品果量250～300千克，其中精品果量50～60千克，杨梅商品果价格基本在20元/千克以上，精品果价格可达60～80元/千克，每亩产值在7 000元以上，投入产出比高，经济效益显著。

除社会效益、经济效益外，杨梅还有显著的生态效益。鉴于杨梅树对土壤营养要求低、耐瘠薄、病虫害相对较少等特点，加上绿叶红果、树冠圆整、枝繁叶茂、树体常绿的特征，因此杨梅是山区及城市园林绿化的重要树种。由于杨梅四季浓绿，新鲜的枝叶不易燃烧，可利用树体直立、树体高大的品种作为森林防火墙；枝叶繁茂的杨梅树种在用作园林绿化的同时，还可作为天然的隔音屏障，降低城市噪声污染。

第二节　树体及生长发育特性

一、杨梅器官及特性

杨梅为常绿乔木，雌雄异株，雄株只开花不结果，生长旺，树冠高大，枝繁叶茂；雌株一般来说只开雌花，偶然也有雌株上少量开雄花现象。自然生长的杨梅树体较直立，呈直立的卵圆形；经矮化修剪后，呈圆头形或开心形，生长结果习性显著改善，果实品质显著提高。嫁接苗一般3～4年后开始有少量结果，7～8年后逐渐进入盛果期；20～40年树龄产量及果实品质达到最好，60年后逐渐开始衰退，寿命可达100年以上。

1. 根系　杨梅根系较浅，主根不明显，侧根和须根发达，70%以上根系分布在深度60厘米以内土层中，其中以5～40厘米土层内分布最为集中，少数深度可达到1米以上。与其他种类果树相似，杨梅根系在土壤中的分布因繁殖方式不同而有较大的差异。实生苗骨干根较多，根粗而深，须根较少，细根在0～60厘米深土层内分布比较均匀；压条繁殖树骨干根较少，须根较多，且主要分布在深度40厘米以内土层；嫁接苗根系分布介于实生苗和压条繁殖树之间。杨梅根系有与*Frankia*放线菌共生形成的根瘤，具有生物固氮功能，从杨梅根瘤中分离出来的*Frankia*菌株在酸性条件下生长良好，若pH大于7，则*Frankia*菌株生长明显受到抑制。杨梅根瘤呈肉质，灰黄色，大小不一，分布不均。土层深厚肥沃、有机质丰富、地下水位较低、pH在5.5～6.5、含沙质或石砾通透性好的土壤最适宜杨梅根系生长。根系全年生长有 3 个高峰期，分别在 3 月中旬至 5 月中下旬、6 月下旬至 8 月初、9 月下旬至 10 月下旬。

2. 芽 杨梅芽多为单芽，一般顶芽和顶芽下部 4～8 个芽萌发，其余芽处于不萌发潜伏状态，称为隐芽。隐芽寿命长，在顶端芽因修剪、断裂、病虫危害等原因不能萌发条件的刺激下，可萌发成新梢，用以树冠更新、树形造型。顶芽均为叶芽，生殖枝顶芽下部萌发芽多为花芽，营养枝为叶芽。花芽饱满、芽长、芽大，而叶芽瘦小，萌发期比花芽迟 20 天左右，萌芽后 15 天左右展叶，同一植株萌芽展叶比较齐整。

3. 枝条 杨梅枝条互生，分枝呈伞状，质脆易断，根据生理功能的不同，可分为营养枝和生殖枝。营养枝分为徒长枝和普通营养枝，徒长枝生长直立，长度一般在 30 厘米以上，组织不充实，芽发育不饱满；普通营养枝一般在 30 厘米以下，芽发育饱满，在一定条件下可抽生结果枝。生殖枝在雌株上为结果枝，雄株上为雄花枝，雄花枝主要为雌花提供花粉。结果枝按长度及结果习性可分为徒长性结果枝、长果枝、中果枝和短果枝，各类型结果枝特点如下。

（1）徒长性结果枝。枝条长度一般在 30 厘米以上，长势旺，其上着生少数花芽，花芽组织不充实，在开花后多数脱落，仅少数结成果实，所生果实肉柱多尖刺、着色较差，口感偏酸。

（2）长果枝。枝条长度在 20～30 厘米，花芽组织较充实，结果率及果实品质仍较差。

（3）中果枝。枝条长度在 10～20 厘米，除顶芽为叶芽外，其下边 10 多个芽一般为花芽，花芽组织充实，结果率高，是最佳结果枝。所成果实肉柱圆钝、着色均匀，口感酸甜可口，风味最佳。

（4）短果枝。枝条长度一般在 3～10 厘米，有 2～5 个花芽，结果较好。

4. 叶 杨梅叶片互生，多簇生于枝条顶端。叶片的大小、颜色与其着生的枝条有关，一般春梢上叶片最大、颜色最深，呈浓绿色；夏梢上叶片次之；秋梢叶片最小，颜色浅绿。此外，着生在徒长枝上的叶片较大，纤弱枝上的叶片小。不同品种间叶片形状差异较大，有倒卵圆形、梭形，全缘无锯齿、全缘有锯齿，叶尖尖、叶尖钝，叶面较光滑、叶面粗糙有毛等不同情况。叶片寿命一般在 12～14 个月，正常情况下，春梢抽发后，上年生老叶逐渐脱落，其与枝条结合部位会留有凸起的垫状物。叶片的脱落情况直接反映树体生长情况，春梢抽发前落叶多与营养不良、树体损伤、病虫危害、自然灾害等逆境有关，若树体出现不正常的落叶情况，应及时分析成因并针对性地采取应对技术措施。

5. 花 杨梅花小，为单性、风媒花。

雄花枝上花穗排列次序为总状花序，每个花枝上花穗数平均 10～20 个，每个雄花穗一般由20～30个小雄花序组成，其在雄花穗上的排列次序为复葇荑花序，每个雄花序有1～6朵雄花，呈伞房花序方式排列。每个雄花2个雄蕊，雄蕊顶部着生肾脏形花药，每个雄花花药数一般为4～7个，花药开裂后产生黄色花粉，每个花药的花粉数在7 000个以上，花粉散出以后，雄花穗枯萎脱落。雄花开花较雌花略早，花期较长，从初花期开始到落花期，一般可达20天左右。雄花类型较多，依雄花露蕊阶段花序的颜色，可分为红、红黄、黄绿、玫瑰红等多种类型。

雌株杨梅上雌花穗排列次序为总状花序，每节叶腋基部着生1个花穗，依品种不同，也有着生2个及以上的情况。每个结果枝因不同的发育情况着生花穗数在2～25个不等，一般为6～9个。每个雌花穗可开雌花7～26朵，雌花在花穗上的排列呈葇荑花序。雌花无花梗和花托，外有黄绿色总苞1个、小苞片3～5个。子房1室，柱头2裂，也有3～4裂，鲜红色，呈“Y”形张开。一般每个花穗只能结1个果。

6. 果实 杨梅果实属核果类，可食部分为外果皮，是果实外层细胞形成的菱形锥状多汁凸起，称为肉柱，内果皮为果核，核内无胚乳，有2片子叶。肉柱围绕果核四周呈放射状排列成球形，主要依品种不同，有长短、粗细、尖钝、软硬之分，也有呈乳白色、粉红色、红色、紫色、紫黑色等颜色差异，还受树龄、成熟度、果实着生部位、栽培管理水平等影响。一般而言，丰产期杨梅树、果实成熟度高、营养供应充分、着生于背阴面的果实肉柱多圆钝且颜色较深；反之，则肉柱顶端易尖刺。同一果上肉柱同时存在尖和钝两种形态，通常果基和果顶多尖刺，腰部为圆钝。一般肉柱圆钝的果实外形较大，汁多柔软，风味可口；肉柱尖的果实小，汁少质硬，风味较差，但结构紧密，不易损伤腐烂，较耐储运。

二、杨梅物候期及生长发育规律

1. 物候期 物候期指周年中动植物呈现周期性的生长、发育及活动等反应，其产生反应所对应年际内的时期，称为物候期。杨梅的物候期指每年气候季节性的变化与杨梅内部生理进程改变及外部形态变化相吻合的规律性变化日程，主要包括根系生长期、萌芽期、开花期、抽梢期、展叶期、生理落果及果实发育期、花芽分花期、相对休眠期和落叶期等。物候期是制定杨梅栽培管理周年计划、实施具体栽培管理措施的重要依据，其因品种、树龄、栽培管理环境及技术水平等不同而略有差异。

(1) 根系生长期。据前人观察研究，在浙江，除严冬季节外，杨梅根系均可生长。2月下旬根系开始生长活动，3月上旬逐渐进入旺盛生长期。杨梅根系生长与地上部分基本同步，一年中有3个根系生长高峰期，分别在4月下旬至5月中旬、6月下旬至7月中旬和9—10月。

（2）萌芽期。2月中下旬花芽开始萌动，3月上旬至下旬叶芽萌动。雄株比雌株萌芽早1周左右，花芽比叶芽早20天左右。

（3）开花期。杨梅是先开花后抽梢再展叶，据近10年的观测记录，浙江地区雌花花期一般从3月中下旬至4月上旬，雄花花期比雌花略早，一般于2月中旬至3月底开放。一般是花穗上部花序先开花结果，同一花序上存在花果并存的现象。杨梅雌花花期有1个月左右，盛花期十二三天；雄花花期有40余天，其中盛花期五六天。虽然雄花花期早，但雄花花期长且盛花期长，可实现雌雄花同步盛开，有利于授粉受精。

（4）抽梢期。杨梅一年中的抽梢次数直接反映了树体生长势情况，其与品种、结果量、气候、树龄和管理水平等有关。在浙江宁波地区，荸荠种杨梅幼树一般每年抽梢3次，成年树抽梢2～3次。就整个树体而言，依新梢抽生的时间可分为春梢、夏梢和秋梢。春梢一般发生在3月下旬至5月，从开花坐果期至果实成熟采收前；果实采收后至立秋前抽生夏梢，发生期在6—7月；立秋后抽生秋梢，发生期在8—11月。新梢抽生时，并非春梢上抽发夏梢，夏梢上再抽发秋梢，往往是1个枝条只抽发2次枝梢甚至只有1次枝梢。

（5）展叶期。杨梅叶芽萌动较花芽晚20余天，萌芽后约半个月展叶，同一植株萌芽、展叶一般都比较整齐。叶片生长期3～4周，随着枝条的生长，幼叶不断长大，至枝条生长停止时展叶结束。不同新梢上叶片生长速度也不同，一般而言，春梢叶片生长速度最快，夏梢叶片次之，秋梢叶片生长最慢。

（6）生理落花、落果及果实发育期。杨梅开花后，未受精或受精质量差的雌花脱落，4月中旬左右达到高峰期，占总花数60%～70%的花枯萎脱落；再经过2周（多在4月底至5月上旬）还有生理落果盛期，落果数占总花数的20%～35%。第二次生理落果后，荸荠种等优良品种直到成熟，基本上不再出现生理落果，着果率一般在7%～8%。

杨梅果实的生长发育从授粉谢花后子房膨大至果实成熟，需经历60～70天。杨梅果实果径变化呈双“S”形曲线：增长较慢的时期主要在坐果初期、硬核期前后及果实成熟期（图4-1）；果实单果重变化呈“S”形曲线，从5月下旬后果重增长开始明显加快，至6月上旬后增长速度达到最大，直至果实成熟前（图4-2）。

（7）花芽分化期。花芽分化指腋芽转变为花芽的过程，主要包括生理分化期和形态分化期。雄花花序原基分化期（形态分化开始）始于7月上中旬，雌花为7月中旬，生理分化期要早于形态分化期2～4周；花序上分化形成小花，花原基的形态分化自8月中下旬开始，9—11月分别分化出雌蕊和雄蕊，至11月底花芽分化基本完成。花原基分化历时约3个月之久，因此，春梢和夏梢都

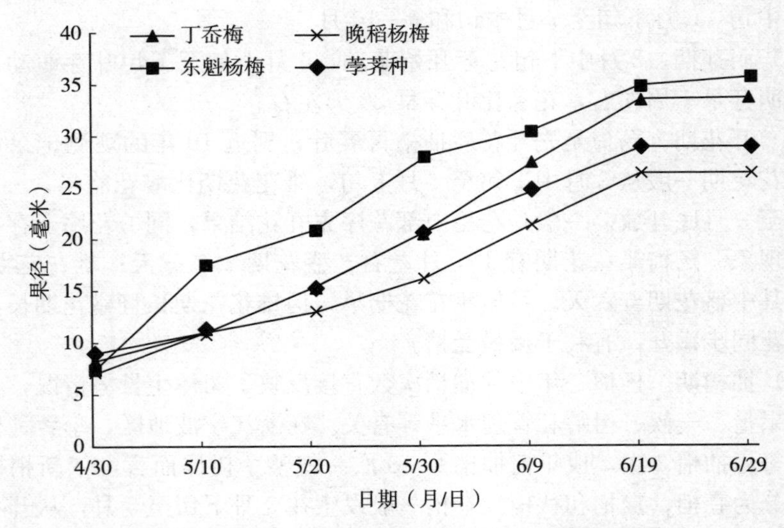

图 4-1　浙江省 4 大杨梅良种果实果径增长曲线

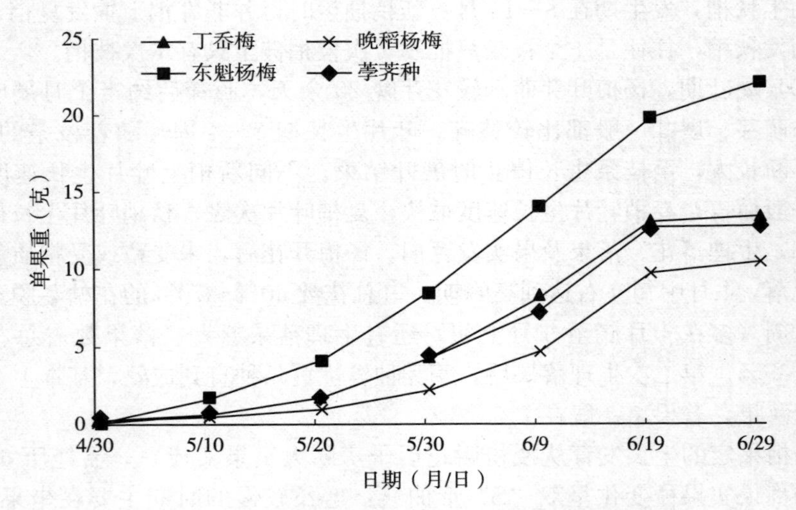

图 4-2　浙江省 4 大杨梅良种果实单果重增长曲线

能形成结果枝。

（8）相对休眠期。12 月下旬至翌年 2 月上旬左右，为杨梅相对休眠期。此时，杨梅的叶片、枝条停止生长，花芽分化结束，根系活动很弱，但光合作用仍在进行。

（9）落叶期。正常生长条件下，杨梅落叶期一般从 5 月春梢停止生长后开始，至 6 月上中旬达到高峰期。在实际生产中，常因土、肥、水等管理条件，生长结果量以及病虫害等原因导致落叶期提早或推迟。生长势旺的杨梅树落叶期往往偏迟；土壤营养不良、通透性差、结果量过大、树势衰弱和受褐斑病等病虫危害的杨梅树，落叶时间会大大提早。提早落叶使树势更加衰弱，若不采取有效措施加强树体营养、增强树势，则会导致树体死亡。

2. 杨梅生长发育对环境的需求

（1）温湿度。杨梅是常绿果树，喜温暖、较耐寒，年平均气温在15～20℃的地区最适宜栽培，最低温度－13～－12℃也能生长，在杨梅栽培区，至今无严重冻害的记录。杨梅花较耐寒，气温对开花的影响不大，但花期低温会使花期延长。杨梅喜温暖，但怕高温炎热，尤其是烈日照射，再加上高温天气，可引起树皮焦灼，以至枝干枯萎死亡。

杨梅喜湿耐阴，雨水充足、气候湿润，树体生长健壮。对不同生育时期而言，花期要求天气晴朗，以促进开花授粉。若连续阴雨，则会导致花期延长，影响正常授粉。果实转色后进入快速膨大期需适量降雨，若果实转色期多晴天，成熟期前后连续降雨，有利于果实品质形成。2019年，浙江宁波地区6月10日前后多晴天，15日前后开始每天小雨，至20日左右果实品质达到最佳，果实个大、质嫩、味甜，荸荠种杨梅最大测得的有20.2克，可溶性固形物含量平均在13%以上，明显好于往年。夏末秋初要求多晴朗，以利于光合作用进行和光合产物积累，促进花芽分化。靠近较大湖泊的地块，可形成温暖湿润的局部小气候，有利于杨梅栽培。

（2）光照。杨梅虽喜湿耐阴、不耐强光直射，但生长也需要有足够的光照条件，可根据当地气候条件因地制宜选择合适的定植区。一般来说，种植在以太阳散射光为主的阴山或北坡地杨梅，树势强健，果大且品质好；而阳光充足的阳山或南坡地，由于阳光直射，光照强度大，往往树势中庸，果实肉柱尖硬，汁少，品质略差，不过其可溶性固形物含量和耐储运性会提高。若光照不足，会影响杨梅生长和结果。例如，杨梅与高大阔叶林木混栽时易导致光照不足，叶片光合速率明显降低，同时导致枝条变长，节间也变长，单叶面积和鲜叶重减少。光照不足，不仅产量低，而且成熟期推迟，果实着色不均，光泽差，果汁少而酸。

（3）土壤。杨梅的生长发育需要疏松、排水良好、含有石砾的微酸性沙质红壤和黄壤，最适宜生长的土壤pH在4.5～6.5。凡在芒萁、杜鹃、松树、杉木、毛竹等酸性指标植物繁茂的山地都可以种植杨梅。

土壤质地可影响杨梅产量。单产以沙黏土为最高，黏土最低。果实的品质和风味，沙土和沙黏土优于黏土和黏沙土；果形以沙黏土和沙土的较大，黏土和黏沙土的较小。对于土壤黏重的杨梅园地，应掺沙砾土或增施有机肥进行土壤改良。杨梅在不同混生的土层中，毛竹根对杨梅根系的影响最大，它使杨梅的须根减少，同时死根增加。因此，在栽培杨梅时，不宜与毛竹混生建园。杨梅园自然生草可有效改善土壤营养状况，提高土壤有机质、速效氮、速效钾含量，提高果实品质。因此，杨梅园管理推荐采用田间生草管理方式。

第三节　主要栽培品种

杨梅属于杨梅科杨梅属植物，我国分布的主要有毛杨梅、青杨梅、矮杨梅、杨梅、全缘叶杨梅和大杨梅 6 个种。其中，用作水果生产栽培的为杨梅种。杨梅栽培历史悠久，在漫长的历史长河中，充满智慧的劳动人民不断发现并选育形成一系列的优良品种，现将其主要生产性状介绍如下。

一、浙江选育的杨梅栽培品种

1. 荸荠种　荸荠种是从浙江余姚发现并选育的品种，最早在余姚市三七市镇张湖溪老鹰尖发现，至今已有 200 余年历史，因果实成熟时呈紫黑色似荸荠而得名，是浙江杨梅四大良种之一。其具有抗性好、生产适应性广、早果和丰产特性，凡有杨梅生长之地皆可引种栽培，是一般新区引种的首选品种，目前已引种推广至福建、云南、江苏、江西、湖南、重庆、贵州及广东等南方杨梅产区。

荸荠种树势较强，自然生长条件下树体较直立；在人工栽培合理修剪的情况下，树姿开张，树冠呈圆头形。叶片卵形或倒卵形，先端钝尖或近圆形，叶脉正面较明显，微有凸起，叶全缘。果实中等大小，平均单果重 12.0 克，最大单果重可达 20.2 克。果实成熟时果面呈紫黑色，果肉颜色呈紫红色至紫黑色，果蒂小，果顶微凹，果底平，果柄短，肉柱圆钝，肉核易分离，口感鲜甜略带酸，具香气，品质极上。可溶性固形物含量 13%左右，可滴定酸含量 0.8%～1.1%，可食率 95%～96%。主产地成熟期 6 月中下旬，采收期 10～15 天。

荸荠种杨梅丰产稳产，一般 3～5 年后开始结果，10 年左右开始进入盛果期，20 年生树单株产量可达 125 千克，经济寿命可达 50 年以上。进入盛果期后产量稳定，成熟果实不易落果，早期成熟的果实硬度佳，较耐储运。

2. 东魁杨梅　东魁杨梅是从浙江黄岩发现选育的品种，由浙江农业大学吴耕民教授命名，并出现在 1979 年 12 月浙江农业大学编写的大学教材《果树栽培学各论》中。东魁杨梅取名东方之魁，属大果形晚熟品种，是当前我国栽培面积最大的杨梅品种。

该品种树势强健，树姿直立，发枝力强，树冠高大，呈圆头形。枝粗节密，叶大密生，叶缘波状，叶色浓绿，叶倒披针形。果实近圆形，平均单果重 20 克左右，最大单果重可达 50 克，为当前最大果形品种。果实成熟后呈深红色或紫红色，内部红色或浅红色。果面缝合线明显，果蒂凸起，成熟时保持黄绿色。肉柱较粗，先端钝尖。肉质较粗，核大、椭圆形，汁多，甜酸适度，风味浓，可溶性固形物含量13%左右，可滴定酸含量1.4%，可食率达94.8%，品质优良。主要用作鲜食，也可用于罐藏加工。

该品种始果期较晚，较荸荠种晚1～2年，定植5～6年后开始结果，15年后进入盛果期，经济寿命50～60年，成龄树一般单株产量75～100千克，结果大小年现象不明显。该品种成熟期比荸荠种杨梅迟5天左右，在浙江黄岩成熟期为6月下旬至7月初。该品种抗风力较强，成熟时不易落果，但抗病性较弱，较不耐凋萎病。成熟果实硬度佳，耐储运性较荸荠种更佳。

3. 丁岙梅 丁岙梅原产于浙江温州瓯海，1992年被浙江省农业厅品种命名委员会命名为瓯海丁岙杨梅，为浙江杨梅四大良种之一，主产温州龙湾、瓯海、乐清、永嘉等地，福建、广东、湖南等地近些年引种较多。果实完熟时果面紫红色，果蒂较大，呈瘤状凸起。绿色的果柄与紫红色的果面相映，故有“红盘绿蒂”的佳名。

该品种树势较强，圆头形或半圆形，树冠较矮，枝条短缩，叶密生，为倒披针形或长椭圆形，先端钝圆或尖圆，基部楔形，全缘。果实圆球形，平均单果重11.3克，果顶有环形沟纹1条。肉柱顶端圆钝，富光泽，肉质柔软多汁，甜多酸少，可溶性固形物含量11.1%，可滴定酸含量0.83%，核小，肉厚，可食率96.4%，品质上等。较耐储藏。果实6月中下旬成熟。主供鲜食，也可罐藏加工。

种植后4～5年开始结果，15年左右进入盛果期，单株产量75千克左右，盛果期可维持40～50年。果实固着能力强，带柄采摘，较耐运输，受市场青睐。采前落果轻，抗风力较强，适应性广。比较适合于气温较高的地区栽培。

4. 晚稻杨梅 晚稻杨梅原产于浙江舟山定海，据史料记载，为清代农民杨嘉发从实生树中选育的优良品种，距今有170余年历史，是浙江四大杨梅良种之一，属晚熟品种。

该品种树势强健，树冠高大，呈圆头形。叶披针形，先端尖圆，基部楔形，全缘或稍有锯齿，叶深绿色，蜡质层较薄，叶脉明显。果实圆球形，平均单果重11克，最大单果重为15克。果柄短，蒂苔小，色深红。肉柱圆钝肥大。果顶微凹，果基圆形，凹沟短，有缝合线3～4条。可溶性固形物含量12.6%，核小，肉核较易分离，果实可食率达95%～96%。肉质细腻，汁多，甜酸适口，略具香气，品质优，果实成熟时果面呈紫黑色，富有光泽。抗逆性强，果实鲜食加工均可，是我国鲜食兼罐藏良种之一。

该品种嫁接苗定植后4～5年开始结果，10年后进入盛果期，一般单株产量50～100千克。结果性能好，坐果率高，丰产稳产，采前落果少。果实6月底至7月上旬成熟，成熟期比荸荠种杨梅迟5天左右。该品种成年树以春梢为主，结果大小年现象不明显。

5. 慈荠 慈荠是从荸荠种杨梅中选育出的大果优质新品种。2008年通过浙江省林木良种认定。树势中庸，树姿开张，枝梢较稀疏，树冠半圆形。果实近圆形，果面紫黑色，肉柱棍棒形，多圆钝稍有刺，肉质细软，汁多，味甜微酸，略有香气，可溶性固形物含量13.3%，可滴定酸含量1%左右。平均单果重13克，最大单果重18克。果形较荸荠种杨梅大，风味浓，硬度高，更耐运输。产地成熟期6月中下旬。

6. 早荠蜜梅 早荠蜜梅是从荸荠种杨梅中选育出的早熟品种，2003年1月通过浙江省科技厅组织的成果鉴定。该品种树势中庸，树冠圆头形。叶片较小，两端尖、中间宽，两侧略向上。果形扁圆，单果重约9克；完全成熟时呈深红色，光亮，肉柱圆钝，可溶性固形物含量12.38%，可滴定酸含量1.26%，味甜酸，品质优良，6月上中旬成熟，比荸荠种早10天左右。进入结果期较早，抗逆性强。开花期比一般荸荠种早20天。

7. 晚荠蜜梅 晚荠蜜梅是从荸荠种中选育出的晚熟变异品种，2003年1月通过浙江省科技厅组织的成果鉴定。该品种树势强健旺盛，枝叶繁茂，叶色浓绿。果实深紫红色，果面光亮美观，肉质细腻，味甜浓，口感佳。果实较大，平均单果重12.5克以上，可溶性固形物含量13.7%，产量稳定，结果大小年现象不明显。花期较荸荠种迟10～15天，成熟期迟5天左右。

8. 乌紫杨梅 乌紫杨梅是从浙江象山本地杨梅中选育出的优质、大果、早熟品种，2008年2月通过浙江省林木良种认定，同年12月通过国家林木良种认定。该品种树势中强，树姿开张，果实正圆形，平均单果重18.5克，最大单果重30克以上。果面紫黑色，有光泽，果肉厚，汁多味浓，甜酸适口，可溶性固形物含量12.5%以上，质地较硬，较耐储藏。果核稍大，较黏核，可食率94.2%。于6月中下旬成熟，在当地的成熟期介于荸荠种和东魁杨梅之间，存在产前落果情况。

9. 水晶杨梅 水晶杨梅又名白砂杨梅、西山白杨梅、二都白杨梅，产于浙江上虞和余姚等地，为白杨梅品种中唯一的大果形品种。2002年7月通过浙江省林木品种审定委员会审定，推荐作为花色品种搭配栽培。该品种树势强健，树冠半圆形。叶倒披针形或倒长卵形，尖端圆钝、尖或渐尖，边缘尖或有锯齿，质薄，淡绿色。果实圆球形，单果重14.3克，最大单果重达17.3克。成熟时果实呈白玉色或浅粉色；肉质柔软细嫩，汁多，味甜稍酸，风味较浓，具独特清香味，品质上乘。可食率93.6%，可溶性固形物含量13.4%，于6月中下旬成熟，采收期长达15天左右，宜在山脚较肥沃处栽培，为我国品质最优的白杨梅之一。

10. 早佳 早佳是从浙江兰溪荸荠种杨梅园芽变选育出的杨梅早熟新品种，2013 年 9 月通过浙江省林木良种认定。该品种树体矮化，长势健壮，树冠半圆形，枝条开张，在浙江金华 4 月开花，6 月上旬成熟，早果性好。以中、短果枝结果为主，果实近圆球形，果面紫黑明亮，果肉质地较硬，酸甜适中，风味浓，单果重 12.5 克，果形指数 0.96，可食率 95.7%。可溶性固形物含量 11.4%，总糖含量 10.3%，总酸含量 1.17%，品质中上。抗病、抗逆性强；适合浙江地区栽培，嫁接树一般 4 年生树能挂果，8 年生树进入盛产期，丰产稳产。

11. 黑晶 黑晶是从浙江温岭的温岭大梅中发现选育的优质、大果形乌梅类优良品种。2007 年 2 月通过浙江省非主要农作物品种审定委员会认定。该品种树势中庸，树姿开张，树冠圆头形。叶倒披针形；叶尖圆钝，叶缘浅波状。果实圆形，完熟时呈紫黑色，有光泽，果顶较凹陷，果蒂凸出呈红色，具明显纵沟，平均单果重 20.4 克，果核略大，可食率为 90.6%，可溶性固形物含量 11.5%，肉柱圆钝，肉质柔软，汁液多，口感佳，品质优。果实 6 月下旬成熟，比荸荠种杨梅晚 5～6 天，比东魁杨梅早 2～3 天。早果性好，丰产稳产，很少有结果大小年现象。

12. 早炭梅 8801 号 早炭梅 8801 号是从荸荠种中选育出的早熟、高产、适应性强的新品种，2006 年 3 月通过浙江省林木良种认定。该品种生长势强，树冠开张，树形较矮。春梢为主要结果枝。果实扁圆形，平均单果重 11.4 克，最大单果重达 13.9 克。果实完熟时呈紫黑色，肉柱先端圆钝，核肉易分离，可食率 93.88%，可溶性固形物含量 11.3%，总酸含量 1.0%，总糖含量 10.1%，肉质细软，汁多味甜，品质优良，适宜鲜食和浸制杨梅烧酒。在浙江衢州，6 月 10 日果实开始成熟，比荸荠种提早 10～15 天，采收期 10～14 天。

13. 深红种杨梅 深红种杨梅是从二都杨梅中选育出的中熟杨梅新品种，具有丰产优质、果大核小、风味较浓、色泽美等特点，2002 年 7 月通过浙江省林木良种认定。该品种树势强健旺盛，枝叶茂盛，树冠圆头形，叶色深绿，叶倒披针形，先端圆钝或近于圆形。果实 6 月中下旬果实成熟。采收期长达 20 天。果实平均单果重 13.1 克，最大单果重达 16.3 克，果顶凹陷，果蒂较小，果底平，果表深红色，有明显纵沟，肉柱先端多圆钝，肉质细嫩，汁液多，酸甜可口，风味较浓，品质优良。

14. 永冠 永冠是从东魁杨梅中选育出的 4 倍体芽变品种，2018 年 1 月获得农业农村部植物新品种权证书。该品种树势强健，树体高达，树冠圆头形，主枝粗壮，发枝力强。叶片较大，浅绿，倒卵圆形；叶尖先端钝尖，叶缘浅锯齿状；叶脉主脉凹陷居中、支脉凸起轮生对应浅裂。果实近圆球形，果面红色或紫红色，缝合线浅，果蒂凸起，果梗短，果肉红紫色，肉柱粗壮、多汁；果实较大，平均单果重 30.9 克，最大单果重达 53.0 克。味甜酸可口，可食率为 95.2%，可溶性固形物含量 12.6%，品质优良。6 月下旬至 7 月初果实成熟。抗病性较强，尤其是抗枯枝病显著强于东魁。

15. 夏至红 夏至红是从浙江余姚西山地区优良粉红色杨梅单株中选育出的中熟新品种，2014 年 12 月通过浙江省林木良种认定。该品种树势强健，树姿较开张；结果枝以春梢为主。叶倒披针形，全缘，深绿。果实近圆形，肉柱顶部圆钝，果色粉红，有光泽。黏核，核广卵圆形，茸毛长，呈淡褐色。平均单果重 15.1 克，最大单果重 21.2 克，可溶性固形物含量 11.2%，可滴定酸含量 0.94%。风味甜酸适口，香气独特。果实宜鲜食或加工。果实品质特点是果个大小适中，外观和风味好。丰产性能好，果实 6 月 21 日前后成熟，比荸荠种晚 5～7 天，比东魁杨梅早 7～10 天。采收期 7～10 天。

二、其他省份选育的杨梅优良栽培品种

1. 浮宫 1 号 浮宫 1 号是福建省选育品种，1992 年由福建省农业科学院果树研究所等单位的科技人员对龙海市杨梅品种资源进行调查时，从龙海市浮宫镇美山农场果园中筛选出的变异株系，经遗传观察和区试后正式命名。该品种树势较旺，树姿开张，树冠为近圆头形，分枝多，节间较短，叶倒卵形，叶缘平滑无锯齿，主脉明显，侧脉稀疏较明显。以夏梢和春梢为主要结果母枝，中长果枝结果为主。福建漳州地区盛果期 5 月 3—10 日，比软丝安海变提早 7～10 天，较我国杨梅主产区浙江省的早熟种东魁杨梅提早 25～30 天。

2. 软丝安海变 软丝安海变是福建省地方品种，原产于福建龙海浮宫。该品种树势较强，树体矮化，树冠自然圆头形，分枝多。叶片卵圆形、浓绿色，叶姿斜向上，叶尖钝圆，叶缘基本全缘。花芽易形成，结果性能强，开始结果后大小年现象不明显。果实正圆球形，果形端正。平均单果重 15 克，果面紫红色至紫黑色，肉柱圆钝较长，两侧有纵横沟各 1 条或不明显，果蒂有青绿色瘤状凸起，肉质细软，汁液多，甜酸适中，核小，可食率 95%以上，品质上等。产地于 5 月中旬至 5 月下旬成熟。

3. 硬丝安海变 硬丝安海变是福建省地方品种，原产于福建龙海浮宫。新叶嫩绿且细长，老叶叶边呈轻微齿状。果正圆球形，平均单果重约 16 克；果面紫黑色，果蒂有青绿色瘤状凸起，肉柱尖头，长而较粗，耐储性好；具香气，多汁，核小，可食率 95%以上。该品种在雨天采摘后不发软、不走味、不腐烂、不变质，肉质较硬，保鲜时间长，是不可多得的适合长途运输的品种。产地于 5 月中旬至 5 月下旬成熟。

4. 洞庭细蒂 洞庭细蒂是江苏省选育品种，从苏州市吴县（现为吴中区）东山镇调查选育品种，2007 年 9 月通过江苏省农林厅良种认定。树势强健，

分枝能力强，树冠高大，圆头形，主枝粗壮，灰褐色。叶大，倒卵状披针形，叶基渐尖，叶色浓绿，叶互生，叶缘有稀锯齿，雌雄异株，花较小，单性花。果近圆形偏扁，平均单果重 16 克，最大单果重 21.5 克。果面紫红色至深红色，果柄中等长而细，肉柱钝圆，果面圆整。从果蒂看，有近 5 条凹陷的浅沟，果肉厚而汁多，酸甜适中，口感软；可溶性固形物含量 11.7%，可食率 93.2%，品质上等。产地成熟期为 6 月底至 7 月初，抗逆性强，结果大小年现象不明显。

5. 大叶细蒂　大叶细蒂是江苏省地方品种，原产于苏州市吴县。树形开张，树干粗壮，枝条弯曲，节间较短，树冠较密。叶大，深绿色，宽披针形，质软，叶全缘，或先端稍有微波状锯齿，叶脉细而稀疏明显。果大，平均单果重 14.8 克，深紫红色，果柄长而细，肉柱通常钝圆，间有尖形，大小不均匀，果面平整，缝合线明显，果肉厚而多汁，味甜，品质上等，核小。产地于 6 月下旬成熟，丰产，但有结果大小年现象。

6. 小叶细蒂　小叶细蒂是江苏省地方品种，原产于苏州市吴县。该品种与大叶细蒂统称为细蒂杨梅。树姿较直立，枝干不如大叶细蒂粗壮。叶狭披针形，全缘或先端稍有细齿，先端稍反卷，基部狭楔形。果实中大，扁圆形，平均单果重 10.5 克，肉柱圆形，排列紧密，果面较平整，完全成熟时果面深紫红色，肉较厚，质较硬，风味浓甜。品质上等，可溶性固形物含量 12.1%，可滴定酸含量 0.64%，可食率 94%。产地成熟期为 6 月底至 7 月初。该品种树势较强，坐果率高，丰产，优质，采前不易落果，较耐储运，结果大小年现象较严重。

7. 乌糖梅　乌糖梅是湖南省选育品种，原产于湖南省怀化市溆浦县，为野乌杨梅的晚熟营养系变异。该品种树势强健，枝叶繁茂，树皮灰褐色，枝淡绿色，2 年生以上枝为深灰色，叶片大，叶色浓绿。平均单果重 8～10 克，深紫红色，光亮美观，肉质致密，可食率达 94.3%，可溶性固形物含量 13.9%，品质优良。

8. 光先杨梅　光先杨梅是广西壮族自治区选育品种，由桂林市荔浦市农业农村局等单位开展杨梅果树资源调查时发现并选育出的品种，2013 年通过广西壮族自治区农作物品种审定委员会审定。树冠近圆头形，树势健壮，主干明显，树姿稍直立。叶革质，倒卵状长椭圆形。成熟叶片叶尖有轻微扭曲，叶缘浅锯齿状，叶脉明显。雌雄同株，主产地荔浦市成熟期为 5 月下旬至 6 月初，采收期 10～15 天。果实圆球形，颜色暗红色，肉质厚脆、汁多、风味浓郁，味甜，可溶性固形物含量 11%～14%，可食率 95%，耐储运，品质优良，适于鲜食或加工。

9. 小叶青蒂　小叶青蒂是广东省选育品种，由汕头市潮阳区主栽品种青蒂杨梅园中发现的实生变异株，经系统选育而成的大果形杨梅新品种。该品种树势中庸，树冠圆形；平均单果重12.9克。完熟时呈紫红色，肉柱圆钝，汁液丰富，可溶性固形物含量10.4%，固酸比16：5，口感极佳，始果期早，丰产稳产。

第四节　栽培管理技术

一、杨梅园建园

杨梅属多年生经济树种，经济寿命长，建园后若管理得当，可连年丰产稳产。建园是果树生产的基础，对果树生产有着长远的影响，建园时果园区位、地形地势、土壤条件、品种选择等都影响果园十多年乃至数十年的生产经营情况。因此，建园时不可急躁，应在做好充分调查和规划准备工作的条件下，按部就班，稳步推进。

（一）园地选择

杨梅园建园时，首先要考虑最大限度地便于市场销售，以近市郊、交通条件便利、远离工厂及交通主干道等污染源为宜，也可在主产区建园，以利用产业规模优势、知名度，降低销售压力。

杨梅树耐瘠薄，海拔800米以下、地面坡度小于45°的山地或丘陵地几乎都可以种植杨梅。在条件允许的情况下，尽量选择缓坡、集中连片、便于集中管理的地块建园。园地的海拔、坡向均可影响杨梅果实品质发育。一般来说，高海拔地区，光照强，温度低，昼夜温差大，可以提高杨梅果实可溶性固形物含量，并推迟成熟期，生产中可利用海拔差异延长杨梅的成熟上市期。坡向也是影响杨梅品质的重要因素，因南坡光照强度要强于北坡，造成南坡局地积温也要略高，成熟期一般比北坡早2～3天，可溶性固形物含量也会高0.5～1个百分点。

（二）土壤条件

杨梅虽耐瘠薄，但并非不喜欢肥沃的土壤，有机质含量高、土层深厚、通透性好、含有石砾的沙性微酸性土壤有利于树体生长。土壤对杨梅生长发育的影响主要包括以下几个方面。

1. 土壤酸碱度　酸碱度是土壤最重要的理化性状之一。土壤酸碱度主要是通过影响土壤养分的有效性从而影响植物根系生长。强酸性土壤会造成磷素的固定，同时会活化土壤中的钙、镁、铝、铁、锰等金属离子，使其养分浓度过大或淋溶流失，造成植物元素毒害或缺素。碱性土壤也会造成磷素的固定，同时会造成土壤中钙、镁、铝、铁、锰等元素固定从而导致植物缺素。总的来说，大多数土壤养分在pH 6.5左右时，其有效度都较高。此外，土壤酸碱度可以通过影响土壤微生物活性从而影响根系生长。

杨梅适宜生长于微酸性土壤。杨梅根系可与*Frankia*菌共生形成具固氮功能的菌根，在微酸性土壤条件下，杨梅生长量、菌根结瘤量及根瘤固氮活性最高；分离*Frankia*菌并进行体外培养，其生长的最适pH为5.5～6.5。土壤碱性过重，不利于杨梅生长，会造成植株矮化，果实单果重显著下降。

2. 土壤有机质含量　土壤有机质主要是指有机物质残体经微生物作用形成的一类特殊的、复杂的、性质比较稳定的高分子有机化合物。土壤有机质中含有大量的植物营养元素，可供作物吸收利用；有机质可改善土壤的物理性状，有利于土壤保持疏松，并可增强土壤的保肥性和缓冲性，促进微生物和植物的生理活性，减少土壤中农药的残留量和重金属的毒害。

据调查，我国杨梅主产区土壤有机质含量在0.5%～3.6%，不同区域间差异较大，土壤有机质含量高有助于提高商品果率、改善果实品质。

3. 土壤通透性　土壤通透性是指土壤透水透气的性能，杨梅根系呼吸代谢活跃，氧气需求量较大，黏重的土壤通透性差，不利于根系的正常呼吸与生长。与黏性土壤相比，沙砾质土中生长的杨梅树根系发达、产量高、抗性好，且树体更易矮化，从而使始果期提早。不过沙砾质土保水能力较差，若栽植土层浅，在干旱年份无水灌溉时，树体易受旱，影响花芽分化和果实发育。

（三）园地规划

新建杨梅园，若面积较大，建园前应做好园地规划，将园地划分成若干小区，配套路、沟渠等，以方便田间管理。

1. 划分小区　根据杨梅园大小、区块朝向、坡度等，将园地划分成若干小区。一般来说，同一小区不要跨分水岭，且同一区块内最好栽培同一品种，以保持相对一致性，便于农事管理。

2. 道路设置　园地内铺设作业道，依据与主干道的相对位置及发挥的作用划分为1级、2级至末级作业道，通过作业道规划，应使每个小区都能连接到作业道上。若坡度过大，作业道可采用台阶形式，防止雨天路滑，避免影响农事作业。

3. 排灌设施　杨梅园建园时，应配置一定的排灌设施。排水渠一般依道路而设，山体凹陷、雨水汇集流过的区域也应加设排水渠，防止雨量过大时引发大规模水土流失。灌溉可采用喷滴灌系统，在山顶及山腰处挖蓄水池，雨季时蓄水，旱季时通过喷灌、滴灌管网灌溉。

4. 水土保持工程　杨梅园多建于山区或丘陵地带，土壤多呈沙性，若坡度大、地表植被差，极易引发水土流失。因此，在合理设置排水渠的同时，应在水土流失易发生区设置拦截沟，提倡田间生草管理模式，以保水固土。

5. 管理房　管理房建设应符合土地管理相应规定，并已完成办理合法手续。管理房主要用于农机具、肥料、农药等农资存放以及果实采收后临时存放、分级、包装等，应便于车辆出入，并配备必要的水电设施。

（四）品种选择

品种选择要依据杨梅园的市场定位而定，以效益为衡量品种的准绳，根据观光采摘、精品零售、加工批发等不同经营模式，选择不同的品种及配置。选择品种时，要充分了解综合生产特性。一般而言，应选择适应性广、抗逆性强、丰产、稳产、储运性好及果实口感佳、色泽诱人、大小适当的品种。观光采摘园可根据消费需求，根据不同品种成熟期，适当多配置几个品种，以拉长采摘期；精品零售园，应以提高果实品质、打响品牌作为提升市场竞争力的主要手段，这就需要“精工细作”，因此在品种选择时应主要选 1～2 个品种为主栽品种，不种或少量搭配其他品种，走标准化管理模式；加工批发园以追求高产、稳产为目标，品种可根据市场需求选择 1 种即可，便于集约化管理。目前，鲜食加工兼用的优良品种有慈荠、乌紫杨梅、早荠蜜梅、木洞杨梅、荸荠种杨梅、晚荠蜜梅、丁岙梅、东魁杨梅和晚稻杨梅等。其中，东魁杨梅和晚稻杨梅的适应性稍差。

（五）苗木定植及定植后管理

1. 苗木要求 以 1 年生嫁接苗为好，选择苗木粗壮、无伤根的一级苗木，起苗后根系打黄泥浆，并用尼龙薄膜包裹好，再行调运。起苗至定植时间最长不要超过 10 天。定植前，剪去苗木嫁接口以上的 50 厘米之外枝叶、50 厘米之内叶片的 2/3。苗木质量应符合表 4－1 的要求。

表 4－1 苗木质量要求

级别	地径（厘米）	苗高（厘米）	根系	检疫性病虫害
一级	≥0.6	≥50	发达	无
二级	≥0.5	≥40	较发达	无

2. 小苗定植技术

（1）时间与密度。春季 2 月至 3 月中旬，以选无风阴天栽植为宜。定植密度依山地气候、土壤肥力、土层厚度和品种特性而异。栽植密度为（4.0～5.0）米×（5.0～6.0）米，每亩栽 22～33 株，东魁杨梅、晚稻杨梅宜稀植。

（2）挖定植穴。宜冬季挖鱼鳞坑或等高线上筑梯（坑或梯面 1 米^2 左右），有利于减少土壤病虫害。定植时，避免根系与肥料直接接触，周围杂草等不宜立即去掉。

（3）定植方法。宜选择壮苗，先定单主干 30～50 厘米，再去掉嫁接部位接穗上的尼龙薄膜，剪去主根，修剪过长和劈裂的根系。定植前半个月，在定植穴内施好基肥。基肥分2层：第一层为粗秸秆物，厚0.3米左右；第二层为焦泥灰加每穴1千克复合钾肥均匀搅拌，厚约0.3米；施完基肥后，表土回填，厚约0.3米。定植时根系应舒展，分次填入表土，四周踏实，最后浇水1～2次，再盖一层松土。定植完毕，宜立即用柴草或遮阳网覆盖，直至当年9月。

（4）配置授粉树。杨梅发展新区，按1%～2%搭配杨梅授粉树（雄株），并根据花期风向和地形确定杨梅雄株的位置。

3. 大树移栽技术

（1）移栽时间。宜在萌芽前2月至4月上旬或秋冬季的10—11月，选择在阴天或小雨天进行。

（2）移栽方法。先挖定植穴，穴内填少量的小石砾及红黄壤土。挖树时，先剪去树冠部分枝条及当年生新梢，短截过长枝，控制树冠高度。挖掘时需环状开沟，并带钵状土球，直径为树干直径的6～8倍。挖后要及时修剪根系，剪平伤口，四周用稻草绳扎缚固定，并及时运到栽植地。栽种时把带土球的树置于穴内后，先扶正树干再覆土，覆土高度应略低于土球，然后踏实，再灌水，使土壤充分湿润。最后再覆盖一层松土。

4. 定植后管理　定植后第一年，根系不发达，若夏季遇高温干旱，树体极易被旱死，应做好抗旱防旱工作。有水源的可行灌水或浇水；也可在出梅后（7月）地湿时，覆盖5～10厘米厚的草于鱼鳞坑范围内，以防旱抗旱。

新栽杨梅根系少，肥料不易吸收，若施肥不当，如施肥穴距离根系过近或肥料浓度过高，常常导致根系灼伤，引起死树。所以，苗木栽植后第一年可不进行土壤施肥。水源方便的杨梅园可进行叶面施肥。叶面肥有0.2%磷酸二氢钾液、0.2%硫酸钾液、1%过磷酸钙浸出液、高美施800～1 000倍液、绿芬威2号700～800倍液等，每2个月喷1次，交替施用。

二、土、肥、水管理

（一）土壤管理

杨梅产量、品质与树体长势、树冠大小、枝叶量等直接有关。因此，加强树体管理，维持树体健壮生长势，是杨梅丰产稳产的保障。土壤管理是树体管理最重要的环节，是“根深叶茂”的基础。

1. 杨梅对土壤的需求　土壤是土地上一切植物生长的基础，是植物根系生活、生长的外环境，是植物吸收外界营养物质的主要场所，并起到固定植物的作用。衡量杨梅园土壤好坏的主要因素包括土壤通透性、保水保肥能力以及酸碱度等。土壤通透性是影响根系生长的重要因素，杨梅根系为与*Frankia*菌共生形成的肉质菌根，代谢活跃，在土壤透气性好的沙质或沙壤土中生长良好。杨梅根系较浅，且多定植于山坡，若连续无降雨易形成旱害，因此较好的保水保肥性有助于抵抗干旱等逆境胁迫。一般认为，杨梅树适宜微酸性土壤，最适土壤 pH 为 5.5～6.5。据近几年的调查发现，pH 4.0～7.0 的土壤未对杨梅生长有明显的抑制作用；若土壤酸性过强（pH<4.0），则不利于杨梅生长，原因可能是在偏酸条件下，土壤中铝和锰的溶解度显著提高，会对杨梅产生毒害；碱性土壤，特别是土壤 pH 在 8.0 以上时，会在一定程度促进提早结果、提高果实可溶性固形物含量，但总体不利于杨梅的生长，使根系生长受抑制，会导致杨梅矮化、果实单果重下降等。

2. 土壤管理的主要措施

（1）深耕扩穴改土。从定植后第二年开始，在秋冬季节进行，从定植穴外沿处，向周边深翻 30 厘米左右，逐年向外扩穴，扩穴挖土时，做到老沟在内、新沟在外，不留隔墙，逐年扩展。扩穴时，可结合施基肥进行改土，可充分利用山区野生林木的枝叶和杂草以及稻草、麦秆和绿肥等作为肥料，还要配以厩肥、堆肥、饼肥等肥料，要一层肥料、一层土地埋入。对成年果园深耕，主要目的是更新根系和疏松土壤。翻耕的深度视具体条件而定。根系已布满全园的，翻耕不宜过深，以防伤树根太多，一般以 20～30 厘米为宜。近树干处，应翻耕浅一些，树冠滴水线外围可翻至 40～50 厘米。

（2）客土。在土层薄、土质差的山坡或是有些经雨水冲刷后，林木根群外露的园地种植杨梅，就需要通过客土增加土壤厚度和改善土壤理化性状。客土的材料有山表土、草皮泥等。一般宜就地取材进行培土。

（3）增施有机肥。有机肥是指经过一定时期发酵腐熟后的肥料，包括各种动物废弃物和植物残体，是速效养分与迟效养分、有机养分与无机养分兼容的养分储备库，具有巨大的表面能，含有作物生长所需的多种营养元素，能满足作物各个时期养分的需求。合理施用有机肥可以增加土壤中的可矿化氮（是指在土壤微生物作用下，土壤中可转化为无机态氮的有机态含氮化合物）含量，促进不同形态的氮素转化；可提高土壤速效磷及有机磷含量，使有效钾和缓效钾的含量显著提高；有机肥可以降低表层土壤容重，有效保持土壤的孔隙度，提高土壤保墒、透气、保肥性能；促进土壤微生物活动并提高其生物量；有选择地施用有机肥可以对土壤中的重金属起到固定和净化作用；长期施用有机肥能够稳定土壤 pH，防治土壤酸化，改善作物根系生长的环境条件，提升农作物品质。

常用的有机肥种类主要有腐熟厩肥（牛、羊栏肥）、豆饼、成品有机肥等。未腐熟的厩肥因易含有寄生虫卵和病原菌、杂草种子等，不可直接使用，应充分腐熟。生产绿色、无公害的杨梅农家肥，原料应符合绿色食品、无公害农产品生产要求，且必须经高温发酵，以使之达到卫生标准。有机污染物和生物污染物可通过60～70℃高温堆肥方式进行无害化处理。经高温处理后，病原菌也基本被杀死。

有机肥的施用时间及方法：11月至翌年2月，早施为佳，以有机肥为主，成年树每株施饼肥2～3千克或腐熟厩肥15～20千克，加焦泥灰20～30千克或草木灰10～15千克。焦泥灰和草木灰是由草木枝叶焚烧后所得，钾元素含量较高，且本身呈碱性，可起到很好的防治土壤酸化作用。

（4）田间生草。生草栽培能改善土壤的理化性状，提高杨梅园地保土、保水、保温、保肥能力；草枯死腐烂后又能为杨梅提供营养物质，为土壤提供有机质。田间生草可分为自然生草和人工生草两种模式。自然生草是利用杨梅园本身优势草种类，营造“草-树”和谐共生小环境。杨梅产区自然生草园主要有“杨梅-芒箕自然生草园”和“杨梅-蕨自然生草园”，经与杨梅清耕园对比分析，自然生草园土壤有机质含量增加，土壤养分含量提高，果实品质也有显著改善（表4-2、表4-3）。

表4-2 杨梅自然生草园与清耕园土壤肥力比较

果园类型	土壤深度（厘米）	有机质（%）	全氮（%）	全磷（%）	速效氮（毫克/千克）	速效磷（毫克/千克）	速效钾（毫克/千克）	pH
杨梅-芒萁自然生草园	0～20	3.5	0.22	0.08	12.1	1.38	19.7	5.7
	20～40	1.9	0.17	0.08	10.7	0.74	14.0	6.0
	40～60	1.3	0.10	0.11	5.6	0.56	6.0	6.5
杨梅-蕨自然生草园	0～20	2.6	0.15	0.06	9.6	1.04	17.0	5.8
	20～40	1.2	0.08	0.04	7.8	0.74	11.3	5.8
	40～60	0.9	0.06	0.01	6.4	0.40	8.6	5.9
杨梅清耕园	0～20	2.4	0.14	0.07	8.4	1.74	12.2	5.6
	20～40	0.8	0.07	0.06	5.6	0.74	8.7	5.9
	40～60	0.6	0.04	0.04	3.1	0.30	9.6	6.1

注：芒萁为里白科芒萁属植物，浙江慈溪俗称为小脚狼萁。蕨为蕨科蕨属植物，浙江慈溪俗称为大脚狼萁。

表4-3 自然生草园与清耕园杨梅品质比较

果园类型	单果重（克）	肉柱	可食率（%）	可溶性固形物含量（%）	品质
杨梅-蕨自然生草园	10.5	圆钝	95.5	12.8	柔软多汁味极上
杨梅清耕园	9.3	尖锐	94.5	11.4	口感稍硬有刺感

自然生草应选用植株低矮、根系浅的优良草种，如三叶草、夏至草、早熟禾、野牛筋、结缕草、田菁等。提倡果园割草覆盖，切勿用除草剂除草。

（二）肥料管理

1. 需肥及营养特性 杨梅的需肥特性可根据杨梅果实及树体的矿质元素成分含量进行推测。据测定，每吨果实含氮 1.4 千克、五氧化二磷 0.05 千克、氯化钾 1.5 千克、氯化钙 0.05 千克、氧化镁 0.16 千克；不同生育年龄的杨梅，根、枝、叶等营养器官中矿质元素含量有较大差异，总的来说，大量元素中以氮、钾、钙含量最高，磷、硫、镁含量较低。根据杨梅矿质元素成分含量分析，可得出杨梅的需肥主要特点：一是果实所需的矿质营养成分相较桃、梨、葡萄、柑橘等常规水果（一般每吨果实含氮 5～10 千克、五氧化二磷 2～3 千克、氯化钾 5～8 千克）普遍较低；二是营养生长器官（根、枝、叶等）生长需氮、钾、钙等元素多，而需磷、硫、镁等元素较少。

杨梅根系为与 *Frankia* 菌共生形成具有生物固氮功能的菌根，它能显著改善树体的营养条件。一方面，菌根扩大了树体根系同土壤的接触面，增加了根系的吸收范围，显著提高了根系对土壤中扩散系数低而被限制吸收的营养元素（如磷、钾、锌、铜等）的吸收率；另一方面，菌根活化了土壤中的矿物质养分，提高了植株对肥料的吸收利用率。此外，菌根还能分泌分解酶，用以分解磷的化合物，增加有效磷的供给量。据研究，杨梅菌根中 *Frankia* 菌固氮量，可满足杨梅营养生长 20%～25%的需氮量，将土壤中的有机磷降解为有效磷供根系吸收，一般可满足营养生长对磷需求量的 30%。菌根还具有改善根系水分状况的作用，这是因为当根系不能吸收土壤中的无效水时，菌丝却仍能吸收这种水分，从而大大提高了植株的抗旱能力。

不同营养元素对菌根及树体的生长和发育有着不同的影响：低浓度的结合态氮能增加杨梅的根瘤重量，高浓度则起抑制作用；磷对杨梅的生长和结瘤固氮的影响不显著；施用钾肥有利于杨梅的生长和根系结瘤固氮。除大量元素外，钼、钴等微量元素能提高固氮效率；水培条件下，叶片喷施硼，杨梅植株生长量、株高、根瘤结瘤量和固氮酶活性提高，若硼过量，则会起到一定的抑制作用。

因此，杨梅施肥应注意氮、钾肥的使用，尤其是成年树对钾肥需求较高。钾肥施用对提高果实品质有较好的效果。而杨梅对磷的需求量低，使用量不足或过量，都会产生不良后果。

据浙江省农业科学院对全国杨梅主产区（浙江、福建、广东、广西、江苏、江西、云南和重庆）土壤养分状况调查结果显示，调查地区杨梅土壤 pH 整体呈酸性，平均值为 4.95，测量值范围为 3.87～8.15；土壤有机质和速效钾含量较低，尤其是福建、江苏和云南地区的速效钾，其最大含量均低于50毫克/千克；速效磷、全氮、全磷和全钾含量总体适宜，但不同省份间的差异较大。

2. 施肥原则　根据杨梅需肥及营养特性，应掌握适氮、控磷、高钾的施肥原则，以有机肥为主、化肥为辅，根据杨梅需肥规律、土壤供肥情况和肥料效应，进行平衡施肥，最大限度地保持园地土壤养分平衡和肥力的稳定提高。杨梅园土壤养分分级参考标准见表4-4。应减少肥料过量施用对环境造成的污染。禁止施用有害垃圾、污泥、污水、粪尿；化肥最好与有机肥配合施用；除秸秆还田和绿肥翻压外，其他有机肥应做到无害化处理和充分腐熟后施用；采收前20天，不得施用任何化肥。商品肥料及新型肥料必须通过国家有关部门登记认证及生产许可，质量达到国家有关标准要求方可施用；因施肥造成土壤污染、水源污染或影响杨梅生长，产品达不到质量标准的，要停止施用该肥料。

表4-4　杨梅园土壤养分分级参考标准

项目	很低	偏低	适宜标准	偏高	很高
pH	<3.50	3.50～4.50	4.50～6.00	6.00～6.50	>6.50
有机质（%）	<1.00	1.00～3.00	3.00～6.00	6.00～10.00	>10.00
有效氮（毫克/千克）	<40.00	40.00～80.00	80.00～230.00	230.00～500.00	>500.00
有效磷（毫克/千克）	<3.00	3.00～6.00	6.00～10.00	10.00～30.00	>30.00
速效钾（毫克/千克）	<60.00	60.00～120.00	120.00～150.00	150.00～300.00	>300.00
有效钙（毫克/千克）	<30.00	30.00～60.00	60.00～200.00	200.00～400.00	>400.00
有效镁（毫克/千克）	<35.00	35.00～60.00	60.00～100.00	100.00～200.00	>200.00
有效硼（毫克/千克）	<0.30	0.30～0.80	0.80～1.20	1.20～4.00	>4.00
有效锌（毫克/千克）	<0.80	0.80～1.60	1.60～3.00	3.00～6.00	>6.00

3. 肥料种类　杨梅传统产区生产中最常用的肥料是由剪落的杨梅枝条和杂草混合闷烧成的焦泥灰，经常施用焦泥灰，不但能防止土壤酸化，而且能提供植株对钾元素的需求，使枝梢芽眼充实，早结丰产，提高果实品质。除焦泥灰外，常用肥料主要有农家肥（如草木灰、菜籽饼、家禽粪肥等），尽量减少猪厩肥的使用，粗纤维多的牛粪易引发白蚁危害不宜使用；化学肥料（如硫酸钾、高钾型复合肥、过磷酸钙或钙镁磷肥等）；微量元素肥料［如硼砂、硫酸锌、钼酸铵（农用）、磷酸二氢钾等］。此外，有杨梅专用有机肥、有机无机复混肥等。常用有机肥的主要养分含量见表4-5。

表 4-5 常用有机肥的主要养分含量

单位：%

肥料种类	有机质	氮（N）	磷（P_2O_5）	钾（K_2O）	肥料种类	有机质	氮（N）	磷（P_2O_5）	钾（K_2O）
厩肥	25.0	0.50	0.25	0.50	鸡粪	25.5	1.63	1.54	0.85
猪粪	15.0	0.56	0.40	0.44	鹅粪	23.4	0.55	1.50	0.95
马粪	2.0	0.55	0.30	0.24	羊粪	28.0	0.65	0.50	0.25
鸭粪	26.2	1.10	1.40	0.62	菜籽饼	30.0	4.60	2.50	1.40
鸽粪	30.8	1.76	1.78	1.00	豆饼	43.0	7.00	1.30	2.10
花生饼	37.0	6.30	1.20	1.30	蚕渣	32.0	2.64	0.89	3.14
紫云英		0.33	0.08	0.23	绿豆		0.60	0.12	0.58
黄豆		0.76	0.18	0.73	蚕豆		0.55	0.12	0.45
油菜		0.43	0.26	0.44	田菁		0.52	0.07	0.15

4. 施肥管理 不同杨梅园树龄、树势不同，肥料管理的目标也不同，施肥时要因树施肥。应根据树体不同生长阶段、不同生育时期、不同生长势、不同结果情况确定不同肥料种类和施肥量，并要充分考虑品种、立地条件及上年度施肥情况的差异。

（1）幼龄树施肥。幼龄树施肥目标为促进枝梢生长，迅速形成丰产树冠。因此，除栽植前施足基肥外，在生长季节，可追施薄肥，以速效性氮肥为主，使用时严格控制每次施肥量，防止烧根。一般在春、夏、秋梢抽生前半个月施入，株施尿素 0.1 千克。施肥时要求土壤含水量充足，推荐降雨前后施入或兑水施入。3 年生后，增加肥料用量，配合适量磷钾肥。如全年株施尿素 0.3～0.5 千克加草木灰 2～3 千克，加焦泥灰 5～10 千克或加硫酸钾 0.1～0.2 千克。始果后施肥时，要注意少氮增钾，以控制生长，促进结果。施肥方法多采取环状和盘状施肥，促进根系向外延伸，扩大树冠。

（2）结果树施肥。结果树以高产、稳产、优质、高效为目标。施肥原则为增钾少氮控磷，氮、磷、钾比例以 1∶0.3∶4 为宜。按施肥时期和施肥方法，可分为 4 类：①基肥：11 月至翌年 2 月，早施为佳，以有机肥为主，成年树每株施饼肥 2～3 千克或腐熟厩肥 15～20 千克，加焦泥灰 20～30 千克或草木灰 10～15 千克。②果实增色增糖肥：5 月中下旬，果实快速膨大期前施入，每株施杨梅专用复混钾肥 2 千克或硫酸钾 0.2～0.5 千克，开沟条施。③采后肥：8 月中下旬，每株施草木灰 10～15 千克，或株施尿素 0.2 千克，硫酸钾 0.2～0.5 千克。磷肥隔 1～2 年施用 1 次，每株施 0.1～0.15 千克。④叶面肥：按使用说明稀释，在作物生长期内，结合病害防治加入 0.2%～0.3%磷酸二氢钾或 0.2%～0.3%尿素等叶面肥，喷施 5～6 次。

（3）结果大小年树施肥。杨梅出现结果大小年现象时，应根据当年花果量确定不同施肥方式。一般结果大年树花果量大，养分消耗多，应在做好疏花芽的基础上，增施萌芽肥，以氮肥为主，促进新梢生长，同时要早施采后肥，及时补充营养，促进夏梢生长和花芽分化。结果小年树花果量小，树体负担轻，应避免树体旺长导致落花落果，影响当年产量和果实品质，施肥量与结果大年树相比，可少施或不施叶面肥，采后肥主要依树势而定，旺势树不施。

（三）水分管理

杨梅是常绿果树，年枝梢、叶片生长量大，需水量与其物候期直接相关。一般来说，冬季相对休眠期需水量少，春季花芽、新梢萌发生长时需水量逐渐增加。花期、果实膨大成熟期和 7—8 月的花芽分化期，是杨梅 3 个水分关键期，此时水分过多或过少，都将影响杨梅的正常开花结果和果实品质形成，进而造成减产或果实品质下降。

杨梅开花期，若遇干旱无雨或连续降雨都将影响杨梅的正常开花授粉，若高温干旱、地表缺水、空气湿度过低，势必引起大量落花；若连续降雨，会造成花期延长，授精坐果率提高，产量过剩。浙江地区，5—6 月是杨梅果实膨大成熟期，水分需求量大，应注意灌水。若高温干旱，会使果实成熟期提早，且单果重下降，易落果。但采果前若土壤水分过大，会导致在果实横径和单果重增加的同时，果实含糖量下降。8—12 月是杨梅花芽继续分化和花芽增大期，若雨水过于充沛，易引起秋梢徒长，影响花芽分化和生长。

江南地区 4—6 月降雨较多，一般都能满足杨梅对水分的需求。8 月若出现高温旱季，树叶乃至嫩梢发生 3 天以上萎蔫时，应立即进行地面浇水或树冠喷水。灌水时，水分要以浸透根系分布层为宜。切忌只灌水于土壤表层，这样反而易造成土壤表面板结，对杨梅生长不利。

杨梅多种植于山地或丘陵地区，一般不会发生水涝灾害，不过雨季或台风带来强降雨时，应注意防范由地表径流引起的土层垮塌、水土流失等发生。

三、整形修剪

杨梅树体顶端优势明显，枝梢叶幕层性强，在自然生长条件下，往往会形成树体高大、树冠郁闭、内膛空虚的树体空间布局。幼树生长旺盛，树体直立性强，进入结果期迟；结果期的杨梅树体呈纺锤形，管理难度大，只表面结果，丰产性差。

整形修剪是杨梅栽培过程中的重要技术环节，通过整形修剪可培养树体矮化、通风透光条件优良、立体结果的树体结构，从而降低树体管理难度，提早结果、提高产量和果实品质，达到优质高效栽培的目的。

（一）优质高效树形及其整形

1. 自然开心形　苗木定植后，90厘米高度定干。根据萌芽情况，从距地面30～40厘米处，选留第一主枝，其上再分别间隔20～30厘米，选留第二主枝和第三主枝，要求3主枝水平夹角120°左右。第二年，在主枝侧下方距主干60～70厘米位置选留第一副主枝，生长势弱于主枝。疏掉一部分主枝延长枝上的枝梢，并将主枝上的侧枝短留，做到主、侧枝长短相宜。第三年，在主枝上第一副主枝对应的另一侧，距第一副主枝基部50～60厘米处，选留第二副主枝。第二副主枝的侧枝，留30厘米左右，短截。第四年，在距离第二副主枝40～50厘米处，再选留培养第三副主枝。副主枝相对位置呈互生样式，第一副主枝与主枝夹角为60°～70°，至第二、第三副主枝夹角逐渐减小。副主枝每年适度短截，促使抽发新梢，以增加树冠体积，促进立体结果。经过4年的整形和培养，自然开心形树冠即可基本形成。

2. 自然圆头形　苗木定植后前两年，任其自然生长，第三年春，选留3～5条强壮的枝梢作为主枝，要求各主枝相互交错生长、互不重叠，相距20～25厘米，可通过撑枝、拉枝的方法，使临近主枝水平夹角为70°～120°，主枝与主干夹角为50°～60°。在主枝上离主干60～80厘米的地方，选留副主枝，副主枝开张角度大于主枝。再顺着枝条延伸方向依次选留第二、第三副主枝，副主枝间距逐渐增加，开张角度逐渐增大。剪除副主枝中生长过于旺盛的枝条，或采用拉枝的办法缓和其生长势，使枝条早日开花结果。经过6～7年的培养，最终可形成半圆形或圆头形。

3. 多主枝矮化圆头形　苗木定干90厘米左右，定植后前两年，在主干距地面20～25厘米位置选留4～6个主枝，每主枝间距10～15厘米，相邻主枝夹角60°～90°，对选留的均匀分布主枝，通过撑枝、拉枝，使主枝与主干夹角呈45°～60°，并使下方的主枝开张角度大于上方的主枝；第三年，对主枝在50～60厘米处适当回缩后，利用位置较好的侧生强枝培养副主枝，其余强生枝间隔30厘米左右短截2/3后培养为大侧枝，多余的和背部的强生枝删除；每个主枝配备2～3个副主枝，副主枝的开张角度为水平夹角15°～30°，并小于同级主枝的开张角度，与同级主枝形成30°～45°水平夹角。与主枝一样，每个副主枝留3～5个大侧枝。第四年后，春梢、回缩1/3后的早秋梢去弱留强，适当疏删；夏梢等强旺梢、晚秋梢全部剪除。过密、交叉和远离骨干枝的侧枝及时疏除与回缩，保持树冠内部通风透光。衰退侧枝和下垂枝上的徒长枝、早秋梢可作更新枝，适当回缩。过密枝、交叉枝、病枝从基部剪去。至第五年以后，进入盛果期，树高控制在2.5～3.0米、冠幅3.0～3.5米，维持构架分明、从属关系明确、丰产稳产的多主枝矮化圆头形树形。

（二）树体修剪

1. 修剪方法

（1）除萌。抹除主干、主枝或剪口萌发的无用嫩芽叫做除萌，可减少不必要的养分消耗，改善树体通风透光。

（2）疏删。疏删指把枝条从基部剪除，减少分枝，促进养分集中供应，主要用于疏除重叠、交叉、过密枝条，改善树体内膛通透性。

（3）短截。短截即剪除枝梢的一段，用于促发分枝，促进枝条加粗生长，防止枝条徒长，调节结果枝数量。

（4）回缩。回缩指在多年生枝条上进行短截，修剪量大，可刺激剪口附近萌发大量新梢，主要用于结果枝组或大枝更新。

（5）撑枝和拉枝。撑枝是用长度适宜的木条，撑开 2 个枝条，以增加两者之间的开张角度；拉枝是用一端固定在地面的绳子拉开枝条，用以降低枝条直立性。撑枝和拉枝可使杨梅树冠开张，通风透光，缓和树势，促进花芽形成，提高坐果率，促进早果丰产。

（6）摘心。在新梢生长尚未木质化时，摘除顶端部分，主要作用是减少树体养分消耗，促进新梢老熟，促发二次新梢等。

（7）断根。断根是根系修剪过程，通过切断部分大根，促发新根，从而控制树体旺长，缓和树势，同时起到树体更新的作用。具体可根据树龄和树体生长情况，在距主干一定距离挖圆形、半圆形或对称 1/4 圆形沟，沟深 30～40 厘米，切断沟内根系，可结合施有机肥进行。

2. 修剪时期　常规果树修剪分为生长期修剪和休眠期修剪。杨梅为常绿果树，无休眠期，秋冬季天气寒冷时，生长及代谢活动缓慢，称为相对休眠期。杨梅的修剪可分为生长期修剪和相对休眠期修剪（或称冬季修剪），主要在相对休眠期进行。

（1）生长期修剪。主要在 4—10 月，包括除萌、疏删、短截、撑枝、拉枝和摘心等。未结果树，4—10 月都可进行修剪；结果树，为避免对花果的损伤，一般在 7 月以后进行。由于杨梅枝梢特别松脆，7—9 月枝条比较韧，此时期进行拉枝和撑枝操作时，枝条不易折断。杨梅的夏梢和秋梢发生时期不一致，所以撑枝、拉枝、短截和疏删一般要进行 3～4 次。

（2）相对休眠期修剪。一般在 11 月至翌年 3 月开花前，具体依树龄和树势而定，壮年旺势树早剪、老幼年弱势树迟剪。强旺树可于 11—12 月修剪，可起到一定的缓和树势、促进结果作用；弱树尤其是幼树修剪应推迟至翌年 2—3 月，以保证树体安全越冬。

（三）不同树体修剪策略

不同树龄和树势管理目的不同，整形修剪方式也有较大差异，生产上主要依据生长发育阶段、营养生长和开花结果情况不同而采取不同的整形修剪策略。

1. 幼年期树 杨梅幼年期树树势较旺，幼年期树整形修剪的目的是培养树形、扩大树冠、促早结果，整形修剪时间应主要在生长期进行，包括新梢及时摘心疏删，促发新梢和枝条老熟，尽早形成树体骨架；通过撑枝、拉枝缓和树势，促使提早结果。

2. 初结果期树 初结果期杨梅树体结构已基本形成，树体生长仍以营养生长为主，树势较旺，树冠仍在迅速扩大。此阶段整形修剪的目的是提高产量，以果压树，避免树体过旺生长。主要修剪策略是继续培养各级骨干枝上的延长枝、扩展树冠，合理配置营养枝及结果枝。控制徒长枝，侧枝去强留弱，缓和树势，促进花芽形成，保持适量结果。

3. 丰产期树 丰产期树树冠基本形成，营养生长与生殖生长也已基本达到平衡，此阶段整形修剪主要是为了保持树势，平衡、稳定结果，改善果实品质。主要修剪策略是树冠上部直立强枝要剪除，保持树冠开张、内部光照充足。疏除密生枝，回缩衰弱枝；对部分果枝进行短截，促发预备枝，调节生长结果平衡，防止出现结果大小年现象；郁闭树冠疏除徒长枝，内部较为空虚树冠对徒长枝进行短截，促进分枝，填补空缺。

4. 衰弱势树 老龄期树或者因病虫、气象灾害及过量结果等原因导致树势衰弱的树，新梢萌发能力差，结果大小年现象明显，树冠也逐渐缩小。此阶段修剪应以更新修剪为主要目的，根据树体衰弱程度，可划分为局部更新、主枝更新和主干更新。更新修剪应分 2～3 年完成，每年去除 1/3 大枝，2～3 年后树冠大小为原树冠的 1/2 左右为宜，同时可降低树体高度，实现矮化栽培。修剪要去除上部直立的枝条，保留下部斜生的枝条；大枝伤口应成斜面并削平，防止积水导致腐烂等；修剪后抽生新梢要及时进行护理，去除过密枝，对徒长枝要进行摘心，以确保枝叶正常生长。更新树冠还应配合断根措施更新根群，并进行肥培管理，做好病虫防治工作。

（四）不同枝组类型整形修剪策略

1. 侧枝修剪 在主干、主枝和副主枝上长出的侧枝或结果枝组为杨梅的主要结果部位，修剪中应尽量保证这些枝组健康生长，生长过旺时，可根据去强留弱原则进行疏剪或环割等处理，以促进花芽分化、促进结果。连续结果后的枝组，结果部位远离基枝，枝条逐渐衰老、密生或交叉，如附近有新枝，应及时更新。

2. 结果枝修剪 杨梅树可通过修剪调节开花结果和营养生长平衡，有效缓解结果大小年现象。在花芽分化较好、花量较多的年份，结果枝修剪以短截修剪为主，以减少当年开花量，促进来年结果预备枝的生长；在花量较少的年份，结果枝修剪应以疏删为主；而对枝条较少、花芽分化不良的树体，结果枝不宜修剪。

3. 徒长枝修剪 为迅速扩大树冠，幼龄树应尽量保留和利用徒长枝；进入结果期后，则应尽量减少徒长枝的抽生。对主干或主枝上枝叶茂盛部位抽生的徒长枝，应在抽生初期从基部剪去；当树冠内缺少主枝或副主枝时，则可对徒长枝适当短截，促使抽发枝条以培养主枝和副主枝；在中心领导干、主枝以及副主枝上空秃部分抽发的徒长枝，可暂时保留，培养结果枝组。

4. 下垂枝修剪 下垂的枝条，通风透光不佳，结果性能较差，易引起病害，果实接触地面也易造成污染，故一般应及时剪除。为防止枝条下垂，在整形过程中要注意培养健壮的主枝和副主枝，并且设法使侧枝上的结果部位尽量靠近主枝、副主枝。一般树冠下部需与地面保持 60 厘米以上的高度，对于该高度内枝条应进行回缩修剪。

5. 过密枝、交叉枝、病虫枝和枯枝修剪 成年杨梅树经累年结果，往往出现枝条密生、内部光照不足、枝条细弱且枯死等现象，需及时剪除交叉枝、病虫枝和枯枝，并对细弱枝进行回缩。

（五）矮化大枝修剪

杨梅树体寿命长，在很多传统产区杨梅树龄都有 30～40 年，甚至有百年以上的杨梅树。传统栽培模式较粗放，基本任其自然生长，导致树体高大、农事管理不便，不适应当前高质高效的产业发展模式。矮化大枝修剪技术主要是对这些高大树体改造的整形修剪技术，通过该技术综合运用，一方面，可以有效地降低树冠高度，降低疏花疏果、采摘等管理难度；另一方面，提高杨梅树冠内膛散射光比率，大幅度增加杨梅的经济产量。

矮化大枝修剪应遵循“控高删密，去直留斜，立体结果，多年完成”的原则。对原来未经整形的成年杨梅树，首先要“控高”，即对树高超过 3 米的主干和大枝从基部截去，以控制高度；其次要“删密”，即对树冠内密集的大枝适度进行疏删，删直立枝，留斜生枝，以控高扩冠，使树冠内通风、透光良好，达到立体结果的目的。矮化大枝枝梢修剪量大，若 1 年完成会大幅降低产量并影响树势，一般应分 2～3 年完成。

第一年，先从基部去除中心直立枝干，若中心直立枝有 2 个以上的，去除 2 个，剩余第二年去除。去除内膛枯枝，适量去除斜生的重叠枝，修剪量应控制在 30%左右。第 2～3 年根据内膛所抽生的新梢情况，再锯除剩余的过高枝干，应控制树体大部分结果枝在 1.5～3.5 米，锯除 3 米以上部位、直立过高的枝条，疏删中间密生枝、重叠枝和交叉枝，修剪量控制在 20%左右。注意主枝锯掉后，伤口较大，应剩平伤口并涂上愈合剂。锯口附近萌发的新梢要及时整理，去掉密生枝、衰弱枝。长梢要摘心短截，促使再萌梢，培养结果枝组。结合修剪培养矮化树冠。

矮化大枝修剪一般1年内进行2次，第一次修剪在采果后至7月上旬，应抓紧时间进行，以便于充分利用夏季多阴雨天气萌发新梢，培养结果枝组。以整形为主，只整大枝，不剪小枝。第二次修剪结合相对休眠期修剪进行，时间宜迟不宜早，以免影响树体正常越冬。以小枝修剪为主，剪除徒长枝、枯枝、病虫枝、衰弱枝，疏删密生枝、直立枝，促进枝梢增粗与成熟。

四、花果管理

花果管理是杨梅栽培管理中最重要的技术环节。果实是果树栽培的核心，花果管理直接决定了果实产量和品质，会进一步影响树势，从而影响周年生产管理。长期以来，杨梅生产中都存在结果大小年、商品果和精品果比例低等情况，这与花果管理不当有重要关系。为促使杨梅连年丰产、稳产，有较好的果实品质，应着重做好疏花疏果、保花保果等花果管理工作，最大幅度地减少出现结果大小年现象，促进平衡结果。

（一）杨梅结果大小年现象及其成因

所谓结果大小年现象即果树产量年际间不平衡，一年高、一年低的情况。杨梅是结果大小年情况最严重的果树种类之一，其大年产量可达小年产量的3～10倍。这种年际间产量的差异具有群体性，最直接的影响是大年结果量过多，果实营养供应不足，导致品质变劣，果小、味酸、色淡，且鲜果集中上市，市场销售压力大，丰产不丰收；小年树体旺长，果实产量低，虽然品质佳，但是不能满足市场需求，也很难实现很好的经济效益。由于营养生长与生殖生长之间的矛盾，大年多果营养消耗大，花芽不易形成；小年多梢养分积累足，易于花芽分化，二者互为因果，相互促进，可形成一个自然生产循环。因此，结果大小年现象一旦产生，很难彻底改变。

造成结果大小年现象的最根本原因是生长周期内营养生长和生殖生长的失衡，是树体自身特性及其生长发育状态决定的，并受气候变化、人工管理等外界因素影响。具体来说，影响杨梅结果大小年现象的主要因素有品种、树龄、气候、管理措施等。

1. 品种 早大种、早荠蜜梅、临海早大梅、早色种等早熟品种结果大小年现象较轻；荸荠种、丁岙、东魁、晚稻等中晚熟品种结果大小年现象较明显。

2. 树龄 从同一品种来看，15年以上的成年树易产生结果大小年现象，而10年生左右的初结果树相对较少。原因可能是初结果树树势较旺，营养生长与生殖生长相比占相对优势地位，年际间营养生长和生殖生长相对平衡不易打破。

3. 气候 杨梅结果大小年现象发生往往有一个诱发年，即某一年中气候反常，表现为特别适宜于杨梅开花结果或者严重阻碍杨梅正常开花结果，如全年风调雨顺或遭遇花期冻害、落黄沙、7—8月连续干旱等，会造成当年或第二年花果量异常增多或减少，从而打破了当年树体营养生长和生殖生长，导致结果大小年情况发生。推测这是造成杨梅结果大小年现象的最重要诱因，因为只有这种情况才会形成区域性、普遍性的结果大小年现象。

4. 管理措施 管理不当也是导致杨梅结果大小年现象的重要原因，如氮肥施用量过多会造成树体营养生长过旺、磷肥施用量过多会使结果量大大增加、树体修剪量过大会减少当年结果量并促发新梢旺长。这些不当管理都会打破营养生长和生殖生长相对平衡，进而导致结果大小年情况发生。

（二）促使平衡结果的技术措施

克服杨梅树结果大小年现象，促使树体平衡、稳定结果的技术措施，除常规栽培的合理肥水、整形修剪及病虫害防治外，主要有疏花疏果和保花保果两项技术。生产应用中以疏花疏果为主、保花保果为辅。

1. 疏花疏果 杨梅以中、短果枝结果为主，在正常生长条件下，坐果量大，如果任其生长，往往会造成果小质差，引发结果大小年现象，严重者会导致树体死亡，因此必须进行疏花疏果。为最大限度地降低营养消耗，并保证合理产量，疏花疏果可分3次进行，即疏花芽、疏花以及疏果。

（1）疏花芽。冬季修剪时，根据花芽量疏删结果枝。花芽量过大的大年结果树，疏删30%左右；正常生长树疏删10%～20%；小年结果树不疏结果枝。通过结果枝疏删可有效调节来年花量，降低第二年疏花疏果人工等投入，并减少营养消耗，对保持树势也有一定作用。

（2）疏花。杨梅花小、花量大，一般不人工疏花，多采用化学方法疏花。常用的化学疏花剂有石硫合剂和杨梅专用疏花剂。

石硫合剂疏花：在盛花末期、幼果初期，当树上有比火柴头略小的杨梅幼果时喷药。使用方法为0.5～0.6波美度石硫合剂喷施，将树上所有花芽全部喷到，喷湿即可。

杨梅专用疏花剂疏花：文献上有记载的疏花剂主要有浙江省农业科学院研制的“疏5”“疏6”及慈溪市杨梅研究所研制的杨梅疏花剂。

“疏5”“疏6”的使用方法：在盛花期喷洒“疏5”的50倍液或“疏6”的100倍液（树体开花数量少的部位可不喷），其疏花量达到50%～60%，果形增大34%～45%，成熟期提早4天，新梢发生数量增加133%～155%，优质果率比原来提高47%左右。

杨梅疏花剂的使用方法：每包40克杨梅疏花剂，先用少量温水充分搅匀，再加清水13千克稀释，将树上所有花芽全部喷到，以喷湿为宜。喷施时间为杨梅盛花末期。

使用疏花剂疏花时，一定要严格把握疏花时间，过早会造成疏果率增加，影响产量；过迟，则达不到预期疏花效果。同时，由于同一果园不同树的花芽量不同、同株树不同方向枝的花芽量不同，因此喷施疏花剂时应根据花量区别对待，花多处均匀喷洒，花少处可轻轻带过甚至不喷。

（3）疏果。对疏花芽、疏花不充分，着果仍较多的树应进行人工疏果。树体坐果量根据树势而定，应遵循强树多果、弱树少果的原则，看梢疏果。疏果时间一般从盛花后 20 天左右开始至盛花期后 40 天左右结束（从幼果黄豆粒大小时开始至花生粒大小时结束）。疏果完成后，一般短梢保留果实 1～2 个，粗壮中长梢保留 2～3 个，果上无春梢的保留 1～2 个。同时，疏去密生果、小果和畸形果。春梢少时，将顶果疏去，促使抽生新梢，同时使果实成为叶下果，保证杨梅品质。

2. 保花保果

（1）促花剂促花。大年结果后的 7 月喷施促花剂，浓度为 500～700 毫克/千克，可促使当年抽生的春梢、夏梢形成花芽，翌年开花结果数量增加。

（2）叶面肥壮花芽。年底喷施含钙、磷、钾的叶面肥，增强冬季叶面光合能力，增加花芽营养，使花芽饱满健壮，增强开花后的抗风抗寒能力。例如，在年底喷施高镁施、高效稀土肥、磷酸二氢钾等，间隔 7～10 天，连喷 2～3 次。

（3）保花剂保花。花前（开花前 2 天）喷保花剂 30 毫克/升，3～4 天后（初花期）喷由 0.4％尿素、0.5％磷酸二氢钾、0.2％硼砂、0.02％钼酸铵组成的混合液，3～4 天后再喷保花剂 30 毫克/升 1 次，过 3～4 天喷 0.4％尿素、0.5％磷酸二氢钾、0.2％硼砂组成的混合液 1 次。这样保花剂与叶面肥交替连喷 2 次，对杨梅保花保果有较好的促进作用。

（4）春梢摘心保果。杨梅开花坐果与抽发春梢基本同步进行，梢果之间互相竞争营养，部分结果枝在开花结果后抽生春梢，消耗大量营养引起落果。因此，为提高杨梅坐果率可进行抹芽摘心措施，控制春梢生长。

五、主要病虫害及其防治

目前，我国已发现的杨梅病虫害种类共 75 种。其中，危害果实的虫害 4 种、病害 6 种，危害杨梅枝叶的虫害 48 种、病害 12 种，危害杨梅根系的虫害 1 种、病害 2 种，系统性危害杨梅的虫害 1 种、病害 1 种。根据病虫原、危害特征及防治方法等，本部分主要介绍以下病虫。

（一）危害果实病虫

1. 虫害

（1）果蝇。果蝇，包括黑腹果蝇、拟果蝇、高桥氏果蝇和伊米果蝇 4 种，以雌虫产卵于果实表面，孵化幼虫蛀食肉柱危害杨梅果实，造成果实凹凸不平，果汁外溢，品质下降，影响鲜销和储运。一般在杨梅进入成熟期、果实变软后开始大量发生，6 月中下旬发生达到盛期，适宜条件下繁育周期 4～7 天，幼虫老熟后逃离果实，钻入土中或在枯叶下或在苔藓植物内化蛹，也可在树冠内隐蔽的果面和叶片上化蛹。

防控措施：①清除园内外腐烂杂物。杨梅果实转色前，清除杨梅园及附近腐烂杂物、杂草，集中深埋或烧毁，降低虫源基数。②清理落地果实。及时清除树下人工疏除果、落果、烂果，集中深埋或烧毁，减少果蝇繁育营养源。③糖醋液诱杀。从杨梅果实进入硬核期前开始，用糖醋液（糖：醋：黄酒：水＝6：3：1：10）诱杀成虫，以黄色诱虫盘装糖醋液置于杨梅园内，宜放在树体附近的平坦处，每亩放 10～15 处，每 3 天更换 1 次糖醋液。④防虫网防治。杨梅成熟前 10 天，用竹竿搭架，用 40 目防虫网物理隔离杨梅树，树体与网间隔 0.5～1 米。⑤特异性黑光灯诱杀。用波长 380～445 纳米的黑光灯诱杀成虫，每 10 亩设置 1 盏，高度以 2～2.5 米为宜，开灯时间为 7：00—9：00 和 16：00—18：00。

（2）夜蛾。危害杨梅的夜蛾主要有壶嘴夜蛾和枯叶夜蛾 2 种，属鳞翅目夜蛾科，系杂食性害虫，以成虫口管刺入果实吸取汁液危害果实，被害果中心软腐或黑色干枯，极易脱落。壶嘴夜蛾在浙江 1 年发生 4 代，以幼虫或蛹越冬；枯叶夜蛾 1 年发生 2～3 代，以成虫越冬。夜蛾一般白天潜伏于杂草丛，晚上出来危害，较难发现。

防控措施：①田间不套种黄麻、芙蓉、木槿、防己等。若有，则及时清除，切断幼虫食源。②5 月下旬至 6 月，利用成虫趋光性，黑光灯诱杀。③用金黄色荧光灯拒避，每 1.5 亩装 1 盏。④用瓜果切成小块，用 50～100 倍乐果浸半小时，取出浸红糖液，悬挂于杨梅树上诱杀成虫。

2. 病害

（1）肉葱病。俗称“杨梅花”“杨梅虎”“杨梅火”“肉柱分离症”“肉柱萎缩症”。主要表现为发病果实肉柱发育快慢不一致，即果实发育过程中大多数肉柱萎缩，致使少数正常发育的肉柱显得长且外凸；或绝大多数肉柱正常，少数肉柱与果核分离而外凸，成熟后外凸肉柱色泽变为焦黄色或淡黄褐色，形态干瘪。随着果实成熟，裸露的核面褐变。一般认为，肉葱病是一种生理性病害，与树势过旺、过弱或结果量过大以及土壤有机质含量低、缺锌、缺硼等有关，与杨梅品种也有较大关系，东魁杨梅、荔枝种杨梅和深红种杨梅等发病较重。

防控措施：①加强树体培育管理，维持中庸树势。②多施有机肥，培肥地力，必要时，谢花后至果实膨大期补施叶面肥，补充硼、锌等微量元素供应。

③及时疏花疏果，控制产量，合理结果。

（2）裂核病。又称杨梅裂果病，表现为果实开裂，以横裂为主，少数纵裂，有果裂和核裂两种方式。果裂者裂口处果核外露，失水干枯；裂核者多数从缝合线处开裂，核和核仁失水干枯，核裂果比果裂果寿命短15天以上。一般5月上旬开始发病，5月中下旬到达盛发期，长势旺的东魁杨梅树发病较多。

防控措施：①加强培育管理，培养中庸树势。②开花前或开花后用1%的过磷酸钙浸出液（浸24小时）喷2～3次，可控制裂果（核）发生率在5%以下。

（3）霉腐病。主要包括杨梅白腐病、杨梅轮帚霉、橘青霉和绿色木霉，受害果实发软腐烂或滋生白色、黄绿色霉斑。杨梅成熟期雨水越多，果实成熟度越高，发病越猖獗。病菌在烂果或土中越冬，随雨水冲击侵染危害果实。

防控措施：①增施钙肥。果实硬核期到转色期，即采前20～40天，喷施叶面钙肥，每7～10天1次，连喷2～3次，可增加果实硬度，增强抗病力。②预防病菌侵染。果实转色期前，用13.3%抑霉唑硫酸盐1 000倍液喷雾。③避雨栽培。选用伞式、棚架式等避雨设施，在果实转色期架设，采摘结束后拆卸，预防效果较好。④及时采收。由于该病的发生与水分关系密切，因此防控关键是做好成熟果实的抢收工作，不为病原侵害创造适宜条件。

（二）危害枝叶病虫

1. 虫害

（1）卷叶蛾。主要有小黄卷叶蛾、拟小黄卷叶蛾、拟后黄卷叶蛾、褐带长卷叶蛾、圆点小卷蛾5种，属鳞翅目卷叶蛾科，在浙江一年发生多代，以幼虫在杂草丛中或卷叶内越冬，4—5月出现幼虫。以幼虫吐丝缀连初展嫩叶成虫苞，潜居缀叶中食叶肉危害，当虫苞叶片严重受害后，幼虫可再向新梢嫩叶转移继续危害其余嫩叶。杨梅新梢受害后，枝条抽生伸长困难，生长慢，树势转弱。严重危害时，新梢呈一片红褐焦枯。

防控措施：①冬春季剪除被害枝叶，清扫落叶，集中烧毁，以减少越冬虫源。②寻找并人工摘除卵块、幼虫、蛹。③利用成虫的趋性，用黑光灯、糖醋液等诱杀。④在幼虫孵化盛期和低龄幼虫期，用35%氯虫苯甲酰胺7 000～10 000倍液叶面喷施。

（2）蓑蛾。主要有大蓑蛾、桉蓑蛾、白囊蓑蛾、茶蓑蛾4种，属鳞翅目蓑蛾科，在浙江1年发生1～2代，以幼虫封囊越冬，6—8月发生第一代幼虫，7—9月危害最为严重。以幼虫取食杨梅新梢叶片和嫩枝皮，树上幼虫常集中食害嫩叶，并使小枝枯死，甚至全树死去，严重影响杨梅的开花结果和树体生长。

防控措施：①及时人工摘除虫囊。幼虫危害初期较集中，容易发现，便于人工摘除。冬季结合修剪，剪除越冬幼虫护囊，集中消灭。②生物防治。幼虫危害期，喷洒每克含100亿个孢子的青虫菌1 000倍液。③利用成虫的趋性，用黑光灯等诱杀。④在幼虫孵化盛期和低龄幼虫期，于傍晚喷35%氯虫苯甲酰胺7 000～10 000倍液防治。

（3）枯叶蛾。有油茶枯叶蛾和栗黄枯叶蛾2种，属鳞翅目枯叶蛾科。以幼虫取食危害杨梅叶片。油茶枯叶蛾在浙江一年发生1代，以卵在小枝梗上越冬。翌年3月底至4月上旬开始孵化，出现幼虫，虫体大，危害期长，受害枝条多枯萎，甚至引起树体死亡。栗黄枯叶蛾在浙江一年发生2代，以卵在枝叶上越冬。第1、2代幼虫分别在4月中下旬和7月下旬出现，随后为幼虫危害期。

防控措施：参照“蓑蛾”防治方法。

（4）杨梅小细蛾。属鳞翅目细蛾科，以幼虫潜伏在叶片表皮下取食叶肉危害杨梅，致使被害部位仅剩表皮，外观呈泡囊状，受害严重的叶片可有10个左右泡囊，从而使全叶皱缩卷曲，影响光合作用和营养物质的积累，导致提早落叶，减产降质，甚至影响树体寿命。在浙江一年发生2代。以老熟幼虫在泡囊中越冬，3月中下旬至4月上中旬、6月下旬至8月上旬、9月中下旬至10月底危害最为严重。

防控措施：①冬季清除落叶，集中烧毁或深埋，消灭越冬虫源；春季结合修剪，剪除危害严重的枝叶，烧毁或深埋。②利用成虫趋光性，于5月上中旬和8月下旬至9月上旬成虫羽化期，用黑光灯诱杀。

（5）乌桕黄毒蛾。属鳞翅目毒蛾科，以幼虫啃食幼芽、嫩枝和叶片危害杨梅，严重时新梢一片枯焦，如同经历火烧一般。幼虫毒毛触及皮肤，引起红肿疼痛，危及人体健康。在浙江一年发生2代，以3龄幼虫在树干、树杈丝网中越冬。4月初开始活动危害，5月中下旬幼虫老熟，于树根部和杂草丛中结茧化蛹。

防控措施：①果实采收期前（6月上中旬）割去树盘杂草，捕杀根部附近杂草丛中已化蛹的虫茧，可人工采摘或带叶剪枝去除幼虫群集叶片、枝条，并烧毁或深埋。②利用成虫趋性，于6月上旬或9月上旬成虫羽化期，利用灯光诱杀成虫。③幼虫期在树干基部涂药毒杀树下避阳幼虫。④生物防治。卵期及蛹期不使用农药，保护寄生蜂、寄生蝇、螳螂或鸟类等天敌以捕杀幼虫；幼虫期以菌治虫，向虫体喷布苏云金杆菌或白僵菌（每毫升含1亿个孢子）。

（6）油桐尺蠖。属鳞翅目尺蛾科，以幼虫取食叶片，严重时啃食成光秃。初孵幼虫活泼，有很强的吐丝习性，随风飘荡，散落在杨梅树上。1龄、2龄幼虫喜食嫩叶，使叶片呈现不规则的黄褐色网膜斑；3龄幼虫将叶片食成缺刻；4龄后幼虫食量猛增，残食全叶。一年发生2～3代，以蛹在根际表土中越冬。幼虫发生期主要为5月中旬至6月下旬、7月中旬至8月下旬、9月下旬至11月中旬。

防控措施：①清除卵块，集中烧毁。②幼虫老熟期，在树冠下铺设塑料薄膜，上撒10厘米厚的潮润泥土，诱其化蛹、集中烧毁。③人工捕杀。在树上抓捕幼虫，集中烧毁或土埋。④生物防治。在幼虫危害期，可喷洒每毫升2亿～4亿个孢子的苏云金杆菌剂、白僵菌或800倍液的生物制剂百特灵；保护和利用螳螂捕食幼虫，保护和饲放黄茧蜂寄生尺蠖，以控制其发生量。⑤喷药防治。幼虫发生期喷35%氯虫苯甲酰胺7 000～10 000倍液防治。

（7）粉虱。主要有杨梅粉虱、油茶黑胶粉虱、柑橘粉虱、黑刺粉虱4种，以幼虫群集在叶片背面吸取叶片汁液危害，严重时每片叶片上群集上百头，常分泌大量蜜露等排泄物，从而诱发煤污病，影响光合作用，导致枝枯叶落、树势衰退、产量下降。多以幼虫在叶背越冬。

防控措施：①农业防治。剪去生长衰弱和过密的枝梢，使杨梅树通风、透光状况良好，降低粉虱发生基数。②喷药防治。冬季用3～5波美度的石硫合剂喷雾清园，杀死越冬幼虫。

（8）蚜虫。危害杨梅的蚜虫主要为棉蚜，属同翅目蚜虫科，主要以成虫或若虫群集在杨梅新梢、嫩叶或幼芽上吮吸汁液，影响杨梅树势，并诱发煤污病。棉蚜在浙江一年发生20代以上。一年中以4—6月与9—10月发生较重。12月棉蚜产卵越冬。

防控措施：①杨梅园地不栽绣线菊，也不与桃、柑橘、茶叶等混栽，避免相互影响。②冬季清除杨梅园边杂草和灌木，并结合冬季修剪，剪除被害枝或有越冬卵的枝，减少虫源。③保护利用瓢虫、草蚜、寄生蜂等天敌，以控制蚜虫数量。④喷药防治。首先，要早治、“点治”，即当蚜虫数量少时，及早对这些虫枝“点治”，不要盲目地全树喷药。其次，要尽量采用生物性、矿物性农药，或高效、低毒、低残留的化学农药。

（9）马尾松毛虫。属鳞翅目夜蛾科，以幼虫取食叶片危害，初孵幼虫群集新梢，仅留下表皮。以后分散，食量大增，将叶肉吃尽，仅留叶脉，极大地影响树势。在浙江1年发生1～2代，以卵越冬。4月上旬开始孵化，幼虫期40天左右。

防控措施：①5月中下旬成虫羽化时，黑光灯诱杀。②饲放赤眼蜂，控制松毛虫发生。③喷施每克含100亿个孢子粉的白僵菌粉剂，每亩2千克，兑水75千克喷雾。

（10）介壳虫。主要有柏牡蛎蚧、樟网盾蚧、榆蛎盾蚧、锯腹蛎盾蚧、茶糠蚧、蚌形蚧、红蜡蚧等十数种，主要以成虫和若虫密集寄生在植物枝条上和叶片上，吮吸汁液危害。枝条被害后，表皮皱缩，秋后干枯而死；叶片被害后，呈棕褐色、叶柄变脆，引起早期落叶。受该虫危害的杨梅林，生长不良、树势衰弱，当危害严重时，杨梅全株枯死。不同介壳虫在浙江1年中发生代数不同：危害较重的柏牡蛎蚧1年发生2代，樟网盾蚧1年发生2～3代，榆蛎盾蚧1年发生1～2代，以若虫或成虫在杨梅枝条上越冬。

防控措施：①改良园内通风、透光条件。清除园内过多杂草、小灌木，降低郁闭度，造就不利于蚧类发生的环境。②秋季和春季对树上的枯枝及虫口密度高的活枝进行清理修剪、集中烧毁。③保护和利用瓢虫类、草蛉类、小蜂类等天敌，达到生物治虫的效果。④喷药防治。冬季用3～5波美度的石硫合剂喷洒清园，既杀死介壳虫，又给树体补硫。

（11）铜绿丽金龟。属鞘翅目丽金龟科，以成虫取食叶片危害，常造成大片幼龄果树叶片残缺不全，甚至全树叶片被吃光。浙江一年发生1代，以幼虫在土中越冬，6月中旬至7月中旬是成虫的危害盛期。

防控措施：①利用黑光灯、电灯或糖醋液诱杀成虫。②利用其假死性，摇落小树上的成虫后捕杀。③施用充分腐熟的堆肥或厩肥，防止成虫在果园或苗圃地产卵。④保护和利用可寄生金龟子幼虫的迟寄蝇、撒寄蝇和赛寄蝇等天敌。

（12）小粒材小蠹。属鞘翅目小蠹虫科，以成虫蛀食树干危害，盛产树被害后迅速枯死，且成连片扩散蔓延，短时间内会造成巨大损失。浙江一年发生3～5代，每年8—9月出现，专门危害离地面50厘米以内的杨梅主干部以及离地面20厘米以内的一级主侧根部。

防控措施：①在冬春季进行树干涂白，或在8—9月成虫侵入期对树干喷48%乐斯本乳油1 000倍液，2～3周喷1次，预防成虫入侵。②对已受害的树体，可于每年3月用40%乐斯本乳油＋放水涂料5～10倍涂刷主干受害部，可杀死树体内小粒材小蠹，并能使受害初期杨梅树康复。

（13）黑蚱蝉。属同翅目蝉科，以成虫刺吸枝干中汁液以及产卵于枝条组织内，造成许多机械损伤，影响养分和水分的输送，受害枝条枯萎。3～5年发生1代，以卵在寄主植物组织内或以若虫于土壤中越冬。越冬卵于翌年6月孵化为若虫，落地入土，在土中生活。4月底至9月成虫发生，8月为成虫盛发期。

防控措施：①结合冬季修剪，剪除带虫卵枝条，再集中销毁，减少虫源基数。②在蚱蝉出土期，通过清除园内杂草、树干缠塑料胶带等方法，人工捕捉幼虫。③注意保护园中螳螂、麻雀、白僵菌等天敌。

（14）蜗牛和蛞蝓。蜗牛和蛞蝓都属于软体动物，雌雄同体。危害杨梅的蜗牛主要为灰巴蜗牛，蛞蝓为野蛞蝓，以取食嫩叶、嫩茎、叶片及果实危害，致使孔洞、缺口或落叶、落果。蜗牛1年发生1～1.5代，以成体或幼体在田埂土缝、残株落叶、宅前屋后的物体下越冬；蛞蝓1年发生1代，以成体或幼体在作物根部、草堆石块下及其他阴暗潮湿处越冬，5—7月大量危害。

防控措施：①及时清园。清除果园周围杂草、残枝落叶和砖石块，及时中耕除草以破坏其栖息与产卵场所。②草堆诱捕。果园堆集杂草作为诱饵，在清晨或阴雨天进行人工捕捉，集中杀灭。③树干涂石灰封杀。

（15）天牛。危害杨梅的主要是白斑星天牛、褐天牛和茶树天牛3种。主要以幼虫蛀食杨梅枝干，影响树体养分、水分输送，造成枝干折断或树势衰弱，甚至植株枯死。白斑星天牛和茶树天牛在浙江一年发生1代。以幼虫或成虫危害杨梅树干基部或主根，并在此越冬。卵多产于近地面的树干上或树干皮下，5月中旬至6月中旬为成虫外出交尾产卵盛期。褐天牛在浙江2年完成1个世代，以二年生幼虫、当年生幼虫或成虫在枝干内越冬，幼虫期长达15～20个月。卵多产于树干30～100厘米的开叉处、伤口或树皮凹陷处。

防控措施：①5—6月在树干基部涂白，堵塞树干孔洞，防止成虫产卵。②5—6月捕杀成虫。③刮除卵及初孵幼虫。④人工钩杀幼虫。

2. 病害

（1）杨梅癌肿病。细菌性病害，主要危害杨梅树干和枝条，尤以2年生、3年生枝梢受害最严重。病枝表面粗糙、凹凸不平，形成肿瘤，木栓质坚硬变成褐色或黑褐色，一般在枝节部发生较多，会导致树势早衰，严重时还会引起全株死亡。病原主要在树枝上或果园地面残留的枝梢病瘤内越冬。翌年春天湿度大时，肿瘤表面溢出菌脓，借风雨传播，从杨梅叶痕或伤口处侵入，潜育期20～30天，发病后又产生菌脓不断地进行再侵染，造成其流行。5—6月雨水多的年份易发病，管理粗放、排水不良的杨梅园发病重。

防控措施：①做好植物检疫工作，不在病树上剪取接穗，不调运带菌苗木，新区一旦发现病树，及时砍去并烧毁。②农事操作时，避免树体受到机械损伤，减少病菌侵害概率。③培肥树体，多施含钾量高的有机肥，增强树体抵抗力。④新梢抽生前，剪除带瘤枝条并集中销毁，减少病菌基数。⑤春季3—4月，病原菌未流出前，用刀刮净病斑，并涂药保护。

（2）杨梅赤衣病。真菌性病害，主要危害杨梅枝干，发病后明显的特征是被害处覆盖一层薄的粉红色霉层，故称赤衣病。该病发病初期在枝干背光面树皮上可见很薄的粉红色脓疱状物，翌年3月下旬开始在病疱边缘及枝干向光面出现橙红色痘疮状小疱，散生或彼此相连成病斑，可布满整个主干主枝向光面。约50天后，整个病疱上覆盖粉红色霉层，干燥时到处飘散。病菌以菌丛在病枝组织越冬。翌年春季气温上升，树液流动时恢复活动，开始向四周蔓延扩展，不久在老病疤边缘或病枝干向光面产生粉状物由风雨传播，从杨梅伤口侵入危害。该病一般从 3 月下旬开始发生，5—6 月盛发，11 月后转入休眠越冬，有 5 月下旬至 6 月下旬和 9 月上旬至 10 月上旬 2 个发病高峰期。病害的发生与温度和雨量有密切关系。气温 20～25℃、温暖多雨季节发病严重。

防控措施：①加强树体培育管理，清除园内杂草、杂树，剪除树上过密枝条，增加树体通风透光；改良黏重土壤，增施有机肥，增强树势，提高树体抗性。②严格检疫，不从病区引种苗木和接穗。③生长期病患部涂石灰，防治效果较好。

（3）杨梅干枯病。真菌性病害，主要危害杨梅的枝干，引起枝干枯死，尤以树势衰弱的老杨梅树上发病较多。病菌是一种弱寄生菌，一般从伤口侵入，当寄主生长衰弱时，才会在树体内扩展蔓延，发病初期为不规则暗褐色的病斑，后逐渐扩大，沿树干上下发展。被害部由于水分逐渐丧失而成为稍凹陷的带状条斑，病部与正常部位之间有明显裂痕。后期病斑表面产生许多黑色小粒点，这是分生孢子盘，开始埋在表皮层下面，成熟后突破表皮，形成圆形或横裂的开口。发病严重时，病斑可深达木质部，当病斑蔓延环绕枝干一周时，枝干即枯死。发病轻重与树势关系密切。

防控措施：①加强树体管理，增强树势，提高树体抗病能力。②避免树皮机械损伤，阻止或减少病菌侵入。③及时去除因病枯死枝条，并集中烧毁。

（4）杨梅枝腐病。真菌性病害，主要危害杨梅枝干的皮层，可致使枝干腐烂，树体早衰。病原是一种弱寄生菌，病菌从枝干伤口、裂缝或新梢与基枝的节间侵入，并从此处开始发病，逐渐蔓延整个枝梢，枝干皮层被害初期，病部呈红褐色，略隆起，组织松软，用手指压病部会下陷。后期病部失水干缩，变黑下凹，其上密生黑色小粒点，在小粒点上部长有很细长的刺毛，状似白絮包裹，枝枯萎。雨天潮湿时，枯枝上的病斑吸水，分生孢子从孔口溢出，借助风雨扩散，进行再侵染。

防治方法：参照“杨梅干枯病”防治方法。

（5）杨梅褐斑病。真菌性病害，主要危害杨梅叶片，引起大量落叶。该病初始时，在叶面出现针头大小的紫红色小点，后逐渐扩大呈近圆形或不规则形，直径 4～8 毫米。病斑中央红褐色，边缘褐色或灰褐色，后期病斑中央转变成浅褐色或灰白色，其上散生黑色小斑点，多数病斑相互愈合成较大的斑块，致使病叶干枯脱落。病菌以子囊果在落叶或树上的病叶中越冬。翌年 4 月底至 5 月初开始形成子囊孢子，如遇雨水或空气湿润，借助风、雨水传播。从叶片的气孔或伤口侵入后，一般经 3～4 个月的潜伏期，于 8 月中旬出现新病斑，10 月下旬病斑数很快增加，病情加重，开始少量落叶，11—12 月大量落叶。此病发病的轻重与5—6月雨水多少以及园内潮湿和树势强弱关系密切，一年发病1次，无再传染现象。

防控措施：①冬季清园，清除园内落叶，集中烧毁或深埋，减少越冬病原。11月至翌年2月，树冠及地面喷布3波美度石硫合剂，预防病害发生。②加强培养管理，增强树势，提高树体通风透光度，减少发病。

（6）杨梅锈病。真菌性病害，芽、花、叶、枝梢均会发病，受害树提早开花，花量明显减少。发病植株刚开放的新芽就着生橙黄色斑点，破裂后从中散发橙黄色粉末。花器被害时，常还原成叶片，且多呈肥厚的肉质片。上面生橙黄色病斑。肉质叶不久腐烂掉落，大部分成为秃头枝梢。患病树果少、果小，而且前期大量落花，中后期又大量落果。病菌以菌丝在枝梢上的被害部位，特别是隆突部潜伏越冬。翌年春初由菌丝直接侵入幼芽等危害，并以孢子进行广泛传染。发病程度与品种、土壤、树龄、海拔、施肥等有关。以海拔200米以下、地势平坦、土质为黑沙土的园地中栽培的树体发病严重。初生树一般不发病，树龄越大，发病越重。

防控措施：①不栽易染病品种，选择在海拔300米左右的丘陵山区红黄壤地块建园。②健壮树，多施有机肥和钾肥；衰弱树要加强管理，更新复壮。

（7）杨梅炭疽病。真菌性病害，主要危害杨梅叶片、枝梢。发病初期在叶片两面产生圆形或椭圆形灰白色病斑，病斑扩大后中间有黑色小粒点，晴天病斑易破裂穿孔。嫩梢被害则布满斑点，逐渐落叶变成秃枝，同时由此造成烂果、落果现象。病菌以孢子和菌丝体在被害植株的嫩梢上越冬，翌年5月上中旬再传播危害，到8月上旬达到高峰期。

防治方法：参照“杨梅褐斑病”防治方法。

（8）杨梅叶枯病。真菌性病害，主要危害杨梅叶片。病斑从叶尖或叶缘开始发生，在叶片上病斑初为针尖状的红褐色小点，然后逐渐扩大成圆形、椭圆形或不规则形的红褐色病斑，有的病斑边缘有一褪绿晕圈，有的褪绿晕圈不明显，以后形成半圆形斑，或叶尖或叶缘枯死，病部深褐色，病健交界明显，有的病斑中部干枯开裂，在病部有黑色小颗粒。

防治方法：冬季石硫合剂清园，能有效抑制孢子萌发。

（9）杨梅小叶病。由杨梅树体缺锌引起的生理性病害，发病植株从枝条顶端抽生短而细小的丛簇状小枝，一般8～10个，多的15个，各类枝梢停止生长，顶端枝梢节间变短或焦枯死亡，其侧部抽生短缩的丛生枝，叶片较小、增厚、粗糙、质硬而脆，叶脉凸起木栓化或纵裂，叶片不能转绿老熟，早死，顶芽萎缩，不结果或结果少等症状。多发生在树冠顶部，中下部枝叶生长正常。

防治方法：开花抽梢期，剪除树冠上的小叶和枯枝，喷施0.2%硫酸锌水溶液；早春或初秋，每株树地面浅施硫酸锌25～100克。

（三）危害根系病虫

1. 虫害 小地老虎属鳞翅目夜蛾科，杂食性，主要危害幼苗，以幼虫咬食未出土的种芽，或咬断幼苗基部，也可爬至苗木上部，咬食嫩茎和幼芽。1年发生4～5代，以蛹及幼虫或成虫越冬。成虫昼伏夜出，有很强的趋光性和趋化性，卵多产于低矮叶密的杂草上。4—6月是第一代幼虫危害期，数量多，危害重。

防控措施：①清除园内杂草，既可灭卵，又可防止杂草上幼虫转移至杨梅幼苗上危害。②利用成虫趋性，采用黑光灯、糖醋液等诱杀。③人工捕杀幼虫。傍晚时将泡桐树叶放入苗圃地，每亩60～80片树叶，诱引幼虫，翌日清晨捕杀幼虫。

2. 病害

（1）根结线虫病。主要由爪哇根结线虫、南方根结线虫、北方根结线虫等引起，主要危害杨梅树根部，引起根群变黑腐烂，致使树体衰弱、新梢纤细、落叶严重、大量枯梢等。早期病树侧根及细根形成大小不一的根结，后期根结粗糙，发黑腐烂，病树须根减少或呈须根团，根结量也减少或在根结上再次着生根结；病树根部几乎看不见有根瘤菌根。根结线虫为雌雄异形，幼虫2龄时从根尖侵入，寄生于皮层，再转入根的髓部。主要以卵和少量雌成虫在根结中越冬。一般不影响春梢生长，在夏秋季易见成叶黄化、脱落、枯梢等典型症状。

防控措施：①对病树用客土改良根际土壤，施石灰调节土壤pH，增施有机肥增强树体抗性。②严格苗木检疫，防止将病原带入新产区。

（2）杨梅根腐病。真菌性病害，主要危害杨梅根系。病原从伤口侵染，或从根系的细根上开始发病，而后向侧根、根茎部及主干扩展蔓延，病原菌进入木质部维管束，菌丝体在维管束内增殖，从而使根的形成层和木质部维管束变褐枯死，最后导致全树生长衰弱和急性青枯。初期症状：春梢抽生虽然正常，但晚秋梢少或不抽发，地下部根系和根瘤较少，逐渐变褐腐烂。后期病情加剧，叶片变小，下部叶片大量脱落；花量大，结果多，果小，品质差；高温干旱时，顶部枝梢枯萎，叶片逐渐变红褐色而干枯脱落，枝梢枯死，树体有半边先枯死或全株枯死。此类型主要发生在盛果期后的衰老树上。

防控措施：①加强管理，增强树势。②发现病株及时挖除，并集中销毁。③不在桃、梨等寄主植物园内混栽杨梅。④园内该病发生严重地块，应拣除病根，并撒生石灰土壤消毒。

（四）系统性病虫害

1. 黑翅土白蚁 属等翅目白蚁科，以工蚁危害树皮、浅木质层以及根部。

造成被害树干外形成大块蚁路，长势衰退。当侵入木质部后，则树干枯萎。采食危害时做泥被和泥线，严重时泥被环绕整个干体周围而形成泥套。黑翅土白蚁3月开始出现在巢内，4—6月在靠近蚁巢地面出现羽化孔，羽化孔呈圆锥状，数量很多。在闷热天气或雨前傍晚19：00左右，爬出羽化孔穴，群飞天空，停下后即脱翅求偶，成对钻入地下建筑新巢，成为新的蚁王、蚁后繁殖后代。繁殖蚁从幼蚁初具翅芽至羽化共7龄，同一巢内龄期极不整齐。黑翅土白蚁具有群栖性，无翅蚁有避光性，有翅蚁有趋光性。

防控措施：①及时清除果园边杂木，挖去树桩及死树，以减少蚁源。②利用有翅白蚁趋光性，5—6月闷热天气或雨后傍晚，黑光灯诱杀。③白蚁越冬期，找到通向蚁巢的通道，用人工挖巢或向巢内灌水消灭白蚁。④在白蚁危害区，通过放置其取食的鲜嫩草或甘蔗粉等，引诱白蚁，再用白蚁粉灭杀或喷少量白蚁粉，使其带毒返巢，感染其他白蚁共死。

2. 凋萎病 真菌性病害，主要在夏末秋初开始出现，首先树体上冠部出现零星叶片急性青枯，之后顶部、外围枝条及内膛枝均有不同程度发生，始现病症多数在嫩枝梢中上部，症状出现时青枯叶片凋而不落，随后渐渐枯死直至1～2个月后落叶，从而影响杨梅树势，树干及根的木质部变褐色。翌年春季发病症状有所减轻，但到秋季又表现出更为严重的病症，发病枝梢增加、树势进一步变弱，病情逐年加重，2～4年后整株枯死。以东魁杨梅发病居多，其他品种较轻。肥料施用过多、修剪严重的树更容易发病。

防控措施：①严格植物检疫，不从病区引苗。②11月至翌年2月，结合冬季修剪，剪除病枝、枯枝，再清理地上落枝落叶，最后喷洒石硫合剂。根据危害程度每年喷洒1～3次，每次间隔1个月。③发病严重的植株要立即挖除，就地烧毁。④合理修剪。该病属系统性病害，具近距离传播特性，病株修剪需用专用工具，且要及时涂抹伤口保护膜。对轻度或中度感病的枝叶可暂时不要剪除，待治疗恢复后方可修剪。⑤加强树体管理，合理施肥，培养强健树势；旺长树采用撑枝、拉枝等方法控制树势，减少多效唑的使用。

主要参考文献

柴春燕，焦云，徐绍清，等，2011. 杨梅雄株花序特性与授粉研究［J］. 浙江林业科技，31（5）：1-5.

柴春燕，徐绍清，周和峰，2012. 杨梅高效生态栽培技术［M］. 宁波：宁波出版社.

陈方永，2012. 我国杨梅研究现状与发展趋势［J］. 中国南方果树，41（5）：31-36.

陈方永，倪海枝，王引，等，2018. 大果杨梅新品种“永冠”［J］. 园艺学报，45（6）：1213-1214.

陈桂平，郑木川，张清水，等，2016. 杨梅新品种小叶青蒂的选育经过及主要栽培技术［J］. 现代农业科技（20）：75-76，78.

龚洁强，2009. 黄岩东魁杨梅品种研究及生产发展［J］. 浙江柑橘（3）：4－8.
何新华，陈力耕，胡西琴，2002. 杨梅属植物共生结瘤固氮研究进展［J］. 果树学报，19（5）：351－355.
黄士文，2015. 杨梅栽培研究综述［J］. 中国园艺文摘（6）：41－45.
李东惠，李玉珍，陈金桥，2014. 测土配方施肥技术［M］. 石家庄：河北科学技术出版社.
梁森苗，郭秀珠，郑锡良，等，2017. 杨梅结果树各器官的矿质营养特性［J］. 浙江农业学报，29（10）：1669－1677.
梁森苗，王耀锋，刘玉学，等，2015. 我国杨梅主产地土壤养分状况的分析［J］. 果树学报，32（4）：658－665.
梁森苗，郑锡良，陈新炉，等，2016. 早熟杨梅新品种——“早佳”的选育［J］. 果树学报，33（2）：249－253.
林大仪，2002. 土壤学［M］. 北京：中国林业出版社.
林旗华，钟秋珍，张泽煌，2013. 杨梅果实发育期主要营养元素含量动态变化［J］. 福建农业学报，28（10）：971－975.
莫元妹，马玉玲，2014. 杨梅新品种“光先杨梅”选育与生物学特性观察［J］. 中国园艺文摘（1）：54，85.
缪松林，王定祥，1987. 杨梅［M］. 杭州：浙江科学技术出版社.
缪松林，张跃建，梁森苗，等，1996. 杨梅高效疏花剂“疏5”和“疏6”的研究［J］. 浙江农业学报，8（1）：34－38.
戚行江，2014. 杨梅病虫害及安全生产技术［M］. 北京：中国农业科学技术出版社.
戚子洪，蒋建华，蔡健华，等，2008. 大果优质杨梅新品种——洞庭细蒂［J］. 中国南方果树，37（3）：43.
求盈盈，梁森苗，陈巍，等，2013. 疏花剂对杨梅结果和果实品质的影响［J］. 浙江农业科学（10）：1294－1296.
任海英，郑锡良，张淑文，等，2020. 杨梅衰弱病病症及病树矿质营养分析［J］. 浙江农业科学，61（10）：2043－2048.
沈利芬，项伟波，范彩廷，等，2015. 杨梅开花生物学特性［J］. 浙江农林大学学报，32（2）：278－284.
汪国云，贾慧敏，贾惠娟，等，2015. 杨梅新品种“夏至红”［J］. 园艺学报，42（S2）：2865－2866.
王白坡，2007. 早熟杨梅新品种“早炭梅8801号”［J］. 中国果业信息（6）：56.
王涛，谢小波，戚行江，等，2008. 乌梅类杨梅大果型新品种“黑晶”的选育［J］. 中国南方果树，37（1）：29－30.
谢深喜，吴月嫦，2014. 杨梅现代栽培技术［M］. 长沙：湖南科学技术出版社.
谢小波，求盈盈，邱立军，等，2008. 碱性土壤对杨梅生长结果的影响［J］. 浙江农业学报，20（4）：261－265.
徐云焕，梁森苗，郑锡良，等，2016. 叶面营养对杨梅果实产量和品质的影响及各指标的相关性［J］. 浙江农业学报，28（10）：1711－1717.

颜晓捷，黄坚钦，邱智敏，等，2011. 生草栽培对杨梅果园土壤理化性质和果实品质的影响 [J]. 浙江农林大学学报，28 (6)：850 - 854.
张泽煌，蔡辉生，卢新坤，等，2010. 早熟杨梅新品种“浮宫 1 号” [J]. 福建果树 (2)：16 - 18.
郑金土，张望舒，钱皆兵，等，2008. 大果杨梅新品种“慈荠” [J]. 园艺学报，35 (5)：10.
郑锡良，任海英，戚行江，等，2015. 生物有机肥复壮杨梅树势及改良果实品质的效应 [J]. 中国南方果树，44 (6)：59 - 62.
钟克国，曾庆平，1992. 鲜食杨梅品种——乌糖梅 [J]. 林业科技开发 (4)：25 - 26.

NO. 5 第五章 梨

梨（*Pyrus* L.），在植物学分类上属于蔷薇科梨属，是一种重要的世界性水果。我国梨树栽培历史悠久，最早在《尔雅》中就有关于我国梨野生种群分布的记载，并将野生的梨称为樆，在进行人工栽培后，称为梨。到了北魏时期（公元6世纪），我国现存最早的一部完整农书《齐民要术》专门论述了当时的梨品种和栽培技术，还记载了以杜梨为砧木的梨树嫁接技术和梨果采收储藏方法。

梨树抗逆性强，对气候和土壤的适应能力极强，且易于栽培、产量高，是我国分布区域广、栽培普遍的落叶果树树种之一。进入20世纪80年代后，我国梨产业飞速发展，据统计，从1978年的面积418.40万亩、产量151.69万吨，发展至2019年的面积1 411.05万亩、产量1 731.35万吨。据联合国粮农组织（FAO）统计，2019年全世界梨栽培面积和产量分别为2 069.08万亩和2 391.91万吨，我国的梨栽培面积和产量已跃居世界第一位，分别占世界的68%和72%，单产已达1 227千克/亩，超过世界平均水平（1 156千克/亩）。

梨分别占全国水果总面积和总产量的7.66%和9.09%。梨产量中的97.21%用于国内消费，仅2.79%用于出口。目前，国内梨主产省份为河北、河南、辽宁等。其中，河北2019年梨面积和产量分别占全国的13%和21%。国内梨产业基本形成了秋子梨系统产区（东北地区、华北和西北的部分地区），中、晚熟白梨产区（渤海湾地区、黄河故道地区和西北黄土高原地区），早、中熟沙梨产区（长江中下游地区、华南地区和云贵高原地区），新疆梨系统产区（新疆维吾尔自治区）的区域布局。近年来，以云南为代表的西南高海拔地区正快速发展着色系沙梨生产，初步形成了特色梨生产区域。

梨是我国人民群众主要鲜食水果之一，人均年消费量约11.66千克。梨每100克鲜果可食用部分中，除水分89.1克、糖分9.4克外，还有维生素C 4毫克、烟酸0.1毫克、维生素B_1（硫胺素）0.06毫克、维生素B_2（核黄素）0.04毫克。不同品种的梨成熟期不同，果实采收期可从7月持续到11月，且梨果实耐储运性强，易实现鲜果的周年供应。梨果实可入药，梨膏和冰糖梨广泛用于治疗干咳和久咳不愈的症状。

第一节　生物学特性

一、植物学特性

（一）根

梨树大量的须根以水平分布为主，须根集中在距地面15～40厘米的土层中，分布在树冠周围。

成年梨树每年有2次生长高峰期。浙江一般在5月上中旬至6月中旬，根系进入第一个生长高峰期，9月中下旬至11月上旬为根系的第二个生长高峰期。

15～20℃为梨树根系生长最适的土温，25～30℃为梨树根系生长最快的土温。新根木栓化是导致根系生长的最快土温高于最适土温的主要原因。新根发生不久后，即开始木栓化，根表皮颜色由白色逐渐转为褐色，吸收养分的能力也逐渐下降。土温越高，木栓化进程越快。

秋根生长高峰期结束后就进入寒冷的冬季，由于土温逐渐下降，因此秋根发生后一直到翌年春天一般不发生木栓化，可持续吸收养分，为树体第二年的栽培管理打下良好的基础。

（二）枝

通常把叶芽当年萌发的新枝，落叶前称为新梢（图5-1），落叶后称为一年生枝条。根据花芽的有无，梨树的一年生枝条可分为发育枝（枝条上仅有叶芽，没有花芽的枝，也称徒长枝）和结果母枝（枝条上有顶花芽或腋花芽的枝条）。根据新梢的长度，结果母枝可分为短果枝（不超过5厘米）、中果枝（5～20厘米）、长果枝（20厘米以上）。盛果期的树短果枝较多，短果枝一般为顶花芽枝，第二年常形成短果枝群；幼果期的树长果枝较多，长果枝多为腋花芽枝。

图5-1　梨树新梢（长枝）

（三）叶

梨树幼叶呈暗红色或黄绿色，颜色与品种有关，如翠冠幼叶多呈暗红色，翠玉幼叶多呈黄绿色，其红色将随着幼叶的长大而逐渐消失（图5-2）。枝条的储藏营养水平越高，或萌芽时天气低温干燥，则红色保持的时间越长；反之，红色保持的时间越短。

图 5-2 梨树幼叶（左：翠冠；右：翠玉）

当梨树叶幕基本形成时，全树大部分叶片会逐渐呈现出油亮的光泽，生产上称为亮叶期（图 5-3）。亮叶期的出现时期对生产有重要指导意义，表明此时中、短梢的叶片生长已结束，叶片功能达到最强，中、短梢顶芽已进入花芽的生理分化期。

图 5-3 梨树亮叶期

（四）芽

梨树的芽分为叶芽和花芽两类，根据着生位置的不同，叶芽可分为顶芽和侧芽，花芽可分为顶花芽和腋花芽。通常叶芽比较瘦小、细长，而花芽较大、饱满。

梨树叶芽萌发后，新梢基部发育 1 对副芽，也称隐芽，副芽形成后多不萌发，只有在受到刺激时（如修剪等）才萌发，主要用于梨树的更新复壮。

梨树的花芽为混合芽，每个花芽一般可抽生 1～2 根新梢，又称为果台枝。在浙江，梨树的花芽分化一般从 6 月中旬前后开始，至 7 月中旬大部分中、短枝的顶花芽完成花芽分化，长枝的腋花芽则在进入 8 月以后才开始花芽分化。梨树新梢停止生长早，花芽分化开始早，分化质量高。

（五）花

梨花为伞房花序，一个花序上的花朵数与品种有关（图 5-4）。梨树一般先开花后展叶，开花顺序为边花先开、中心花后开，与苹果相反。在浙江，翠冠开花比翠玉早 3～5 天，花期为 1 周左右，翠玉花期为 2 周左右。

图 5-4 伞房花序的梨花

（六）果实

梨果实的生长呈单“S”形生长曲线，生长过程可分为细胞分裂期、硬核期和细胞膨大期。细胞分裂期主要是细胞数量的迅速增长，从盛花后开始，早熟品种如翠冠、翠玉等需3～4周，中熟品种如黄花、圆黄等需4～5周，越晚熟的品种，细胞分裂期越长。此时，果实纵径生长比横径生长快。果肉细胞分裂期结束后，种子开始发育，果实进入缓慢生长的硬核期。一般在6月中旬以后，随着种子和新梢生长渐缓，果实生长进入细胞膨大期，主要是细胞体积的迅速增长，此时期是决定梨树当年产量的重要时期。

梨果实细胞分裂期所需的营养主要来源于上一年秋季的树体储藏营养，细胞膨大期所需的营养则来源于当年叶片光合作用积累的养分。

二、对环境条件的要求

（一）温度

梨树冬季需要满足一定的低温要求才能打破自然休眠，如果冬季低温不足，将导致春季开花不整齐，从而影响到病虫害防治和花期授粉工作。例如，翠冠需要7.2℃经历300小时左右，而圆黄需要1 000小时。

此外，早春是否经常发生晚霜是选择梨树栽培地域时要考虑的重要依据。梨花芽鳞片脱落以后的花和幼果，耐寒性较弱，此时若遇霜冻，易导致花柱枯死、花粉败育和坐果率下降。

（二）风

梨树是抗风能力不强的树种，果实成熟前，极易因大风或台风而导致大量落果。通常沙梨果实果梗较细，易折断，且越接近成熟，果梗上离层形成的速度也越快，若果实发育中后期遭遇台风，落果现象较严重。为提高梨树的抗风能力，增强梨树生产的稳定性，浙江应采用棚架栽培模式。

（三）降水

600～800毫米是梨树生产的最适年降水量。我国南方梨产区的降水量一般在1 000毫米以上，存在雨水过多、湿度过大和雨量分布不均的问题，易导致黑星病（图5-5）和黑斑病等病害的流行，影响果实外观（发生果锈），且果实糖度下降。7月雨水过多，将加剧果实表面的木栓化进程和病害的流行。8月中旬以后雨水过多，可使中晚熟品种糖度显著下降。

图5-5 梨黑星病

（四）土壤

梨树生产中，为实现早果、优质和高效的生产目标，应选择有机质含量高、地下水位较低、pH为5.8～7.2、排水性和通气性良好的土壤栽培梨树。

水田土壤质地黏重、排水不良、通气性差、地下水位高，若栽培梨树将导致根系发生湿害，应设置明渠或暗渠，增施秸秆、木屑等有机物料改良土壤质地，改善土壤的排水性和通气性。

（五）生物

随着生态环境日益改善，鸟类越来越多，麻雀、乌鸦等鸟类喜欢以成熟的梨果实为食。浙江规划梨园应配备防鸟设施，如防鸟网等（图5－6）。

图5－6　梨园防鸟网

第二节　品种选择

（一）早熟品种

1. 翠冠　沙梨系统的品种，原代号8－2，浙江省农业科学院园艺研究所与杭州市果树研究所协作于1979年用幸水×6号（杭青×新世纪）杂交育成，1999年通过浙江省农作物品种审定委员会审定并命名。果实近圆形，平均单果重300克，最大单果重达450克，果形指数0.96。果皮底色绿色，皮色似新世纪品种，呈暗绿色或浅褐色，果肩部果点稀而果顶部较细密，萼片脱落。果肉白色，肉质细嫩松脆，味甜，汁多，可溶性固形物含量11％～13％。

树势强健，以长果枝、短果枝结果为主，产量高且稳产。浙江省杭嘉湖平原地区初花期3月28日至4月1日，盛花期4月1—13日，果实成熟期7月26日至8月5日。

2. 翠玉　沙梨系统的品种，原代号5－18，浙江省农业科学院园艺研究所于1995年由西子绿×翠冠杂交育成，2011年通过浙江省农作物品种审定委员会审定并命名。果实圆形或扁圆形，平均单果重300克。果皮浅绿色，果面光洁具蜡质，基本无果锈，果点极小，萼片大部分脱落。套袋后果皮呈黄绿色，颜色一致，外观美，优于翠冠。果肉白色，肉质细嫩，石细胞少，味甜，汁多，可溶性固形物含量10％～12％。耐储性优于翠冠。

树势强健。浙江省杭嘉湖平原地区3月中下旬开花，7月上中旬果实成熟，成熟期比翠冠早7～10天。

（二）中熟品种

1. 黄花　沙梨系统的品种，浙江大学（原浙江农业大学）园艺系于1962年用黄蜜×三花杂交育成。果实圆形或圆锥形，平均单果重230～310克。果皮黄褐色，果肉白色，肉质细脆，味甜，汁多，可溶性固形物含量 11%～13%。较耐储运，常温下可储藏 2 周左右。

生长强健，落叶晚，萌芽力强，花芽容易形成，以短果枝结果为主，结果性好，早期产量高，抗旱和抗病虫害能力强，对黑星病、黑斑病和轮纹病有较强抗性，食心虫危害也较轻。浙江省杭嘉湖平原地区 8 月上中旬成熟。

2. 圆黄 沙梨系统的品种，韩国园艺研究所于 1994 年用早生赤×晚三吉杂交育成，2001 年由山东青岛引进。果实大，平均单果重 375 克，最大单果重可达 800 克。果形扁圆形，果面光滑平整，果点小而稀，无水锈、黑斑。果皮薄，淡黄褐色，成熟后果皮金黄色，果肉白色，肉质细腻多汁，石细胞少，酥甜可口，并有奇特的香味，可溶性固形物含量 13%～15%。较耐储运，常温下可储藏 30 天左右。

树势强，易形成短果枝和腋花芽。花粉量大，自然授粉坐果率较高，结果早、丰产性好。耐湿，耐盐碱，综合抗病能力强于翠冠，与黄花相仿，对黑斑病、轮纹病、黑星病、锈病等抗性较强。浙江省杭嘉湖平原地区 3 月中旬初花期，3 月下旬至 4 月初为盛花期，8 月上旬果实成熟。

第三节 轻简化栽培技术

(一) 育苗

梨树生产中实现早果、优质和高效的基础是培育优质苗木，优质苗木应体现在 3 个方面：一是品种优良，能适应当地的环境条件和栽培水平，果实品质好，有市场前景；二是砧木能适应当地土壤和气候条件，与嫁接品种的亲和性高，树体生长结果表现良好；三是苗木本身生长健壮，无病虫害，嫁接部位愈合良好。

1. 砧木的选择和繁殖

(1) 砧木的种类和特性。

①沙梨（*Pyrus pyrifolia* Nakai.）。分布于我国长江流域及以南广大地区，栽培品种较多，在江西、贵州等地区常作砧木使用。该砧木对酸性土壤和高温气候的适应能力强，在冬季寒冷地区，则耐寒性差，腐烂病发生严重，根系抗旱性和耐湿性弱。由于沙梨对白纹羽病的抗性强，国外常用作白纹羽病发生严重梨园的砧木。

②豆梨（*Pyrus calleryana* Dcue.）。国内野生分布于华北和华南地区，是我国长江流域各省份广泛应用的优良砧木。与杜梨一样，细根发达，耐旱性强，突出优点是耐湿性强，与梨品种亲和性良好，在排水和透气性较差的重黏土上表现良好，特别适合由水田改植的梨园。

（2）砧木苗的繁殖。生产上梨树砧木苗以实生繁殖为主，豆梨等砧木一般在晚秋采收，播种前60～70天进行层积处理，浙江可在2月中旬前后进行露地播种，一般豆梨播种量为0.5～1千克/亩，成苗数应控制在8 000～10 000株/亩。也可采用营养钵播种和育苗，5月上旬移栽露地，苗木当年可达到嫁接要求。由于梨属植物都为异花授粉，种子具杂合性，为了尽可能保持砧木苗的一致性，种子发芽后，当真叶长至4～5枚时，需将叶色和叶形有明显异常的苗木去除，其余苗木要及时进行断根处理，以促进须根发育。

2. 苗木的繁育　梨树苗木嫁接主要采用枝接和芽接。枝接一般采用切接和皮下接，枝接的时间多在3—4月。接穗应选择无病虫害、生长充实的春梢和夏梢用作接穗。浙江梨树的芽接一般在7—9月进行。

梨芽接所用砧木一般要达到直径0.5厘米以上，育苗时应注意摘心，以促进砧木苗粗度生长。生产上常采用苗高30厘米时留7～8枚叶片摘心的方法，辅之以勤施薄肥，可有效增加苗木粗度。

（二）建园

1. 园地选择　园地选择时，应考虑交通便利的地方，并根据不同的地形选择适宜的土壤条件。

（1）平地。宜选能排易灌，地下水位80厘米以下的旱地、低地高田建园。低洼地不宜建园。

（2）海涂地。需经垦殖改土，引水洗盐蓄淡水，土壤盐分降低到0.08%以下、pH不超过8.0时方可建园。

（3）山丘地。宜选海拔50米以下、坡度25°以下、土层厚1米以上、pH不低于6.0的缓坡地建园。

2. 梨园规划设计

（1）道路与水利设施。果园主干道与公路连接，宽4～6米，有利于交通工具通行；园内支道宽2～3米，操作小路与支道连接，宽1～1.5米。水利设施与道路结合，建立相互联通的总沟、支沟和畦沟，做到排灌通畅。有条件的果园应建立喷灌、滴灌设施。

（2）分区。大果园应分区，每个区的面积宜15～30亩。

（3）品种选择与授粉树配置。目前，大多数栽培梨品种都为自花不结实性品种，遗传学上交配不亲和性是受一系列复等位S基因所控制，当雌雄双方具有相同的S等位基因时就表现不亲和。因此，建园时需配置授粉树。选择授粉树应充分考虑授粉品种与主栽品种的亲和性、开花期的早晚、花粉量和对当地气候条件的适应能力等因素。例如，翠冠（S基因型为S_3S_5）的授粉品种可选择清香（S基因型为S_4S_7）或黄花（S基因型为S_1S_2）；翠玉（S基因型为S_3S_4）的授粉品种可选择黄冠（S基因型为S_3S_{16}）、早酥、翠冠、玉冠等，但不能与初夏绿（S基因型为S_3S_4）相互授粉；黄花的授粉品种可选择杭青（S基因型为S_1S_4）、新世纪（S基因型为S_3S_4）、黄蜜（S基因型为S_1S_6）等；圆黄的授粉品种宜选择翠冠。

按优质要求，安排栽植品种，品质应以黄花的品质为对照，种植品质与黄花相当或优于黄花的品种，每个果园宜安排2～3个品种，主栽品种与授粉品种的比率不超过3∶1。如果2个主栽品种之间可相互授粉，则配置数量可根据需要各占1/2。

（4）密度。可按计划密植方法设计，株行距2米×5米，每亩种66株，也可按常规密度种植，株行距3米×5米，每亩种44株。

（5）间伐。为获得早丰收，栽植时采用计划密植的梨园，当树冠覆盖率达95%时，即进行间伐或间移。

3. 定植

（1）定植时间。每年12月中旬至翌年3月上旬。

（2）整地、作畦。新果园定植应全面翻垦，深达40～50厘米。按设计畦宽作畦，畦沟宽30～40厘米，旱地畦面作平，低地高田畦面成龟背状，以利于排水。

平地梨园以南北向为主，树体对光线的吸收比较全面和均匀；山地梨园的行向则以等高线方向栽植，与坡向垂直，防止水土流失，便于土壤管理。

（3）栽植方式。采用开挖定植沟的方法种植，定植沟宽0.8米，深0.6米，每亩施有机肥2 000千克、过磷酸钙100千克，回填后土层应高出畦面10～15厘米。

（4）栽种。在苗木根系的伤口处剪平，剪除根系霉烂部分，对过长的根适当剪短，并对苗木的地上部用5波美度的石硫合剂进行消毒。

在定植点挖一小穴，把苗木垂直放在穴中，将根系自然舒展，用细土填入根间，边填边用脚踩实，筑成高于畦面30～40厘米的定植墩，并使苗木嫁接口高出土面。以苗木主干为中心，用水浇透定植处。

梨苗定植后，在苗高80～100厘米处剪断，进行定干，并保持土壤湿润。当天晴风大时，应连续浇水2～3次。

4. 梨棚架栽培技术

（1）技术概述。梨棚架栽培是从日本引入的一种梨栽培技术模式，具有树冠较低、田间操作方便、减轻风害、果实品质一致、风味好、有利于标准化栽培等优点，在南方梨产区已有较大面积应用。目前，浙江示范推广梨棚架栽培面积约1万亩，实施该技术后商品果率提高5%以上，优质果率提高10%～20%，鲜果售价提高10%以上（图5-7）。

图 5-7　梨棚架栽培技术

（2）技术要点。

①计划密植。设置株行距 2 米×5 米，每亩种 66 株，当树冠覆盖率达 95%时，进行疏伐。经过一次或二次间伐，成年棚架梨园种植密度达株行距 4 米×5 米。

②搭建棚架。在种植后 2～3 年搭建高 1.8 米的专用棚架。

浇筑钢筋水泥混凝土立柱，断面 10 厘米×8 厘米、呈长方形，内置 4 毫米粗钢筋 4 根，长 3.2 米。边柱长 3.4 米。

浇地锚，在边柱外 2.5 米处按立柱间距挖深 70 厘米、长 70 厘米、宽 40 厘米的坑，底面铺 10 厘米厚的水泥混凝土，放入连接好的、长 2 米左右的 7 股绞在一起的钢绞索，盖上 30 厘米厚的水泥混凝土，设置锚石及吊索。

竖立柱和边柱，立柱间距为 8 米×5 米，埋入土中 40 厘米，边柱竖立时梁条钢筋多的一边在外侧，并向外侧倾 15°角，埋入土中约 50 厘米。边柱与立柱的顶端高度保持一致（图 5-8）。

图 5-8　梨园竖立柱和边柱

拉锚索，将钢绞索一端固定在边柱，距地面垂直高度 1.8 米，另一端与由锚石引出的钢绞索相连，用紧线器拉紧。

拉棚面钢索，用钢绞索在立柱高 1.8 米处拉出棚面骨架，固定在边柱处，再用钢丝线拉出间距为 80 厘米×80 厘米的网格棚面。

拉防鸟网架钢丝，用钢丝线在立柱顶端拉出 8 米×5 米的防鸟网网格，固定在边柱处。

（3）栽培管理注意事项。宜选用 2 大或 4 大主枝树形，前期适当控产，加快树冠形成。主枝、副主枝应高于架面，并保持其绝对顶端优势，以促进生长。成年梨园留果部位尽量控制在架面上，以提高果实品质。

5. 梨设施促早栽培技术

（1）技术概述。梨设施促早栽培技术具有果实成熟期提前 10～15 天，延长果品供应期；便于调节梨生长发育环境；设施内梨树冠小，修剪、疏果、套袋等栽培管理方便，省工省力；减少自然灾害、病虫害及鸟害，减少农药的使用；提高果实品质、增加经济效益（图 5-9）。

图 5-9　梨树设施促早栽培技术

（2）技术要点。

①选择适宜栽培的品种。适宜设施栽培的品种应选择经设施栽培后品质比露地栽培条件下有显著提升的优良品种。宜选择翠玉、翠冠等早熟品种。

②设定种植密度。根据不同的树形，采用相应的栽种密度。以单栋跨度 6 米的大棚为例，采用“Y”字形整形的，宜采用计划密植，株行距选用（1～2）米×3 米，每亩栽 111～222 株，4 年后进行间伐，逐步改为（4～4.5）米×3 米；采用开心形整形的，株行距可采用（3～4）米×3 米，每亩栽 55～74 株。如大棚单栋跨度为 8 米，可将行距扩大至 4 米，有利于田间管理。

③配置授粉品种。具体方法与露地栽培相同。若采用单一品种种植，则需进行人工授粉。

④覆膜、揭膜时间。覆膜保温应在休眠结束后开始，浙江可在 1 月中下旬至 2 月中旬进行。因品种成熟期、生产目标的不同，覆膜时间也不同，一般来说，早熟品种早覆膜，晚熟品种晚覆膜。

若采用先促成后避雨的栽培模式，应在果实采收后揭膜；若在果实生长后期不采用避雨栽培模式的，可在 5 月中下旬揭膜，有利于防治土壤返盐。

⑤温度、湿度管理。覆膜后进行近 1 个月保温，促进开花。必须注意气温不能超过 30℃，为使枝梢生长充实和防治叶片日灼，需随时关注设施内气温并及时进行通风换气。发芽后到开花前最低温度应维持在 3℃以上，开花期维持在 5℃以上。可适当采用设备加温，花期最适温度 18～26℃，果实发育期温度应在 20℃～35℃。若无加温设备，则主要防止晴天过高的气温和早春寒潮

下花器、幼果受冻。

萌芽期设施内高湿环境有利于保温和萌芽，相对湿度应维持在 70%～80%，超过 85%时要揭膜换气；发芽后到开花前，相对湿度维持在 75%左右，如湿度过高会引起梢尖腐烂、新梢徒长；初花期相对湿度要求 80%左右；盛花期相对湿度要求 60%～70%；果实膨大期相对湿度应维持在 75%左右；果实成熟期相对湿度要求 60%～65%，此阶段气温较高，如湿度过高会造成裂果、烂果、果柄拉长。总体而言，应主要防止湿度过高，尤其是花期前要提早进行揭膜降湿，防止已开放的花药浸湿成块、无法散粉。

（3）注意事项。由于设施内空间有限，梨树为异花授粉植物，花期需严格进行温度、湿度管理，适时采取人工授粉。

设施栽培的梨树营养生长量大，需加强夏季修剪，防止树冠郁闭。

设施内温度高、湿度低，螨类、蚜虫等虫害发生较多，应做好虫情监测，注重初期防治。

（三）土壤管理

1. 深翻改土　深翻改土一般在秋冬季进行，挖 30～50 厘米深，回填土应加入尽量多的有机物和有机肥，如作物秸秆、绿肥、厩肥等。从定植沟（穴）的外缘挖起，向外扩展，改土时粗肥和表土拌和放底层，细肥、精肥和心土拌和放上层，填满后使之高出畦面 15～20 厘米，并及时浇透水。

2. 园地间作与中耕　间作应选择有利于养地肥地的浅根性矮生作物，对梨生长结果无害、没有相同病虫害的作物，以豆科作物为主，与幼龄树主干应保持 1 米距离，随树龄增长，逐年缩小间作范围，梨树定植第四年起停止间作。

梨园中耕可在 9 月下旬至翌年 1 月底进行，可结合施基肥进行，全园翻垦每 3 年 1 次，中耕深度 10～25 厘米。

3. 梨园播种生草栽培技术

（1）技术概述。梨园播种生草栽培是指在梨树行间或全园（树盘除外）种植适合当地自然条件的耐阴性强、覆盖性能好的草种，以梨园生草法代替清耕的一种土壤管理方法。该技术适宜密植的幼龄梨园以及宽行种植的成年梨园，可改善梨园小气候、提高土壤肥力、有利于梨树病虫害综合治理、提高果实品质和产量。

（2）技术要点。

①草种选择。选择原则：有利于梨园土壤培肥、减少梨树病虫害以及不与梨树争水肥。可选择白车轴草、百喜草、黑麦草等。

②播种时期。白车轴草春秋播、百喜草春播、黑麦草秋播。

③苗期管理。播种前应施足底肥，苗期需施尿素 4～5 千克/亩。待成坪后需补充少量的磷、钾肥。苗期应保持土壤湿润。

④刈割与翻耕。草种长到30厘米左右时进行刈割。如5年后已老化，需进行秋翻，休闲1～2年后，再重新播种生草。

（3）注意事项。树盘切忌种草，树盘上种草会与树根争水、争肥和争呼吸，不利于梨树正常生长。草种成坪前幼苗期应注意勤除杂草，除播种前施足底肥外，幼苗期可结合灌水施些尿素，也可趁下雨天撒施或叶面喷施。

4. 梨园自然生草栽培技术

（1）技术概述。梨园自然生草栽培是指采用自然生草结合机械除草的土壤管理方法。梨园自然生草具有操作简便，无需播种和养护，改善和稳定园内小气候，降低夏季园内高温，增加土壤有机质等优点（图5-10）。

图5-10 梨园自然生草栽培技术

（2）技术要点。梨园生草留草的方法：保留行间自然生长一两年的杂草，清除多年生杂草、藤蔓及高秆恶性杂草，树干周围30～50厘米的杂草人工刈除。

梨园刈草的方法：园内的自然生草长到30～50厘米高时刈割，每年根据草势刈割3～5次。为提高效率，宜采用机械替代人工刈割。

（3）注意事项。果实采摘前需除一次草，显著降低草的高度，防止采摘人员被蛇咬伤。

（四）排水与灌水

1. 梨树对土壤水分的要求 梨树生长期土壤含水量应保持在20%～30%，田间持水量在60%～80%，梨休眠期对水分的要求较低，稍干稍湿均无妨。

2. 排水灌水的时间 春夏雨季及梅雨季节、台风暴雨时，园地出现积水时应及时排水，减少园地积水。

一般出梅后，连晴5～6天，应进行灌水。梅雨以后的整个伏旱季节，每7～10天灌水1次；春秋季节如遇连续20天左右的干旱天气可进行灌水。

判断土壤干旱情况是在中午观察梨叶，若出现暂时性萎蔫，应立即灌水，灌水宜在早、晚进行。

3. 灌水方法 山地及海涂地梨园，应采用喷灌法；平地梨园，可用喷灌或沟灌法，沟灌应在早、晚进行，畦沟蓄水至畦肩即可，不应漫灌。

（五）施肥

1. 施肥量 每年化肥用量应不超过40千克/亩，氮肥用量应不超过16千克/亩。

2. 幼龄树施肥方法　每年3—8月，幼龄树每月浇施商品有机肥或1%～1.5%尿素等速效肥料，梅雨前可穴施三元复合肥或腐熟有机肥，每年9—10月施越冬的有机肥。也可在梨园行间种植苕子、山黧豆、三叶草、黑麦草等绿肥。

3. 成年树施肥方法　目标产量：1 500～2 000千克/亩。

(1) 配方施肥法。

①基肥。10月初至11月上中旬基施商品有机肥800～1 000千克/亩、配方肥（如15-10-15或相近配方）15千克/亩或有机无机复混肥（如18-5-10或相近配方）20千克/亩。

②追肥。

花前肥：3月初花芽萌动时，施高氮型配方肥（如25-8-12或相近配方），每亩施氮肥（N）2～3千克、磷肥（P_2O_5）1千克、钾肥（K_2O）1～2千克。

壮果肥：4月初盛花末期及6月初梨树将停梢时，施氮肥、钾肥为主的果树专用肥（如15-10-20或相近配方），每亩施氮肥（N）5～6千克、磷肥（P_2O_5）3～4千克、钾肥（K_2O）7～9千克。

采后肥：在果实采后立即施入，早熟品种约8月上旬，中熟品种约8月下旬，施高氮型配方肥（如25-8-12或相近配方），每亩施氮肥（N）3～4千克、磷肥（P_2O_5）1千克、钾肥（K_2O）2～3千克。

在肥料种类上，以选择与当地土壤肥力相适应的有机无机复混肥、配方肥、梨树专用肥、商品有机肥等为宜。在施肥方法上，采用开条沟施入或机械深施、钻孔施肥等高效施肥技术。钙、镁、硼、锌等中微量元素缺乏的果园可基施钙镁磷肥30～50千克/亩、硫酸锌1～1.5千克/亩、硼砂1～2千克/亩，也可通过叶面喷施相应肥料进行补充。

(2) 水肥一体化施肥法。

①基肥。10月初至11月上中旬基施商品有机肥800～1 000千克/亩、配方肥（如15-10-15或相近配方）15千克/亩。

②追肥。

花前肥：在3月上中旬、梨树开花前，施高氮型水溶肥（如12-3-6+Te或相近配方）2次，每次用量8～10千克/亩。

壮果肥：在5月中下旬，施平衡型水溶肥（如12-6-12+Te或相近配方），每次用量13～15千克/亩，共2次。

采前肥：在6月中下旬，施高钾型水溶肥（如6-3-12+Te或相近配方），每次用量12～14千克/亩，共2次。

采后肥：在7月底至8月中旬，梨果采收后，施高氮型水溶肥（如12-

3-6+Te或相近配方），每次用量8～10千克/亩，共2次。

在肥料种类上，以根据不同生长期选择高氮、高钾及平衡型水溶肥、商品有机肥、配方肥等为宜。在施肥方法上，采用水肥一体化技术进行滴灌施肥。钙、镁、硼、锌等中微量元素缺乏的果园可基施钙镁磷肥30～50千克/亩、硫酸锌1～1.5千克/亩、硼砂1～2千克/亩，也可通过叶面喷施相应肥料进行补充。

（3）叶面肥施用方法。宜选阴天、傍晚进行叶面喷施。叶面肥常用的肥料及浓度应符合表5-1。

表5-1　叶面肥常用的肥料及浓度

肥料种类	使用浓度（%）
尿素	0.3～0.5
磷酸二氢钙	0.15～0.3
硫酸钾	0.2～0.3
无机复合肥	0.2

（六）整形修剪

1. 修剪时期　冬季修剪一般可在落叶后进入休眠期的12月中下旬至翌年2月底。夏季修剪一般在萌芽后即3月下旬至7月底，均可进行抹芽、疏枝、拉枝等（图5-11）。

图5-11　梨树拉枝

2. 梨棚架整形修剪技术

（1）技术概述。梨棚架整形修剪技术是将直立生长的梨树，采用人工方法和设施将其整形成斜向或水平方向伸展，与平棚架相适应的技术。其对营养生长和生殖生长的养分分配产生巨大的影响，使养分分配更有利于开花结果。

（2）技术要点。

①营养生长期（1～3年生幼龄树）。

树形：棚架梨园采用平棚形，每株树两大主枝，伸向畦间，呈两主枝平棚形，主枝上直接着生结果枝组，结果枝组间距30～40厘米，呈单轴延伸。

定干：苗木定干高度为90厘米，芽萌动后抹除剪口顶端的2个芽，将剪口下的第3～5个芽发出的新梢保留2枝，培养成主枝，新梢生长至20厘米时，将新梢按45°角向上绑缚至近架面，并在架面下5厘米左右向两侧水平延伸。

培养结果枝组：定植后第 2 年起着重培养主枝，在水平延伸的主枝上，按 32～37 厘米间距培养结果枝组，与主枝呈垂直角度引绑于架面，向主枝两侧延伸。

冬季修剪：每年冬季修剪时主枝留 40～60 厘米短截，并向上垂直引绑以增加生长势；结果母枝可轻截长放，单轴延伸，平绑于架面，有利于翌春促进发枝和早期丰产；修剪量为当年生长量的 30%～40%。

②生长结果期（4～5 年生初结果树）。以继续培养树冠为主，可适量结果。合理绑缚主枝延长枝，使其顶端向上延伸以保持生长势强健，选留粗壮健康的结果母枝，使棚面枝条分布均匀，通风透光良好。对生长过密的芽枝，可在春季抹除。冬季修剪时，剪除过强、过弱枝，留下中庸枝，删密留疏，使枝梢健壮、分布均匀。修剪量逐步扩大到当年生长量的 50%～75%。

③盛果期（6～30 年生结果树）。此阶段整形修剪的目的是保持梨树生长结果相对平衡，树高控制在 2.5 米以下，使树冠开张。

梨树进入盛果期后，树冠内易发生郁闭和透光性差，新梢瘦弱，花芽分化不良。此时修剪应以疏除过密的外围枝为主，对骨干枝过密的树，要分 2 年修剪疏除。

冬季修剪时注重回缩结果母枝，进行更新，防止结果部位外移，一般 5 年更新一遍，每年更新 20%的老结果母枝。可适当加大修剪量，一般剪除当年生长量的 80%～85%。

④衰老期（30 年树龄以上结果树）。梨树进入衰老期后，特点是外围枝对短截已无明显反应，枯枝迅速增加，产量下降。此时应对衰老的骨干枝和结果母枝及时回缩更新，恢复树势，延长结果能力。一般 4 年更新一遍，每年更新 25%的老结果母枝。

回缩更新的部位应选择相对健壮的分枝，也可利用徒长枝或背上的直立旺枝。冬季修剪时继续加大修剪量，一般剪除当年生长量的 90%～92%。

（3）注意事项。整形时拉枝应轻拉，以避免折裂。修剪时，应先大枝后小枝，先上后下。剪口应平整，不留桩，以避免留桩坏死，对表面较大的剪口应涂保护剂防止病菌侵入。

（七）花果管理

1. 保花保果　梨最适开花温度为 20℃，此温度下雌蕊的受精能力可保持到开花后第四天。高温干燥的气候条件能加速花的老化；15℃以下的低温和雨水能推迟老化，但花粉萌发率显著下降，10℃以下时花粉基本不萌发。

在授粉树配置少的梨园、授粉树少花的年份、花期天气条件不适的情况下，应采用人工授粉。人工授粉最适时期为花开 30%～80%。每天 8：00—16：00 均可进行授粉，当气温低时，应在中午气温高时授粉；当高温天气时，应在早晨或傍晚授粉。

2. 梨液体授粉技术

(1) 技术概述。梨液体授粉技术有以下优点：用工量少，效率高，可在短时间内完成大面积授粉；适用于果园面积大、花期短、花期气温高或遇干热风等天气，可增加雌蕊柱头的水分和养分，明显延长柱头授粉受精时间。实施该技术后，与人工点授方法相比，花序坐果率提高25%以上，花朵坐果率提高40%以上（图5-12）。

图5-12 梨液体授粉

(2) 技术要点。配制梨专用花粉液，根据开花情况进行2～3次喷雾，可在初花期、盛花期、末花期各进行1次；花粉使用量可根据开花量做相应调整。

①营养液配比。以100千克花粉液为例，需约100千克水、20克黄原胶、50克葡萄糖酸钙、10克硼酸、10千克白糖、40～80克商品精花粉。

添加黄原胶的作用是使花粉均匀地悬浮在溶液中，避免花粉在水中下沉造成花粉喷施不均匀；添加白糖的作用是维持花粉液的渗透压，防止花粉细胞破裂，同时可为花粉的萌发提供能量。

②营养液的配制。一是用5千克一直沸腾的开水溶解20克黄原胶，全部溶解后置于室温下待冷却。二是用20千克热水溶解10千克白糖，搅拌使其充分溶解后置于一旁待用。三是在小容器中分别用水充分溶解50克葡萄糖酸钙、10克硼酸。四是将以上3种溶液倒入大容器中，再加约75千克水定容至100千克，充分搅拌，配制成营养液待用。

③花粉液的配制。一是用小容器装少量营养液，加入40～80克商品精花粉，充分摇晃直至花粉均匀地分散在营养液中。二是将小容器中的花粉液倒入大容器中，充分搅拌，即配制完成，可直接装入喷雾器中，进行喷雾授粉。

(3) 注意事项。为保证花粉活力，花粉液需随配随用。因花粉液中糖含量高，喷雾过程中易飘落到人身上，喷雾完毕后需及时清洗。

3. 疏花疏果 及时疏去多余的花和幼果，不仅可以节约储藏养分，促进叶幕尽早形成，维持树势健壮，还能改善果实外观，提高品质。疏花疏果已是当前梨树优质高效栽培的必需管理作业。疏花疏果应分期分批进行，并留有余地。

（1）疏花。疏花在花序分离后至开花前进行，浙江一般在3月进行疏花作业。在冬季修剪基础上，对花量大的树，应在花蕾萌动时进行疏花，按20厘米左右保留一个花序。留下壮花芽，疏去腋花芽，保留顶花芽。

（2）疏果。疏果在落花后7～10天进行第一次疏果，疏除因授粉受精不良而形成的畸形果。4月下旬至5月上旬进行第二次疏果，5月中下旬进行最后一次疏果即定果。按适宜叶果比（25～35）∶1调整当年的留果量与枝梢量，中果形品种按叶果比（30～35）∶1留果，大果形品种按叶果比（25～30）∶1留果。也可根据梨园计划产量，按下列公式计算单株留果量（加上10%预备果）。

$$\text{每株留果量（个）}=\frac{\text{每亩计划产量（千克）}}{\text{平均单果重（千克）}\times\text{每亩株数}}\times 110\%$$

举例：翠冠、翠玉、黄花按单果重300克计，计划密植园前期每亩栽66株，计划亩产2 000千克的梨园，每株留果量为111个。此外，还应根据树势、树体大小和肥水条件调整留果量。

疏果操作时，一般一个果台留一个果。首先疏除病虫果、损伤果、小果、畸形果、特大果，再疏除过密果，留下纵向发育良好、略呈长形、果形中大、无萼片、底部萼端不凸出、果梗两端发达、表皮光亮、发育健壮的幼果（图5-13）。

图5-13　合理留果

4. 果实套袋　套袋可有效减少病虫如黑斑病、轮纹病、梨小食心虫和吸果夜蛾等的危害，还能抑制果实表皮细胞木栓化的程度，改善果实外观和肉质。果袋宜选择单层或双层的梨专用袋。套袋时，张开果袋，套住果实，使果实不与果袋贴住，果袋可固定在果梗上（图5-14）。一般在5月中旬疏果定果后进行套袋，在6月上旬末结束。

图5-14　梨果实套袋

（八）病虫鸟害防治

1. 防治要求及原则 按照“预防为主，综合防治”的原则，病虫害防治应以农业防治为基础，根据病虫发生、发展规律，因时、因地制宜合理运用物理防治、生物防治等绿色防控措施，必要时使用化学防治，实现经济、安全、有效地控制病虫害。

2. 主要病虫害

梨主要病害：梨轮纹病、梨黑星病、梨锈病、梨黑斑病。

梨主要虫害：梨网蝽、梨小食心虫、梨二叉蚜、中国梨木虱、红蜘蛛等。

3. 防治措施

（1）农业防治。根据当地病虫害发生情况，选用抗病虫优良品种和优质苗木。避免在梨园周边5千米以内种植柏类树木，减轻梨锈病危害；避免与桃、李、杏混栽，减轻梨小食心虫危害。加强栽培管理，健壮树势，创造有利于梨树生长发育，而不利于病虫害发生的环境条件。合理修剪，保持园地良好的通风透光条件，及时清除病虫危害的枯枝、落叶、落果并集中销毁，减少病虫源。春季严格疏花、疏果，合理负载，保持树势健壮。

（2）物理防治。成虫发生期，田间悬挂黄板、性诱剂和糖醋液等。诱杀中国梨木虱成虫可每亩悬挂黄板20～30块（图5-15）；防治梨小食心虫，可在其越冬代成虫羽化前，在田间均匀悬挂梨小食心虫性诱剂，每亩设置性迷向丝30～40个或每亩设置性诱剂诱捕器4～5个。

图5-15 梨园悬挂黄板

对发生程度轻、危害中心明显或有假死性的害虫，采取人工捕杀。对梨果实进行套袋，以减轻梨小食心虫、梨轮纹病、梨黑斑病对果实的危害。近成熟至采收期采用全园挂防鸟网、驱鸟器等避免鸟害。可使用（3.0～4.0）厘米×(3.0～4.0）厘米网格的防鸟网，主要防比喜鹊大的大型鸟类。害虫越冬前树干涂白或缠草把、布条等，做好冬季清园和枝干病虫害刮治工作，草把、布条于当年深冬或翌年早春解下并集中销毁。

（3）生物防治。注意保护和利用天敌，发挥生物防治作用，用有益生物消灭有害生物，扩大以虫治虫、以菌治虫的应用范围，以维持果园生态平衡。梨小食心虫产卵初盛期，可释放松毛虫、赤眼蜂进行防治；开春回暖期，可释放捕食螨防治叶螨。提倡生草栽培。宜种植孔雀草等对康氏粉蚧、中国梨木虱等害虫有驱避作用的植物；宜种植苜蓿等吸引瓢虫、草蛉、小花蝽等天敌的豆科植物。

（4）化学防治。加强病虫预测预报，做到及时、准确防治。进行化学防治时，优先使用高效、低毒、低残留和对天敌杀伤力低的生物源农药、矿物源农药和有机合成农药，对症下药。注重喷药质量，减少用药次数，交替使用不同的药剂，延缓抗药性的产生。农药剂型宜选择悬浮剂、可湿性粉剂、可湿性粒剂、水分散粒剂、水乳剂、水剂等环境友好的剂型，并严格按农药用药间隔期使用。根据主要病虫害的发生情况，抓住防治关键时期。梨主要病虫害防治时期、防治药剂见表 5 - 2。

表 5 - 2　梨主要病虫害防治时期、防治药剂

病虫害名称	防治时期	防治药剂
梨轮纹病	3 月上旬清园，萌芽后 3—9 月结合其他病虫防治，重点在 4 月下旬至 5 月上旬、6 月中下旬、7 月中旬至 8 月上旬	5 波美度石硫合剂清园；37%苯醚甲环唑 8 000 倍液
梨黑星病	重点在 4 月上旬至 5 月上旬、6 月中下旬	37%苯醚甲环唑 8 000 倍液；70%代森锰锌 800 倍液
梨锈病	开花前、谢花后各 1 次以及 4—5 月	20%三唑酮 1 200 倍液
梨黑斑病	气温 20～28℃、相对湿度 90%以上时发病较多，每年 5 月中旬至 7 月初，以及 8 月的阴雨天	37%苯醚甲环唑 8 000 倍液；博娇（10%多抗霉素＋40%戊唑醇）4 000 倍液；百泰（5%吡唑醚菌酯＋56%代森联）1 500 倍液
梨网蝽	5 月中旬至 10 月	10%高效氯氟氰菊酯 2 000 倍液
梨小食心虫	4 月中旬至 8 月	20%氯虫苯甲酰胺 5 000 倍液
梨二叉蚜	花前至 5 月上旬	70%吡虫啉 8 000 倍液
中国梨木虱	5 月上旬至 8 月底	70%吡虫啉 8 000 倍液
红蜘蛛	7—8 月伏旱季节	20%噻螨酮 2 500 倍液

主要参考文献

戴美松，孙田林，王月志，等，2013. 早熟沙梨新品种——'翠玉'的选育［J］. 果树学报，30（1）：175 - 176.

林伯年，沈德绪，1983. 品质优良的黄花梨［J］. 今日科技（11）：4.

施泽彬，过鑫刚，1999. 早熟沙梨新品种翠冠的选育及其应用［J］. 浙江农业学报（4）：52 - 54.

王世福，俞妙凤，陆永富，2005. 圆黄梨的引种栽培［J］. 落叶果树（3）：29－30.
吴少华，沈德绪，林伯年，等，1986. 黄花梨授粉品种选配的研究［J］. 果树科学（2）：20－24.
徐非凡，2013. 梨自交不亲和S基因型的鉴定［D］. 南京：南京农业大学.
张绍铃，2014. 梨学［M］. 北京：中国农业出版社.

第六章 葡萄

葡萄（*Vitis* L.），在植物学分类上属于葡萄科葡萄属，是最早被驯化的果树树种之一，也是具有重要经济意义的世界性果树作物。我国栽培葡萄已有2 000多年的历史，司马相如《上林赋》记载："樱桃蒲陶……罗乎后宫，列乎北园。"张骞出使西域首次将欧亚种葡萄引入我国。公元1世纪初就有葡萄酿酒的记载。

葡萄适应性强，容易繁殖，进入结果期早，一年栽苗，两年结果，三年可以丰产，平地、山地、沙滩地均可发展。葡萄的栽培面积和产量长期居世界水果首位，1985年以后被柑橘、香蕉、苹果等赶超，目前葡萄在各类水果中栽培面积居第二位，产量居第四位。我国葡萄生产自20世纪80年代起形势大好，据统计，从1978年的面积39.50万亩、产量10.38万吨，发展至2019年的面积1 089.30万亩、产量1 419.54万吨。据联合国粮农组织（FAO）统计，2019年全世界葡萄栽培面积和产量分别为10 388.96万亩和7 713.70万吨，我国的葡萄栽培面积和产量仅次于西班牙，位列世界第二位，分别占世界的10%和18%，单产已达1 303千克/亩，远超世界平均水平（742千克/亩）。

葡萄是继苹果、柑橘、梨、桃之后的我国第五大水果，分别占全国水果总面积和总产量的5.92%和7.46%。葡萄产量中的95.93%用于国内消费，仅4.07%用于出口。目前，国内葡萄主产地为新疆、河北、河南等。其中，新疆2019年葡萄面积和产量分别占全国的19%和22%。国内葡萄产业基本形成了西北干旱产区（新疆）、黄土高原干旱半干旱产区（陕西、山西、甘肃、宁夏、内蒙古西部等）、环渤海湾产区（山东、辽宁、河北等）、黄河中下游产区、南方产区、西南产区（云南、贵州、广西、四川等）、山葡萄产区（吉林长白山）的区域布局。

葡萄鲜食价值较高，还可以酿酒、制干、制汁、制酱、制罐等。我国鲜食葡萄占80%以上，人均年消费葡萄量约9.80千克。成熟的葡萄除含有70%～85%的水分外，还含有15%～25%的葡萄糖和果糖、0.5%～1.5%的有机酸、0.3%～0.5%的矿物质（包括钙、镁、磷、铁等）和多种维生素。葡萄中发现的白藜芦醇糖苷对心脑血管疾病有积极的预防和治疗作用。

第一节　生物学特性

一、植物学特性

（一）根

葡萄的根是肉质根，可储藏大量养分。当土温上升到12～14℃时，葡萄根系开始生长；当土温达到20℃左右时，根系生长最旺盛。只有未完全木栓化的根系具有吸收水分和养分的功能。

在浙江，葡萄一般每年在春夏季和秋季各有一次根系生长高峰期，其中以春夏季发根最多。

（二）枝

葡萄的枝条又称蔓。一般分为主干、主枝（主蔓）、结果母枝（结果母蔓）、结果枝（结果蔓）、新梢（生长蔓）等。

葡萄的枝梢生长非常迅速，一年中能抽多次梢。葡萄枝梢内部有很大的髓部组织，导管特别发达，有储藏水分和养分的功能，但随着枝蔓年龄的增长，髓部逐渐缩小而木质化（图6-1）。

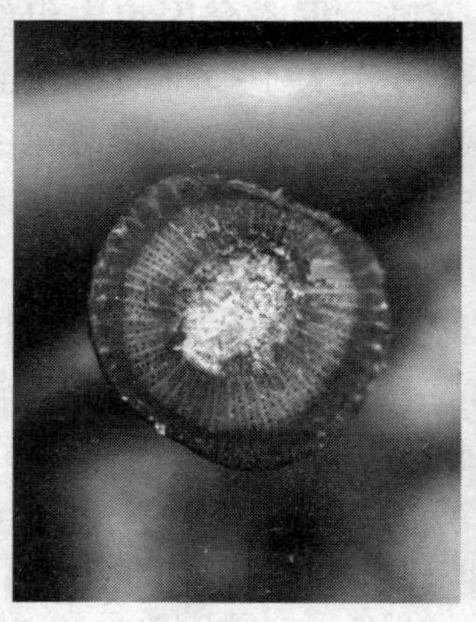

图6-1　葡萄枝梢内部的髓部组织（左：新梢的髓部较大；右：一年生枝的髓部缩小且木质化）

当年生的新梢如果发育良好、充分成熟，到秋后已有混合芽者称为结果母枝，翌年春天从结果母枝上的芽发出新梢，其中有花序的新梢称为结果枝，无花序的新梢称为营养枝（生长蔓）。结果枝一般着生在结果母枝的第2～10节上。

（三）叶

葡萄叶为互生，通常有3裂、5裂、全缘3种类型。嫩叶茸毛较多，老叶仅背部有茸毛。如果叶厚、色深、茸毛多，则抗黑痘病能力较强。若肥水条件适宜，25℃的气温、22 500～45 000 勒克斯的光照度最适于葡萄叶片进行光合作用。

（四）芽

葡萄新梢上每节都形成夏芽和冬芽。夏芽是当年即萌发抽生新梢的芽，因无鳞片保护故又称裸芽，其抽生的新梢称为副梢；冬芽是当年不萌发的芽，有鳞片覆盖。新梢上每节和新梢基部均形成冬芽，但新梢基部的冬芽通常较小，越冬后一般不萌发，从而成为隐芽，应用修剪等措施可促使基部冬芽萌发，生产上如阳光玫瑰等品种常采用超短梢修剪，诱发基部冬芽作结果枝。

葡萄花芽分化一般在开花期前后开始，此时正是开花坐果关键时期，且新梢处于旺盛生长期，为保证坐果率和良好的花芽分化，应适时采取控施氮肥、摘心修剪等措施。

（五）花序和花

葡萄花穗为总状花序或圆锥花序，与卷须一样，都是茎的变态（图 6－2）。在芽的形成过程中，当营养充足时，能形成花序；反之，则形成卷须或中间类型。

图 6－2　葡萄花序

花序上的花朵数一般有 200～1 000 朵，花朵小。花瓣上部合生，形成花冠，开花时花冠与基部花萼分离，略向外卷曲而呈帽状，随雄蕊的伸长而被顶离花萼而脱落（图 6－3）。

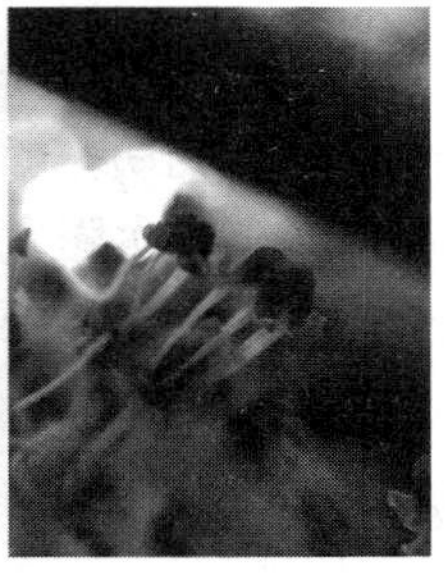

图 6－3　葡萄开花状（左：全貌；右：细部）

葡萄栽培品种的花可分为雌能花和完全花（图 6－4）。具有雌能花的品种为异花授粉，雌能花的雄蕊向下弯曲，花粉无受精能力；具有完全花的品种为自花授粉，并有闭花受精特性，完全花有发育良好的子房、直立的雄蕊和可育的花粉。

图 6-4 葡萄花（左：雌能花；右：完全花）

葡萄萌芽 6～7 周后进入开花阶段。一般在昼夜平均温度达到 20℃时开始开花。通常葡萄开花期为 6～10 天，一般在始花后的第 2～3 天进入盛花期。盛花后 5～6 天即开始出现生理落果现象。

（六）果实

葡萄花序在授粉受精后形成果穗，葡萄果粒的形态有球形、卵形、心脏形、扁球形、椭圆形等。葡萄果实为浆果。坐果后，浆果迅速膨大，其生长发育一般需要经历以下 3 个时期。

第一期，浆果的第一次膨大期，果皮细胞开始迅速分裂，浆果仍保持绿色，果肉硬，含酸量迅速增加，呼吸作用速度很快。大部分葡萄品种这一期常持续 5～7 周。

第二期，果实生长停滞期（硬核期），生长速度明显减缓，果皮开始迅速硬化，浆果酸度在此期达到最高水平，并开始糖的积累。叶绿素逐渐消失，浆果色泽开始发生变化。此期一般持续 2～4 周。

第三期，浆果的第二次膨大期，其体积的增大主要靠细胞的膨大。此期浆果组织变软，糖的积累增加，酸度减少，表现出品种固有的色泽与香味。此期一般持续 5～8 周。

二、对环境条件的要求

（一）温度

当气温升到 10℃左右时，葡萄便可开始萌芽抽梢，25～30℃为开花及花序形成的最适宜温度。若花期气温低于 15℃，则无法正常开花受精。30～35℃为果实成熟的最适宜温度，适当的高温有利于浆果成熟和品质提升，且当浆果接近成熟时，如果昼夜温差大于 10℃，则果实含糖量显著提高。

在浙江，葡萄约在10月下旬进入自然休眠期，一般翌年1月以后自然休眠结束。葡萄需低温量很少，不同种、品种需低温量也不同。

（二）光照

葡萄喜光，对光照的要求较高。若光照不足，则枝条生长细弱，叶片薄而色淡，花芽分化不良，果实着色差。但欧洲种葡萄品种抗强光能力弱，夏季阳光直射时，常使果实发生日灼。所以，在夏季强光下，应设法避免阳光直射。

（三）水分

不同物候期，葡萄对水分的需求不同。萌芽期和开花前，葡萄对水分要求高，开花期宜适当干燥。若此时降水过多或土壤水分含量高，一方面，会阻碍正常受精，引起大量的落花落果；另一方面，会导致严重的病害。浆果生长期对水分需求较大，充足的水分供应有利于果实膨大，到了浆果成熟期宜控水和保持干燥。若此时降水过多或排水不畅，常会发生裂果腐烂，病害多，降低产量和品质。

（四）土壤

葡萄对土壤的适应性较强，除重盐碱土外，各种土壤都能生长，但以沙质壤土最为适宜。不同种、品种对土壤酸碱度的适应能力不同，如欧洲种不适应酸性土壤而较耐盐碱，美洲种及欧美杂交种则能适应酸性土壤而不耐盐碱。

（五）大气污染

葡萄对二氧化硫、硫化氢、氟化氢、氯气特别敏感。氟化氢浓度高，则叶缘迅速枯焦；浓度低，则叶色斑驳。伤害常出现在浓雾后，继以高温干燥，如遇土壤干旱或干热风，致使叶片水分不足则加剧伤害。

第二节 品种选择

（一）早熟品种

1. 夏黑 三倍体欧美杂交种，原产于日本，1998年由南京农业大学引进。果穗椭圆形，穗重450～750克，最大可达1 450克，自然粒重3～3.5克，经植物生长调节剂膨大处理可达6～8克，大者可达12克。果粒均匀着生紧凑，近圆形，果皮紫黑色，果粉中等厚，果皮厚，易剥离，果肉硬脆，果汁紫红色，浓甜爽口，有浓郁草莓香味。完熟时可溶性固形物含量18%～23%。

生长势极强。在浙江设施栽培条件下，7月上中旬开始成熟。抗病能力较强，叶片抗黑痘病、霜霉病能力稍差，果穗易感灰霉病、炭疽病。

2. 醉金香 二倍体欧美杂交种，由辽宁省农业科学院育成。果穗圆锥形，穗重500～1 000克，平均粒重8～13克。果粒卵圆形，成熟时果皮金黄色，果皮薄且易剥离，未完全成熟时果皮带涩味，肉质软硬适度，有浓郁茉莉香味。可溶性固形物含量18%～21%。

生长势、发枝力中等偏强。在浙江设施栽培条件下，7月中下旬开始成熟。采收期长，延长至中秋节、国庆节采收品质更好。抗病能力较强。果实易日灼。因果穗短小，自然坐果采后易落粒，所以适合无核化栽培。

（二）中熟品种

巨峰 四倍体欧美杂交种，原产于日本，1937年大井上康以石原早生为母本、森田尼为父本杂交育成，1960年引入我国。果穗中等大，圆锥形或长圆锥形，穗柄较短，平均穗重300～650克，最大穗重850克，平均粒重10～13克，最大粒重20克。果粒着生中等紧密，椭圆形或近圆形，果皮紫红色至紫黑色，果粉中等厚，果皮厚，肉质肥厚，汁多，味酸甜，有草莓香味。完熟时可溶性固形物含量17%～20%，含酸量0.55%～0.59%。

生长势强。在浙江设施栽培条件下，7月下旬至8月上旬成熟，双膜促早栽培可于6月中下旬成熟。适应性强，耐湿，抗黑痘病，对白腐病、炭疽病的抗性中等，抗霜霉病能力较弱，较耐运输。宜长梢修剪。缺点是落花落果严重，果穗松散，栽培时应控制花前肥水，注意花前摘心、疏穗、修穗和疏粒。

（三）晚熟品种

1. 阳光玫瑰 二倍体欧美杂交种，由日本果树试验场安芸津葡萄、柿研究部以安芸津21号为母本、白南为父本杂交育成，2009年由张家港神园葡萄科技有限公司引进。果穗圆锥形，穗重600～800克，平均粒重12～14克。果粒着生紧密，椭圆形，果皮黄绿色，果面有光泽，果粉少。果肉硬脆多汁，有玫瑰香味。可溶性固形物含量17%～23%。不易裂果，耐储运。

生长势较强。花芽分化好且稳定。在浙江设施栽培条件下，8月中下旬成熟。抗逆性强，较抗霜霉病、灰霉病、白粉病，对炭疽病抗性稍差，易感粉蚧，不抗高温，采用设施栽培应注意防高温危害。稀植，可一芽短梢修剪。采用专用砧木嫁接苗。

2. 红地球 又名红提、美国红提、大红球、晚红、全球红。二倍体欧亚种，由美国加利福尼亚大学H. P. 奥尔姆教授育成，1987年由沈阳农业大学引入。果穗长圆锥形，平均穗重800克，平均粒重12～15克，最大可达22克。果粒圆形或卵圆形，果皮红色至暗紫红色，薄且不能剥离。果肉脆硬，能切成薄片，味甜，有草莓香味。可溶性固形物含量14%～17%。果刷粗而长，着生牢固，耐压力、耐拉力强，极耐储运，在0～1℃条件下可储藏6个月。

生长旺盛，较丰产。抗病性弱，应加强霜霉病、黑痘病、白腐病和日灼的综合防治，生长前期幼叶对波尔多液、百菌清较敏感，易发生药害。喜光，严格控制每亩产量在1 500千克左右，短中梢修剪。

第三节 轻简化栽培技术

（一）育苗

1. 扦插繁殖 葡萄多以硬枝扦插繁殖。选生长充实、芽眼饱满、充分成熟、粗度最好在1厘米以上的一年生枝条作插穗。经沙藏的插穗，剪成2～3芽、长10厘米左右的枝段，上部剪口在芽上1厘米处，剪口平齐，下部剪口斜穿节部。扦插时进行催根处理可以提高成活率，可用吲哚丁酸50毫克/千克浸蘸插穗基部2厘米，处理12～24小时，处理后有新根发出时再插入田间。田间扦插时要覆盖地膜。

2. 嫁接繁殖 嫁接繁殖可利用一些砧木如5BB、SO4等抗逆性强的特征，提高对土壤等环境条件和病虫害的抗性，以促进生长。绿枝嫁接的适宜嫁接期长，成活率高，伤口愈合比硬枝嫁接彻底，成苗率高。接穗采用粗度0.4～0.6厘米的半木质化新梢，剪去叶片，叶柄留1厘米左右，用湿毛巾将嫩枝包好，当天采剪当天嫁接。砧木的适宜嫁接期为新梢8～10叶时，留3～4叶剪除梢部。采用常规的切接方式，将接穗大斜面紧贴砧木劈面插入，一侧对齐（即砧木和接穗形成层紧贴），用薄膜包扎严实，露出芽眼。接后1～2周接芽膨大、顶膜欲破时，揭去薄膜。在浙江嫁接应于5月底前完成，否则枝条无法成熟。

（二）建园

1. 园地选择 选择交通便利、排水良好的地块；优选土层深厚、土质疏松、pH 6.5～8.0的地块。

2. 整地、作畦 园地整理成每畦宽3～3.5米，长度不超过60米，畦以南北向为主，丘陵园地按等高线方向作畦。畦沟宽30～40厘米，沟深30厘米以上；排水沟沟宽40～50厘米，沟深40厘米以上，低地高田畦面成龟背状，以利于排水。

3. 施肥填土 在种植沟底填一层稻草或杂草；第二层填入腐熟有机肥1 500～2 000千克/亩，按1∶3的比例将有机肥与熟土搅拌均匀；第三层施钙镁磷肥，用量50～100千克/亩，与土拌匀后填入；最后再覆盖5～10厘米厚的熟土，把种植沟做成高于畦面10～15厘米的垄。

4. 定植

（1）苗木要求。选择嫁接口以上2厘米处径粗0.6厘米以上、有3～4个饱满芽、根系发达、无病虫害的嫁接苗。

（2）定植时间。12月至翌年2月。

（3）种植密度。每畦种植1行，行距3～3.5米，株距1.5～2米。

(4) 栽植。栽植前苗木需揭去嫁接膜，剪除过长的根和梢，将根系自然舒展，用细土填入根间，嫁接部位应露出地面，边填边用脚踩实，筑成高于畦面30～40 厘米的定植墩（浅栽高培）。以苗木主干为中心，用水浇透定植处。天晴风大时，应连续浇水 2～3 次。

5. 葡萄避雨设施栽培技术

(1) 技术概述。葡萄避雨设施栽培具有减少降水、降低病害和水土流失、减少裂果、提早产期、提高果品品质和经济效益的优点，是浙江葡萄生产的主要栽培模式。

(2) 技术要点。避雨设施宜选建在平地或坡度相对平缓的山坡地。设施可用毛竹片搭建简易避雨棚，也可用钢管搭建单体大棚或连栋大棚。

①简易避雨棚和单体大棚。

结构：每畦一个棚，两棚之间的间隙与畦沟对应，棚由立柱、棚顶和 8 道拉丝组成。棚顶高 3.0 米，肩高 1.8 米，葡萄架面与棚顶间距不低于 1.2 米（图 6-5）。

图 6-5　葡萄简易避雨棚

立柱：中心水泥柱规格 360 厘米×10 厘米×8 厘米，水泥柱里有 4 条直径 4 毫米的钢筋，在每畦的中心线立柱，柱埋入土中 60 厘米，柱距 3～4 米。

拉钢丝：距畦面高度 1.7 米，按畦向沿立柱拉一道 10 号钢丝，在同高度沿立柱横向拉一道 10 号钢丝，沿畦向距立柱两侧 20 厘米、60 厘米、100 厘米处各拉一道 14 号钢丝；距畦面 1.55 米沿立柱两边按畦的方向各拉一道 10 号钢丝（称为底层拉丝）。

架棚顶：棚顶用宽 2.5～3 厘米竹片或直径 20 毫米镀锌管弓成弧形，竹片或镀锌管固定在柱顶上，间距 1.3～1.5 米。用塑料薄膜覆盖，两头毛竹片或镀锌管固膜，用压膜带压住薄膜。

②连栋大棚。

结构：单栋跨度 6 米或 8 米，两畦一栋，最多 10 连栋。由主立柱、副立柱、顶拱杆、纵向拉杆、天沟和卷膜机构等组成。棚顶高 4.2 米，天沟高 2.5 米，葡萄架面与棚顶间距 1.7 米（图 6-6）。

图 6-6　葡萄连栋大棚

立柱：主立柱采用外径 60 毫米×60 毫米×2.5 毫米热浸镀锌矩形钢管，间距 3 米，或外径 60 毫米×80 毫米×2.5 毫米热浸镀锌矩形钢管，间距 4 米；副立柱采用外径 22 毫米、壁厚 1.5 毫米的热浸镀锌圆形钢管，间距 1 米。材质均为 Q235 钢。

顶拱管和顶部纵向拉杆：顶拱管外径≥22 毫米，壁厚≥1.2 毫米，间距 0.6 米，采用带钢先成型再热浸镀锌的生产工艺，材质 Q235 钢。顶部设三道纵向拉杆，技术要求与顶拱杆一致。

天沟：距畦面高 2.5 米，用热浸镀锌板冷弯成型，厚度≥2 毫米。

加强杆：顶部设米字撑，技术要求与顶拱杆一致。横向水平拉杆为外径 30 毫米×40 毫米×2 毫米热浸镀锌矩形钢管，材质 Q235 钢。

塑料薄膜：选择防老化防雾滴聚乙烯农膜，厚度不少于 0.1 毫米；大棚专用压膜线，压膜线顶部侧面用八字簧固定。

基础：立柱基础为直径 600 毫米×400 毫米×400 毫米水泥墩，顶部预埋螺栓连接立柱。

卷膜机构：边侧和顶部采用手动或电动卷膜通风装置，带自锁装置。

（3）注意事项。简易避雨棚或单体大棚在每年萌芽前，即无雪后的 2 月中下旬进行盖膜，果实全部采收结束后约 10 月上旬在晴天时揭膜。避雨设施栽培要注意棚内温湿度的调控以及病虫害的防治。

6. 葡萄根域限制栽培技术

（1）技术概述。葡萄根域限制栽培是指人为地采取一些措施将葡萄的根系限制在一定范围内的栽培方式，通过限制地下部根系的生长来调节地上部的营养生长和生殖生长（图 6－7）。根域限制栽培的优点：新梢生长缓和，徒长枝较少，修剪量小，省时省工；花芽分化好，能实现早期丰产；果实着色好，糖分积累多，品质优异；能准确地掌握施肥时机与施肥量，实现自动定量供给，省水省肥；树冠小，便于密植；根域容积小，改良土壤速度快，可以解决土壤贫瘠地区无法耕作的问题。

图 6－7　葡萄根域限制栽培模式

（2）技术要点。

①限根方式。

沟槽式：根系区域土壤水分变化较小，很少出现干旱胁迫，树势中庸，果实品质好。但地下水位高的葡萄园容易发生积水和烂根。确定架形后，在定植行下开沟，沟深80厘米，宽80厘米，沟内填充基质与地面高度一致或略高于地面。

垄式：操作简便，但根系区域土壤水分变化不稳定，树势易衰弱，需配备良好的喷滴灌系统，生长季节可在垄表面覆盖地膜以保持水分稳定。确定架形后，在定植行配置基质起垄，垄高60～70厘米，垄面宽100厘米，葡萄定植于垄上。

垄槽结合式（半垄式）：利用地表面下15～20厘米板结土壤作为天然屏障，且根系区域土壤水分变化相对稳定。种植垄高40～45厘米（其中，地表面下10～15厘米，地面上30～35厘米），垄宽80厘米。适宜在南方雨水多、土质板结或不良土壤条件下应用。

箱框式：与垄式相似，区别在于使用控根器限制根系区域。确定架形和定植株数后，使用控根器制作定植框，于定植框中填充基质后再进行植株定植。

②根域容积。按每平方米树冠投影面积对应0.05～0.06米^{3}确定根域容积。如果根域高度为40～50厘米，则每平方米树冠投影面积对应的根域面积为0.10～0.15米^2。

③适宜品种。宜选择能进行短梢修剪的品种、能进行无核化处理的品种，如夏黑、醉金香、阳光玫瑰等；长势旺的品种，如金手指、巨峰、红地球、鄞红等。

（3）注意事项。容器内均填充配置基质：有机物料（稻壳、秸秆、腐熟禽畜粪便）：土壤=1：3，将根系区域的土壤有机质含量提高到20%以上，含氮量提高到2%以上。有机物料需与土壤充分混匀，切忌分层混肥。

（三）土肥水管理

1. 幼树肥水管理 定植后主干新梢长到6～8叶、已见卷须时开始施肥，采用0.3%的尿素浇施，以后每隔10～15天施1次，逐渐增加尿素浓度至0.5%～0.8%，进入8月后改用0.5%～0.8%复合肥（N：P：K=1：0.8：1.5）浇施。10月下旬施一次基肥，用豆粕有机肥500千克/亩或畜禽有机肥800～1 000千克/亩、钙镁磷肥50～75千克/亩，距主干50～60厘米处开沟20厘米深施或铺畦面全园深翻入土。5—6月多雨季节要经常清沟，做好排水；7—8月高温干旱季节每3～5天滴灌1次，保持土壤水分适宜。

2. 结果树肥水管理 目标产量：欧亚种1 500～1 750千克/亩，欧美杂交种1 000～1 500千克/亩。

（1）配方施肥法。

①基肥。9月中旬至10月中旬基施商品有机肥800～1 000千克/亩（晚熟品种采果后尽早施用）。

②追肥。

花前肥：新梢和花序生长期，以氮肥为主，配合少量磷钾肥，每亩施氮肥

(N) 4～5千克、磷肥 (P_2O_5) 2～3千克、钾肥 (K_2O) 2～2.5千克。

膨果肥：幼果生长初期，以平衡配方肥为主，每亩施氮肥 (N) 4～4.5千克、磷肥 (P_2O_5) 2～2.5千克、钾肥 (K_2O) 4～5.5千克，根据品种成熟期早晚，分1～2次施用。叶面喷施含钙镁水溶肥1～2次。

采前肥：浆果逐渐着色成熟时，以钾肥为主，配合少量氮肥，每亩施氮肥 (N) 3～4千克、磷肥 (P_2O_5) 1～2千克、钾肥 (K_2O) 6～7.5千克。

采后肥：葡萄采摘后，施高氮型配方肥（如25-8-12或相近配方），每亩施氮肥 (N) 1～1.5千克、磷肥 (P_2O_5) 0.3～0.5千克、钾肥 (K_2O) 0.5～0.8千克。

在肥料种类上，选择与当地土壤肥力相适应的缓（控）释肥、葡萄配方肥、商品有机肥等为宜。在施肥方法上，采用沟施或穴施方式。钙、镁、硼、锌等中微量元素缺乏的果园可基施钙镁磷肥30～50千克/亩、硫酸锌1～1.5千克/亩、硼砂1～2千克/亩，也可通过叶面喷施相应肥料进行补充。

（2）水肥一体化施肥法。

①基肥。9月中旬至10月中旬基施商品有机肥800～1 000千克/亩、有机无机复混肥（如10-4-6或相近配方）50～60千克/亩（晚熟品种采果后尽早施用）。

②追肥。

花前肥：新梢和花序生长期，施高氮型水溶肥（如12-3-6+Te或相近配方）2次，每次用量8～10千克/亩。

膨果肥：幼果生长初期，施平衡型水溶肥（如20-10-20+Te或相近配方）15～18千克/亩，根据品种成熟期早晚，分2～3次施用，总量不变。叶面喷施含钙镁水溶肥1～2次。

采前肥：浆果逐渐着色成熟时，施高钾型水溶肥（如10-5-35+Te或相近配方）2次，每次用量4～5千克/亩。

采后肥：葡萄采摘后，施高氮型水溶肥（如12-3-6+Te或相近配方）2次，每次用量8～10千克/亩。

在肥料种类上，根据不同生长期选择高氮、高钾及平衡型水溶肥、商品有机肥等为宜。在施肥方法上，采用水肥一体化技术进行滴灌施肥。钙、镁、硼、锌等中微量元素缺乏的果园可基施钙镁磷肥30～50千克/亩、硫酸锌1～1.5千克/亩、硼砂1～2千克/亩，也可通过叶面喷施相应肥料进行补充。

（四）整形修剪

1. 架式与树形

（1）平棚架。平棚架高1.9米，架面用钢丝拉成网格状。沿种植行按60

厘米间距纵向拉 9 道 14 号较粗的钢丝，再按 30 厘米的间距横拉 18 号细钢丝形成网络状的平棚架。

(2) 单十字飞鸟形架。按每畦隔 2～3 株埋立柱，主柱可用水泥杆或耐腐木材，高 3 米，截面约 10 厘米×10 厘米，入土深度 60 厘米。在离表土 1.3 米处的立柱上架设横梁，横梁从立柱中间穿过，每柱 1 根横梁，长 2 米。

拉铁丝，铁丝 8～10 号，第一层在立柱距地 1.1 米高处开始拉，要绕过柱子，形成一左一右 2 道铁丝，后在横梁上每隔 50 厘米拉 4 道铁丝，立柱左右各 2 道铁丝。

该架式的叶幕呈飞鸟形，与双十字“V”形架相比，削弱了顶端优势，有利于花芽分化，着色均匀。

(3) 双十字“V”形架。按每畦隔 2～3 株立水泥柱，柱长×宽×高为 8 厘米×10 厘米×210 厘米，其中地上 180 厘米、地下 30 厘米，并在柱体宽面 1.4 米和 1.7 米高度处各预设一个直径 2 厘米左右小孔。利用两小孔分别横向固定两横梁，下部横梁长 80 厘米，上部横梁长 110 厘米，两横梁与水泥柱构成双十字形。

柱体设置完成后拉设钢丝架面，沿各横梁端点逐条直线拉设并对位、拴紧、固定 4 条防锈钢丝，以构建“V”字形架面。

该架式的叶幕呈“V”字形，与平棚架相比，具有萌芽整齐、通风透光好等优点；缺点是顶端优势明显，增加摘心次数，果穗有阴阳面影响商品性。

(4)“一”字形树形（图 6-8）。

图 6-8 “一”字形树形

①主干培养。当种苗新梢长 30～50 厘米时立杆固定，长至 1.3 米高度时摘心。

②主蔓培养。顶端 2 个副梢培养主蔓，其下所有副梢都采取留 1 叶后摘心或抹除。当顶端 2 条副梢各生长至 1.5 米时摘心。

③结果母枝培养。主蔓上抽生的副梢长至 6 叶时留 5 叶摘心，顶副梢留 4 叶反复摘心，侧副梢留 1 叶后摘心。

④结果树的树形管理。冬季修剪时，无核化处理的欧美杂交种可采用 1～3 芽短梢修剪，间距 20～30 厘米；欧亚种或自然坐果的欧美杂交种可采用长短梢修剪结合，主蔓上每隔 80～100 厘米留 1 长（6～10 芽）1 短（2 芽）的结果枝组，长的作结果母枝，粗剪口直径达到 0.8 厘米，与主蔓方向一致平行绑缚。新梢垂直于主蔓按间距 15～25 厘米距离绑缚，长至 120 厘米封顶。

(5)“H”形树形（图 6－9）。

图 6－9　“H”形树形

①主干培养。留 3 芽定植，萌芽后留 2 个新梢，待新梢长至 5 叶时留 1 个壮梢，立杆绑缚，保持直立生长，及时抹去侧副梢。

②主蔓培养。主干新梢长至 1.1 米时摘心，顶上 2 个副梢向左右两侧绑缚，当顶端 2 个副梢长至 1 米左右时摘心，2 个副梢再各自留顶副梢 2 个向左右两侧绑缚，将其培养成主蔓，4～8 米长。

③结果母枝培养。欧亚种按“5－4－3”方法摘心，此方法主要针对花芽不容易形成和花芽节位较高的品种，即当营养枝长至 6 叶时留 5 叶摘心，顶副梢长至 5 叶时留 4 叶摘心，依次类推操作。

欧美杂交种按“10－4－4”方法摘心，即当营养枝长至 12 叶时留 10 叶摘心，顶副梢留 4 叶反复摘心。

④结果树的树形管理。冬季修剪时，主蔓粗达 0.8 厘米处剪截。翌春萌芽后，2 个主蔓剪口处各选 1 个健壮的新梢作延长枝继续向前培养，其上副梢每隔 25 厘米左右保留 1 个，交替绑缚至两侧，副梢上萌发的二级副梢全部留 1 叶后摘心，当主蔓延长枝与相邻树的枝条相距 20 厘米时摘心，冬季修剪时主蔓上的副梢留 2～3 芽短梢修剪。此后主蔓上每隔 25 厘米左右保留 1 个副梢，培养成结果枝组，冬季修剪时结果枝组均采用留 2～3 芽短截即可。

2. 冬季修剪

(1) 修剪原则。对幼树的整形修剪，宜轻剪，以扩大树冠，促进早日成形与结果；对结果树的修剪，要保持树势健壮，平衡生长与结果的关系，防止结果部位外移；对衰老树的修剪，应侧重更新修剪，延长结果寿命。对长势强旺易落花落果的欧美杂交种和花芽节位高的欧亚种，宜中长梢修剪，以保证较高的结果率；对适宜无核化处理的品种和花芽分化极好的品种，为避免负载量过大，宜短梢修剪。强树（枝）轻剪，弱树（枝）重剪。

(2) 结果母枝的选择。应选择充分成熟的健康一年生枝，枝条直径 8～12 毫米，枝条颜色呈均匀的褐色，髓部直径不超过枝条直径的 1/3，弯曲时不易折断。不宜选择节间较长、截面呈扁圆形的不充实枝条。

(3) 修剪时间和修剪量。冬季修剪应在落叶后 30 天到伤流期前 15 天进行，浙江一般于 12 月至翌年 1 月进行。

根据留芽量确定修剪量，以阳光玫瑰为例，每亩计划产量为 1 500 千克，萌芽率为 90%，果枝率为 90%，每果枝平均 1 个果穗，每果穗平均重量为 0.7 千克，每亩栽 111 株（株行距 2 米×3 米），加上 20%预备果，代入下列公式，可得每株平均留芽约 29 个。

$$每株留芽数（个）=\frac{每亩计划产量（千克）}{萌芽率\times 果枝率\times 每果枝平均果穗数\times 每果穗平均重量（千克）\times 每亩株数}\times 120\%$$

（4）修剪方法。

①短截。按留芽量或修剪长度可分为超短梢修剪（留基芽或1芽）、短梢修剪（2～3芽）（图6-10）、中梢修剪（4～6芽）、长梢修剪（7～9芽）、超长梢修剪（10芽以上）。

图6-10 留2芽短梢修剪

②疏剪。从基部将枝蔓剪除，主要疏剪过密枝、病虫枝。应注意疏剪从基部彻底剪掉时伤口不宜过大，可留3～5毫米残留桩，翌年再剪平。

③主蔓更新。主蔓蔓龄过大，会出现结果枝组衰弱或缺失的情况，可从主干上部或近主干部位隐芽所发出的营养枝中选择长势强、角度方向合适的作新主蔓。培养1～2年后新主蔓成形时，再完全疏剪原主蔓。

④结果枝组和结果母枝更新。当结果枝组远离主蔓时，要及时回缩，保持结果部位始终靠近主蔓，也可从主蔓上选择合适的一年生枝将其培养成新的结果枝组。

结果母枝需每年更新，对基芽或第一芽花芽形成良好的品种，常用单枝更新法，可连年进行超短梢修剪；对基芽或第一芽花芽形成不良的品种，则要用双枝更新法，即结果母枝采取中长梢修剪，在结果母枝的基部附近选一个一年生枝进行超短梢修剪作为预备枝，翌年结果母枝发出新梢完成结果任务后回缩至预备枝处，预备枝称为新的结果母枝。

（五）新梢和花果管理

1. 新梢管理

（1）破除休眠。萌芽前20～35天（2月下旬至3月上旬），用12.5%石灰氮或1.5%单氰胺溶液喷涂结果母枝以破除休眠，剪口下2个芽不喷涂，其余芽均认真喷涂。

（2）抹芽。发芽后，抹除过强、过弱嫩梢，可以平衡新梢生长势。抹芽应尽早，一般在新梢约10厘米时可以进行。

抹去主干上的所有芽眼，去除没有花穗的、着生方向不好的新梢，选留生长中庸的新梢。1个芽眼发出2个或多个新梢时，应选留1个合适的新梢。

（3）定梢。应在新梢花序明显时进行，按整形修剪和植株负载量确定留梢量。一般以产定梢，如每亩计划产量为1 500千克，果枝率为90%，每果枝平均1个果穗，每果穗平均重量为0.7千克，每亩栽111株（株行距2米×3

米），代入下列公式，可得每株平均留梢约 21 个。

$$\text{每株留梢数（个）}=\frac{\text{每亩计划产量（千克）}}{\text{果枝率}\times\text{每果枝平均果穗数}\times\text{每果穗平均重量（千克）}\times\text{每亩株数}}$$

定梢时，强树多留，弱树少留，达到枝蔓满架但不拥挤的程度。新梢间距 18～20 厘米，营养枝应占 1/5～1/4。

（4）摘心。摘心是指去除正在生长的新梢顶端的生长点和幼叶，主要是调节葡萄营养生长和生殖生长的关系。

春季葡萄萌芽后当新梢长至 20 厘米时，对结果母枝延长的顶端部分旺长的新梢进行轻摘心，主要作用是抑强扶弱，均衡结果母枝上各个新梢的生长状况。长势强旺的品种应尽早完成此次摘心，如巨峰等。若不摘心或摘心偏晚，会使营养生长过旺，导致落花落果严重。

第一次摘心完成后直到园内出现第一朵小花时再进行第二次摘心（齐摘心），即“见花、绑枝、摘心、修花穗”。齐摘心是指根据品种和生长状况确定一个新梢长度，所有新梢按此长度进行轻摘心，未达到此长度的新梢不予摘心。葡萄盛花后 2～4 周为果实第一次膨大期，细胞迅速分裂。因此，第二次摘心主要作用是抑制新梢旺长，保证果实有足够的营养供给，宜轻摘心。

自然坐果率低、果穗松散的品种，一般树势强旺，新梢初期生长旺盛，在见信使花后盛花前 3 天摘心；落花落果严重的品种可在见信使花后盛花前 1～2 天摘心，摘心时在穗前留 6～7 片叶。自然坐果率高、果穗紧密的品种，一般树势中庸，盛花前可不摘心，坐果后在穗前留 8～9 叶摘心。

主枝延长枝可在 8 月上旬至 9 月上旬摘心促进主枝充实成熟。

（5）副梢处理。副梢摘心的工作应在整个夏季持续进行，直到副梢逐渐停止生长。所有卷须应及时摘除。花序下每节侧副梢留 1 叶绝后摘心，花序上仅留 1 个顶副梢，其他副梢均抹除。欧亚种一般侧副梢留 2 叶绝后摘心，而顶副梢留 4 叶反复摘心。一般盛花后 50 天内副梢逐渐停止生长。果粒软化前 2 周内，副梢的重摘心会使果粒着色推迟。因此，对再发的副梢宜轻摘心或扭梢使其下垂。主枝延长枝上的副梢一律留 2～3 叶摘心。

（6）绑缚新梢。一般新梢长到 30～40 厘米时开始绑缚，绑缚新梢的目的是使各个新梢均匀、合理地占据架面，有利于架面的通风透光、授粉受精和花果管理，并且能加强抗风能力。

2. 花果管理

（1）修整花序。始花前 3 天至始花期修整花序，主要去除副穗。对于无需进行无核化处理的品种，如巨峰等，还需去除主穗和各小穗的穗尖，留中部

10～12 个小穗；对于需要进行无核化处理的品种，如夏黑、阳光玫瑰、醉金香等，应保留穗尖，留 13～15 个小穗。

（2）果实无核化、保果及膨大处理。植物生长调节剂处理，若以无核化为目的，应于盛花后 1～3 天完成；若以保果为目的，应于盛花后 5～10 天完成。

例如，阳光玫瑰盛花后 1～3 天可用 25 微升/升 GA_3＋5 微升/升 CPPU 进行无核化处理，此后再过 10～15 天用 25 微升/升 GA_3进行膨大处理；再如夏黑，盛花后 5～6 天可用 50 微升/升 GA_3＋5 微升/升 CPPU 进行保果处理，此后再过 10～15 天用 50 微升/升 GA_3进行膨大处理。

（3）疏果。第一次疏果穗于谢花后 1 周内果实似绿豆大小时进行，疏去坐果不良的、极稀疏的果穗、病果穗、畸形穗。第二次疏果穗，即定果穗于谢花后 2 周果实似黄豆大小时进行，疏除多余的相对较差的果穗，定果穗后的营养枝应占全部新梢的 1/5～1/4（图 6－11）。通常根据计划产量计算单株留果穗量，如每亩计划产量为 1 500 千克，每果穗平均重量为 0.7 千克，每亩栽 111 株（株行距 2 米×3 米），代入下列公式，可得每株平均留果穗约 19 个。

$$每株留果穗数（个）=\frac{每亩计划产量（千克）}{每果穗平均重量（千克）\times 每亩株数}$$

图 6－11　疏果时期（左：果实似绿豆大小；右：果实似黄豆大小）

定果穗后开始疏果粒，疏除病虫果、小果、畸形果、特大果，疏除方向朝上、朝下、朝里的果粒，留下果梗朝外的果粒。小粒型品种，如夏黑等，果粒重 6～8 克，每穗定果 80～100 粒；中粒型品种，如醉金香等，果粒重 9～12 克，每穗定果 60～80 粒；大粒型品种，如阳光玫瑰等，果粒重 12～15 克，每穗定果 40～60 粒（图 6－12）。一般欧美杂交种修整成圆柱形，欧亚种修整成短圆锥形。疏果粒可分 2～3 次进行，于 5 月底前完成。疏果粒时发现花冠未自然脱落的，需及时将其抖落或扫落。

图 6－12　葡萄定果完毕（阳光玫瑰）

（4）套袋。为减少果穗病虫害，保持果面整洁，可进行套袋。套袋的原则是日灼严重的品种必须套袋，若果园未安装防鸟网则需套袋，颜色较深的品种可以不套袋。

套袋应尽早进行，在定果后，即谢花后 30～35 天即可套袋，浙江一般在 5 月下旬至 6 月上旬。套袋作业宜选择晴天进行。套袋前应对果穗细致地喷布一次保护性杀菌剂和杀虫剂，防止病虫在果袋内造成危害，待药液晾干后立即套袋。

当可溶性固形物含量达到 15%～17%时则可以上市，一般于采收上市前 10～15 天进行拆袋，栽培面积大的果园要分批拆袋。

（5）防高温热害。盛夏高温干旱的天气下，强光照射易造成叶片和果实的灼伤，叶片边缘和果实上呈火烧状褐斑，此现象称为日灼。葡萄果粒气灼通常在连日低温高湿天气转变为高温天气时发生，果皮完好，但果粒干瘪变黄，大面积凹陷萎缩，最后逐渐形成干疤，整个果粒干枯（图 6－13）。

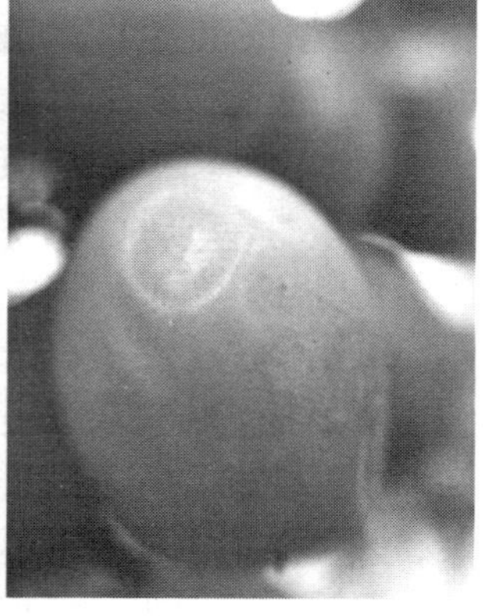

图 6－13　葡萄高温热害（左：叶片日灼；右：果实气灼）

为避免发生日灼和气灼，应采用避雨设施，花序节位的副梢上留2～3叶以遮挡强光；当降水量大时，应及时清沟排水，保持土壤适宜的水分含量；当盛夏时，避免高温时段浇水，避雨设施要卷起边膜，以利于通风散热。

（六）病虫鸟害防治

1. 防治要求及原则 按照“预防为主，综合防治”的原则，以农业综合措施为基础，合理利用物理防治和生物防治，科学使用化学药剂防治。化学药剂应轮换使用，硬核期后不宜使用乳油剂型药剂，按农药用药间隔期使用。

2. 葡萄主要病虫害

葡萄主要病害：霜霉病、白粉病、灰霉病、白腐病、炭疽病、褐斑病、穗轴褐枯病、黑痘病等。

葡萄主要虫害：透翅蛾、叶蝉、吸果夜蛾、红蜘蛛、粉蚧、铜绿金龟子、葡萄瘿蚊等。

设施栽培条件下，当春季展2～3叶时，重点防治白粉病、绿盲蝽和红蜘蛛；花穗露出期，重点防治灰霉病；开花前，重点防治灰霉病、白粉病和透翅蛾；花后1周，重点防治白粉病；套袋前，重点防治炭疽病和白粉病。

3. 防治措施

（1）农业防治。12月至萌发前，结合冬季修剪进行彻底清园，刮除枝干上的老翘皮、粗皮，清除地面枯枝落叶，减少果园内病虫基数。合理整形修剪，间伐过密植株，加强枝梢管理，保持果园良好的通风透光条件。在生长季节，及时摘除感染病虫害的枝叶和果实，并集中到果园外处理；发病严重植株可整株铲除，防止病虫害扩散。

（2）物理防治。雨后及时排水，防止园内积水，降低田间湿度，减少病菌传染源。实行全园果实套袋，减少炭疽病和白粉病的危害。利用害虫的趋色性在园内悬挂黄、蓝板诱杀害虫，每亩挂20～30块（20～40厘米）于葡萄架上，每隔10～30天涂粘虫胶一次。黄板诱杀蚜虫、叶蝉效果好，蓝板诱杀蓟马、醋蝇效果好。利用害虫成虫的趋光性安装杀虫灯诱杀害虫，杀虫灯应安装在果园的制高点和外围，每30～40亩安装1盏，于葡萄开花期开始，每天19：00—23：00开灯，果实采收完毕后停止。转色前至采收期采用全园挂防鸟网、驱鸟器等避免鸟害。可使用（2.0～3.0）厘米×（2.0～3.0）厘米网格的防鸟网，阻隔小型鸟类。

（3）化学防治。加强病虫预测预报，做到及时、准确防治。农药配料优先选用生物农药和矿物源农药，宜选用水剂、水乳剂、微乳剂和水分散粒剂等环境友好型剂型。在其他防治措施效果不理想时，合理选用高效、低毒、低残留的农药。化学防治要严格掌使用量（或浓度）、施药次数和安全间隔期，提倡交替轮换使用不同作用机理的农药。根据主要病虫害的发生情况，抓住防治关键时期。葡萄主要病虫害防治时期、防治药剂见表 6-1。

表 6-1　葡萄主要病虫害防治时期、防治药剂

病虫害名称	防治时期	防治药剂
霜霉病	新梢生长期、幼果期	用 1∶0.5∶200 波尔多液或 25%嘧菌酯悬浮剂 1 500～2 000 倍液或 50%烯酰吗啉可湿性粉剂 3 000～4 000 倍液喷雾，间隔 7～10 天，用药 2 次
穗轴褐枯病	开花前 1～2 天和见花第 8～10 天	用 50%腐霉利可湿性粉剂 1 000～1 500 倍液或 40%嘧霉胺可湿性粉剂 800～1 500 倍液或 78%波尔・锰锌可湿性粉剂 600～700 倍液喷雾，用药 2 次
白粉病	冬季清园后 展叶至葡萄转色前	用 3～5 波美度石硫合剂全园喷雾 1 次 用 10%苯醚甲环唑水分散粒剂 1 000～1 500 倍液或 25%乙嘧酚悬浮剂 800～1 000 倍液，间隔 10～15 天，用药 2 次
灰霉病	开花前 1～2 天和见花第 8～10 天	用 50%腐霉利可湿性粉剂 1 000～1 500 倍液或 40%嘧霉胺可湿性粉剂 800～1 500 倍液或 50%异菌脲悬浮剂 750～1 000 倍液喷雾，用药 2 次
白腐病	4 月下旬开始	用 10%苯醚甲环唑水分散粒剂 1 000～1 500 倍液或 80%戊唑醇水分散粒剂 3 000～5 000 倍液喷雾，间隔 10～15 天，用药 2 次
炭疽病	果实膨大期至成熟采收前 25 天以上	用 10%苯醚甲环唑水分散粒剂 1 000～1 500 倍液或 40%腈菌唑可湿性粉剂 1 500～2 000 倍液喷雾，间隔 10～15 天，用药 2～3 次
根癌病	发现轻微病株	扒开根周围土壤，用小刀将病瘤刮除，涂 3～5 波美度的石硫合剂或 1∶0.5∶200 波尔多液保护伤口，病残组织集中至园外进行无害化处理
透翅蛾	葡萄花期（产卵孵化期）	用 20%杀灭菊酯乳油 2 500 倍液或 25%灭幼脲悬浮剂 2 000 倍液喷雾，间隔 7～10 天，用药 2 次
红蜘蛛	生长期	喷 0.2～0.3 波美度的石硫合剂或 20%哒螨灵可湿性粉剂 1 500～2 000 倍液或 22%阿维・螺螨酯悬浮剂 2 500～3 000 倍液喷雾，间隔 7～10 天，用药 2 次
粉蚧	各代幼虫孵化期	用 22.4%螺虫乙酯悬浮剂 3 000 倍液或 25%噻虫嗪水分散粒剂 4 000～5 000 倍液喷雾，间隔 7～10 天，用药 2～3 次

主要参考文献

贾惠娟，华向红，滕元文，等，2011. 半垄式根域限制栽培在南方设施葡萄上的应用 [J]. 浙江大学学报（农业与生命科学版），37（6）：649-654.

王昊，靳韦，马文礼，等 2020. 宁夏地区‘夏黑’葡萄设施根域限制栽培技术 [J]. 中外葡萄与葡萄酒（4）：44-46.

吴江，张林，2014. 葡萄全程标准化操作手册 [M]. 杭州：浙江科学技术出版社.

章镇，王秀峰，2003. 园艺学总论 [M]. 北京：中国农业出版社.

章镇，2004. 园艺学各论　南方本 [M]. 北京：中国农业出版社.

浙江省农业农村厅，2019. 葡萄 [M]. 北京：中国农业科学技术出版社.

NO. 7 第七章 高山西瓜

第一节 概 述

一、西瓜的起源

我国是世界上最大的西瓜产地，但关于西瓜的由来，说法不一。西瓜，顾名思义，是西域传来的瓜。五代以前，它已经传入我国东南沿海地区，却又不叫西瓜，而因其性寒解热，称寒瓜。因此，西瓜是从西域传入中国的说法似有疑问。推测它是由“海上丝绸之路”传入我国的。汉武帝曾派“译长”，募商民、携丝绸、乘海船去西方国家“市明珠、璧流离、奇石、异物”。非洲的西瓜经过斯里兰卡或南洋群岛再传入我国。广西和江苏汉墓出土的西瓜籽，就是“海上丝绸之路”沟通中非文化交流的佐证。较为流行的观点认为，西瓜的原生地在非洲，它原是葫芦科的野生植物，后经人工培植成为食用西瓜。早在4 000年前，古埃及人就种植西瓜，后来逐渐北移，最初由地中海沿岸传至北欧，而后南下进入中东、印度等地。四五世纪时，由西域传入中国，所以称为“西瓜”。

另外，据1959年2月24日《光明日报》报道：在浙江杭州水田畈新石器时代遗址中也曾发现过西瓜籽。如果这个考古收获确实可靠的话，我国有西瓜的历史至少在4 000年以上，而西瓜原产于非洲的说法，则另当别论。

二、西瓜的形态特征

西瓜为一年生蔓生藤本；茎、枝粗壮，具明显的棱沟，被长而密的白色或淡黄褐色长柔毛。卷须较粗壮，具短柔毛，叶柄粗，长3～12厘米，粗0.2～0.4厘米，具不明显的沟纹，密被柔毛；叶片纸质，轮廓三角状卵形，带白绿色，长8～20厘米，宽5～15厘米，两面具短硬毛，脉上和背面较多，3深裂，中裂片较长，倒卵形、长圆状披针形或披针形，顶端急尖或渐尖，裂片羽状或二重羽状浅裂或深裂，边缘波状或有疏齿，末次裂片通常有少数浅锯齿，先端钝圆，叶片基部心形，有时形成半圆形的弯缺，弯缺宽1～2厘米，深0.5～0.8厘米。

雌雄同株。雌、雄花均单生于叶腋。雄花：花梗长3～4厘米，密被黄褐色长柔毛；花萼筒宽钟形，密被长柔毛，花萼裂片狭披针形，与花萼筒近等长，长2～3毫米；花冠淡黄色，直径2.5～3厘米，外面带绿色，被长柔毛，裂片卵状长圆形，长1～1.5厘米，宽0.5～0.8厘米，顶端钝或稍尖，脉黄褐色，被毛；雄蕊3，近离生，1枚1室，2枚2室，花丝短，药室折曲。雌花：花萼和花冠与雄花同；子房卵形，长0.5～0.8厘米，宽0.4厘米，密被长柔毛，花柱长4～5毫米，柱头3，肾形。

果实大形，近球形或椭圆形，肉质，多汁，果皮光滑，色泽及纹饰各异。种子多数，卵形，黑色、红色，有时为白色、黄色、淡绿色或有斑纹，两面平滑，基部钝圆，通常边缘稍拱起，长1～1.5厘米，宽0.5～0.8厘米，厚1～2毫米，花果期夏季。

三、西瓜的营养价值

西瓜堪称“瓜中之王”，甘味多汁，清爽解渴，是盛夏佳果。西瓜不含脂肪和胆固醇，含有大量的葡萄糖、苹果酸、果糖、氨基酸、番茄红素及丰富的维生素C等物质，是一种富有营养的食品。据测定，普通西瓜的果实中每100克含有蛋白质0.6克、糖40克、钾87毫克、磷9毫克、镁8毫克、维生素C 6毫克、维生素A 75毫克、维生素E 0.1毫克。此外，西瓜含有谷氨酸、瓜氨酸、丙氨酸等多种氨基酸，苹果酸等有机酸，甜茶碱、腺嘌呤等多种生物碱。西瓜中所含的各种矿物质元素、有机酸、生物碱、维生素等对保持人体正常功能、预防和治疗多种疾病都具有重要作用。西瓜果实中所含的配糖体，还有降血压、利尿和缓解急性膀胱炎的疗效。西瓜果皮可凉拌、腌渍，制蜜饯、果酱和饲料，在中医学上以瓜汁和瓜皮入药，功能清暑；西瓜种子含油量达50%，可榨油、炒食或作糕点配料（表7-1）。

表7-1　每100克西瓜的营养成分均值

成分名称	含量	成分名称	含量	成分名称	含量
水分（克）	93.3	钙（毫克）	8	异亮氨酸（毫克）	18
碳水化合物（克）	5.8	磷（毫克）	9	亮氨酸（毫克）	18
蛋白质（克）	0.6	钾（毫克）	87	赖氨酸（毫克）	18
脂肪（克）	0.1	钠（毫克）	3.2	谷氨酸（毫克）	96
膳食纤维（克）	0.3	镁（毫克）	8	精氨酸（毫克）	66
胆固醇（毫克）	0	铁（毫克）	0.3	天冬氨酸（毫克）	33
灰分（克）	0.2	锌（毫克）	0.1	含硫氨基酸（T）（毫克）	11
维生素A（毫克）	75	锰（毫克）	0.05	芳香族氨基酸（T）（毫克）	24
胡萝卜素（毫克）	450	铜（毫克）	0.05	苏氨酸（毫克）	13

（续）

成分名称	含量	成分名称	含量	成分名称	含量
视黄醇（毫克）	0	硒（毫克）	0.17	脯氨酸（毫克）	11
硫胺素（毫克）	0.02	碘（毫克）	0	蛋氨酸（毫克）	4
核黄素（毫克）	0.03			苯丙氨酸（毫克）	14
烟酸（毫克）	0.2			色氨酸（毫克）	4
维生素C（毫克）	6			组氨酸（毫克）	9
维生素E（T）（毫克）	0.1			丝氨酸（毫克）	14
（β-γ）维生素E	0.01			胱氨酸（毫克）	7
δ维生素E	0.03			酪氨酸（毫克）	10
				缬氨酸（毫克）	20
				丙氨酸（毫克）	15
				甘氨酸（毫克）	12

四、西瓜的分布及生产情况

2001—2016年，我国西瓜的播种面积平稳发展，基本保持在180万公顷左右；在2012—2016年的5年间呈现出小幅上升的趋势，2016年国内西瓜种植面积达到了189万公顷的最大值；但在随后的2017年，西瓜种植面积出现了明显缩减。据FAO数据库显示，2018年我国西瓜的收获面积、产量分别为149.91万公顷、6 280.38万吨，占全球的46.25%、60.43%。

从我国西瓜生产的省域分布情况来看，由于西瓜具有较强的生产适应性，而我国大部分地区的土壤、光照、气候等生产条件比较适宜西瓜栽培种植，因而我国的西瓜种植范围分布比较广泛，在全国31个省份均有规模不等、产量不一的西瓜种植，但主要集中在以河南、湖南为代表的中南产区和以山东、安徽、江苏为代表的华东产区。福建、贵州、西藏、青海则种植面积较少。其中，产量排名前2位的省份相对比较稳定，为河南和山东。且西瓜类型多种多样，南方以中小果形为主，北方以大果形为主；湖北、湖南及广西以无籽西瓜为主；广西、海南是反季节栽培西瓜主产地区。除了类型多种多样，各地区西瓜品种也是百花齐放。

五、西瓜品种分类

我国生产的西瓜类型主要有以下3类。

1. 野生西瓜类 生长势强，抗病能力很强，抗逆性好，坐果节位高，果实圆，底色浅绿，果肉白，无生食价值。生产上主要用作嫁接砧木等，作嫁接砧木具有亲和性好、嫁接易成活等优势。

2. 籽用西瓜类 果实圆，果形中或小，果肉软，甜味差，不宜生食。单瓜种子多，主要用来生产瓜子，用作炒货。

3. 普通西瓜类 主要用于生食。根据果实形状可分为圆形、椭圆形两种；根据果实肉质颜色可分为红瓤和黄瓤类两种（罕见的有白瓤和黑瓤）；根据育种方法可分为固定品种和杂交品种；根据果实成熟期可分为早熟、中熟和晚熟品种；根据果实大小可分为大、中、小果形品种；根据果实内种子的数量可分为无籽、少籽和普通有籽西瓜品种。随着科学技术的不断创新，选育出来的西瓜品种在外观上则表现为果皮颜色、花纹、条带各异。

第二节 栽培管理技术

一、高山西瓜的优劣势

相比一般的西瓜，高山西瓜因生长在海拔数百米的高山上，夏季温度较平原低，收获一般迟 1 个月的时间。由于受日照时间长、昼夜温差大、生长期长，糖分容易累积，高山西瓜的瓜质优良，具有香甜可口、皮薄、籽少、瓤红、汁甜、味鲜等多种优点。又由于山区青山绿水，空气清新，灌溉用水清洁，无“三废”污染，环境条件好，生产出来的西瓜受到广大群众喜爱，销售形势良好，效益高，是山区农民增收的主要途径之一。但由于高山地区耕地有限，轮作困难，西瓜连年种植，枯萎病发病严重，产量低，严重制约了西瓜产业的发展。

二、高山西瓜的栽培管理技术

（一）高山西瓜直播栽培管理技术

1. 环境条件要求

（1）温度。西瓜一般要求在 20～30℃的温度下生长，在 30～40℃时同化作用仍然旺盛。不同生育期对温度的要求：发芽适温为 25～30℃，若超过 35℃，则发芽困难；苗期适温，白天 25～27℃，夜温 16～17℃；在 1～2 片真叶期，最适温度为 28～32℃，最高温为 38℃；茎蔓生长适温为 20～30℃。温度对开花结果有很大影响，特别是夜温。苗期温度越高，第一雌花出现节位越高，雌雄花比例越高。开花结果期，温度高会加快雌雄花蕾发育，使开花期提前。花粉发芽适温为 20～25℃，若高于 35℃，则花粉粒发芽和花粉管伸长受影响，需人工辅助授粉。

（2）光照。西瓜属喜光作物，在整个生育期中若光照充足，则植株生长健壮，茎蔓粗壮，叶片肥大，节间粗短，花芽分化早，坐果率高，抗病能力强。西瓜每天适宜的日照时数为10～12小时，光补偿点为4 000勒克斯，幼苗光饱和点为8万勒克斯，结果期为10万勒克斯。

（3）水分。西瓜不同生育期对水分要求不同，发芽期要求水分多，幼苗期需适当干旱；抽蔓前期适当增加水分，开花前后则应适当控制水分，坐果期需干旱；结果期需水多，特别是中期需满足其水分需求，后期为保证品质应及时停水。西瓜忌涝湿，若雨水过多、土壤过湿、含水量高，会造成根呼吸困难，影响根系发育直至烂根。

（4）土壤。西瓜对土壤要求不高，较耐旱、耐瘠，无论沙土、壤土、黏土都能栽培，但以耕作层深厚的沙质壤土和沿河冲积土为好。西瓜在土壤pH 5～7的范围内，均可正常生长；当pH小于4时，根系发育不良，易诱发枯萎病。

（5）肥料。西瓜生长期短，生长快，生长量大，需要供应充足的肥料。其中，以氮、磷、钾最为重要，其比例为3.28∶1.00∶4.33。不同生育期对氮、磷、钾的吸收比例不同，植株生长期吸收氮最多、钾次之；坐果以后吸收钾最多、氮次之。西瓜偏施氮肥则含糖量低，增施磷、钾肥，可提高含糖量。

2. 品种选择　选择抗病、易坐果、优质、高产、抗逆、耐储运的中熟品种，如西农8号、丰抗8号、西农大霸王等。

3. 选地整地　在海拔500～600米的深山区，选择开阔通风、光照充足、地势平坦、土层深厚肥沃、排灌便利、交通方便、2～3年未种过瓜类的耕地栽种。直播或定植前20～30天，施充分腐熟的有机肥45吨/公顷以上，另加硫酸钾复合肥450～600千克/公顷、过磷酸钙600～750千克/公顷、腐熟饼肥1 125～1 500千克/公顷，将以上肥料均匀地撒在种植行，撒成宽50～60厘米的条带，然后耕地作畦。畦应作成中央略高、两边略低的拱形，畦连沟长2.5～2.6米，沟宽25～30厘米，沟深20厘米左右。采用单行栽种，每畦种植1行，株距50厘米，栽植7 500株/公顷左右。整畦后，覆盖宽度1米的银灰色地膜，在覆盖的地膜中央，按照行距要求，剪好直径为10厘米左右的种植孔，备用。覆盖银灰色地膜则有利于调节土壤温度，既防旱又防涝，稳定土壤墒情，防止土壤板结和土壤养分流失，同时驱避蚜虫，减轻病毒病的危害。

4. 适期播种　为确保西瓜于大暑至立秋期间均衡供应市场，可于4月20日至5月20日分批直播，每穴播2粒种子。直播可节省育苗和移栽用工，适合规模化生产，同时可减少育苗移栽对根系等损伤而引发的病害。

5. 田间管理

（1）间苗补苗。出苗期注意观察，将地膜下的秧苗拉出扶正，将播种穴周边地膜压实。一叶一心期定植，每穴保留1株健壮秧苗，多余的秧苗用于补株或丢弃。间苗定苗后，对弱小苗追1次“偏心肥”。施肥方法：用15%～20%人粪尿、或0.5%尿素液、或0.3%复合肥液淋蔸，或于雨天在距弱小苗基部4～5厘米处施尿素或复合肥15～20粒/株，促进弱小苗生长，使全田秧苗整齐。

（2）肥水管理。应掌握“适施基肥，轻施苗肥，重施结果肥和膨瓜肥，氮、磷、钾合理配合”的原则。在基肥充足的条件下，坐果前不再追施其他肥料。坐果后，当果重量达到500克左右时，施尿素150千克/公顷，加硫酸钾150千克/公顷或复合肥150千克/公顷。雨天要及时清沟排水，坐瓜前期，应控制肥水，进行蹲苗。果坐稳后，当瓜有拳头大时，若天气干旱，每4～5天浇1次水。当瓜直径有10～12厘米时，应保证土壤始终较湿润。若天气干旱，应于傍晚采用沟灌，2～3天灌1次水，结合浇灌每次追施尿素7.5～15.0千克/公顷。当瓜坐稳后，可结合病虫害防治施复合肥浸出液或磷酸二氢钾，叶面喷施2～3次。

（3）中耕除草。在蔓长到30～40厘米时，进行1次全面翻耕除草，并清理好畦沟、腰沟等。然后用小麦或油菜等作物秸秆3 000千克/公顷覆盖畦面，以利于瓜蔓附着固定。

（4）整枝理蔓。主蔓长到50～60厘米时，开始整枝剪蔓、理蔓。高山西瓜整枝多采用主蔓结果，即选留1条主蔓和基部生长健壮的2条侧蔓，其余则全部抹除。坐瓜前的其余侧蔓全部剪除，但坐瓜后不再整枝，任其自然生长。

（5）瓜果管理。高山西瓜一般在距根部80～100厘米的主蔓上，即第15～25节位，选留第2～3朵雌花坐果。高山西瓜的坐果以自然授粉为主，遇高温则要人工辅助授粉，一般在晴天的9：00—10：00进行。当瓜落地时，应垫瓜。如瓜底部凹陷，可先用土块、细土等将地面垫高，然后垫瓜。在西瓜果实定果后，进行翻瓜，共翻2～3次。由于高山光照充足、紫外线强烈，当瓜长到中后期时，若瓜露于外面，应及时盖草，以免灼伤。

6. 病虫害防治　高山西瓜主要病害以猝倒病、炭疽病、蔓枯病、白粉病、病毒病为主；虫害以斜纹夜蛾、瓜绢螟、种蝇、瓜蚜为主。

（1）农业防治。育苗期间尽量少浇水，加强增温保温措施，保持苗床较低的湿度和适合的温度，可预防苗期猝倒病和炭疽病。重茬种植时采用嫁接栽培，在酸性土壤中施用石灰氮消毒，可有效抑制枯萎病的发生。具体做法是在西瓜移栽前20～25天，结合翻耕，按每亩用70～80千克石灰氮均匀施于土中，然后灌水或浇水使土壤充分湿透（含水量达到田间最大持水量以上），作畦。结合覆膜进行闷棚，闷棚10～15天，种植前5～7天揭膜。闷棚期间注意不要让肥水流到附近田块，以免引起周边作物肥害或药害。冬季彻底清除瓜田内和四周的杂草，消灭越冬虫卵，减少虫源基数，可减轻瓜蚜危害。及时防治蚜虫，拔除并销毁田间发现的重病株，防止蚜虫在农事操作时传毒，可有效预防病毒病的发生；叶面喷施0.2%磷酸二氢钾溶液，可以增强植株对病毒病的抗病性。

（2）物理防治。设黄板诱杀蚜虫，每亩悬挂20厘米×30厘米的黄板40～50个，胶板垂直底边距离作物15～20厘米。当黄板粘满蚜虫时，应及时更换。用糖醋液（1份红糖、0.5份酒、2份醋）于傍晚放在1米高处诱杀小地老虎成虫。

（3）生物防治。与麦田邻作，使麦田上的七星瓢虫等天敌迁入瓜田捕食蚜虫，可降低瓜蚜的虫口密度。

（4）化学防治。使用化学农药时，应执行《农药安全使用标准》（GB 4285）和《农药合理使用准则》（GB/T 8321）的相关规定，农药混剂的安全间隔期执行其中残留性最大的有效成分的安全间隔期（表7-2）。合理混用、轮换交替使用不同作用机制或具有负交互抗性的药剂，克服和推迟病虫抗药性的产生和发展。化学防治应坚持“预防为主，对症下药，绿色防控”的原则。喷药原则是“阴天不喷，晴天喷；上午不喷，下午喷；快阴天前1～2天喷，天阴过后的1天喷”。喷雾要喷苗的全部（叶、茎）；喷过的叶面无水滴，只有细小雾珠，如结合喷叶面肥时，以喷背面为佳。防治苗期病害，播种前用55℃温水浸种15分钟，并搅动使其自然冷却后再播种。播种时，用50%多菌灵可湿性粉剂和细土按1∶200做成药土，于播种前撒在穴内并与穴土拌匀，播种后床面再撒1层。

表7-2　西瓜主要病虫害防治药剂使用推荐和安全间隔期

防治对象	有效成分或通用名	常用商品名称	剂量	安全间隔期（天）
斜纹夜蛾	15%茚虫威	安打	10～18毫升/亩	3
瓜绢螟	5.7%甲维盐	银锐	15～25克/亩	2
细菌性病害	77%氢氧化铜	可杀得	500倍液	3
	25%嘧菌酯	阿米西达	800倍液	5
白粉病	25%乙嘧酚	粉星	800倍液	5
灰霉病	25%嘧菌酯	阿米西达	800倍液	5
早疫病	50%腐霉利	速克灵	1 500倍液	5
菌核病	50%异菌脲	扑海因	1 000倍液	2
霜霉病	25%嘧菌酯	阿米西达	800倍液	5
晚疫病	72%霜脲锰锌	克露	800倍液	2

（续）

防治对象	有效成分或通用名	常用商品名称	剂量	安全间隔期（天）
炭疽病	25%嘧菌酯	阿米西达	800倍液	5
根腐病	10%苯醚甲环唑	世高	1 500倍液	10
	25%咪鲜胺	使百克	1 500倍液	3
	25%嘧菌酯	阿米西达	800倍液	5
蔓枯病	32.5%苯甲嘧菌酯	阿米妙收	30～50毫升/亩	14
叶霉病	25%嘧菌酯	阿米西达	800倍液	5

7. 适时采收 当西瓜坐瓜节及其以下节位的卷须枯萎、茸毛消失、表皮纹络清晰、底部不见阳光处瓜皮颜色转为橘黄色，则瓜已成熟，应及时采收。

（二）高山西瓜嫁接栽培管理技术

1. 品种选择

西瓜品种选择：选用抗病虫、易坐果、外观和内在品质好、耐储运、适宜山区气候条件的优良品种。可根据当地山区气候、交通、栽培习惯及周边市场消费习惯，选择适宜品种。

砧木品种选择：用于西瓜嫁接砧木的品种很多，依嫁接亲和性、抗病性及品质性状衡量，优劣依次为农家品种葫芦、瓠瓜、南瓜、冬瓜、西瓜共砧，同种内不同变种或品种间存在很大差别。

（1）农家品种葫芦。葫芦具有与西瓜良好而稳定的亲和性，对西瓜品质也无不良影响，耐低温性和吸肥能力仅次于南瓜，主要缺点是对枯萎病缺乏绝对抗性。这类葫芦中以瓢葫芦为最好，长葫芦次之。瓢葫芦叶片大，长势强，植株匀称，耐低温，容易培养；长葫芦不易使西瓜旺长，着果稳定，后期瓜蔓不易衰老，如甬砧1号、京欣砧1号等。

（2）瓠瓜。瓠瓜砧木亲和力强，成活率高，亲和力稳定，共生期极少出现不良植株，抗枯萎病，尤其对危害根部的根腐病、线虫等有一定的耐性，嫁接后的西瓜雌花出现较早，成熟较早，对品质无不良影响，是目前较为理想的西瓜砧木。主要品种有长瓠瓜和圆瓠瓜。由日本米可多公司培育的瓠瓜杂交种“相生”，是西瓜嫁接的优良砧木。与西瓜嫁接亲和力好，嫁接后的西瓜，植株生长健壮，抗枯萎病，根系发达，较耐瘠薄，低温条件下生长良好，坐果稳定，对果实品质无不良影响。

（3）南瓜。南瓜对枯萎病有绝对的抗性，低温伸长性和低温坐果性好，低温条件下吸肥能力也最强。南瓜的品种众多，多数品种与西瓜嫁接可使西瓜果皮增厚、果肉中有硬块、含糖量下降。因此，不宜作西瓜砧木。由印度南瓜和中国南瓜杂交而成的“新土佐南瓜”，根系发达，营养生长旺盛，耐低温能力强，抗枯萎病、蔓枯病，并且果皮不增厚，风味不变。但是，“新土佐南瓜”作三倍体和四倍体西瓜嫁接砧木时成活率只有10%～30%，而且以“新土佐南瓜”为砧木的西瓜，苗期易感染白粉病；由中国农业科学院与云南省农业科学院共同培育的“云南黑籽南瓜”极耐低温，在0℃低温条件下仍能正常生长并开花结果，其根系极为发达，生长旺盛，生育期长，分枝力强，主茎可达几十米。该品种耐瘠薄能力强，高抗枯萎病、蔓枯病、疫病和霜霉病等病害。与西瓜有较好的亲和力，嫁接后的西瓜，生长势强，高度抗寒，高抗多种病害，对西瓜品质无不良影响。

(4) 冬瓜。冬瓜根系强大，适应性强，耐旱、耐热、耐湿。但由于冬瓜不抗枯萎病和疫病，同时又忌连作，因此很少用作西瓜砧木。

(5) 西瓜共砧。选用高抗枯萎病的野生西瓜或饲料用西瓜作砧木，具有嫁接亲和力强、结果稳定、果实品质好等特点。因其抗病性不彻底，表现为前期生长缓慢，植株生长势不如瓠瓜、南瓜和冬瓜，所以一般不常用。生产上应用较多的是台湾农友公司利用非洲野生西瓜育成的杂交1代“勇士”。

2. 嫁接育苗技术

(1) 种子处理。将西瓜种子放入55℃的温水中，迅速搅拌10～15分钟。当水温降至40℃左右时停止搅拌，西瓜种子继续浸泡4～6小时。洗净种子表面黏液，擦去种子表面水分，晾到种子表面不打滑时进行破壳。将处理好的西瓜种子用湿布包好后放在33～35℃的条件下催芽，胚根（芽）长0.5厘米时播种最好，西瓜种子一般催芽24小时播种。砧木种子温烫浸种48小时，催芽48小时播种。

(2) 播种时间。当10厘米深的土壤温度稳定通过15℃或平均气温稳定通过18℃时为地膜覆盖栽培的定植时间，育苗的播种时间从定植时间向前提早25～30天。大棚设施栽培的播种时间比地膜覆盖栽培育苗的播种时间提早30天。

(3) 播种方法。应选晴天上午播种，播种前浇足底水，先在营养钵中间扎一个1厘米深的小孔，再将种子平放在营养钵上，胚根向下放在小孔内，随播种随盖营养土，盖土厚度为1.0～1.5厘米。播种后立即搭架盖膜，夜间加盖草苫。采用靠接栽培的砧木和接穗同时播在同一营养钵中。采用顶插接的砧木播在营养钵中，接穗播在苗床上，接穗比砧木迟7天播出。

(4) 嫁接。

插接法：待接穗子叶展开、砧木第一片真叶展开时进行嫁接，选择大小适宜的砧木用刀片削除生长点，用竹签由顶部插入1厘米左右的小口（方法是将竹签从一子叶的正面基部呈45°角斜插另一子叶的背面基部），取瓜苗在子叶下部1厘米左右处用刀片斜切一楔形面，然后将接穗插入砧木中，并用嫁接夹夹住即可。

靠接法：选择在同一营养钵生长的砧木与接穗大小相近的幼苗，先去掉砧木的生长点，然后在砧木苗子叶下 1 厘米处左右用刀片自上而下斜切 1 厘米的切口，切口深度达到砧木下胚轴的 2/5。接穗在子叶下 2 厘米处，自下而上斜切长约 1 厘米的切口，然后将砧木与接穗两者嵌合，用嫁接夹夹住即可。

（5）苗床管理。

温度管理：出苗前苗床应密闭，温度保持 30～35℃，温度过高时遮光降温，夜间覆盖保温。出苗后至第一片真叶出现前，温度控制在 20～25℃；第一片真叶展开后，温度控制在 25～30℃；定植前 1 周，温度控制在 20～25℃；嫁接苗在嫁接后的前 2 天，白天温度控制在 25～28℃，进行遮阳，不宜通风；嫁接后的 3～6 天，白天温度控制在 22～28℃，夜间 18～20℃；以后按一般苗床的管理方法进行管理。

湿度管理：苗床湿度以控为主，在底水浇足的基础上，尽可能不浇或少浇水，定植前 5～6 天停止浇水。采用嫁接育苗时，在嫁接后的 2～3 天苗床密闭，使苗床内的空气湿度达到饱和状态，嫁接后的 3～4 天逐渐降低湿度，可在清晨和傍晚湿度高时通风排湿，并逐渐增加通风时间和通风量，嫁接 10～12 天后按一般苗床的管理方法进行管理。

光照管理：幼苗出土后，苗床应尽可能增加光照时间。采用嫁接育苗时，在嫁接后的前 2 天，苗床应进行遮阳，第三天在清晨和傍晚除去覆盖物接受散射光各 30 分钟，第四天增加到 1 小时。以后逐渐增加光照时间，1 周后只在中午前后遮阳。10～12 天后按一般苗床的管理方法进行管理。

其他管理：采用嫁接育苗时，应及时摘除砧木上萌发的不定芽。采用靠接嫁接的幼苗在嫁接后的 10～12 天，从接口往下 0.5 厘米处将接穗的根剪断清除。嫁接苗成活后，应及时去掉嫁接夹或其他捆绑物。

3. 整地、施肥

（1）整地。西瓜地应选择地势高、排灌方便、土层深厚、土质疏松肥沃、通透性良好的沙质壤土。播种前深翻土地，深耕 25～30 厘米，施基肥后耙细作畦，每畦宽 4.4 米，畦高 20～25 厘米。

（2）施肥。

施肥原则：按《肥料合理使用准则　通则》（NY/T 496—2010）的规定执行，根据土壤养分含量和西瓜的需肥规律进行平衡施肥，限制使用含氯化肥。

基肥施用：在中等肥力土壤条件下，结合整地，每亩施优质有机肥（以优质腐熟猪厩肥为例）2 000～3 000 千克或商品有机肥 500～800 千克；饼肥 100～150 千克、氮肥（N）6 千克、磷肥（P_2O_5）3 千克、钾肥（K_2O）7.2 千克，或使用按此折算的复混肥料。这些肥料在整地时一次性施入，肥料深翻入土，并与土壤混匀。

4. 定植　大棚栽培在4月中下旬定植，地膜覆盖栽培在5月中下旬定植。一般畦宽4.4米，每畦2行，株距60厘米，每亩种植505株。定植时，应保证幼苗茎叶和根系所带营养土块的完整，定植深度以营养土块的上表面与畦面齐平或稍深（不超过2厘米）为宜。嫁接苗定植时，嫁接口应高出畦面2～3厘米。

5. 田间管理

（1）缓苗期管理。大棚栽培定植后立即扣好棚膜，白天棚内气温要求控制在30℃左右，夜间温度要求保持在15℃左右，最低不低于5℃。露地栽培定植后立即覆盖好地膜。在湿度管理上，一般底墒充足、定植水足量时，在缓苗期间不需要浇水。

（2）伸蔓期管理。

温度管理：大棚栽培白天棚内温度控制在25～28℃，夜间棚内温度控制在13～20℃。

水肥管理：缓苗后浇一次缓苗水，水要浇足，以后如土壤墒情良好，开花坐果前不再浇水，如确实干旱，可在瓜蔓长30～40厘米时再浇一次小水。为促进西瓜营养面积迅速形成，在伸蔓初期结合浇缓苗水每亩追施速效氮肥（N）5千克，离瓜根10厘米远处挖穴施入。

整枝压蔓：嫁接西瓜的分枝能力比自根西瓜的强，侧蔓多且生长快，要早整枝，促进主蔓的生长。一般在西瓜主蔓长50～60厘米时进行整枝，西农8号采用双蔓整枝，除主蔓外，在基部留1个侧蔓与主蔓平行生长，以后摘除所有的侧蔓。惠兰采用三蔓整枝，即除保留主蔓外，还要在主蔓茎部选留2条生长健壮、生长势基本相同的侧蔓，其他侧蔓予以摘除。第一次压蔓应在蔓长40～50厘米时进行，以后每间隔4～6节再压一次。压蔓时要使各条瓜蔓在田间均匀分布，主蔓、侧蔓都要压。

（3）开花坐果期管理。

温度管理：采用大棚栽培时，开花坐果期植株仍在棚内生长，白天温度要保持在30℃左右，夜间不低于15℃，否则将坐果不良。

水肥管理：开花坐果期不追肥，严格控制浇水。在土壤墒情差到影响坐果时，可浇小水。

人工辅助授粉：每天9：00以前用雄花的花粉涂抹在雌花的柱头上进行人工辅助授粉，以见到雌花柱头有花粉粒为准。除人工授粉外，还可以采用蜜蜂授粉。为了把握成熟度，在授粉时做好授粉日期标记。已授粉的西瓜雌花不再重复授粉。

其他管理：待幼果生长至鸡蛋大小、开始褪毛时，进行选留果，一般选留主蔓第二雌花坐果，西农 8 号每株只留 1 个果，惠兰留 2～3 个果。

（4）果实膨大期和成熟期管理。

温度管理：采用大棚栽培时，此时外界气温已较高，要适时放风降温，把棚内气温控制在 35℃以下，但夜间温度不得低于 18℃。

水肥管理：在幼果鸡蛋大小、开始褪毛时浇第一次水，此后当土壤表面早晨潮湿、中午发干时再浇一次水。如此连浇 2～3 次水，每次浇水一定要浇足，当果实定个（停止生长）后停止浇水。结合浇水追施膨瓜肥，以速效氮钾复合肥为主，每次每亩施复合肥料（$N-P_2O_5-K_2O$ 为 11－0－33）5 千克，兑水 50～100 倍浇施，或采用水肥一体化设施进行水肥同灌。

6. 病虫害防治 参考直播栽培技术中的病虫害防治技术。

7. 采收 采收西瓜最好在上午或傍晚气温较低时进行，用剪刀将果柄从基部剪断，每个果保留一段绿色的果柄。采收时轻收轻放，做好包装运输。

主要参考文献

李干琼，王志丹，2019. 我国西瓜产业发展现状及趋势分析［J］. 中国瓜菜，32（12）：79－83.

翁丽青，2018. 余姚市高山西瓜嫁接栽培技术规程［J］. 农业科技通讯（8）：354－357.

翁丽青，2019. 不同砧木嫁接对高山西瓜生长发育及产量的影响［J］. 蔬菜（9）：28－32.

张华峰，应全盛，古斌权，等，2017. 高山西绿色优质栽培技术［J］. 宁波农业与科技（1）：28－29.

周春华，2013. 高山无公害西瓜直播栽培技术［J］. 现代农业科技（17）：129－130.

NO. 8 第八章　芥　菜

第一节　概　述

芥菜［*Brassica juncea*（L.）Czern. et Coss.］是十字花科芸薹属一年生草本植物，分根芥、茎芥、叶芥、薹芥4大类16个变种。茎叶鲜食或盐腌食用；种子及全草供药用，能化痰平喘、消肿止痛；种子磨粉称为芥末，可作调味料，榨油作芥子油。按照植物学分类法，芥菜属于植物界被子植物门双子叶植物纲原始花被亚纲罂粟目白花菜亚目十字花科芸薹族芸薹属芥菜种；按照食用器官分类法，不同芥菜变种分类不同，主要有根菜类、茎菜类和叶菜类；按照农业生物学分类法，芥菜属芥菜类。

一、芥菜种植历史与现状

我国芥菜种植历史悠久。据史籍记载，公元前6世纪先祖已经"采薇采封（'封'即野芥菜）"；公元2世纪已用芥菜种子作为调味品，并由黄河流域发展到长江中下游地区；公元5—6世纪由黄河流域或长江中下游地区传入四川盆地。据《华容县志》，魏晋时期湖南就有种植芥菜的记载，至今已有1 500多年的种植历史。明代李时珍《本草纲目》中记载了芥菜的医用价值。据《龙行天空·乾隆与江南》记载，乾隆皇帝在江南巡视时偶然品尝到华容芥菜，感觉味美爽口，将华容芥菜作为御膳贡品。龙山大头菜于清光绪二年（1876年）由当地腌菜师傅创制，后被进贡皇室，深受赏识，自此被列为贡品，名扬京城。

湖南全境均有芥菜种植习惯，自20世纪60年代开始商品化种植，70年代至今随着规模化种植壮大，现已形成常德、岳阳、益阳三大种植大市，种植面积80万亩，其中茎瘤芥（即榨菜）面积30万亩，叶芥（大叶芥、宽柄芥）、笋子芥、大头菜等50万亩。环洞庭湖区主栽有茎瘤芥、笋子芥、叶芥（大叶芥、宽柄芥）、大头芥、梅菜；其他区域有笋子芥、叶芥（大叶芥、宽柄芥）、大头芥、梅菜零星种植。

二、芥菜生长发育的环境条件

（一）温度

芥菜喜冷凉的气候条件，较耐寒；发芽适温为25℃左右；幼苗期能耐一定的高温；茎瘤芥、笋子芥的茎膨大期适温为 6～10℃；大叶芥、宽柄芥产品形成期适温为 10～15℃；大头菜幼苗生长适温为 20～26℃，叶片生长适温为 15℃左右，茎部膨大时气温要求在 16℃以下，平均气温在 13～18℃最为适宜。

（二）光照

芥菜喜光照，属长日照作物，不经过较长的低温期就能通过春化阶段，在高温、长日照的条件下能抽薹开花。

（三）水分

芥菜喜湿，但不耐涝，要求土壤有充足的水分，并经常保持湿润。一般适宜土壤湿度为田间最大持水量的 80%～90%，适宜空气相对湿度为 60%～70%。芥菜有一定的抗旱能力，但土壤水分不足，不仅会影响产量，而且产品质量会变劣。

（四）土壤

芥菜对土壤有较强的适应性，但以土壤肥沃、土层深厚、有机质丰富、保水保肥力强的壤土、沙壤土及轻黏土为好，pH 以 6～7.2 为宜。

（五）肥料

每生产 500 千克鲜茎瘤芥、笋子芥，约需吸收纯氮 2.74 千克、纯磷 0.27 千克、纯钾 2.68 千克；养分吸收的高峰期为膨大初期，这个时期氮的吸收约占总吸收量的 53.5%、磷占 48.3%、钾占 52.1%；施磷能增加必需氨基酸的含量，施钾能降低苦味氨基酸的含量。叶芥生长前期对氮肥需求量大、磷肥次之；到了叶片旺长期，对氮肥和钾肥需求量增多，其吸收氮、磷、钾的比例为 1∶0.4∶1.1。

第二节　主要栽培品种

湖南芥菜生产呈现出规模基地应用商品种子种植与菜农自留种零星种植并存的特点，品种非常丰富。商品种子通过近 10 年来推广，面积呈逐年上升趋势。根据当前生产应用情况，可分为浙江宁波甬榨、甬高系列，重庆涪陵涪杂、渝芥系列，湖北华芥系列，湖南湘榨、湘芥、湘笋系列等品种。

一、茎瘤芥

1. 甬榨 5 号　浙江省宁波市农业科学研究院选育杂交一代品种。半碎叶型，播种至瘤状茎采收 170 天左右；植株较直立，株型紧凑，株高 60 厘米左右，开展度约 42 厘米×61 厘米；最大叶长和叶宽分别为 67 厘米和 35 厘米，叶色较深；瘤状茎高圆球形，顶端不凹陷，基部不贴地，瘤状凸起圆浑、瘤沟浅，茎形指数约 1.1，平均瘤状茎重约 413 克；商品率较高，加工品质好；较耐寒，抗 TuMV 病毒病。

2. 余缩 1 号　浙江省余姚市农技推广服务总站选育品种。半碎叶型，播种到收获 175～180 天；株型直立，株高 45～50 厘米；叶片较直立；瘤状茎圆形，顶端不凹陷，基部不贴地，单个瘤状茎重 200～250 克，一般每亩产量 3 000～4 000 千克；该品种适应性强，耐寒耐肥性好，抽薹迟，空心率低，适合腌制加工。

3. 涪杂 8 号　重庆市渝东南农业科学研究院选育杂交一代品种。播种至现蕾 160～165 天，瘤茎膨大期 60～65 天。株高 30～35 厘米，开展度 50～65 厘米；叶长椭圆形，绿色，叶面微皱，叶背具少量刺毛但无蜡粉，叶缘浅裂细锯齿，裂片 3～4 对；瘤茎近圆球形，皮色浅绿，无蜡粉刺毛，瘤茎上每一叶基外侧着生肉瘤 3 个，中瘤稍大于侧瘤，肉瘤钝圆，间沟浅，皮薄筋少，无空心；脱水速度快，菜型及加工适应性较好。加工鲜食均可。

4. 永安小叶　重庆市渝东南农业科学研究院选育品种。株高 45 厘米左右，开展度 60～65 厘米；叶片椭圆形，叶色深绿，叶面微皱，叶缘细锯齿；瘤茎近圆形，皮色浅绿；抗逆性强，少病害，不易抽薹，空心率低；其表现为外叶少，单株质量 0.8 千克左右，每亩产量 2 500～3 500 千克。

5. 湘榨 1 号　湖南省常德市农林科学研究院选育榨菜杂交一代品种。播种至现蕾 150～160 天，瘤茎膨大期 60～65 天；株高 60～75 厘米，开展度 60～70 厘米；叶卵圆形，叶缘波状全缘，绿色，叶面微皱，叶正反无刺毛，叶背蜡粉少，叶片先端圆形，裂叶 4～6 对、裂叶中等；瘤茎扁圆形，皮色绿，有蜡粉无刺毛，瘤茎上每一叶基外侧着生肉瘤 3 个，中瘤稍大于侧瘤，肉瘤钝圆，间沟浅；皮薄筋少，空心率低，菜型及加工适应性较好。加工鲜食均可。

6. 湘榨 2 号　湖南省常德市农林科学研究院选育榨菜杂交一代品种。播种至现蕾 165～170 天，瘤茎膨大期 70～75 天；株高 50～60 厘米，开展度 50～65 厘米；叶卵圆形，叶绿色，叶脉红色，叶缘全缘、叶面中皱，叶片先端圆形，叶正反无刺毛，叶背蜡粉稀，裂叶 5～6 对、裂叶小；瘤茎近圆球形，皮色绿，蜡粉稀，瘤茎上每一叶基外侧着生肉瘤 3 个，中瘤稍大于侧瘤，肉瘤钝圆，间沟浅，皮薄筋少，无空心，菜型及加工适应性较好。加工鲜食均可。

二、叶芥

（一）大叶芥

1. 华容大叶芥　湖南省岳阳市华容县地方品种。株型半直立，株高 50～60 厘米，开展度 55～60 厘米；叶片倒卵圆形，绿色，叶面微皱，叶片及中肋无刺毛，中肋及叶柄背蜡粉厚，叶缘近全缘，叶片基部无裂叶，最大叶片长70～75厘米，叶片宽35～40厘米，叶柄长5～8厘米，叶柄宽5～6厘米，叶柄中肋宽8～10厘米，中肋厚0.8～1.0厘米；单株商品鲜重质量1.5～2.0千克，单株经济有效叶片数6片以上，中熟，丰产性好。

2. 湘芥001 湖南省常德市农林科学研究院选育杂交一代新品种。株型匍匐，株高35～50厘米，开展度65～75厘米；叶片倒卵圆形，绿色，叶面中皱，叶片及中肋无刺毛，中肋及叶柄背蜡粉厚，叶缘近全缘，叶片基部无裂叶，最大叶片长55～60厘米，叶片宽35～40厘米，叶柄长5～8厘米，叶柄中肋宽6～8厘米，中肋厚0.9～1.1厘米；单株商品鲜重质量2.0～2.5千克，单株经济有效叶片数6片以上，中熟，丰产性好。

3. 华芥5号 华中农业大学选育品种。生育期为150天左右；株型开展；叶片亮绿，表面微皱，叶脉白色，叶色较深绿色并有光泽，叶缘无裂刻；株高32厘米左右，开展度55厘米左右；外叶长平均值42.79厘米，外叶宽平均值25.58厘米；叶柄长平均值4.23厘米，叶柄宽平均值4.49厘米，展开叶片数13片；平均单株鲜重1.0～1.5千克；耐抽薹、芥辣味浓、感芜菁花叶病毒病；每亩产量4 500～6 000千克，适宜长江流域秋冬季栽培。

（二）宽柄芥

1. 渝芥1号 重庆市渝东南农业科学研究院选育品种。株型较紧凑，株高60～65厘米，开展度55～60厘米；叶片较直立，叶阔椭圆形，绿色，叶面微皱，叶片及中肋无刺毛，少蜡粉，叶缘近全缘，叶片基部无裂叶，最大叶片长70～75厘米，叶片宽25～30厘米，中肋长35～40厘米，中肋宽12～15厘米，中肋厚1.1厘米；单株商品鲜重质量2.0～2.5千克；单株经济有效叶片数7片以上；晚熟，丰产性好，营养生长期125～130天，柄肋生长期75～80天。

2. 甬高2号 浙江省宁波市农业科学研究院选育品种。生长势中等，生长期约190天；株型较直立，株高约52厘米，开展度约62厘米；叶阔椭圆形，正反均为紫红色，叶全缘，叶面微皱有光泽，少蜡粉，无刺毛，最大叶片长约54厘米，叶片宽28厘米，叶柄长约6厘米，叶柄宽约6厘米，叶柄厚1.1厘米，中肋淡绿色，横断面弧形，中肋长约32厘米，中肋宽约11厘米；单株商品鲜重质量1.5千克；单株经济有效叶片数约22片。

3. 湘芥002 湖南省常德市农林科学研究院选育杂交一代品种。株型半直立，株高65～70厘米，开展度60～65厘米；叶片较直立，叶倒卵圆形，绿色，叶面微皱，叶片及中肋无刺毛，中肋及叶柄背蜡粉厚，叶缘近全缘，叶片基部无裂叶，最大叶片长65～75厘米，叶片宽25～30厘米，叶柄长6～8厘米，中肋宽10～15厘米，中肋厚1.0～1.1厘米；单株商品鲜重质量1.5～2.0千克；单株经济有效叶片数6片以上；中晚熟，丰产性好。

三、笋子芥

1. 湘笋001 湖南省常德市农林科学研究院选育杂交一代品种。中迟熟；株型较直立，株高70～75厘米，开展度65～80厘米；最大叶片长75～90厘米，叶片宽35～40厘米；叶深绿色，卵圆形，叶缘波状，无裂刻，叶面皱缩中等，叶正反无刺毛，叶正面无蜡粉背面蜡粉少，裂叶7～8对；棒大而直，茎皮绿蜡粉少，节间稀；单株鲜茎重1.5～2.0千克；抽薹迟、产量高。

2. 渝选棒菜 重庆地方品种。株型较直立，株高约80厘米，开展度约50厘米；叶绿色；茎淡绿色，长棒形，茎柱无膨大凸起物；单株鲜茎重1.0～2.0千克，茎叶兼用；质地柔软细嫩，味道鲜美；抗病能力强，生育期120天左右。

3. 特大棒菜 四川地方品种。生长势强，叶青白色，倒卵圆形；肉质根皮白绿而薄，粗棒型；开展度50～60厘米；净菜率高，耐湿，抗寒力较强，品质细嫩，叶片较少；叶片、叶柄及肉质均能良好食用；单株鲜茎重1.0～2.0千克。

四、大头芥

1. 科兴大头芥 中晚熟；耐寒，抗病；叶绿色，叶柄和叶脉浅绿色；肉质根圆柱形，地下部分嫩黄白色、地上部分浅绿色，肉白色；抽薹迟、不易空心，精纤维少，品质佳；每亩产量3 000千克左右。

2. 改良日本圆叶光芥 生长期90天左右，单株鲜重1.0千克左右；植株生长旺盛，叶簇半直立，深绿色；肉质根入土约1/3，呈圆锥形，光滑美观，两侧有2条腹沟，肉质细密坚实，纤维少，有辣味，品质好；耐热，适应性强，每亩产量4 000千克左右。

3. 圆润65 中蔬种业科技（北京）有限公司生产，生长期65～75天；植株较直立；叶片长卵形，深绿色，叶缘重齿，叶面无毛；根球短圆锥形，表面光洁，圆润，根球高约15.7厘米、宽约12.8厘米、重约1.0千克；株行距30厘米×30厘米。

4. 成都大头菜 四川成都地方品种。植株中等，宜密植；花叶型，叶片较小，叶色深绿，缺刻较深；肉质根圆柱形，皮嫩而白，老熟后根球头部略有凸起；抽薹较迟，不易空心，品质好；单个肉质根重0.4～0.5千克，一般每亩产量2 500～3 000千克；从定植到采收80～90天。

五、梅菜

临澧梅菜 湖南临澧县地方品种。生长势中等，生长期130～140天，植株较开展，株高40～50厘米，开展度60～80厘米，叶倒卵圆形，绿色，叶全缘，有裂叶，3～5对，叶面微皱有光泽，叶背蜡粉稀，无刺毛或刺毛少，最大叶片长30～35厘米、叶片宽20～25厘米，叶柄长约10厘米、叶柄基部宽3～5厘米、厚2.5厘米，中肋淡绿色，横断面月牙形，单株商品鲜重1.0～1.5千克，一般每亩产量3 000～4 000千克，3月上旬抽薹。

第三节　主要栽培模式及优质高效栽培技术

以前的栽培模式主要是棉花套种芥菜，近年来栽培模式呈现出多样化，以规模基地种植看，主要有以下3种：一是春季蔬菜＋芥菜模式，如春辣椒＋芥菜、春豇豆＋芥菜；二是水稻＋芥菜模式，如一季稻＋芥菜；三是杂粮＋芥菜模式，如高粱＋芥菜、玉米＋梅菜。

一、芥菜防虫网覆盖育苗技术

防虫网覆盖育苗即通过在苗床上覆盖一层防虫网，构建人工隔离屏障，将害虫拒之网外，切断害虫（成虫）繁殖途径，有效控制各类害虫的危害，尤其是切断蚜虫传播病毒病，培育壮苗，同时减少苗床化学农药的施用。

1. 苗床选择　宜选地势高、土壤肥沃、排灌方便、两年内未种植过十字花科蔬菜的沙壤土。

2. 做好消毒　使用腐熟茶枯，每亩50千克均匀撒施，再翻耕整细，一般畦面宽1.2米、沟宽0.4米，垄面呈龟背形。

3. 精量播种　播种前1天晒种并把苗床浇透水，每亩用种量控制在500克，采用拌细沙或育苗基质或按1份种子：10份炒熟芥菜种子比例混匀后，均匀撒播，播后覆细土1厘米左右，铺一层遮阳网或稻草保湿，出苗后揭掉遮阳网或稻草。

4. 挂黄板、搭拱棚盖防虫网　在苗床上悬挂黄板，一亩地挂20～30张；按畦宽搭拱棚，覆盖一层30目防虫网，其上再覆盖一层遮阳网或稻草保湿。

5. 及时间苗　幼苗1～2片真叶时第一次间苗，3片真叶时再间苗1次，间除过密苗、纤细苗、病株苗。

6. 化学调控　在移栽前10天左右，视幼苗长势，每亩喷施1次5克的多效唑，控制徒长以壮茎秆。

7. 追肥　出苗后15天或第二次间苗后幼苗具5片真叶时，每亩用5千克尿素进行苗期追肥。

8. 防治蚜虫　用10％吡虫啉可湿性粉剂1 500倍液或7.5％鱼藤酮乳油1 000～1 500倍液等交替防治1～2次。

二、茎瘤芥栽培技术

1. 品种选择　应选择抗逆性强、耐抽薹、空心率低、丰产、稳产性好的品种。早熟品种宜选永安小叶；早中熟品种宜选甬榨5号、湘榨1号；中迟熟品种宜选湘榨2号、涪杂8号、余缩1号等。

2. 播种育苗

（1）苗床选择。选择土质肥沃、保水保肥、排灌方便的空闲地作苗床。按苗床和大田栽植比1∶(10～15)准备。采用生石灰消毒或用50%百菌清可湿性粉剂500倍液均匀喷雾消毒。播种前7天进行苗床地翻耕，按每亩施入腐熟有机肥1 000千克、45%三元复合肥30千克、过磷酸钙50千克作底肥。按1.6米包沟整垄，开好围沟和腰沟，有利于排水。

（2）播种。早熟栽培宜在9月上旬播种，中熟、中迟熟栽培宜在9月中旬至9月下旬播种。播种前1天采用沟灌方式把苗床浇透水。宜选阴天或晴天下午撒播，播后覆盖一层遮阳网，每种植1亩地用种量30～50克。

（3）苗期管理。出苗前保持苗床湿润，种子露白后及时揭开遮阳网，在苗床上搭好小拱棚，全程覆盖防虫网。对过密苗床及时采用人工间苗。苗叶色偏黄时补肥，按50克尿素兑水30千克混匀后叶面喷施。苗龄30天左右、4～5片真叶、叶片无病斑虫害、根茎粗壮。起苗前1天苗床地浇透水。

3. 田块选择与整地施肥

（1）田块选择。选择土地肥沃、有机质含量高、保水保肥性好、排灌通畅、交通方便的田块。

（2）整地施肥。按每亩施入腐熟有机肥1 000千克、45%三元复合肥30～40千克作底肥，机耕2遍，按1.6米包沟起垄，开好围沟和腰沟。

4. 移栽

（1）移栽时间。早熟栽培宜在10月初移栽；中熟、中迟熟栽培宜在10月中下旬移栽。

（2）移栽密度。株行距30厘米×40厘米，每亩栽植5 500株左右。

（3）移栽方法。起苗时采用取大留小，剔除病株苗、虫株苗、无根苗、无心苗。

5. 大田管理

（1）肥水管理。缓苗后宜在雨天时每亩撒施尿素5千克；瘤茎膨大期宜在雨天时每亩撒施尿素5～10千克，共1～2次；瘤茎膨大期遇连续干旱时，采用叶面追肥的方式进行补肥，用量为50克尿素兑30千克水，共1～2次，同时采用兑水浇施的方法进行补水补肥。

（2）杂草防治。封行之前进行一次人工锄草，清除行间、沟间杂草。

6. 病虫害防治

（1）主要病虫害。主要是病毒病、蚜虫等。

（2）防治方法。

物理防治：苗床用防虫网全覆盖防治蚜虫，大田挂黄板诱杀蚜虫，安装频振式杀虫灯、黑光灯诱杀成虫。

化学防治：推广使用生物农药，注意各种农药交替使用，合理混用。在病毒病发病初期喷施20%病毒A可湿性粉剂700倍液或1.5%植病灵乳剂1 000倍液或6%阿泰灵低聚寡糖素水剂50克/亩，交替防治各1次。密切注意蚜虫发生，植株上发现蚜虫马上用10%吡虫啉可湿性粉剂1 500倍液或7.5%鱼藤酮乳油1 000～1 500倍液等交替防治2～3次。

7. 采收 待瘤茎充分膨大，达到商品采收标准即可采收。采收时削去根叶、顶部茎叶后装袋；叶片单独采收加工。一般早熟品种在12月下旬至翌年1月采收，中晚熟品种在翌年2月中下旬至3月上旬采收。

三、茎瘤芥轻简化栽培技术

传统的茎瘤芥栽培方式需要大量的劳动力，随着农村劳动力减少和用工费用大幅上涨的双重影响，茎瘤芥轻简化栽培符合产业发展需要，现已开始推广应用。

1. 品种选择 在直播栽培情况下，瘤状茎较常规育苗移栽略长。因此，宜选择瘤状茎为扁圆形（茎形指数较小）的品种，如甬榨5号、湘榨1号等。

2. 播种

（1）播种时间及播种量。最佳播种期为9月30日左右，最适播种量为每亩50～80克。

（2）播种方法。采用机械直播，茎瘤芥播种机型号可以选用2BS-J10、SW-10。

3. 大田准备 播种前15天旋耕机整地起垄，每亩按45%三元复合肥30～40千克、腐熟农家肥500千克拌匀后随耕地机均匀撒施，耕2遍按2米包沟起垄，沟宽0.5米。

4. 苗期管理 出苗后分次间苗，待幼苗长到5片真叶时定苗。直播栽培茎瘤芥株型较紧凑，可以适当提高密度，每亩7 000～8 000株。

5. 水肥管理 定苗后施肥采用水肥一体化模式进行水肥管理，采用滴灌技术进行水肥混合一体化操作，一次作业可以同时完成补水补肥，节约劳动成本。

6. 病虫害防治

（1）喷药方式。采用无人机喷药防治病虫害，具有省工、打药均匀、防治效果好的优点。

（2）主要病虫害。幼苗易感病毒病，主要原因是蚜虫危害引起；虫害有蚜虫、跳甲、小菜蛾。病毒病在发病初期喷施20%病毒A可湿性粉剂700倍液或1.5%植病灵乳剂1 000倍液交替防治。蚜虫用10%吡虫啉可湿性粉剂1 500倍液防治。跳甲用3%甲维盐微乳剂1 000～1 500倍液防治。小菜蛾用200克/升康宽悬浮剂1 000倍液防治。

7. 适时收获 茎瘤芥充分膨大，早熟品种1月中下旬，中迟熟品种2月上旬至3月初，在出现花蕾前必须采收，否则极易空心。收获方式采用新一代的茎瘤芥收割机收割。

四、叶芥栽培技术

（一）大叶芥栽培技术

1. 品种选择 应选择抗病、丰产、耐储运、商品性好、适宜加工的品种，如华容大叶芥菜、湘芥001等。

2. 育苗

（1）苗床准备。应选择土层厚、无杂草、土壤有机质含量高、排灌方便、前茬非十字花科作物的地块。按苗床与大田1∶10的比例留足苗床面积。播种前深翻土地，每亩施有机肥500～1 000千克、45%三元复合肥50千克作基肥；土壤整细耙平，按包沟1.3～1.6米开厢作畦，畦高15～25厘米，畦沟30～40厘米。播种前3～5天应进行苗床消毒，用50%多菌灵可湿性粉剂与50%福美双可湿性粉剂按1∶1的比例混合，每平方米用量为8～10克药与4～5千克过筛细土的混合药土，2/3的药土撒在苗床上，另1/3留用。

（2）播种。8—9月适时早播。每亩苗床播种量400～500克。播种前应采用沟灌方式湿透苗床。种子应与干细土混合拌匀后，按厢分量，均匀撒播。播种后将剩余1/3的药土均匀撒播覆盖，厚度宜为0.3～0.5厘米。播种后宜覆盖遮阳网，并喷洒清水保湿。

（3）苗床管理。播种到出苗前应保持土壤湿润；出苗后应及时间苗，苗间距离为3厘米左右。在2～3叶期宜追施一次1 000倍液的尿素。及时清除杂草，出苗前加强炼苗管理。苗龄宜控制为20～30天，叶片4～5片应及时出苗。移栽前1天苗地应浇足水，以利于带土移栽。

3. 定植

（1）大田准备。宜选择土层深厚、疏松肥沃、排灌方便、pH为6.0～7.0的沙壤土或壤土。在前茬作物收获后，清除田间及四周的田埂杂草和残茬，翻耕烤地。大田定植前7～10天整地，每亩施入腐熟有机肥2 000～3 000千克或生物有机肥250～300千克、复合肥50千克作底肥。土壤整细耙平，包沟1.8～

2.0 米，畦面宽 1.4～1.6 米，畦高 25～30 厘米，畦沟宽 40～50 厘米。

(2) 定植时间。9 月下旬至 10 月上旬，按大小苗分级移栽。定植时宜带土移栽，幼苗栽正，根系舒展，并浇定根水压实。株行距 40 厘米×45 厘米，每亩定植 3 500～4 000 株。

4. 田间管理

(1) 水肥管理。及时查苗补蔸、中耕除草、防渍抗旱。第一次是在栽后 7 天左右施提苗肥，每亩浇速效性氮肥如尿素 5 千克；第二次是在 11 月中旬每亩施尿素 10 千克、钾肥 5 千克。

(2) 越冬管理。越冬期间气温低，应采取防冻措施。在 10 月中旬，结合中耕除草每亩条施土杂肥 500 千克。

(3) 春后管理。应及时开沟排水降湿，降低田间湿度，防止水涝引起感病。1 月下旬每亩施用尿素 20 千克、钾肥 10 千克，确保气温回升后养分供应。

5. 病虫害防治

(1) 防治原则。优先采用农业防治、物理防治、生物防治，配合化学防治。

(2) 主要病虫害。主要病害有病毒病、软腐病、霜霉病等。主要虫害有蚜虫、跳甲、小菜蛾、菜青虫等。

(3) 防治方法。

农业防治：宜实行轮作，采用抗病品种和无病苗，做好田园清洁。合理灌溉和平衡施肥，增施充分腐熟的有机肥，提高植株抵抗能力。

物理防治：每亩悬挂黄色粘虫板 30～40 块，防治蚜虫等虫害，安装杀虫灯诱杀害虫。

生物防治：保护天敌，如捕食螨、寄生蜂等昆虫；选择对天敌杀伤力低的农药。

化学防治：病毒病用 20%吗胍·乙酸铜可湿性粉剂 500 倍液、5%菌毒 200～500 倍液、20%病毒 A 可湿性粉剂 500 倍液交替防治。

软腐病用 77%氢氧化铜可湿性粉剂 500～800 倍液、3%中生菌素可湿性粉剂 1 000 倍液、20%枯唑可湿性粉剂 600 倍液交替防治。

霜霉病用 25%甲霜灵可湿性粉剂 1 000 倍液、69%霜脲锰锌可湿性粉剂 600 倍液、55%百菌清可湿性粉剂 500 倍液交替防治。

蚜虫用 1%苦参碱水剂 600 倍液、5%啶虫脒可湿性粉剂 1 000 倍液、10%吡虫啉可湿性粉剂 3 000 倍液交替防治。

小菜蛾、菜青虫用 1.8%阿维菌素 4 000 倍液防治。

跳甲用 2.5%联苯菊酯乳油 3 000 倍液、2.5%氯氰菊酯乳油 3 000 倍液交替防治。

6. 采收　采收前应检查是否已过农药使用安全期。生产上在薹高10厘米前采收，3月底前结束。选晴天采收；采收时连菜平地面割平，用刀削去根、老叶，并除泥除杂，大小分级，剔除黄叶，平摊于田间晒蔫。菜晒蔫至叶片柔软，叶柄不易折断时为宜。

（二）宽柄芥栽培技术

1. 培育壮苗

（1）苗床准备。应选择地势高、排灌方便、土壤肥力中等的沙壤土；播种前40天，每亩撒施生石灰50千克；播种前15天，每亩撒施45%三元复合肥30千克；包沟1.6米整垄，畦面呈龟背形。

（2）适时播种。湖南洞庭湖区8月15日前后播种，每亩用种量控制在50～100克，拌细沙均匀撒播；播后覆细土1厘米左右，再用洒水壶浇淋苗床，覆盖遮阳网或稻草遮阳保湿。

（3）苗期管理。出苗前早晚浇水保持苗床湿润；幼苗出土后，揭除覆盖物并保持苗床湿润，每3～4天浇1次水；在幼苗4叶1心时，用5克矮壮素兑水15千克喷施1次，不复喷；根据苗床出苗情况，适时剔除过密苗、弱苗、纤细苗。

（4）控蚜虫防病毒病。育苗阶段正值高温干旱期，蚜虫危害严重，采用苗床搭拱棚覆盖30目防虫网隔离，在苗床四周挂黄板诱杀蚜虫；适时使用10%吡虫啉可湿性粉剂1 500倍液、7.5%鱼藤酮乳油1 000～1 500倍液等交替防治蚜虫，每亩喷施6%阿泰灵低聚寡糖素50克防治病毒病。

2. 适时移栽

（1）移栽适期。当幼苗5叶1心或出苗后25～30天移栽，边栽边浇定根水（每亩添加1亿单位光合菌素100克）。

（2）栽前准备。移栽前1天苗床先洒水，再喷施1次防病防虫药剂，用10%吡虫啉可湿性粉剂1 500倍液＋6%阿泰灵低聚寡糖素水剂50克/亩＋50%多菌灵可湿性粉剂1 000倍液，确保幼苗带药、根系带泥，提高移栽成活率。

3. 控制密度　每亩以3 000～3 500株为宜，株行距40厘米×50厘米，确保单株个体生长空间。

4. 巧施肥料　追肥原则：前期轻施、中期重施、后期看苗补施。

（1）重施底肥。移栽前7天，每亩用45%三元复合肥50千克均匀撒于菜田，翻耕整平，起垄并开好排水沟。

（2）适期追肥。移栽后10～12天，菜苗长出新叶后第一次追肥，每亩用22-12-16＋TE＋BS黄博1号水溶肥（生根壮秧型）5千克；移栽后30天第二次追肥，每亩用 19－6－25＋TE＋BS 黄博 2 号水溶肥（膨果靓果型）10 千克；封行前第三次追肥，在下雨前后每亩条施 51%三元复合肥 30 千克；移栽后 60～65 天第四次追肥，每亩用 19－6－25＋TE＋BS 黄博 2 号水溶肥（膨果靓果型）15 千克；后期根据长势看苗补肥。

5. 绿色防控

（1）主要病虫害。病害：软腐病、病毒病；虫害：蚜虫、跳甲、菜青虫。

（2）绿色防控。

农业防治措施：清除菜地周边杂草，对病残虫叶及时清除，进行无害化处理。

性诱剂诱杀：每亩悬挂信息素诱虫黄板 20 张；每亩安装诱蛾装置 1 个；基地安装太阳能杀虫灯。

高效低毒化学药剂与生物药剂交替防治。软腐病：发病初期喷施 14%络氨铜水剂 300 倍液或 35%青枯立克可溶性粉剂 500～800 倍液交替防治各 1 次。

病毒病：发病初期喷施 20%病毒 A 可湿性粉剂 700 倍液或 1.5%植病灵乳剂 1 000 倍液或 6%阿泰灵低聚寡糖素水剂 0.05 千克/亩交替防治各 1 次。

跳甲：3%甲维盐微乳剂 1 000～1 500 倍液或 2.5%鱼藤酮乳油 600 倍液交替防治 2 次。

蚜虫：10%吡虫啉可湿性粉剂 1 500 倍液或 7.5%鱼藤酮乳油 1 000～1 500 倍液交替防治 2～3 次。

菜青虫：6 000 国际单位/毫克苏云金杆菌悬浮剂 500～1 000 倍液或 200 克/升康宽悬浮剂 1 000 倍液交替防治 1 次。

6. 及时采收 当植株脚叶出现黄叶时收获较为适宜。过早收获，植株未充分成熟，产量不高；过晚收获，菜叶含水量增加，粗纤维含量增加，营养物质降低，品质变劣。采收时一般整株采下，切平去掉根、老叶、黄叶，确保无杂根、烂心、虫吃、蜗牛吃、异物和污染。

五、笋子芥栽培技术

1. 品种选择 选择耐抽薹、优质高产、抗病性强、适应性广、商品性好、适合目标市场的品种。

2. 育苗阻断蚜虫、烟粉虱传播病毒病

（1）苗床选择。选地势高、土壤肥沃、排灌方便、2～3 年内未种植过十字花科蔬菜的沙壤土。

（2）做好消毒。使用腐熟茶枯，每亩按 50 千克均匀撒施，再翻耕整细，一般垄面宽 1.2 米、沟宽 0.4 米，垄面呈龟背形。

(3) 精量播种。播种前1天晒种并把苗床浇透水，每亩用种量控制在500克，采用拌细沙或育苗基质均匀撒播，播后覆细土，再铺一层遮阳网或稻草保湿，出苗后揭掉遮阳网。

(4) 做好防护。育苗正值湖南洞庭湖区高温干旱时期，蚜虫和烟粉虱极易暴发，尤其是雨后高温发生严重，而蚜虫和烟粉虱在苗期危害是诱发大田病毒病的主要原因。为此，苗期控制好蚜虫和烟粉虱的危害是阻断大田病毒病的关键。技术措施是在苗床上挂黄板、搭拱棚覆盖一层30目防虫网，通过黄板诱杀蚜虫和烟粉虱，通过防虫网把苗床与外界隔离开，阻断外界虫子迁飞到苗子上。

(5) 及时间苗。幼苗1～2片真叶时第一次间苗，3片真叶时再间苗1次，间除过密苗和纤细苗。第二次间苗后和幼苗具5片真叶时，每亩用5千克尿素进行苗期追肥。

3. 整地与施肥 移栽前7～15天整地，每亩施100千克腐熟菜枯或腐熟的有机肥500千克、45%三元复合肥50千克作底肥，均匀撒施于大田，再翻耕整细，开好排水沟。

4. 适时移栽 当幼苗4～5叶1心或出苗后30天左右移栽。把握2个技术点：一是移栽前1天苗床洒水，便于起苗；二是洒水后打药，做到带药移栽，使用药剂为10%吡虫啉可湿性粉剂1 500倍液+6%阿泰灵低聚寡糖素水剂1 000倍液+10%多抗霉素可湿性粉剂1 000倍液。

5. 适宜密度 适宜株行距为40厘米×50厘米，每亩3 000～3 500株。

6. 肥水管理 移栽缓苗长出新叶后，每亩追施尿素5千克1次；茎膨大初期，每亩施45%三元复合肥30千克1次。追肥以速效氮肥为主，追肥以“前期轻施，中期重施，后期看苗补肥”的原则进行，每亩共施入25～30千克尿素。在定植成活后、叶片生长盛期、茎刚开始膨大期及充分膨大前，视雨天在株行间分别点施总追肥量的10%、20%、60%和10%。

7. 病虫害防控

(1) 主要病虫害。病毒病、蚜虫、烟粉虱、跳甲、菜青虫。

(2) 综合防控。清除菜地周边杂草，对病残虫叶及时清除，减少害虫栖息地。每亩大田挂黄板20～30张诱杀蚜虫和烟粉虱；安装新型信息素光源诱捕器诱杀斜纹夜蛾、小菜蛾。

生物药剂防治。病毒病：发病初期喷施20%病毒A可湿性粉剂700倍液或6%阿泰灵低聚寡糖素水剂50克/亩，交替防治1次。跳甲：2.5%鱼藤酮乳油600倍液，防治1～2次。蚜虫、烟粉虱：7.5%鱼藤酮乳油1 000～1 500倍液，或1∶30茶枯清液交替防治2～3次。在蚜虫发生前或发生初期，每亩喷洒5% D-柠檬烯可溶液100毫升防治。菜青虫：200克/升康宽悬浮剂

1 000 倍液防治 1 次。

8. 及时采收标准 分批采收，确保品质，笋子芥菜叶片开始发黄为其成熟特征，此时高产、优质、商品率高。生产上当株高 80～100 厘米、棒长 20～30 厘米时，适时采收。

六、大头菜栽培技术

1. 品种选择 湖南主要种植的品种有科兴大头芥、改良日本圆叶光芥、圆润 65、成都大头菜等。

2. 培育壮苗

（1）播期。最佳播期在 8 月下旬至 9 月上旬。

（2）苗床准备。选择土壤肥沃、土质疏松、背风向阳、能排能灌、病虫害较少的田块为佳。每亩施腐熟粪水 2 000 千克、过磷酸钙 40～50 千克作底肥，土壤翻耕耙细，厢面 1.1～1.3 米宽，厢沟深 20 厘米，浇足底水备用。

（3）播种。每亩大田需苗床 0.1 亩，用种量 25～30 克。用少量干净河沙与催过芽的种子混匀，均匀撒在苗床上，再用多菌灵 800 倍液喷洒 1 次消毒，盖上一层薄细土或用稻草覆盖。

（4）苗床管理。遇上大雨天，应用小棚膜遮盖，防雨水冲刷。幼苗出土后用 1 000 倍甲基托布津液喷洒 1 次防猝倒病。出真叶后按苗距 4 厘米间苗，间苗后每亩用尿素 5 千克追肥。以后视苗长势追肥。

3. 定植 施足底肥是大头菜取得高产的关键，一般每亩按 2 500 千克腐熟农家肥、50 千克过磷酸钙、15 千克 45%三元复合肥、20 千克尿素均匀撒施；翻耕耙平，按 2 米开厢、厢沟深 20 厘米，开好围沟、沟深 30 厘米。苗龄 30 天左右，幼苗 4～5 片真叶时为定植适宜时期。行距 40～50 厘米，株距 30～40 厘米，每亩栽 4 000 株左右。

4. 田间管理 在定植缓苗后进行追肥。栽后 3 天左右用少量的腐熟人畜粪水追返青肥，如果雨水较多，可不追肥。栽后 15～30 天茎基部开始膨大时，每亩用 5 千克尿素兑水 2 500 千克在晴天浇施。栽后 45 天左右瘤茎呈酒杯大小时，每亩施 20～30 千克 45%三元复合肥，使瘤茎充分膨大，避免抽薹过早。以后视长势追 1～2 次肥。整个生育期要进行 1～2 次的中耕除草。

5. 及时采收 12 月底至翌年 1 月上中旬依瘤茎膨大情况适时采收。

6. 病虫害防治

（1）主要病害。病毒病、软腐病、霜霉病等。病毒病发病初期用 20%盐酸吗啉胍·乙铜可湿性粉剂 500 倍液或 2%盐酸吗啉胍悬浮剂 400～600 倍液，每隔 7～10 天喷 1 次，连喷 2～3 次。霜霉病可用 70%乙锰或 20%瑞毒霉 800～

1 000 倍液交替防治。软腐病每亩用 75%乙蒜素 10 克兑水 150 千克或 25%甲霜灵可湿性粉剂与 50%福美双可湿性粉剂按 1∶1 混合后 500 倍液，在发病初期每隔 7～10 天喷 1 次，连喷 2～3 次。

（2）主要虫害。蚜虫、菜青虫、跳甲等。蚜虫用 1%苦参碱水剂 600 倍液或 5%啶虫脒可湿性粉剂 1 000 倍液交替防治。菜青虫用 1.8%阿维菌素 4 000 倍液防治。跳甲用 1.8%虫螨克 3 000～4 000 倍液防治。

七、芥菜与其他作物接茬栽培技术

（一）春辣椒＋叶芥菜（大叶芥）栽培技术

1. 春辣椒栽培技术

（1）品种选择。选用湘研系列、兴蔬系列、长研系列，如湘研 18 号、湘研 15 号、兴蔬 201、兴蔬皱皮辣、长研青香、长研 201、长研 15 号、辛香 2 号等。

（2）播种。早春露地栽培，采用大棚 10 月上旬冷床播种育苗方式，按每亩备种 30～40 克。苗床土要平整、肥沃，播种前浇透水。干籽均匀撒播，可先用育苗盘密播，等幼苗 3 叶 1 心时视晴天进行假植。播种后盖一层基质或谷壳灰或细土，铺一层地膜，盖好小拱棚。

（3）苗床管理。种子出苗前盖严大棚膜及拱膜，提高棚内温度，促早出苗。出苗后及时揭开地膜，喷施 1 次甲基托布津药剂防病。晴天注意加强通风，开大棚南门关北门，揭开小拱膜，在 16：00 左右盖好小拱棚。阴雨天盖好塑料膜防止冷风伤苗及引发猝倒病。苗床湿度保持在半干半湿状态，在整个苗床阶段特别做好防雨工作，切勿让雨水直接淋湿苗床，防止各种病害发生。及时防治苗期病害，使用甲基托布津拌药土或喷施。定植前 7～15 天，加强炼苗，逐渐揭去苗床覆盖物。至移栽前 2～3 天，过渡到晚上不覆盖，使幼苗适应自然环境。

（4）定植。选择前 1～2 年未种过茄科作物（辣椒、茄子、番茄、烟草）的地块。每亩施商品有机肥 200～500 千克、45%三元复合肥 50 千克、磷肥 50 千克均匀撒施；定植前 10～15 天整地作畦，畦宽 1.6 米包沟（沟宽 0.4 米），整畦后铺银灰双色地膜，膜面绷紧，紧贴畦面，四周用土封严。湖南一般在清明节前后露地移栽，选壮苗晴天移栽，每畦栽 2 行，单株栽培，株距 45 厘米，行距 60 厘米，每亩栽 2 300～2 500 株；栽植深度以根颈部与畦面相平或稍高于畦面为宜，定植后随即浇定根水＋微生物菌剂。

（5）田间管理。移栽后 7～10 天追施提苗肥，每亩用尿素 4 千克兑水淋施，依苗情追施 1～2 次。及时抹去辣椒第一分枝以下侧芽。开花结果初期，当第一个辣椒长到长度 3 厘米左右时追施壮果肥，选晴天每亩用 45%三元复合肥10千克兑水淋施，水量要足。结果盛期每亩用45%三元复合肥20千克距辣椒株15厘米左右处打孔埋肥。挂果后与打药一起使用磷酸二氢钾50克兑水15千克叶面喷施补充微量元素。暴雨期加强清沟排水。

(6) 病虫害防治。主要病害有病毒病、疫病、炭疽病、青枯病、根结线虫病等。

病毒病发病初期可用20%病毒灵可湿性粉剂600倍液，或2%菌克水剂300倍液+有机络合肥，每隔7～10天喷1次，连喷3～4次。疫病初发时，喷施70%甲基硫菌灵可湿性粉剂800倍液，或75%百菌清可湿性粉剂600～900倍液，或光合细菌菌剂300倍液，或64%噁霜·锰锌可湿性粉剂400～600倍液，或72.2%霜霉威盐酸盐水剂600～800倍液，每隔7～10天喷1次，连喷2～3次。炭疽病可用80%福·福锌可湿性粉剂800倍液，或70%甲基硫菌灵可湿性粉剂1 000倍液，或70%代森锰锌可湿性粉剂400倍液，或70%百菌清可湿性粉剂500倍液，每隔7～10天喷1次，连喷2～3次。青枯病可用75%百菌清可湿性粉剂600倍液，或50%多菌灵可湿性粉剂500倍液，或70%甲基托布津可湿性粉剂800倍液，每隔7～10天喷1次，连喷2～3次。根结线虫病采用灌根法，每亩用10%噻唑膦颗粒剂1.5千克，或5%阿维菌素颗粒剂15～17.5克。

主要虫害有斜纹夜蛾、地老虎、甜菜夜蛾、烟青虫、棉铃虫、蚜虫、白粉虱、烟粉虱、蓟马等。可采用性诱剂、频振式杀虫灯、黄色诱虫板等技术诱杀。使用化学农药快速防治，蚜虫用10%吡虫啉可湿性粉剂2 000倍液，或1.8%阿维菌素乳油2 000倍液，每隔5～7天防治1次，连防3次；棉铃虫可用1.8%阿维菌素乳油3 000倍液，或10%氯氰菊酯乳油2 000倍液进行防治。还可利用苏云金杆菌、白僵菌、蚜霉菌、赤眼蜂等进行生物防治。

(7) 采收。第一批辣椒宜早采，尤其是长势较弱的植株要早采。采摘时发现病果、烂果，及时剔除并销毁。

(8) 田园清理。及时将田间农药袋、其他塑料垃圾等收集并进行无害化处理。及时清除田间枯枝败叶，集中销毁，保持田园清洁，减少病虫源。

2. 大叶芥栽培技术

(1) 品种选择。选择抗病、丰产、适宜加工的品种，如华容大叶芥菜、湘芥001等。

(2) 播种育苗。苗床宜选土层厚、排灌方便、前茬非十字花科作物的地块；播种前深翻土地，施有机肥500～1 000千克，45%三元复合肥50千克作基肥；土壤整细耙平，按包沟1.6米开厢作畦；播种前3～5天用50%多菌灵可湿性粉剂消毒；8月下旬播种，每亩苗床播种量400～500克，播种前浇透苗床，播种后宜覆盖遮阳网保湿；出苗后应及时间苗，清除杂草。

（3）整地施肥。8 月底辣椒清园，清除田间和四周的田埂杂草与残茬，翻耕烤地。移栽前 7～10 天整地，每亩施入腐熟有机肥 500 千克或生物有机肥 300 千克、45%三元复合肥 50 千克作底肥。翻耕 2 遍后耙平，按包沟 2.0 米整垄。

（4）移栽。9 月下旬，当苗龄 30 天或叶片 4～5 片时移栽。株行距 40 厘米×45 厘米，每亩定植 3 500～4 000 株。带土移栽，浇定根水。

（5）田间管理。栽后 7～10 天追施提苗肥，每亩施尿素 5 千克；11 月中旬，每亩施尿素 10 千克、钾肥 5 千克；翌年 1 月下旬，每亩施尿素 20 千克、钾肥 10 千克。雨后应开沟排水，降低田间湿度，减少病害。

（6）病虫害防治。主要病虫害有病毒病、软腐病、霜霉病、蚜虫、跳甲、小菜蛾等。以预防为主，每亩悬挂黄色粘虫板 30 块防治蚜虫、安装杀虫灯诱杀害虫。交替使用化学药剂防治病虫害。

（7）采收。在薹高 10 厘米前要采收，3 月底前结束。选晴天采收；采收后平摊于田间晒蔫，菜晒蔫至叶片柔软、叶柄不易折断时销售。

（二）春豇豆＋茎瘤芥栽培技术

1. 春豇豆栽培技术要点

（1）品种选择。选用早熟、丰产、抗逆性强、荚长肉厚的豇豆品种，如天畅五号、成豇 7 号、詹豇 215 等。

（2）播种育苗。4 月上旬采用营养块育苗。将优质菜园土用 50%多菌灵可湿性粉剂 500 倍液消毒后制成营养土，也可用田园土翻耕整碎后每亩加入 45%三元复合肥 10 千克，用机器压制成圆筒状营养块，每亩需营养块 3 500～4 000 个。播前晒种 1～2 天，用三氯异氰尿酸（种子专用消毒剂）浸种 2 小时，清水洗净后播种，每个营养块播 2～3 粒种子，覆细土 1 厘米厚，浇水保湿，搭小拱棚。幼苗出土前不揭膜，出土后棚内温度保持在 15～25℃，2 片子叶完全展开时撤去棚膜。加强苗期病虫害防治，可用 20%甲基立枯灵乳油 1 500 倍液防治苗期立枯病，用 0.5%甲氨基阿维菌素苯甲酸盐（甲维盐）2 000～3 000 倍液，或 4.5%高效氯氰菊酯乳油 1 000 倍液防治小菜蛾幼虫等食叶害虫。

（3）整地施肥。选择地势较高、2～3 年内没有种过豆类作物、排灌方便、土层深厚、疏松、肥沃的地块。每亩施腐熟农家肥 3 000 千克、45%三元复合肥 50 千克、过磷酸钙 50 千克作基肥，翻耕入土。农家肥不足的地方也可每亩用尿素 25 千克代替，但易造成豇豆早衰。

（4）定植。畦宽 130 厘米，沟宽 30 厘米、深 15 厘米，畦面整成龟背形。每畦种 2 行，株距 20～25 厘米，行距 80 厘米。定植前在畦上覆盖地膜，用土压实。选晴天用打孔器在地膜上打孔定植，把营养块放入孔中，覆土，营养块与畦面齐平，浇定根水，促进缓苗。

（5）田间管理。豇豆开始抽蔓前搭好“人”字形架，架高2.2～2.3米。引蔓上架，主蔓第一花序以下的侧枝一律抹去。主蔓中上部的侧枝留3片叶后摘心。幼苗期每亩施尿素2.5～5.0千克。开花结荚期是豇豆需肥高峰期，每3～4天追施1次45%三元复合肥，每次每亩施10～15千克。生长中后期进行叶面追肥，每次每亩用有机钾肥15毫升、尿素50克兑水15千克进行叶面喷雾，每7天施1次，连施3次。叶面追肥最好在傍晚气温较低时进行，喷施后3小时不能淋雨，否则应补喷。

（6）病虫害防治。病害主要有锈病、疫病、煤霉病等。可用15%粉锈灵可湿性粉剂2 000倍液，或70%甲基托布津可湿性粉剂1 000～1 500倍液叶面喷雾防治锈病；用70%甲基托布津可湿性粉剂800倍液，或77%可杀得可湿性粉剂1 000倍液叶面喷雾防治疫病，也可进行灌根防治；用50%多菌灵可湿性粉剂500倍液，或75%百菌清可湿性粉剂1 000倍液叶面喷雾防治煤霉病。

害虫主要有小菜蛾、甜菜夜蛾、美洲斑潜蝇、豆野螟、红蜘蛛、蚜虫等。可用2.5%功夫乳油1 500～2 000倍液，或0.5%甲维盐乳油2 000倍液，或4.5%高效氯氰菊酯2 000倍液防治美洲斑潜蝇、甜菜夜蛾；用16 000单位Bt可湿性粉剂1 500倍液防治豆野螟、小菜蛾，防治豆野螟时坚持“治花不治荚”的原则；用20%哒螨灵可湿性粉剂2 000倍液，或73%炔螨特乳油3 000倍液防治红蜘蛛；用5%啶虫脒可湿性粉剂1 500倍液，或25%吡虫啉悬浮剂1 500倍液防治蚜虫。

（7）清园。7月上旬，在豇豆结荚尾期，视晴天拆架清园，把豇豆枝蔓全部清理出园，机耕一遍休耕，待下季芥菜种植。

2. 茎瘤芥栽培技术

（1）品种选择。选择抗逆性强、耐抽薹、空心率低、丰产稳产性好的品种，如永安小叶、甬榨5号、涪杂8号、余缩1号等。

（2）育苗准备。选择土质肥沃、保水保肥、排灌方便地块作苗床。采用生石灰消毒或用50%百菌清可湿性粉剂500倍液均匀喷雾消毒。播种前苗床地翻耕，按每亩施入腐熟有机肥1 000千克、45%三元复合肥30千克、过磷酸钙50千克作底肥。垄子1.6米包沟，开好围沟和腰沟。

（3）播种。9月上旬至9月下旬播种。播种前1天采用沟灌或浇水方式，把苗床浇透水。选阴天或晴天下午撒播，播后覆盖一层遮阳网，每亩大田用种量30～50克。

（4）苗期管理。出苗前保持苗床湿润，种子露白后及时揭开遮阳网，起苗前1天苗床地浇透水。

（5）整地施肥。按每亩施入腐熟有机肥1 000千克、45%三元复合肥30～

40 千克作底肥，机耕 2 遍，整成 2 米包沟的垄子，开好围沟和腰沟。

（6）移栽。10 月当苗龄 30 天左右或 4～5 片真叶时移栽。选叶片无病斑虫害、根茎发达的壮苗。株行距 30 厘米×40 厘米，每亩栽植 5 500 株左右。

（7）大田管理。缓苗后视雨天每亩撒施尿素 5 千克。瘤茎膨大期视雨天每亩撒施尿素 5～10 千克，共 1～2 次。当瘤茎膨大期遇持续干旱时，采用叶面追肥的方式进行补肥，用量为 50 克尿素兑水 30 千克拌匀后叶面喷施，共 1～2 次。

（8）病虫害防治。病虫害主要是病毒病、蚜虫等。苗床用防虫网全覆盖防治蚜虫。交替使用生物农药和化学农药。

（三）水稻＋叶芥菜（宽柄芥）栽培技术

1. 一季水稻栽培技术　湖南一季水稻种植时间从 5 月播种至 9 月下旬割稻结束，与芥菜 10 月上旬移栽至翌年 3 月采收正好衔接。

（1）品种选择。可选兆优 5431、C 两优 919、Y 两优 1 号、Y 两优 2 号、两优 2818、两优 2833 等高产杂交组合，确保高产。

（2）播种。5 月中旬采用直播方式播种，降低成本，杂交种子每亩播种量 2～2.5 千克。先用 25％咪鲜胺 2 000～3 000 倍液浸种 6 小时，或用 500 倍液强氯精浸种 6～8 小时；然后把稻种用清水反复冲洗，把残留药液冲洗干净，以杀灭赤霉病等病菌；催芽破胸露白后再直播。

（3）大田除草。除草是直播一季稻能否高产的重要操作环节，生产上要做好芽前封闭除草，播种后 1 天每亩用 35％苄嘧·丙草胺 70～80 克，或 30％丙草胺 80～100 克＋10％苄嘧磺隆 15～20 克兑水 30～40 千克均匀喷雾，进行封闭处理。当幼苗 3 叶 1 心时，每亩用 50％二氯喹啉酸 40～50 克兑水 15～30 千克均匀喷雾。

（4）追肥。在分蘖期，每亩追施 40％复混肥（$N:P_2O_5:K_2O=20:8:12$）15 千克，晒田复水时看苗追施适量尿素，做到氮、磷、钾平衡施用，严防氮肥过量施用，避免造成一季稻倒伏，影响一季稻的产量和稻米质量；适当增施钾肥壮秆和壮籽，提高一季稻的抗倒伏能力，也能提高出米率和稻米的质量。

（5）病虫害防治。主要病虫害有稻蓟马、稻飞虱、二化螟、稻纵卷叶螟、纹枯病、稻曲病、稻瘟病等。其中，稻蓟马、稻飞虱用 10％吡虫啉可湿性粉剂 2 000～3 000 倍液，或 25％吡蚜酮可湿性粉剂 2 000～2 500 倍液交替防治；二化螟、稻纵卷叶螟用 20％氯虫苯甲酰胺可湿性粉剂 3 000～5 000 倍液，或 1.8％阿维菌素可湿性粉剂 2 000～3 000 倍液交替防治；纹枯病、稻曲病用 43％戊唑醇悬浮剂 3 000～5 000 倍液，或 75％肟菌·戊唑醇水分散粒剂 5 000～6 000 倍液交替防治；稻瘟病用 75％肟菌·戊唑醇水分散粒剂 5 000～6 000 倍液，或40％稻瘟灵乳油或可湿性粉剂1 000～1 500倍液交替防治。

（6）水分管理。播种后待一季稻秧苗长至2叶1心时灌水；分蘖期干湿交替灌溉；后期不能断水过早，还要保持田间的湿润，否则籽粒不饱满，影响一季稻产量。收割前10天左右放干田里的水，使田面硬化，以利于收割机的收割作业。

（7）收割。一般用收割机进行机械收割，以提高效率，降低人工成本。收割机要加装碎草机，这样便于把割下来的上部稻草切碎，均匀撒到水面。

2. 宽柄芥栽培技术

（1）品种选择。宜选渝芥1号、甬高2号、湘芥002等。

（2）播种育苗。苗床选择地势高、排灌方便、土壤肥力中等的沙壤土；播种15天每亩撒施45％三元复合肥30千克；按1.6米包沟标准整垄，畦面呈龟背形。9月10日前后播种，每亩用种量控制在80～100克，拌细沙播种后，浇透苗床，覆盖遮阳网或稻草遮阳保湿。出苗后保持苗床湿润，每3～4天浇1次水，当幼苗2～3叶1心时间苗，剔除过密苗、弱苗、纤细苗。

（3）适时移栽。当幼苗5叶1心或出苗后25～30天移栽。移栽前1天苗床施水，确保幼苗根系带土移栽，边栽边浇定根水。株行距40厘米×50厘米。

（4）肥水管理。移栽前7天重施底肥，每亩用45％三元复合肥50千克均匀撒于菜田，翻耕整平，开好排水沟。移栽后10天，每亩用2.5千克尿素施提苗肥；移栽后30天施第二次追肥，每亩用45％三元复合肥10～15千克条施；封行前第三次追肥，抓住下雨前后每亩点施45％三元复合肥30千克；此后根据长势看苗补肥。

（5）病虫害防控。主要病虫害有软腐病、病毒病、蚜虫、跳甲、菜青虫。生产上清除菜地周边杂草，对病残虫叶及时清除，进行无害化处理；每亩悬挂信息素诱虫黄板30张，每亩安装诱蛾装置1～2个；交替使用高效低毒化学农药防治病虫害。

（6）及时采收。2月下旬至3月上旬，当菜株始薹时采收。整株采收，切平去根，去除老叶、黄叶，略晒蔫后销售。

（四）高粱＋笋子芥栽培技术

1. 高粱栽培技术

（1）品种选择。选择高产、抗性强的品种，如红缨子、红珍珠、湘两优糯粱1号等。

（2）适时播种。3月上中旬播种，采用地膜育苗方式；播前筛选种子，选粒大、饱满的种子，每亩用种量300～400克；晒种1天；播种时用60％高巧10毫升拌500克高粱籽，拌匀后播种，能有效防治地下害虫。

（3）培育壮苗。选择土层深厚、肥沃、地势平坦、背风向阳、排水良好的地块。采取双膜覆盖，栽 1 亩地准备苗床 30 米^2。每亩苗床施过磷酸钙 50 千克、45%三元复合肥 30 千克作底肥。均匀撒播后覆盖一层地膜，搭小拱棚再盖一层地膜。齐苗后揭掉薄膜，幼苗 1 叶 1 心揭膜炼苗，2 叶 1 心间苗，4 叶 1 心每亩用尿素 5 千克追肥 1 次。

（4）合理密植。当苗龄 25～30 天或 5～6 叶 1 心时，抢雨天前移栽。苗带土移栽，在 4 月 20 日左右栽完。株行距 50 厘米×（27～33）厘米，每穴 2 株。

（5）合理施肥。一是施足底肥，每亩大田施 45%三元复合肥 30 千克。二是轻施提苗肥，移栽后 7～10 天结合补苗每亩施尿素 5 千克。三是重施拔节孕穗肥，抽穗前 7～10 天施用，每亩施尿素 10 千克。

（6）适时收割。当籽粒变硬、叶片变黄、穗粒 3/4 成熟发红时即可采收，收割时用高粱脱粒机脱粒，脱粒后及时晾晒，防止霉变。

（7）病虫草害防治。病害主要有纹枯病、叶枯病；虫害主要有蚜虫、粟穗螟、螟虫。纹枯病、叶枯病：在发病初期用 75%拿敌稳 300 倍液，或 43%富力库 500 倍液喷雾防治。蚜虫：用 70%艾美乐 500 倍液，或 10%吡虫啉 800 倍液，或 2.5%敌杀死 1 300 倍液喷雾防治。粟穗螟、螟虫：用 10%稻腾 1 000 倍液，或 20%康宽 3 000 倍液交替喷穗 1～2 次。

2. 笋子芥栽培技术

（1）品种选择。选择耐抽薹、优质高产、抗病性强、商品性好的品种。

（2）播种育苗。选地势高、土壤肥沃、排灌方便、1 年内未种植过十字花科蔬菜的沙壤土作苗床，按大田与苗床为 1∶0.1 的比例准备苗床。播种前，每亩施 45%三元复合肥 30 千克作底肥。再翻耕整细起垄，垄面宽 1.2 米、沟宽 0.4 米、呈龟背形。每亩播种量 500 克，均匀撒播，播后覆细土 1 厘米左右，铺一层遮阳网或稻草保湿，出苗后揭掉遮阳网。幼苗 1～2 片真叶时第一次间苗，3 片真叶时再间苗 1 次，间除过密苗和纤细苗，视幼苗长势追施 3～5 千克尿素。

（3）整地。移栽前 7～15 天整地，每亩施 100 千克腐熟菜枯或腐熟有机肥 500 千克+45%三元复合肥 50 千克作底肥，均匀撒施于大田，再翻耕整细起垄，开好排水沟。

（4）适时移栽。当幼苗 4～5 叶 1 心或苗龄 25～30 天时移栽。株行距为 40 厘米×50 厘米，每亩 3 000～3 500 株。

（5）大田管理。移栽缓苗长出新叶后，每亩追施尿素 5 千克 1 次；茎膨大初期每亩施 45%三元复合肥 30 千克 1 次。雨天及时清沟排水。

（6）病虫害防控。主要病虫害有病毒病、蚜虫、烟粉虱、跳甲、菜青虫。使用高效低毒化学农药交替防治。

(7) 及时采收。笋子芥菜叶开始发黄，生产上以株高 80～100 厘米、棒长 20～30 厘米，适时采收。

(五) 玉米+梅菜栽培技术

1. 玉米栽培技术

(1) 品种选择。选择植株长势旺盛、抗病高产、适应性广、生育期适中的玉米品种，如彩糯 5 号、美国 201、京科糯 2 000、万糯 2 000 等。

(2) 播种育苗。在 3 月 12—15 日播种，采用覆膜穴盘基质育苗。选择背风向阳、地势平坦、排灌方便的地块作苗床；采用 72 孔塑料穴盘、使用合格育苗专用基质；播种前选种晒种，播种时 1 穴 1 粒，播种后苗床浇透水，覆盖地膜并搭小拱棚再盖一层地膜。出苗后及时揭去地膜，晚上和雨天盖好小拱膜。

(3) 整地施肥。移栽前整地，每亩撒施 45%三元复合肥 40 千克作底肥，按 2 米包沟整地，开好排水沟。

(4) 及时移栽。3 月 22—25 日，苗龄不超过 15 天及时移栽，栽后覆土填实孔穴并浇水，每亩栽植 3 200～3 500 株。

(5) 田间管理。玉米苗高 20～30 厘米时，每亩用尿素 5 千克撒施于植株周围 10 厘米处；拔节期重施穗肥，每亩追施尿素 12 千克，以促进幼穗分化，促穗大粒多；抽穗时，每亩撒施尿素 10 千克。玉米苗期、抽穗期、壮籽期若叶色偏淡或持续低温阴雨天气，可喷施叶面锌肥，每亩用硫酸锌 150 克兑水 15 千克均匀喷雾，提高玉米的抗逆性。玉米前期对水分特别敏感，应保持土壤湿润，遇干旱时要及时浇水，渍涝时要及时排水。有多个穗苞的玉米植株，在玉米刚吐丝时，每株只留顶端 1 个苞穗，及时摘除下部的苞穗，确保大穗高产。

(6) 病虫草害防治。主要防治玉米螟，在 4 叶期、8～10 叶期每亩用康宽 10 毫升或阿维菌素 30 毫升兑水 15 千克均匀喷雾。长期阴雨天气，应注意防治蜗牛。在玉米 4 叶期、苗高约 30 厘米时，进行 1 次化学除草，每亩用 50%莠去津 200 克兑水 30 千克定向喷雾于行间杂草上。

(7) 适时采收。当花丝外露部分由绿色转为黑色、穗上玉米籽粒内含物成黏稠状时即可采收。采收时，将穗棒连同苞叶一同采摘，分批采收，若采收过晚则玉米品质下降。

2. 梅菜栽培技术

(1) 备好苗床。选择地势高、排灌方便、1 年内未做过十字花科苗床或种植十字花科蔬菜、土壤肥沃、苗床四周育苗期间无茄果类和瓜果蔬菜种植的沙壤土；播种前 30～40 天，每亩撒施生石灰 50 千克；播种前 15 天，每亩施入商品合格有机肥 500 千克，每亩适量撒施三元复合肥 10 千克；翻耕 2 遍并整细，按包沟1.6米整垄（垄宽1.2米、沟宽40厘米），畦面略呈龟背形，开好围沟。准备好隔离用拱架和防虫网。拱架按1.2米宽、1米高以及拱形要求提前搭好；防虫网采用30目、幅宽3米要求准备。

（2）播种育苗。8月25日至9月5日播种。每亩用种量控制在100～150克，采用拌细沙均匀撒播，播后覆细土1厘米左右，再用洒水壶浇淋苗床，播种后覆盖一层遮阳网保湿。

在苗床四周挂黄板诱杀蚜虫和烟粉虱；每亩适时喷施7.5%鱼藤酮乳油1 000～1 500倍液防治蚜虫和烟粉虱，每亩喷施6%阿泰灵低聚寡糖素20克防治病毒病。特别是对苗床四周的沟渠、菜地、杂草区域进行有效管理，如在喷施生物农药时，对周边区域进行同步防治。

出苗后及时揭去遮阳网，拱架上保留一层防虫网隔离；保持苗床湿润，每3～4天浇1次腐熟菜枯水；根据苗床出苗情况，适时剔除过密苗、弱苗、纤细苗。

（3）大田整地施肥。移栽前7天，每亩大田撒施商品有机肥500千克，适量撒施三元复合肥（15-15-15）30千克；翻耕2遍并整细，按包沟2米整垄（垄宽1.6米、沟宽40厘米），畦面略呈龟背形，开好“三沟”。

（4）适时移栽。9月20—25日、当幼苗5叶1心或出苗后25～30天移栽。边栽边浇定根水（每亩添加1亿单位光合菌素100克）。移栽前1天先把腐熟菜枯和茶枯按1∶1的比例装入塑料缸中，再加清水，经充分拌匀后再等4～6小时，取上部清液浇透苗床，每亩再喷施6%阿泰灵低聚寡糖素水剂20克预防病毒病，确保幼苗无病毒、根系带泥，提高移栽成活率。按株行距35厘米×(35～40）厘米、每亩5 000株为宜。

（5）肥水管理。采用肥水一体化系统追肥，每3行即隔1.2米铺1条直径32毫米微喷带，地头铺一根直径75毫米软管，每隔1.2米安装1个直径75毫米变直径32毫米三通，每1公顷安装1个施肥器。移栽后10天左右，每亩追施腐熟菜枯＋茶枯清液50千克；移栽后40天左右，每亩追施腐熟菜枯＋茶枯清液100千克；移栽后70天左右，每亩追施腐熟菜枯＋茶枯清液200千克。

（6）病虫害绿色防控。主要病虫害有软腐病、病毒病、蚜虫、跳甲、菜青虫。

清除菜地周边杂草，及时清除病残虫叶，进行无害化处理。每亩悬挂信息素诱虫黄板20张、每亩安装诱蛾装置1个、每3公顷安装太阳能杀虫灯1盏诱杀成虫。

软腐病在发病初期喷施14%络氨铜水剂300倍液或35%青枯立克可溶性粉剂500～800倍液，交替防治各1次。病毒病在发病初期喷施20%的病毒A

可湿性粉剂 700 倍液或 6%阿泰灵低聚寡糖素水剂 20 克/亩，交替防治各 1 次。跳甲用 2.5%鱼藤酮乳油 600 倍液防治 2 次。蚜虫用 7.5%鱼藤酮乳油 1 000～1 500 倍液防治 2～3 次。菜青虫用 6 000 国际单位/毫升苏云金杆菌悬浮剂 500～1 000 倍液或 200 克/升康宽悬浮剂 1 000 倍液，交替防治 1 次。

（7）采收。12 月底至翌年 1 月上旬，当株高 40～45 厘米、单株底部老叶出现黄化失绿、植株现蕾前采收为宜。采收时先采整株，然后切平去根，去除老叶、黄叶、虫害叶等。

第四节　主要病虫害防治技术

一、主要病害

（一）病毒病

病毒病是发生较普遍且严重的病害，遇持续高温干旱天气或蚜虫危害，易使病害发生与流行。

1. 发病症状

（1）重缩叶形。病叶叶脉褪绿或半透明，即明脉，叶片逐渐呈浅绿相嵌或深绿花叶状，致叶片皱缩而凹凸不平，叶片卷缩成畸形或向一边扭曲，叶背先在叶脉上生成褐色坏死斑，其上出现横裂口，叶面出现坏死褐色小点，或条状裂口沿叶脉扩展致使叶脉开裂。病株严重矮缩，致心叶扭缩成团，下部叶片变黄枯死。

（2）花叶形。心叶呈明脉或叶脉失绿，叶片呈浓淡不均的绿色斑驳或花叶，后发展为叶片皱缩，植株矮化畸形。

2. 病原物　主导病原是芜菁花叶病毒（Turnip Mosaic Virus，TuMV），蚜虫是主要传播媒介。

3. 发病规律　借助蚜虫传播蔓延。蚜虫在病株上取食 1～5 分钟后就能带毒，转移到健株上吸食 1～5 分钟就可以传毒。若具备有利于蚜虫发生和迁飞的环境条件，该病均易发生和流行。高温干旱天气，有利于蚜虫迁飞、繁殖，发病重；植株缺水少肥、生长不良或治蚜不及时，发病亦重。病毒发育的温度范围是 7～35℃，最适温度为 30℃。田间高湿或高温多雨是发病的重要条件，与有病的寄主植株相邻，发病较多。若田间肥水条件差、管理粗放，则植株生长不良，发病严重。

4. 防治方法

（1）种子温汤消毒处理。

（2）抓好苗期治蚜、大田防蚜、连续治蚜，以减少虫媒传毒。

（3）化学防治。发病初期喷洒 1.5%植病灵Ⅱ号乳剂 1 000 倍液或 20%病毒A可湿性粉剂500～700倍液或20%病毒必克可湿性粉剂1 000倍液，每隔7～8天喷1次，连喷2～3次。

（二）软腐病

1. 发病症状　在茎基部或近地面根颈部初呈水渍状不规则斑，后病斑扩大并向内扩展，致内部软腐，且有黏液流出。在干燥的条件下，腐烂的病叶经日晒逐渐失水变干，呈薄纸状，紧贴叶球。病烂处均产生硫化氢恶臭味。

2. 病原物　在培养基上的菌落呈灰白色，圆形或不定形；菌体短杆状，大小为（0.5～1.0）微米×（2.2～3.0）微米，周生鞭毛2～8根，无夹膜，不产生芽孢，革兰氏染色阴性。

3. 发病规律　该菌无明显越冬期，在田间周而复始、辗转传播蔓延。田间病株或土中未腐烂的病残体均可成为侵染源，通过雨水、灌溉水、带菌肥料、昆虫等传播，从菜株的伤口侵入。生产上久旱遇雨、蹲苗过度、浇水过量都会造成伤口而发病。一般连作地、低洼地、播种早易发病。

4. 防治方法

（1）种子温汤消毒处理。

（2）清洁前茬作物，菜地开沟排水，减少发病源。

（3）化学防治。每亩用75%乙蒜素10克兑水150千克，或25%甲霜灵可湿性粉剂与50%福美双可湿性粉剂按1∶1混合后500倍液喷施，或14%络氨铜水剂350倍液，在发病初期隔7～10天喷1次，连喷2～3次。

（三）霜霉病

1. 发病症状　病斑叶两面生，病斑黄绿色或逐渐变为黄色，因受叶脉限制，由近圆形扩至多角形，直径3～12毫米；当湿度大时，叶背长出白色霉层，即病原菌的孢囊梗和孢子囊，严重的叶片干枯，影响产量和品质。

2. 病原物　鞭毛菌亚门真菌，寄生霜霉。菌丝无色，不具隔膜，蔓延于细胞间，靠吸器伸入细胞里吸收水分和营养，吸器圆形至梨形或棍棒状。从菌丝上长出的孢囊梗自气孔伸出，单生或2～4根束生，无色，无分隔，主干基部稍膨大，作重复的两叉分枝，顶端2～5次分枝，全长154.5～515微米，主轴和分枝成锐角，顶端的小梗尖锐、弯曲，每端长一个孢子囊。孢子囊无色，单胞，长圆形至卵圆形，大小为（19.8～30.9）微米×（18～28）微米，萌发时多从侧面产生芽管，不形成游动孢子。卵孢子球形，单胞，黄褐色，表面光滑，大小为（27.9～45.3）微米，卵球直径为（12.4～27.5）微米，胞壁厚，表面皱缩或光滑，抗逆性强，当条件适宜时，可直接产生芽管进行侵染。

3. 发病规律　芥菜霜霉病菌体孢子囊最适萌发温度为16～18℃，最低萌发温度为2.5℃，低于2.5℃或高于30℃其萌发受到严重抑制，甚至不萌发；

霜霉病菌体孢子囊最适萌发湿度范围75%～85%，最佳湿度在80%；霜霉病菌体孢子囊萌发的最适pH为4.4～5.2，可萌发的最低pH为3.6，最高pH为8.7。病菌以孢子囊及游动孢子进行初侵染和再侵染，致该病周而复始，终年不断，不存在越冬问题。

4. 防治方法

（1）种子温汤消毒处理或用种子重量0.3%的25%甲霜灵可湿性粉剂拌种。

（2）化学防治。75%百菌清可湿性粉剂500倍液，或72.2%普力克水剂600～800倍液，或64%杀毒矾可湿性粉剂500倍液，或58%甲霜灵锰锌可湿性粉剂500倍液，或70%乙铝锰锌可湿性粉剂500倍液，每隔7～10天1次，连续防治2～3次。

（四）白锈病

1. 发病症状 主要危害叶片，叶上病斑初呈浅黄绿色，边缘不明显，着生于叶正背两面，主要着生于叶背面，扩展后形成乳白色脓疱状隆起，成熟后表皮破裂散出白粉（病菌孢子），发病严重时叶片变黄干枯。

2. 病原物 鞭毛菌亚门白锈菌属。白锈菌孢子囊和卵孢子均较大，其长宽分别为20.03微米×18.18微米和（50～67.5）微米×（45～61.25）微米。大孢白锈菌孢子囊大小为（11.6～27.3）微米×（11.7～28.28）微米。两菌卵孢子均褐色，近球形，外壁具瘤状凸起。

3. 发病规律 在低温高湿条件下易发病，孢子囊萌发适温20～35℃，最适温度25～30℃，侵入寄主最适温度18℃；温度不同则孢子囊的寿命差异较大，在25.6～27.3℃条件下3天后即不能萌发，在16～17.3℃条件下3天后萌发率为40.5%。孢子囊在叶片幼嫩阶段侵染。病原菌主要在土壤中的病残体和种子上越冬，借助风雨传播，潜育期7～10天，南方冬季可反复侵染。

4. 防治方法

（1）种子温汤消毒处理或用种子重量0.3%的25%甲霜灵可湿性粉剂拌种。

（2）化学防治。发病初期可选用25%甲霜灵可湿性粉剂1 000倍液，或58%甲霜灵锰锌可湿性粉剂500倍液，或64%杀毒矾可湿性粉剂500倍液，或75%百菌清可湿性粉剂600倍液，或80%喷克可湿性粉剂600倍液等喷雾防治，每7～10天1次，连续防治2～3次。

二、主要虫害

（一）蚜虫

1. 形态特征 有翅胎生雌蚜，头、胸部黑色，腹部绿色；第一至第六腹节各有独立缘斑，腹管前后斑愈合，第一节有背中窄横带，第五节有小型中斑，第六至第八节各有横带，第六节横带不规则；触角第三至第五节依次有圆形次生感觉圈21～29个、7～14个、0～4个。无翅胎生雌蚜，体长2.3毫米，宽1.3毫米，绿色至黑绿色，被薄粉；表皮粗糙，有菱形网纹；腹管长筒形，顶端收缩，长度为尾片1.7倍；尾片有长毛4～6根。

2. 发生规律　主要在背风向阳的山坡、沟边、路旁的荠菜、苜蓿、菜豆和冬豌豆的心叶及根茎交界处越冬，也有少量以卵在枯死寄主的残株上越冬。在春末夏初气候温暖、雨量适中有利于该虫发生和繁殖，旱地、坡地及生长茂密地块发生重。主要天敌有瓢虫、食蚜蝇、草蛉等。蚜虫的成虫、若虫有群集性，常群集危害。繁殖力强，当条件适宜时，4～6天即可完成一代，每头雌蚜可产若蚜100多头，因此，极易造成严重危害。

3. 防治方法

（1）清除田间地头的杂草、残株、落叶并无害化处理，以减少虫口密度。

（2）生物防治。利用瓢虫、草蛉、食蚜蝇、小花蝽、烟蚜茧蜂、菜蚜茧蜂、蚜小蜂、蚜毒菌等控制蚜虫。

（3）黄板诱蚜。成蚜对黄色具有很强的趋性，可以悬挂黄板诱杀。

（4）化学防治。当有蚜株率达10%或平均每株有虫3～5头，即应防治。可用25%避蚜雾水溶性分散剂1 000倍液喷雾，对防治蚜虫有特效，并可以保护天敌；也可选用10%吡虫啉可湿性粉剂2 000倍液，或21%增效氰马乳油6 000倍液，或20%蚜克星乳油1 000倍液交替防治。

（二）小菜蛾

小菜蛾初孵幼虫潜入植株叶片的上下表皮之间，啃食叶肉及下表皮，仅留上表皮呈透明白斑；3龄以后幼虫取食量大增，咬食叶片成洞孔，缺刻锯齿状，严重时整张叶被吃得精光，只留下网状叶脉。幼虫特别喜欢在植株幼嫩部位和幼苗心叶上危害，使其不能正常生长发育，造成产量及品质下降。

1. 形态特征　小菜蛾卵为椭圆形，初产时乳白色，后变黄绿色。老熟幼虫纺锤形，黄绿色。身体上有稀疏长而黑的刚毛，头部淡褐色，前胸背板上有由淡褐色小点组成的2个“U”形纹。成虫灰褐色小蛾，静止时两翅叠成屋脊状，前翅缘毛长，翅尖翘起状如鸡尾。蛹为黄绿色至灰褐色，外被丝茧极薄如网，两端通透。

2. 发生规律　小菜蛾在湖南1年发生多代，且世代重叠发生，以成虫和蛹在芥菜或残株落叶及杂草上、土缝内越冬，成为翌年的虫源。越冬蛹于4月上中旬羽化，成虫卵散产或数粒卵聚产于叶背面、近叶脉处。小菜蛾幼虫生长发育气温为20～30℃。秋季8—11月上旬发生时，主要危害大白菜、芥菜、萝卜等作物。11月中下旬幼虫化蛹越冬。

3. 防治方法

（1）收获后及时清地翻耕，以减少虫源。

（2）利用小菜蛾趋光习性，在19：00—23：00用黑光灯或其他光源诱捕成虫。

（3）生物防治。利用菜蛾啮小蜂、小菜蛾绒茧蜂等天敌诱杀。发蛾始期，可利用人工合成的性诱剂，用铁丝穿成串，放置水盆上，离水10厘米处诱杀，盆诱蛾半径可达100米，有效诱蛾期在30天以上。幼虫始孵期，可选用苏云金杆菌Bt制剂或复方Bt乳剂或杀螟杆菌，每克含活孢子100亿左右，稀释600倍液，每亩用50～60千克水加18%杀虫双水剂100毫升，在气温20℃以上时，在17：00喷雾，7天1次，连续2～3次。

（4）化学防治。幼虫危害始期，选用5%抑太保悬浮剂稀释1 000～1 500倍液，或阿维菌素20毫升兑水50千克，或90%敌百虫晶体稀释800倍液，或48%乐斯本乳油75毫升兑水50千克，茎叶喷雾，7天1次，连续2～3次。

（三）跳甲

虫态有成虫、卵、幼虫、蛹，以成虫和幼虫两个虫态对植株直接造成危害。成虫食叶，以幼苗期最重；幼虫只害菜根，蛀食根皮，咬断须根，使叶片萎蔫枯死。芥菜受害叶片变黑死亡，宜于软腐病发生。

1. 形态特征 成虫体长约2毫米，长椭圆形，黑色有光泽，前胸背板及鞘翅上有许多刻点，排成纵行。鞘翅中央有一黄色纵条，两端大，中部狭而弯曲，后足腿节膨大、善跳。卵长约0.3毫米，椭圆形，初产时淡黄色，后变乳白色。老熟幼虫体长4毫米，长圆筒形，尾部稍细，头部、前胸背板淡褐色，胸、腹部黄白色，各节有不显著的肉瘤。蛹长约2毫米，椭圆形，乳白色，头部隐于前胸下面，翅芽和足达第5腹节，腹末有1对叉状凸起。

2. 发生规律 跳甲在南方一年发生7～8代，世代重叠。成虫在田间、沟边的落叶、杂草及土缝中越冬，越冬成虫于3月中下旬开始出蛰活动，在越冬蔬菜与春菜上取食活动，随着气温升高而活动加强。春季危害重于秋季，盛夏高温季节发生危害较少。

3. 防治方法

（1）清除菜地残株败叶，铲除杂草。播种前深耕晒土，消灭部分蛹。

（2）化学防治。5%啶虫脒乳油50毫升+2.5%·溴氰菊酯乳油40毫升混合4 000倍液，或5%抑太保乳油4 000倍液，或5%卡死克乳油4 000倍液，或5%农梦特乳油4 000倍液，或40%菊杀乳油2 000～3 000倍液，或40%菊马乳油2 000～3 000倍液，或20%氰戊菊酯2 000～4 000倍液交替防治。

主要参考文献

班盛，龙文当，邓存英，等，2020. 桂南地区大头菜优质高产栽培技术及潜力品种推荐[J]. 长江蔬菜（19）：11－13.

陈材林，周光凡，杨以耕，等，1990. 中国芥菜分布的研究[J]. 西南农业学报，3（1）：17－21.

陈家秀，索灿华，2013. 贵阳市大头菜无公害高产栽培技术[J]. 长江蔬菜（11）：41－42.

陈思羽，2015. 榨菜-早甜玉米-水稻水旱轮作高效栽培模式[J]. 长江蔬菜（11）：26－27.

陈位平，杨连勇，朱明玉，等，2020. 渝芥 1 号在洞庭湖区引种与安全丰产栽培技术[J]. 长江蔬菜（7）：20－22.

丁绍薇，丁绍娟，林洁树，等，2015. 黄曲条跳甲绿色防控技术[J]. 现代园艺（14）：79.

董泽军，2008. 榨菜的生物学特性及其栽培技术[J]. 南方农业，2（5）：25－26.

顿兰凤，2017. 我国大头菜产业发展现状及展望[J]. 中国果菜，37（2）：40－42.

范永红，刘义华，林合清，等，2017. 冬茎瘤芥（榨菜）新品种涪杂 8 号的选育[J]. 中国蔬菜（6）：79－81.

范永红，沈进娟，董代文，2016. 芥菜类蔬菜产业发展现状及研究前景思考[J]. 农学学报，6（2）：65－71.

方有历，2017. 大头菜软腐病防控技术试验初报[J]. 现代园艺（5）：6.

冯新军，金立新，何红卫，等，2004. 榨菜白锈病的诊断及药剂防治[J]. 上海农业科技（4）：94－95.

傅德明，余宏斌，付琼玲，等，2006. 保证茎瘤芥（榨菜）质量安全的关键技术[J]. 中国果菜（8）：41－42.

管锋，杨连勇，姜守全，等，2009. 茎瘤芥育种与栽培研究进展[J]. 长江蔬菜（22）：5－9.

郭立君，曾贤杰，叶桃林，等，2016. 浅谈湖南省高粱高产高效栽培技术[J]. 湖南农业科学（1）：18－20.

何道根，何贤彪，刘守坎，2015. 笋子芥品种对病毒病抗性的初步鉴定[J]. 长江蔬菜（10）：43－44.

何永梅，赵安琪，2011. 有机叶用芥菜栽培技术[J]. 四川农业科技（8）：28－29.

何永新，2014. 多种药剂防治芥菜跳甲药效试验[J]. 南方园艺，25（2）：42－43.

胡代文，刘义华，余贤强，等，2006. 茎瘤芥主栽品种永安小叶高产栽培模型研究[J]. 西南农业学报，19（4）：598－603.

胡建樵，鲁银华，2008. 浙江省余姚培育成功榨菜新品种[J]. 北京农业（14）：52.

黄雪红，吴锡华，2013. 榨菜-春玉米/秋玉米高效栽培技术[J]. 现代农业科技（6）：34.

江昭军，2012. 湘北丘陵地区春玉米高产栽培关键技术[J]. 湖南农业科学（2）：18－19.

兰月相，2001. 杂交水稻直播制种——榨菜高产高效模式栽培[J]. 种子科技（4）：227.

冷容，李娟，杨仕伟，等，2015. 播期、密度及施氮量对 3 个宽柄芥新品系经济性状的影响[J]. 长江蔬菜（2）：38－42.

冷容，李娟，杨仕伟，等，2015. 晚熟宽柄芥（酸菜）新品种渝芥1号的选育 [J]. 中国蔬菜 (9)：78-80.

李昌满，许明惠，许秀蓉，2008. 磷肥对茎瘤芥产量和品质的影响 [J]. 西南师范大学学报（自然科学版），33 (5)：104-107.

李靓靓，刘志培，陈丽潇，等，2021. 湖北省芥菜研究进展 [J]. 湖北农业科学，60 (s2)：5-7，12.

廖锦钰，刘勇，张德咏，等，2019. 辣椒常见病虫害及其防治方法 [J]. 长江蔬菜 (20)：78-80.

刘桐辛，王超，陈静，等，2014. 涪陵榨菜（茎瘤芥）施肥选用与分析 [J]. 安徽农业科学，42 (7)：1990-1992，1996.

刘远模，2017. 重庆市涪陵区免耕连作榨菜栽培技术示范 [J]. 南方农业，11 (19)：39-40，43.

罗鹏举，贺中娟，2006. 大头菜高产栽培技术 [J]. 长江蔬菜 (5)：20.

孟秋峰，汪炳良，胡美华，等，2009. 不同生态类型的茎瘤芥（榨菜）品种与栽培模式 [J]. 中国果菜 (21)：45-46.

孟秋峰，汪炳良，王毓洪，2016. 茎瘤芥（榨菜）新品种甬榨5号的选育 [J]. 中国蔬菜 (3)：74-76.

孟秋峰，王洁，高天一，等，2021. 榨菜主要病害发生规律调查及防治药剂筛选 [J]. 中国瓜菜，34 (6)：73-76.

孟秋峰，王洁，黄芸萍，等，2019. 6种叶用芥菜品种比较试验 [J]. 中国果菜，39 (7)：51-53，57.

孟秋峰，王洁，任锡亮，等，2019. 抱子芥和笋子芥新品种及栽培技术要点 [J]. 宁波农业科技 (2)：30-31.

孟秋峰，王毓洪，古斌权，等，2010. 甬榨系列榨菜品种特征特性及配套栽培技术 [J]. 宁波农业科技 (5)：31-32，28.

孟秋峰，王毓洪，汪炳良，2008. 不同株行距对春茎瘤芥（榨菜）经济性状及产量的影响 [J]. 宁波农业科技 (3)：8-10.

孟秋峰，魏其炎，任锡亮，等，2012. 结球芥菜高效栽培模式 [J]. 长江蔬菜 (7)：42-43.

苗艳香，2019. 蔬菜蚜虫抗药性现状及治理策略 [J]. 热带农业工程，43 (1)：68-70.

潘永苗，2005. 榨菜新品种余缩一号的品种特性及栽培技术要点 [J]. 中国农技推广 (10)：35.

潘兆君，董会建，2013. 大头菜病虫害发生与绿色防控技术 [J]. 中国园艺文摘，29 (3)：171，97.

彭元群，杨连勇，孙信成，2018. 播期和播种量对直播榨菜农艺性状及产量的影响 [J]. 湖南农业科学 (1)：12-14，17.

彭元群，杨连勇，张忠武，等，2022. 临澧梅菜有机丰产栽培技术 [J]. 长江蔬菜 (9)：25-26.

冉华伦，2018. 不同浓度矮壮素对茎瘤芥穴盘苗生长的影响 [J]. 耕作与栽培 (2)：5-7.
任锡亮，王毓洪，孟秋峰，等，2008. 芥菜类蔬菜对芜菁花叶病毒病抗病性材料的鉴定及筛选 [J]. 中国瓜菜 (1)：25-26.
沈学根，姚良洪，周建松，等，榨菜直播栽培的效果初探 [J]. 浙江农业科学 (1)：17-18.
孙光兴，陈俊朝，章国荣，等，2008. 榨菜配套优化栽培技术试验与研究 [J]. 上海农业通报，24 (1)：133-135.
万正杰，范永红，孟秋峰，等，2020. 中国芥菜种业发展与展望 [J]. 中国蔬菜 (12)：1-6.
王爱民，邹瑞昌，王远全，等，2017. 茎瘤芥（榨菜）异常生长和主要病虫害为害特点及防治措施 [J]. 中国蔬菜 (12)：95-98.
王旭祎，范永红，刘义华，等，2006. 播期和密度对茎瘤芥主要经济性状的影响 [J]. 西南园艺，34 (4)：17-20.
王旭祎，王彬，范永红，等，2008. 茎瘤芥霜霉病抗性评价标准的建立与应用 [J]. 植物保护，34 (6)：61-64.
王旭祎，吴朝君，2014. 茎瘤芥霜霉病病原菌鉴定及其生物学特性 [J]. 中国农学通报，30 (30)：265-268.
王旭祎，徐兴慧，2005. 涪陵茎瘤芥主要病害的发生与防治 [J]. 长江蔬菜 (6)：30-31.
王毓洪，任锡亮，何风，等，2012. 宽柄芥新品种“甬高 2 号” [J]. 园艺学报，39 (7)：1417-1418.
徐茜，李保证，曾秀丽，等，2018. 不同肥料处理对茎瘤芥主要性状及经济效益的比较分析 [J]. 耕作与栽培 (3)：15-18.
徐茜，杨梅，宗洪霞，等，2019. 氮磷钾配施对“涪杂 8 号”产量品质的影响试验初报 [J]. 南方农业，13 (22)：32-36，40.
徐友成，李水凤，2015. 叶用芥菜防虫网覆盖育苗比较试验 [J]. 蔬菜 (7)：5-7.
闫玉芳，赵如娜，陈文龙，等，2021. 茎瘤芥 3 种蚜虫的取食特性及适应性研究 [J]. 西南大学学报（自然科学版），43 (8)：42-49.
杨连勇，张忠武，朱明玉，等，2021. 中迟熟笋子芥新品种湘笋 001 及有机栽培技术 [J]. 长江蔬菜 (3)：15-16.
杨以耕，刘念慈，陈材林，等，1989. 芥菜分类研究 [J]. 园艺学报，16 (2)：114-121.
杨媛，蔡丽，刘淑晶，等，2019. 芥菜抗芜菁花叶病毒种质资源的鉴定与评价 [J]. 华中农业大学学报，38 (2)：65-67，69-72.
姚毛龙，陈世昌，2007. 榨菜-再生杂交糯高粱周年高产栽培技术 [J]. 现代农业科技 (22)：37，39.
姚培杰，杨媛，刘志新，等，2018. 叶用芥菜“华芥 5 号”的品种特点与高产栽培技术 [J]. 南方农业，12 (30)：45，47.
殷平，吴勇，周琳，等，2020. 湘北地区一季稻-紫云英多年连续自繁栽培技术 [J]. 中国农技推广 (3)：33-34.

詹峰，李德超，余才良，等，2020. 武汉地区春豇豆-秋豇豆-叶用芥菜大棚高效栽培模式[J]. 长江蔬菜（5）：39-42.

张先淑，谢朝怀，胡相云，等，2012. 不同栽培条件下茎瘤芥（榨菜）瘤茎产量与空心的变化[J]. 西南农业学报，25（5）：1606-1608.

张先淑，谢朝怀，余学川，等，2012. 播期与砍收期对茎瘤芥瘤茎产量和菜形的影响[J]. 北方园艺（22）：33-35.

张有民，王长波，王迪轩，等，2020. 湘北地区叶用芥菜程式化栽培技术[J]. 科学种养（1）：29-31.

张召荣，李昌满，刘义华，2009. 氮磷钾肥对茎瘤芥产量和硝酸盐的影响[J]. 西南农业学报，22（3）：712-715.

张忠武，詹远华，田军，等，2020. 豇豆高效栽培实用技术[M]. 北京：中国农业出版社（12）：59-61，111-113.

钟孝云，官长富，唐玉霞，2012. 川南地区笋子芥无公害高产栽培技术[J]. 长江蔬菜（9）：24-26.

周焕兴，2016. "榨菜-长豇豆"高效轮作种植模式[J]. 中国果菜，36（2）：69-70.

周精华，田祖庆，邓正春，2015. 湘北双季甜糯玉米富硒高产高效栽培技术[J]. 作物研究，29（7）：748-749.

周其宣，2014. 优质高粱"红缨子"高产栽培技术[J]. 安徽农学通报，20（15）：47-48.

邹金福，赵伯莲，王玲，2017. 桃源县叶用芥菜双茬种植可行性研究[J]. 现代农业科技（21）：73，76.

邹瑞昌，罗云米，陈磊，等，2021. 重庆茎瘤芥（榨菜）优良品种介绍及优质高效栽培技术[J]. 长江蔬菜（15）：11-14.

NO. 9

第九章 茭 白

第一节 概 述

茭白，学名 *Zizania latifolia*（Griseb.）Turcz. ex Stapf，别名茭笋、茭瓜、茭首、茭耳菜、菰瓜、菰首、菰菜、菰笋、菰手、绿节等，由于菰茎膨大形成洁白的茭茎，故称茭白。茭白属禾本科菰属，是多年生水生草本植物，一般生于浅水沼泽湖泊区域。据历史记载，茭白原产于中国，是我国特有的水生蔬菜，目前有少量存在于日本以及东南亚的越南和泰国等。据报道，在美国华盛顿也有少量种植。茭白属菰属（*Zizania* L.）植物，是稻族中独立进化的一个亚族，在菰属中，全世界共有 4 个种和 2 个亚种，其中 3 个种和 2 个亚种均分布在美国，分别为水生菰 *Z. aquatica*（亚种为 *Z. aquatica brevis*，称矮生菰）、沼生菰 *Z. palustris*（亚种为 *Z. palustris interior*，称湖生菰）、得克萨斯菰 *Z. texana*，在美国这 3 种菰均结种子，已有报道称，美国农业育种学家将这 3 种菰已驯化成栽培品种，用于生产营养价值很高的菰米；菰属的另一种在中国，为 *Z. latifolia*，通常情况下结茭白，不产籽。

游修龄（1994）经考证后认为，我国古代称“禾、黍、麦、稻、菽”为“五谷”，加“菰”则称“六谷”。茭白株高可达 2 米左右，叶片条状披针形，有平行脉。茎梢上开花，花序大圆锥形，雌花和雄花处于同一花序中，自花授粉后成熟为黑色小型果实，剥去外壳，就是所谓的菰米，也称雕胡米、茭米。早在秦汉以前，菰作为谷物在我国部分地方种植，浙江湖州因产菰米而有“菰城”的称号。当时菰米因产量不高而成为珍品，仅供王公贵族享用。公元前 3 世纪至公元前 2 世纪，人们发现有的菰不能开花结实，而基部茎干膨大，形成了肥大的肉质茎，便采集作为蔬菜食用，逐步发展为目前的茭白。

1 000 多年前，茭白与鲈鱼、莼菜并列为江南三大名菜。从长江上游的四川到中游的两侧及下游的太湖流域，都分布着大量野菰。自然界里有一种寄生在菰茎中的黑粉菌（*Ustilago* sp.），当菰茎开始拔节抽穗时，黑粉菌的菌丝就入侵到茎的薄壁组织细胞内，从茎组织获得营养，菌丝的新陈代谢产生一种生长素类的分泌物，刺激薄壁组织的生长，使茎部膨大，成为茭白。因为菰黑粉菌的冬孢子是一直留在田间地下茎里越冬的，所以带菌的菰茎像种薯一样，可以留种无性繁殖，世代相传。

茭白是我国特有的水生蔬菜，国外仅东南亚有零星栽培，日本曾试图引进茭白，但未能大面积推广；美国在1997—2000年通过中国科学院武汉植物研究所引进多个茭白品种在华盛顿地区连续种植，并取得成功，但仍然未能大面积推广。茭白在我国栽培面积较广，分布在全国大多数的省份，但主要集中在长江中下游省份，包括浙江、江苏、福建、安徽、上海、湖北、江西等。至2017年，全国茭白种植面积约108万亩，直接经济效益30多亿元。其中，浙江茭白种植面积约45万亩，产量达70多万吨，年产值10亿元以上，成为种植面积最大的省份。

从我国不同地方的茭白类型来看，在浙江、江苏、上海、安徽、福建、台湾等地多种植一年收获“夏茭”和“秋茭”两季的双季茭，以太湖流域，包括苏州、无锡、杭州、上海、宁波、台州等地种植面积最大；而其他省份，包括湖北、湖南、四川、江西、广东、广西、贵州、河南、山东等地种植每年采收一季的单季茭。由于产业结构的调整，目前许多传统单季茭地区正在推广双季茭，而在许多传统双季茭地区，单季茭也正在向海拔500米以上的山区和半山区发展。

第二节　茭白的类型、新品种与种苗繁育技术

一、茭白的类型和新品种

茭白栽培品种可按照其感光性、成熟时间、采收时间、种植地理差异、栽培方式和黑粉菌感染分成不同的类型。按茭白品种感光性和采收时间，分为单季茭和双季茭；按茭白成熟时间，分为早熟、中熟和迟熟三类；按茭白种植地理和灌溉条件，分为高山、平原和冷水茭白；按茭白栽培方式，分为设施栽培和露地栽培两大类；按黑粉菌感染茭白的影响程度，分为雄茭、灰茭、正常茭白三类。

单季茭是严格的短日照作物，只有在秋季日照变短后植株才会孕茭。因此，单季茭在春季定植后，每年只在秋季采收一次茭白，采收期多集中在9—10月。双季茭对日照长短反应不敏感，植株成长到一定叶龄后，在长日照和短日照条件下都能孕茭，一般在7月中下旬定植，定植当年采收一季秋茭（10—11月），到第二年夏季（5—6月）采收夏茭。

由于茭白主要分布在浙江、安徽、湖北、福建等省份，因此茭白新品种的选育也主要集中在这4个省份。2000年以后，成功选育的茭白新品种有22个，其中单季茭11个、双季茭11个，详见表9-1。

表 9-1　我国审（认）定的茭白新品种

认定时间	品种名称	认定编号	选育单位	品种类型
2002	鄂茭 1 号	鄂审菜 002-2001	湖北省武汉市农业科学院蔬菜研究所	单季茭
2003	鄂茭 2 号	鄂审菜 003-2001	湖北省武汉市农业科学院蔬菜研究所	双季茭
2007	金茭 1 号	浙认蔬 2007007	浙江省磐安县农业局、金华市农业科学研究院	单季茭
2008	丽茭 1 号	浙认蔬 2008004	浙江省丽水市农业科学研究院、缙云县农业局	单季茭
	金茭 2 号	浙认蔬 2008005	浙江省金华市农业科学研究院、浙江大学蔬菜研究所、金华陆丰农业开发有限公司	单季茭
	龙茭 2 号	浙认蔬 2008024	浙江省桐乡市农业技术推广服务中心、浙江省农业科学院植物保护与微生物研究所、桐乡市龙街道农业经济服务中心、桐乡市董家茭白合作社	双季茭
2011	鄂茭 3 号	鄂审菜 2011005	湖北省武汉市农业科学院蔬菜研究所	单季茭
2012	浙茭 6 号	浙（非）审蔬 2012009	浙江省嵊州市农业科学研究所、金华水生蔬菜产业科技创新服务中心	双季茭
	余茭 4 号	浙（非）审蔬 2012010	浙江省余姚市农业科学研究所、浙江省农业科学院植物保护与微生物研究所、余姚市河姆渡茭白研究中心	双季茭
	崇茭 1 号	浙（非）审蔬 2012011	浙江省杭州市余杭区崇贤街道农业公共服务中心、浙江大学农业与生物技术学院、杭州市余杭区种子管理站	双季茭
	台福 1 号	闽认菜 2012013	福建农林大学园艺学院、福建农林大学蔬菜研究所	单季茭
2013	浙茭 3 号	浙（非）审蔬 2013011	浙江省金华市农业科学研究院、金华水生蔬菜产业科技创新服务中心	双季茭
	桂瑶早茭白	闽认菜 2013019	福建省安溪县龙门桂瑶蔬菜专业合作社	单季茭
	大别山 1 号	皖品鉴登字第 1303037	安徽农业大学园艺学院、岳西县高山果蔬有限责任公司	单季茭
	大别山 2 号	皖品鉴登字第 1303038	安徽农业大学园艺学院、岳西县高山果蔬有限责任公司	双季茭

（续）

认定时间	品种名称	认定编号	选育单位	品种类型
2013	大别山 3 号	皖品鉴登字第 1303039	安徽农业大学园艺学院、岳西县高山果蔬有限责任公司	单季茭
	大别山 4 号	皖品鉴登字第 1303040	安徽农业大学园艺学院、岳西县高山果蔬有限责任公司	双季茭
2014	大别山 5 号	皖品鉴登字第 1403032	安徽农业大学园艺学院、岳西县高山果蔬有限责任公司	单季茭
	大别山 7 号	皖品鉴登字第 1403033	安徽农业大学园艺学院、岳西县高山果蔬有限责任公司	单季茭
2015	浙茭 7 号	浙（非）审蔬 2015011	中国计量大学、浙江省金华市农业科学研究院	双季茭
2016	鄂茭 4 号	鄂审菜 2016014	湖北省武汉市农业科学院蔬菜研究所、武汉蔬博农业科技有限公司	双季茭
2020	浙茭 8 号	浙认蔬 2020008	浙江省金华市农业科学研究院、台州市黄岩区蔬菜办公室	双季茭

二、茭白种苗繁育技术

茭白的育苗技术经历了不断完善和创新，由过去单一的分株育苗繁殖，发展到薹管平铺寄秧育苗、大田直接提纯育苗、两段寄秧育苗、剪秆扦插育苗、露地带胎育苗等新技术。

（一）单季茭育苗技术

1. 单季茭大田直接提纯育苗

（1）选种要求。选择单季茭二茬模式，夏茭生长整齐、成熟一致、结茭部位低、产茭多、孕茭率高、品质优的茭田作为大田直接提纯育苗的种苗田。单季八月茭、美人茭、丽茭 1 号、金茭 1 号等品种比较适宜。

（2）育苗时间和栽培模式。6 月中下旬单季茭二茬模式夏茭产茭结束后育苗，7 月中旬定植到大田，共 20 天左右时间。适用于单季茭二茬模式与单季茭常规栽培。

（3）种苗田管理。单季茭二茬模式夏茭产茭结束后，立即进行茭白病残株、变异株和灰茭、雄茭清除工作。先把病残株割除移出大田，变异株和灰茭、雄茭连根挖起运到田外。割除离地面 15 厘米以上的全部老茭白茎叶，并将清除的茎叶和杂草陷入茭白宽行泥中以便腐烂。清除工作结束后，马上施一次肥料，每亩施复合肥 50 千克左右，以促进茭白再生苗的生长。保持水层

2～3 厘米，切忌水位过高或田间干燥。当再生苗高 15 厘米、叶龄 3 叶左右时，用快刀剥离每个老根茎并随带再生苗和少量泥土定植到大田。在移栽前 2～3 天，做好带药下田工作，用 1.8%阿维菌素乳油 500 倍液防治螟虫 1 次。

（4）技术延伸。目前有农户选好种后，为不影响单季茭二茬模式秋茭的正常生长与产茭，选取单季茭二茬模式夏茭采收后经割叶产生的再生苗后期发生的分蘖苗作为种苗，用快刀割离，在 9 月中旬、叶龄 3～5 叶时直接定植到大田。因此，减少了专用秧田育苗或专用种苗田育苗这一环节。

2. 单季茭薹管平铺寄秧育苗

（1）选种要求。在单季茭收获前，提前选定具有本品种特征特性、生长整齐、结茭部位低、孕茭率高、产茭多、茭肉细嫩洁白、成熟一致、母株丛中没有灰茭和雄茭的种墩上的薹管（母株茎秆）作为平铺寄秧育苗的材料。单季八月茭、丽茭 1 号、美人茭等中熟品种比较适宜，适用于单季茭二茬模式。

（2）育苗时间和栽培模式。9 月中旬至 10 月上旬常规单季茭产茭结束后育苗，10 月下旬至 11 月初移植，育苗时间 25 天左右。

（3）寄秧技术。寄秧田畦宽 1.5～1.8 米，沟宽 30 厘米，从泥土下 2～3 厘米处挖起已产过茭的薹管，剪取 30～50 厘米作为平铺扦插材料，剥去薹管上的叶鞘横放，使其陷入秧田中的秧板，上表面与泥面相平，每节分蘖芽朝向平面两侧。薹管排放间距 3～5 厘米，行距 10～15 厘米。

（4）秧田管理。寄秧时秧田沟有水，但不上畦面，保持秧板湿润状态。寄秧结束后采取间歇灌溉，保持田间潮湿，促进茭白出苗。当新芽抽出泥面后，灌水上秧板，浅水促蘖。秧田期追肥 2 次，第一次在寄秧出苗后，每亩施复合肥 20～30 千克，第二次在定植前 5～6 天，每亩施尿素 5～8 千克。秧田期用 10%吡虫啉可湿性粉剂 2 000 倍液防治长绿飞虱、蚜虫 1～2 次，移栽前 2～3 天，用 1.8%阿维菌素乳油 500 倍液防治螟虫 1 次。当寄秧 25 天左右、苗高 20～25 厘米时，即可将每个薹管节位上的茭白苗剪下定植到大田。

（二）双季茭育苗技术

1. 双季茭白剪秆扦插育苗

（1）选种要求。选择株型整齐、抗逆性强、孕茭率高、茭肉肥大、结茭部位低、产茭一致，无雄茭株、灰茭株与变异茭株的茭墩的母株茎秆作为扦插材料。经苗期、秋茭生长期、越冬期与夏茭生长期的 4 次提纯选育。种苗田夏茭采收中后期的茭白，田间要求间歇灌溉，防止根茎长期淹水发生腐烂。余茭 4 号、龙茭 2 号、浙茭 2 号、浙茭 3 号等品种都比较适宜。

（2）育苗时间和栽培模式。6 月中下旬双季茭夏茭产茭结束后剪秆扦插育苗，7 月中下旬定植到大田，共 30 天左右时间。适用于双季茭常规栽培、双季茭设施栽培等模式。

（3）寄秧技术。寄秧田作成畦宽 1.2 米、沟宽 30 厘米的畦。选择种茭墩已产过茭的母株茎秆，从泥面下 3～5 厘米处挖起，并随带少量须根，剪取长度 4～6 厘米作为扦插材料。剥去母株茎秆的叶鞘斜插，扦插角度 45°左右，以露出泥面 0.5～1.0 厘米为宜。扦插株距 10 厘米、行距 20 厘米。

（4）秧田管理。寄秧时秧田沟有水，秧板上无水。寄秧结束后采取间歇灌溉，保持秧板湿润状态，促进茭白茎芽萌发。当新芽长出泥面后，灌水上秧板，保持浅水层。秧田期追肥 2 次：第一次在寄秧出苗后，时间在扦插后的 10 天左右，每亩施复合肥 25～30 千克；第二次在定植前 5～7 天，每亩施尿素 5～7 千克。用 10%吡虫啉可湿性粉剂 2 000 倍液防治长绿飞虱、蚜虫 1～2 次。在移栽前 2～3 天做好带药下田工作，用 5%氯虫苯甲酰胺 1 000 倍液防治螟虫 1 次。当寄秧 30 天左右、苗高 20～30 厘米时，将整个茭墩连苗挖出定植到大田。

2. 双季茭白二段寄秧育苗

（1）选种要求。选择株型整齐、品质优良、上年孕茭率高、分蘖节位低，没有雄茭、灰茭，并且采茭时间都较为一致的墩苗作为种苗。余茭 4 号、龙茭 2 号、浙茭 2 号、浙茭 3 号等中迟熟品种比较适宜。

（2）育苗时间和栽培模式。寄秧时间 4 月初至 8 月上旬，育苗时间 120 天左右。适用于早稻-茭白轮作、双季茭常规栽培等模式。

（3）寄秧技术。第一段育秧移植时间在 4 月初，寄秧时直接掘取茭白种苗墩，用快刀将母株分开，以每个老短缩茎为一个寄插单位进行分苗移栽，行株距为 70 厘米×40 厘米。第二段育秧时间在 6 月下旬，寄秧前割除种苗上部叶片，留茎叶高度 50 厘米左右，掘出经割除后的整墩茭白种苗，剥离每个大分蘖作为一个寄插单位进行移植，行株距 30 厘米×25 厘米，若秧田面积充裕，则行株距可以适当放宽。7 月下旬至 8 月上旬视前作收获季节，把二段秧整丛带蘖、带泥、带药定植到大田。第二段秧苗移栽前 1～2 天，需割除上部 1/3 的叶片，目的是高温季节减少叶片蒸腾作用，保证移栽成活率。

（4）秧田管理。寄秧后 15 天左右，结合施肥进行除草 1 次。5 月中旬，结合施肥再除草 1 次，同时去除长势过旺或过弱的变异株。追肥 4 次：第一次在寄秧后 15 天左右，每亩施尿素 4～6 千克；第二次在 5 月中旬，每亩施复合肥 20～30 千克；第三次在 7 月上旬（第二次寄秧后 10 天左右），每亩施碳酸氢铵 30 千克、过磷酸钙 15 千克左右；第四次施起身肥，在移栽前 5～7 天，每亩施尿素 5～8 千克。寄秧时浅水，插种结束加深水层，秧苗成活抽生新叶后浅水灌溉，以促进分蘖。

3. 双季茭白露地带胎育苗 设施栽培的茭白应露地留种，如果进行设施内留种，茭白种性容易退化，主要表现为夏茭植株孕茭率降低，特别是生长势强的茭白品种如浙茭3号等尤为明显。为此，经过多年实践，黄岩地区探索出露地带胎苗留种新技术，确保了茭白的优良种性和植株孕茭率。若在山区、半山区气候冷凉的区域进行露地留种，育苗更好。

带胎苗留种，即选择已开始孕茭的植株作种苗进行育苗的技术。茭白选留种宜在夏茭生长中期或中偏后期进行，即4月下旬至5月上旬。留种时在田间选择已孕茭且饱满的茭株留种，留种墩茭荚外表必须与所选品种的典型特征相符合，同一墩株生长较整齐、结茭部位低、孕茭较早、茭肉粗壮白嫩、成熟度较一致为好。种株选定后在叶片上打个结做标记，再挖开植株四周的泥土，促进植株基部抽芽分蘖，待新抽的苗长到30～40厘米（6—7月）时即可移栽种植，这种方法可保持茭白的优良种性，但繁育系数相对较低。

为提高繁育系数，头年采用露地带胎苗留种，留种田保持5厘米左右的水位即可。第二年露地栽培，3月下旬至4月初当苗高15厘米左右时进行第一次分株繁育，以每一个老短缩茎为一个寄插单位，重新定植在种苗田里。分株时要整茭墩挖出用刀劈开，不能用手掰，否则会因损伤根茎而降低秧苗成活率。45天左右进行第二次分苗，经过2次的连续繁种，至6月下旬或7月初即可分株定植，每穴种植1～2苗。

壮苗标准：苗高30～40厘米，根较粗短、白嫩，黄根较少，无黑根；种苗5～6片叶，生长粗壮，叶色深绿，叶片较硬朗，无病虫害。

4. 双季茭白薹管寄秧育苗　薹管寄秧育苗是利用薹管上每一个节位都有分蘖芽的特性，以及新鲜薹管本身自带的养分，配合秧田水分补充，从而使薹管每一个节位都能萌芽生根，成为新苗。薹管寄秧育苗与传统寄秧后分株繁殖比较，育苗时间缩短2个月，繁殖系数提高3～6倍，秧苗长势一致，降低育苗成本。

（1）选种要求。一般在双季茭白产区选种，方法与剪秆扦插育苗相同。品种选择早熟品种，如浙茭7号、浙茭911。

（2）育苗时间和栽培模式。10月中下旬准备好秧田，分割母茭秆。适用于双季茭常规栽培、双季茭设施栽培等模式。

（3）秧田准备。作畦宽1.2～1.5米、沟宽30厘米的畦，整平，保持畦面无水，沟中有水。

（4）关键技术。提前选定好种性优良的茭白母株，要求其生长整齐、成熟一致、结茭多、孕茭率高、茭肉嫩白、母株丛中没有灰茭和雄茭。在茭白采收40%～45%时，剪取选定的茭白母茭秆，每个茭墩选2～3枝薹管，以便其他茭白植株的功能叶更好地为茭白后续生长提供营养。薹管长度一般为20～30厘米，作为繁殖材料，寄秧前要将母茭秆的叶梢剥掉，即成为薹管。母茭秆的叶梢剥掉能使薹管各节间快速生根发芽，形成新的茭白苗，这是该模式的关键技术之一。寄秧时把薹管平铺摆放到备好的秧田畦面上，没有芽的一边朝下，一半嵌入泥土中，一半露在空气中。行距15厘米，株距是薹管首尾相连。

（5）苗期管理。寄秧后保持秧田水位至齐畦面，若水位过高，则薹管受淹腐烂，会使分蘖芽死亡；若水位过浅，则薹管吸不到水，易干枯。新芽抽出泥面，灌水上秧板，如果田块肥力过低，可在出苗后7天左右，每亩施复合肥8～15千克。一般寄秧后1周左右，薹管每个节位分蘖芽都会萌发生根，抽生新的茭白苗。待芽抽出泥面10厘米左右，培泥保温，即把行间的烂泥培到薹管苗旁边。如果温度过低，可以灌水保温。

（6）寄秧后分株二段育苗。到翌年2月初茭白开始萌芽时，将枯枝叶割去，待3月中旬至4月上旬分墩，将种墩用刀劈成若干个小墩（一般3～6个）定植到秧田。经过3个月左右的培育管理，每个茭墩可产生10个左右大的分蘖苗。6月中旬至7月上旬，以每一个大分蘖苗作为寄插单位定植到大田，可扩大繁殖系数。

（7）技术特点。薹管平铺寄秧育苗技术优点是方法简便、育苗时间短、繁殖系数高。以往1个种墩一般只能培育出10～15株新苗，采取该方法的1枝薹管可以培育出30～60株新苗，每亩田按1 100株苗计算，只需要19～37个薹管育苗。育苗时间比寄秧后分株育苗繁殖缩短2个月，繁殖系数比剪秆扦插育苗提高3～6倍，同时能提高秧苗的一致性与品种纯度，使定植大田后茭苗生长均匀，有利于茭白集中孕茭采收。

（三）茭白组织培养快速繁育技术

茭白在常规生产中以分株育苗和茎秆扦插育苗为主，繁殖系数较低，繁育速度较慢。采取组织培养快速繁育有利于保存种质资源和开展育种，也有利于新品种的快速推广。

1. 外植体的准备和采集　在种苗田采集茭白地下匍匐茎冲洗干净，保湿带回实验配备室，取茎上互生侧芽，用清水冲洗30分钟，再用无菌水冲洗2次，用滤纸将水分吸干，放入75%酒精中消毒60秒，并剥去茎表面包被着的叶片和紧包裹着芽的叶鞘。其后用0.1%氯化汞液消毒10分钟，再用无菌水冲洗4次后用无菌滤纸吸干。最后用5%次氯酸钠浸泡5分钟，再用无菌水冲洗2次，无菌纸吸干后移入超净工作台。在双筒解剖镜下剥去剩下的叶鞘并露出生长点，用解剖刀切取1～4毫米茎尖分生组织作为培养材料。

2. 茎芽诱导产生原球茎　将选取的茎尖分生组织接种在MS+IAA（吲哚乙酸）0.5毫克/升+6-BA 0.5毫克/升+VB_1（维生素B_1）4毫克/升+KT（激动素）1毫克/升启动培养基上，经30天左右培养，分生组织生长点颜色变绿，顶部膨大。60天以后，在其顶部产生嫩绿的原球茎。

3. 原球茎分化和增殖培养　将诱导产生的原球茎接种到MS+IAA 0.2毫

克/升+6-BA 0.5 毫克/升+KT 1 毫克/升分化和增殖培养基中，经 30 天左右的培养，分化并增殖 4～5 个具有 2～3 叶的茭白小苗。

4. 生根培养　诱导产生的茭白小苗接种在 2MS+IAA 0.5 毫克/升+B_9（叶酸）10 毫克/升生根培养基中，促进根的分化。茭白小苗培养 15 天左右，长出 3～5 条根、高 10 厘米左右时，经炼苗后可移植大棚培养。

上述培养基中蔗糖浓度 40 克/升、琼脂 8 克/升、活性炭 0.1%，培养室温度控制在（25±2)℃，光照度为 2 000～3 000 勒克斯，光照时间为每天 15 小时左右，培养的容器用 250 毫升三角瓶。

5. 炼苗和壮苗培育　将准备移植的茭白组培苗揭去捆扎带和封口膜，在室内通风炼苗 7 天后，用清水冲洗掉小苗茎基部及根上的琼脂，移植到具有大棚、遮阳网等设施的无土栽培基质中。无土栽培基质的配比为：蛭石∶珍珠岩=2∶1。移植后保持温度 22℃左右、相对湿度 85%以上，定期做好通风和遮光工作。成活后定期补充大量元素，20 天左右组培苗长成 4～5 叶、株高 20 厘米左右时移植到大田。

第三节　高效种（养）模式

一、双季茭白大棚+地膜双膜覆盖促早栽培模式

茭白是我国主要的水生蔬菜，栽培面积达 100 多万亩，茭白销售市场竞争日趋激烈，传统种植模式效益不断下降，早熟栽培是突破市场销售和提高经济效益的主要技术措施。茭白大棚栽培是缓解上市集中、效益低下、农民种植积极性不高的一个有效举措。大棚单层薄膜覆盖栽培的茭白比露地栽培提早 15～20 天，而大棚薄膜+地膜双膜覆盖栽培的茭白比露地栽培提早 25～30 天，效益比常规露地栽培增加 1 倍以上，亩产值在 1 万元以上。大棚单层薄膜覆盖由于土壤蒸发而棚内雾气较重，影响透光率，棚内温度相对较低。大棚+地膜双膜覆盖后由于地膜的阻隔，大棚内的湿度相对较低，透光率也高，升温快，棚内能量积蓄较多，能较长时间地保持一定温度。据观察，1 月上旬双膜覆盖后地膜内的温度分别比大棚和露地高出 5℃和 15℃，有效地促进了根系和幼苗生长。但双膜覆盖后存在地膜内湿度大、光照不足，秧苗生长较弱，因此对棚内温湿度及秧苗管理较为严格，通过多年试验与示范，积累了较好的生产管理经验。现把双季茭白大棚+地膜双膜覆盖促早栽培技术要点归纳如下。

1. 选择适宜品种　作为双膜覆盖栽培的茭白品种，要求生长势中强、抗性好（耐低温、耐湿、抗病强）、丰产稳产。通过比较试验，以浙茭 2 号、浙茭 3 号、龙茭 2 号等为好。

2. 搭建大棚　双膜覆盖栽培的大棚标准为 6 米或 8 米钢架大棚，中立柱高 2.3 米以上，柱间距 60～70 厘米，搭建长度一般为 60～70 米，棚间距 1.5 米，南北走向为宜。有条件的可按照田间宽度设计田埂，这样可以提高大棚钢管使用寿命，提高保温效果，方便操作。

3. 加强秋茭采后管理，培育健壮根系　在 11 月底至 12 月初秋茭采收后期至结束时，每亩施用进口复合肥 10～15 千克，可防止早衰，促进茎秆粗壮、根系发达，以利于早发；不宜过早割除枯茭叶，至少在 12 月上旬前保持茭墩残株青绿，以促进茭墩根系养分积累，防止越冬期茭墩受冻，以免影响翌年茭墩出苗，使得翌年出苗早而粗壮。

4. 防病治虫，堆放枯枝叶　秋茭采收结束后，立即排干积水搁田，并做好防治锈病工作，用 12.5%烯唑醇 2 000～2 500 倍液喷雾。于 12 月下旬大棚扣膜前 3～5 天割除枯茭叶，齐泥割去地上部分。为方便操作和节约成本，将秋茭枯叶堆放在茭白行间，以后作为地膜的支撑架。

5. 适时覆盖地膜，促进茭白早发　覆盖地膜前田间保持湿润，以促进茭白根系提早萌动。12 月底扣棚，大棚内开好丰产沟，以提高土壤温度，大棚膜采用 6 毫米无滴长寿膜，地膜采用 1.5 毫米无滴膜，地膜贴着枯茭叶覆盖，两端拉紧以防止薄膜贴苗。由于地膜覆盖离地不到 20 厘米，茭白苗的生长空间较小，出苗后叶片长时间顶着地膜容易烂叶。因此，地膜覆盖时间要严格把控，过短则达不到促进生长的效果，过长则因抗性减弱而死苗。经常观察膜内出苗及生长情况，以苗高在 20～25 厘米揭膜为宜，一般地膜覆盖时间控制在 30 天左右。此间气温相对较低，一般以全封闭为主，当天气晴好、大棚内温度≥35℃时，开启大棚裙膜以调节棚内温度。

揭地膜宜在晴天进行，因秧苗在地膜内长时间光照不足，较虚弱，需要进行 1～2 天炼苗，同时要防止因环境迅速改变（湿度下降）而伤苗，揭去地膜后及时灌薄水护苗，逐渐增加大棚内通风量，2 天以后施薄肥，每亩施用尿素 7～10 千克。如遇倒春寒，可采用灌水护苗，待寒潮过后再放水。

6. 加强大棚管理，促进茭白壮苗　在大棚双膜覆盖下，地膜内的高温高湿环境促进根系萌动，出苗快，但苗虚弱徒长，营养不良。地膜揭去后须加强管理，降低大棚内湿度，消除雾气，保持叶片干燥，增加光合作用。一般在 9：30 开始通风降湿，通风多为大棚两边交错开气窗，16：00 左右扣棚保温。

当大棚内温度达到 35℃以上时，易产生烧苗，需加大通风降温；碰到连续阴雨天也要开窗通风，有利于壮苗，防止徒长，减少无效小苗，提高孕茭率。大棚膜揭膜前 3 天进行炼苗，4 月 10 日左右揭去大棚膜，此时双膜覆盖栽培的茭白已采收 1～2 批。

7. 薄肥勤施，及时定苗，培育壮苗　分期分批施肥，地膜揭去后迅速灌水，2 天后首次每亩施尿素 7～10 千克，其后追 4 次肥。总施肥量为每亩施腐熟生物有机肥 1 000 千克、进口复合肥和尿素各 75 千克。末次施肥须在 3 月 10 日前结束。选择晴好天气施肥，做到薄肥勤施，施后在晚间开窗通气，防止氨气烧苗，并灌薄水 5 厘米，3 天以后氨气基本散尽后才能在晚上完全扣棚。

秧苗间苗分 2 次进行：第一次在 2 月初，当苗高长至 30～40 厘米时进行；第二次在 2 月中旬定苗，每墩保留 18～20 根壮苗，并在茭墩内嵌土、培土，以增加营养和空间，同时将行间枯茭叶揿入土中作为有机肥，培土高度不能超过叶枕（即茭白眼）。

8. 适时搁田，促壮防病　平时多通风降湿，以提高茭白植株的抗逆性。大棚栽培茭白生长比较瘦弱，易感胡麻叶斑病、锈病，控制大棚内湿度是防病的基础。在第二次定苗培土后，须进行 1 次搁田以促进扎根，以后采用干湿交替管理。2 月下旬孕茭前，用 12.5%烯唑醇可湿性粉剂 2 500～3 000 倍液喷雾防病，孕茭期间禁止使用农药。

9. 根外追肥，提高品质　由于大棚茭白营养生长较短，孕茭期集中，养分需要量较大，因此除常规施肥外还需要进行 2 次根外追肥。第一次在 2 月中旬，第二次在 3 月 10 日左右即在间苗结束时（4～5 叶 1 心期）施用，喷施孕茭调节剂与营养液，营养液以微量元素肥料加氨基酸类物质为主，在 10：00 露水干后或 15：00 以后施用。茭白孕茭期间视叶色巧施孕茭肥，当 70%左右茭白植株孕茭时，一般每亩施用进口复合肥 20 千克左右。

10. 留养浮萍，适时采收茭白　当植株叶鞘略有裂缝、茭白肉露出 1～2 厘米时，及时采收。夏茭采收时，由于高温高湿，要求在早晚进行，收获的茭白须放置在阴凉处，以防止发热变质。第二批采收后，看苗情薄肥勤施。采收期水位增至 20～30 厘米，并留养浮萍，以保持茭白洁白。

二、单季茭白一种三收高效栽培新技术

茭白按感光性和采收时间，可分为单季茭、双季茭两大类，单季茭一年一熟，双季茭一年二熟。以往的单季茭白种植都是春季种植当年秋季收获，即种 1 次当年收获 1 次，单位面积产量较低，且上市时间集中，经济效益很难实现最大化。十多年前，浙江缙云等地的单季茭白通过喷施微肥等技术使单季茭一年能收获两季，虽比常规种植增产，但缺点是夏茭有效苗不足、孕茭率偏低、产量不高。近年来，经过不断摸索和创新，把双季茭二段寄秧育苗、施微肥等技术应用到单季茭中，总结出了一套单季茭栽种 1 次收获 3 次的高效栽培新技术，大大增加了单位面积的产量和产值。据统计，应用新技术后，平均亩产第一茬 2 000 千克左右，产值 1 万～1.2 万元；第二茬 2 000 千克左右，产值

1 万～1.2 万元；第三茬 1 500 千克左右，产值 0.7 万～0.9 万元。二年三茬总产值在 2.7 万～3.3 万元，而传统种植一年平均亩产只有 1 200 千克左右，产值 0.4 万～0.5 万元，增产增效十分明显。现将单季茭一种三收高效栽培技术介绍如下。

1. 第一茬茭白

（1）品种和种苗选择。品种选择单季八月茭，在前一年秋茭收获时，选择具有本品种特征特性、生长整齐、结茭部位低、孕茭率高、茭肉肥大、产茭一致、无雄茭、灰茭株与变异株的茭墩作种墩，做好标记。

（2）苗期管理。9 月中旬至 10 月上旬单季茭采收结束后，保持茭田润湿状态，至 12 月气温降到 5℃以下时，茭白植株自然枯萎，在 12 月底（冬至前后）齐泥割平老茭墩，去除上部枯茎叶，把清理出来的茭白茎叶残体，集中堆沤制成腐熟的农家肥。不能在田中烧毁，以免影响茭白地下茎的正常生长及对环境的污染，也可以边割边踩入田中，用泥覆盖作为有机肥。割老墩时间不能过早或过迟，过早则地上部的营养还没有回留至地下部，影响春季出苗；过迟则会使地上茎萌芽出苗时产生高脚苗。清除田塍杂草，降低病虫害的发生危害基数。保持田平、湿润、不开裂，留地下根茎安全过冬。冬至前后每亩施腐熟农家肥 1 000～1 200 千克或茭白专用肥（$N:P_2O_5:K_2O:SiO_2=20:10:18:2$，下同）50 千克，促进茭白短缩茎与地下匍匐茎芽萌发。等到第二年春季 3 月中旬追施肥料 1 次，每亩施茭白专用肥 30 千克加尿素 20 千克。当苗高 30 厘米左右时，进行二段寄秧育苗。

（3）二段寄秧育苗。3 月底至 4 月初进行二段寄秧育苗，选择种墩周围的游茭苗进行寄秧育苗，寄秧采用单本插，行株距为 30 厘米×25 厘米，每亩插 8 800 丛，秧本比为 1∶(7～8)。寄秧 15 天后追肥 1 次，每亩施尿素 5 千克左右，结合施肥进行除草 1 次。5 月初施第二次肥，每亩施茭白专用肥 25 千克左右，5 月底至 6 月初每丛分蘖苗有 7～8 根时进行定植，寄秧时间 2 个月左右。

（4）定植。5 月底至 6 月初定植大田，整墩移植，行距 110 厘米，株距 60 厘米，每亩插 1 010 丛。

（5）田间管理。

肥水管理：由于茭白生长期长，需肥量大，因此施肥原则是施足基肥、早施分蘖肥、巧施孕茭肥。基肥：每亩施腐熟有机肥 1 000～1 500 千克或茭白专用肥 50 千克。追肥分 3 次，分别为提苗肥，栽后 10 天，每亩施尿素 5 千克；分蘖肥，栽后 30 天左右，每亩施茭白专用肥 25 千克作分蘖肥；催茭肥，孕茭期用 0.3%磷酸二氢钾、0.5%尿素进行叶面喷施，当 20%的茭白采收后，视叶色巧施催茭肥，一般每亩施碳酸氢铵 30～40 千克，叶色浓绿的田块可以不施。

植株生长前期保持 5 厘米左右水位促分蘖，7 月中旬每墩高峰苗在 20 根左右时搁田逾 10 天，孕茭期加深水位至 10 厘米以上，但最高水位不得超过茭白眼。

病虫害防治：茭白主要病虫害是"四虫三病"，即二化螟、大螟、长绿飞虱、福寿螺及锈病、胡麻斑病、纹枯病。二化螟通过性诱剂连片防治；大螟可用 20%氯虫苯甲酰胺悬浮剂 3 000 倍液或 1.1%绿浪乳剂 1 000 倍液防治，并兼治二化螟；长绿飞虱可用 18%杀虫双水剂 200 倍液加 10%吡虫啉可湿性粉剂 1 000 倍液防治，并兼治大螟、二化螟；推广茭白田套养中华鳖、茭鸭共育技术防治福寿螺及其他虫害、杂草。

锈病可用 12.5%烯唑醇可湿性粉剂 2 500 倍液或 10%苯醚甲环唑水分散粒剂 1 500 倍液喷雾防治；胡麻叶斑病可用 12.5%烯唑醇可湿性粉剂 2 500 倍液或 72%霜脲·锰锌可湿性粉剂 700 倍液喷雾防治；纹枯病用可用 5%井冈霉素水剂 500 倍液喷雾防治。

（6）收获。第一茬茭白采收时间在 9 月初开始采收，9 月下旬采收结束。此时采收正值茭白上市空档期，高山茭白结束，双季茭还未开采，销售价格较高。单季茭经过二段寄秧育苗后大田有效分蘖数明显提高，每墩有效苗在 20 根左右，直接移栽的每墩有效苗在 12～13 根，有效苗增加 50%以上。亩产在 2 000 千克左右，销售收入在 1.0 万～1.2 万元。

2. 第二茬茭白

（1）清理茭田，润湿过冬。在第一茬茭白收获完毕后，立即清理病株和杂株，连根挖起运到田外，并对缺株进行补栽。其他采收后的茭白残株等 12 月天气转凉、茭白自然枯萎后齐泥割平，并将割下的茭白叶片陷入泥中以便腐烂，在操作时以浅水为宜。补施腊肥 1 次，每亩施茭白专用肥 50 千克，并浅水润湿过冬。

（2）间苗定苗。第二年 3 月 25 日左右，当游茭苗长 30 厘米左右时，割掉墩苗，保留行与行之间的游茭苗，并删除多余弱苗，每亩留健壮苗 2 万株左右。

（3）适时施肥。二茬茭白追肥，要适时适量。间苗后施肥 1 次，每亩施茭白专用肥 40 千克，加尿素 10 千克，以后每隔半月施茭白专用肥 25 千克，4 月底追肥结束。在该模式管理中要确保叶面肥的供给，结合防病施微肥，可施 802、氨基酸、喷施灵、叶面宝、稀土微肥、茭白施必丰等，3 月底至 5 月中旬，每 7～10 天施 1 次。用量：802 初次每喷雾器水（15 千克）用 1 包（10 克/包），以后每喷雾器依次为 2 包、3 包、2 包，最后以 1 包结束。每亩施氨基酸 200 毫升、喷施灵 40 毫升、叶面宝 40 克、稀土微肥 400 毫升、茭白施必丰30克。以上微肥可交替施用，总共喷4～5次，以促进茭白生长及孕茭，孕茭前停止喷施。

（4）水浆管理。删苗后保持3～5厘米水层，孕茭期加深水位至20厘米。

（5）病虫害防治。主要做好螟虫、长绿飞虱和锈病的防治，防治药剂同第一茬茭白病虫害防治。收获前25天停止用药。

（6）适时采收。茭白露白时收获最佳，一般在5月底至6月初开始采收，6月中下旬结束，亩产达2 000千克左右，产值1.0万～1.2万元。

3. 第三茬茭白

（1）清理茭田。夏茭采收结束后，放干田水，割除地上植株，保持约10厘米高的茭桩，清理田间枯枝烂叶，并及时追施肥料，以促进茭苗生长。每墩有效苗14～15根。

（2）施肥。割除茭墩后，田间保持浅水，促进分蘖萌发，及时追施肥料。每亩施茭白专用肥30千克和尿素10千克。7月上中旬茭苗高约60厘米时，每亩施茭白专用肥20千克。9月初孕茭前后，每亩施用茭白专用肥20千克。苗期至孕茭，喷802、氨基酸、喷施灵、叶面宝、稀土微肥、茭白施必丰等，总共喷2～3次。

（3）病虫害。主要做好螟虫、胡麻斑病和锈病的防治，防治药剂同第一茬茭白病虫害防治。

（4）适时采收。9月底至10月初采收，此时正值常规单季茭采收结束，双季茭秋茭还没开采，市场零售价较高。平均亩产1 500千克，产值0.7万～0.9万元。

三、大棚茭白套种丝瓜立体高效种植模式

茭白是我国主要的水生蔬菜，茭白田套种水芹、蕹菜等作物是比较常见的种植模式，但水芹、蕹菜等套种作物都是种植在茭白植株行间，占用茭田平面空间，与主栽作物形成竞争，套种效果不是十分理想。根据茭白的生产特性，不断探索优化种植模式，总结出大棚茭白套种丝瓜立体高效种植模式。该模式利用大棚茭白6—8月的空闲期，套种丝瓜，既增加一季丝瓜收入，又能为高温期茭白植株遮阴降温，促进茭白生长。据试验示范，大棚茭白套种丝瓜立体种植模式每亩可收秋茭1 300千克左右，产值3 120元；收夏茭2 300千克左右，产值8 050元；收丝瓜1 500千克左右，产值3 300元。全年每亩产值在1.4万～1.5万元，经济效益显著。现将该模式介绍如下。

1. 茬口安排 7月中下旬定植茭白，10—12月收获秋茭。12月中下旬大棚茭白覆膜，翌年4—5月收获夏茭。4月在棚间培制土墩套种丝瓜，5月引蔓上架，6—8月收获丝瓜。

2. 秋茭

（1）品种选择。可选择浙茭 2 号、浙茭 3 号、浙茭 6 号、龙茭 2 号等双季茭早中熟品种为好。

（2）育苗移栽。选择株型整齐、结茭部位低、孕茭率高、茭肉肥大洁白，无雄茭、灰茭，并且成熟一致的茭墩作为种墩，在 3 月底前进行分苗寄植，将挖取的茭白单株实行 1 苗 1 穴，分苗假植在育苗田中，株行距 50 厘米×25 厘米，每亩大田约需 60 米^2 苗床。待大田夏茭收获完毕后，进行翻耕、平整。至 7 月中旬，育苗田中的茭白种苗一般都已发生 3～5 个分株，用快刀劈开则成 3～5 株定植苗。定植时将定植苗剪去上部叶片，保留叶鞘长 30 厘米，减少水分蒸发，提高定植成活率。秋茭栽植采用宽窄行栽培，行株距为（100～120）厘米×55 厘米，每亩栽 1 100 株左右。相邻 2 个大棚之间留 1.2 米的空间种植丝瓜。

（3）施基肥。定植前 2 周施用基肥，每亩施腐熟栏肥或人粪尿 1 500～2 000 千克、碳酸氢铵 40 千克、过磷酸钙 40 千克或三元复合肥 30 千克。

（4）追肥。第一次追肥在定植后 10～15 天，每亩施尿素 5 千克、复合肥 5 千克；视长势隔 10～15 天再施 1～2 次，每亩施尿素 5 千克、复合肥 10 千克；孕茭前半个月左右停施。待 50%左右植株开始孕茭后施孕茭肥，每亩施复合肥 20 千克，促进茭白粗壮，提高产量。

（5）田水管理。茭田施基肥后即行灌水，除孕茭期水位稍高外，其他时期保持水位 3～5 厘米即可。

（6）病虫害防治。茭白病虫害发生较重的主要有锈病、胡麻叶斑病、纹枯病、二化螟、长绿飞虱，需综合防治。大田翻耕、平整时，每亩撒施石灰 50～100 千克，既可杀死土壤中的病菌，又可调整土壤 pH。及时去除茭株基部老叶、黄叶、病叶及无效分蘖，改善株间透光条件，抑制病害发生。每隔 50 米安装 1 盏诱虫灯，控制二化螟和长绿飞虱危害。此外，应根据病虫发生情况及时做好化学防治。

锈病发生初期用 12.5%烯唑醇可湿性粉剂 3 000 倍液、20%腈菌唑可湿性粉剂 2 000 倍液、20%三唑酮乳油 1 000 倍液或 10%苯醚甲环唑水分散粒剂 2 000 倍液，每 7～10 天喷药 1 次，轮换用药 2～3 次。注意三唑类药剂对茭白有药害，只可在早期使用，一个生长季最多使用 2 次。

纹枯病在发病初期用 20%三环唑可湿性粉剂 500 倍液、5%井冈霉素水剂 3 000 倍液或 50%多菌灵可湿性粉剂 800 倍液，每隔 7 天 1 次，防治 2～3 次。

胡麻叶斑病在发病初期用 20%三环唑可湿性粉剂 800 倍液、10%苯醚甲环唑水分散粒剂 2 000 倍液或 80%代森锰锌可湿性粉剂 1 000 倍液喷雾防治，每隔 7 天 1 次，防治 2～3 次。

二化螟幼虫孵化期用20%氯虫苯甲酰胺悬浮剂3 000倍液或2%阿维菌素乳油1 500倍液防治1～2次。

长绿飞虱可用10%吡虫啉可湿性粉剂2 000倍液或25%扑虱灵（噻嗪酮）可湿性粉剂1 000倍液防治。

（7）草害防治。待苗长齐后，及时除去杂草，也可排干田水，每亩用18%乙苄系列30克或10%苄嘧磺隆12～15克，兑水40千克喷雾，过1天覆水。还可套养鱼、鸭来控制草害。

（8）采收。秋茭自10月底开始采收，至12月上旬结束。采收标准一般为茭肉明显膨大、叶鞘一侧略张开、茭茎稍外露0.5～1.0厘米。采收过迟，则质地粗糙、品质下降；采收过早，则茭白嫩而产量低。需外运销售的产品在收后留3片苞叶浸水，使茭白经远距离运输仍保持肉茎鲜嫩。

3. 大棚夏茭

（1）搭棚盖膜。秋茭采收后及时割去地上部残株，清洁田园，集中烧毁，以减少虫口和病菌的越冬基数。为促进植株提早萌发，一般于12月底完成搭棚并盖膜。搭棚前要放干田水，保持田面湿润，脚不下陷，以利于搭棚时的田间操作。适宜搭建6～8米宽钢架大棚，2个大棚之间留1.2米宽的套种空间。

（2）萌芽肥。12月中旬盖膜前施萌发肥，每亩施碳酸氢铵50千克、过磷酸钙50千克或三元复合肥40千克。施好后1周盖膜，灌浅水，以提高肥料利用率。

（3）追肥。夏茭第一次追肥在苗高10～20厘米时，每亩施尿素5千克、复合肥10千克，以后视植株长势，每隔10～15天再施1～2次，每次用尿素5～8千克、复合肥10千克。待50%左右植株开始孕茭后施孕茭肥，每亩施复合肥25千克。

（4）间苗。当苗高20～30厘米时开始间苗定株，剔除中心苗、弱小苗，每墩留疏密均匀的粗壮苗20～25根定株。在间苗的同时，在茭墩中心压上淤泥，防止已除苗再抽生，也使植株向四周分散生长。

（5）大棚管理。棚栽茭白3月中旬前以盖膜保温为主，早春茭墩抽苗后，当天气暖和时，在10：00气温升高后，进行大棚两头通风，当棚内气温超过30℃时，揭边膜和两头通风，防止高温伤苗；当棚内湿度过大时，在中午前后进行通风降湿。在4月初茭白植株叶片长至触及大棚肩部棚膜时即可全揭膜。

（6）病虫害防治。大棚夏茭由于比露地生长期提前，病虫害发生相对较轻，一般只需对锈病、胡麻叶斑病进行1次化学防治即可，可选用50%多菌灵可湿性粉剂800倍液、20%腈菌唑可湿性粉剂2 000倍液或10%苯醚甲环唑水分散粒剂2 000倍液进行喷雾。

（7）采收。大棚夏茭一般在4月上旬开始采收，比露地提早25天左右，一直采至 5 月下旬。采收标准可参照秋茭。

4. 丝瓜

（1）品种选择。一般选择较耐水的普通丝瓜，如嵊州白丝瓜、春丝 1 号等。

（2）培制土墩。在大棚行间每隔 1.5 米培制一个土墩。培制土墩所需泥土可就地取材，在秋茭采收后排干田水，预先起堆晒干，混施农家肥，有控根容器或竹篓围住。土墩直径要求 40 厘米以上，高度要求 50 厘米以上，土墩高度若过低，丝瓜定植后，茭田水面离丝瓜根系近，影响根系生长发育。

（3）育苗定植。丝瓜在 3 月中旬以穴盘或营养钵播种育苗，播后 1 周出苗，在 4 月下旬当秧苗有 4 叶 1 心时，选择晴天定植。每个土墩定植 4 株，每亩栽 240 株左右。

（4）引蔓上架。在大棚内离水面 1.5 米高拉设尼龙丝网，待丝瓜藤蔓长到 50 厘米后，用尼龙绳或竹竿引蔓上架，结瓜后从网洞垂挂下来，方便瓜蔓整理、丝瓜采收。

（5）植株整理。丝瓜的主侧蔓均能开花、结果，一般以主蔓结果为主。丝瓜开花后，主蔓基部 0.5 米以下的侧蔓全部摘除，保留较强壮的侧蔓，每个侧蔓在结 2～3 个瓜后摘顶。上架后如侧蔓过多，可适当摘除一些较密或较弱的侧蔓，及时疏除过密枝条、老叶、黄叶以及畸形幼果等，以利于通风透光、养分集中，促进瓜条肥大生长。

（6）肥水管理。茭白田一般常年有水，培植丝瓜的土墩置于茭白田中，水分相对充足，不需要浇水。出现雌花后进行第一次追肥，每亩施复合肥 3 千克，兑水浇施或撒施，坐果后再追施 1 次，每亩施复合肥 3 千克。到 6 月下旬左右，丝瓜根系已伸展至篓底部，此时可在篓底部外围撒施肥料，以利于吸收。丝瓜进入采收盛期，每采收 2 次追肥 1 次，每次每亩施复合肥 3～5 千克。

（7）病虫害防治。丝瓜在整个生育期主要病虫害有霜霉病、白粉病及蚜虫、瓜绢螟等，需及时对症下药。

霜霉病发病初期选用 75％百菌清可湿性粉剂 600 倍液、64％杀毒矾可湿性粉剂 400～600 倍液、70％代森锰锌可湿性粉剂 800 倍液或 50％烯酰吗啉可湿性粉剂 1 000 倍液喷雾防治。

当发现叶片有白粉病零星小粉斑时，应立即施药防治，可喷施 10％苯醚甲环唑水分散粒剂 2 000 倍液、12.5％烯唑醇可湿性粉剂 2 500 倍液、20％三唑酮乳油 1 000 倍液或 70％代森锰锌可湿性粉剂 800 倍液，交替使用，隔 5～7 天 1 次，连续 2～3 次。

瓜绢螟幼虫发生初期及时摘除被害的卷叶，可用 1％甲维盐乳油 3 000 倍液、1.8％阿维菌素乳油或 15％茚虫威悬浮剂 2 000 倍液喷雾防治。

蚜虫可用25%吡蚜酮可湿性粉剂2 000倍液、25%噻嗪酮可湿性粉剂1 500倍液或10%吡虫啉可湿性粉剂1 000倍液等喷雾防治。

(8) 适时采收。丝瓜连续结果性强，盛果期果实生长较快，可每隔1～2天采收1次。嫩瓜采收过早，则产量低；采收过晚，则果肉纤维化，品质下降。采收时间宜在早晨，用剪刀齐果柄处剪断，采收时必须轻放，忌压。

(9) 适期拉蔓下架。盛夏期过后，气温开始下降，丝瓜也已过了盛采期，为不影响秋茭植株生长，丝瓜应及时拉蔓下架，将枝叶清理干净并销毁。

四、茭白田套养中华鳖高效种养模式

茭白田套养中华鳖是浙江近年来发展起来的高效生态种养结合模式，目前在余姚、鄞州、奉化等地已有数千亩面积。茭白田内套养中华鳖，鳖以福寿螺等为食物，既大幅增加农户的经济收入，又能有效控制福寿螺的危害和蔓延，减少农药使用，使茭白产品更加安全卫生。套养田茭白以种植单季茭和高温型(夏、秋兼用型)双季茭为主，一般年产双季茭2 500～3 000千克/亩，产值5 000～6 000元，年产单季茭1 000～1 300千克/亩，产值3 000～4 000元。套养中华鳖年产40～50千克/亩，产值10 000～12 000元。茭鳖合计产值在1.3万～1.8万元，该模式经济效益、社会效益和生态效益十分显著，具有较高的推广应用价值。现将套养技术要求介绍如下。

1. 套养田选择 福寿螺是一种外来入侵物种。套养田必须选择在福寿螺发生区，并且应选无工业废水污染、进排水方便、水质良好、连片集中的田块。

2. 品种选择

(1) 茭白品种。选择单季茭和高温型(夏、秋兼用型)双季茭为主，单季茭品种有八月茭、回山茭，高温型双季茭品种以河姆渡双季茭为主。

(2) 中华鳖品种。应选择身体扁平、活动能力强、嗜食肉食动物的中华鳖为放养鳖种。该鳖种接近野生鳖种，生存能力强，抗病性好，口宽，上下颚有坚硬的角质齿板，可压碎螺、蚌类。

3. 放养前准备

(1) 茭白种植。河姆渡双季茭、单季茭都在3月下旬移栽。河姆渡双季茭种植规格：行株距为(80～100)厘米×60厘米，每亩栽1 230墩。单季八月茭种植规格：行株距为100厘米×60厘米，每亩栽1 110墩。

(2) 茭白田开深沟、挖暂养池。中华鳖放养前，在茭白田四周开深沟，沟宽100厘米、深50厘米。面积较大的田块，中间增开十字形深沟，当农事操作时，有利于中华鳖返回沟中躲避，以及在7—8月高温季节降低水温，使沟底、池底水温不超过32℃，不影响中华鳖正常生长。在开沟的同时加宽、加固四周田埂，阳光充足时有利于中华鳖在田埂上晒太阳，起到杀灭寄生藻类和细菌的作用。以10～15亩为一个套养区，挖暂养池。暂养池水深1.0米左右，面积100米^{2}左右。10月底至11月初随着气温下降，全部茭白品种采收结束，茭白田处于浅水或润湿状态，大部分中华鳖会主动爬入暂养池，有利于及时回迁。

（3）防逃设施。放养前，茭白田四周围上防逃设施，采用1米高彩钢瓦或90厘米高水泥瓦（含水泥成分要高），30厘米埋入土中，60～70厘米留在上面，每隔1.5米用木桩或竹桩加固，最上部用竹片、铁丝加固。进出水口用铁丝网拦截，防止中华鳖外逃。

4. 中华鳖放养　室外水塘鳖苗在水温超过12℃时开始放养，一般在4月中旬放养。温室鳖苗在最低水温超过20℃时放养，一般在5月底（具体根据气温而定），以保证幼鳖的成活率。放养前，中华鳖用0.01%高锰酸钾溶液消毒10～15分钟，至中华鳖表皮发黄为止。放养密度应根据茭白田中福寿螺多少来定，考虑到防逃设施成本较贵，可适当增加放养密度，推荐放养密度为每亩50～70只。密度过低，则防逃设施成本较高，经济效益难易体现；密度过高，则饵料不足引起自相残杀，易引发产生各种病害。

5. 套养田茭白管理

（1）施肥技术。3月底茭白种植前施足施好基肥，一般每亩施腐熟的有机肥1 000～1 200千克或茭白专用肥80千克或复合肥50千克。中华鳖放养后茭白田中施肥以少施多次为好，施肥以茭白专用肥、复合肥为主，少施尿素，不施碳酸氢铵，因为氨浓度高对中华鳖有毒性。水中的氨态氮浓度在30～100毫克/升时，中华鳖摄食量下降；100毫克/升即发生氨中毒的危险，也容易发生腐皮病、疖疮病等；150毫克/升时会停止摄食；浓度再高就会严重威胁其生存。套养中华鳖水体氨浓度最好控制在10毫克/升以下，上限不超过30毫克/升。因此，应尽量不施碳酸氢铵，少施尿素，以减少水中氨态氮的含量，确保中华鳖健康生长。

（2）水浆管理。水浆管理按“浅-深-浅”的原则进行：移植1个月内田间浅水，保持水层3～5厘米，促进茭白分蘖；移植1个月后水层逐渐加深，7月初至8月底高温期间进行深水灌溉，保持水层10～13厘米；9月上旬至10月中旬，保持水层5厘米左右，有利于孕茭采茭；采茭结束后，随着中华鳖的起捕，逐渐放浅田水。

（3）病虫害防治。套养田中的茭白防病治虫应尽量选用农业防治、物理防治、生物农药和低毒低残留农药防治。结合冬前割茬，收集病残老叶集中处理，减少越冬菌源。在茭白生长中期，进行2～3次剥叶、拉黄叶，增加植株间的通风透光性，以抑制病害的发展。积极推广用性诱剂防治茭白田二化螟、大螟，在选用农药防治时，尽量少用对水生生物生长有影响的农药。施药时采用喷雾施药，不散施或泼浇，应在晴朗无风的天气进行，夏季应在10：00前或16：00后进行，严禁在刮风或下雨时施药，以免农药被风吹雨淋进入水中，污染水质，影响中华鳖生长。

套养田可以使用的农药有15%粉锈宁（三唑酮）、70%代森锰锌、5%井冈霉素、20%氯虫苯甲酰胺（康宽）悬浮剂、50%多菌灵可湿性粉剂、45%硫黄·三环唑可湿性粉剂、72%杜邦克露（霜脲·锰锌）可湿性粉剂、10%吡虫啉可湿性粉剂。

6. 套养田中华鳖管理

（1）创造良好环境，把好水质关。中华鳖适宜生长水体pH在7.5～8.5，定期向养殖水体中泼洒适量生石灰或漂白粉等，调节水体pH。水体pH低于7时，泼洒浓度为20克/米^{3}的生石灰；水体pH较高时，可泼洒一定剂量的漂白粉、二氯异氰尿酸钠等，使水质处于弱碱性状态，有利于中华鳖生长。茭白田水质变差时，定期更换新鲜水质。茭白田中适当放些浮萍，既可净化水质，增加水体溶氧量，减少换水量，又能为中华鳖提供隐蔽场所，减少相互撕咬，还能为福寿螺增加食料。

（2）经常检查中华鳖捕食情况。要经常检查中华鳖对福寿螺捕食情况，若发现食料不够，应及时向套养田投入福寿螺成螺，利用成螺产卵块，再孵化成小螺来解决中华鳖食料。如果福寿螺不足，用投入小杂鱼、小虾、螺蚌类来代替，不投配合饲料。投饵分早、晚2次投喂，投饵时要设置投饵观察台，及时了解捕食情况。投饵要做到定点、定时、定量、定质。

（3）经常检查防逃设施。要经常检查防逃设施是否牢固，进出小沟铁丝网有否脱落。防逃设施内外应经常清除杂草，特别是在茭白采收期，茭白草应及时清除，以防被中华鳖搭桥外逃。要搭建管理用房，派专人管理。

（4）中华鳖病防治。应该以“预防为主，治疗为辅”，创造条件，采取“无病先防，有病早治”的积极措施，尽量减少或避免疾病的发生。把握好以下环节，可有效减少鳖病的发生：选择好的种苗、套养前消毒、把好水质关、适宜的套养密度、有栖息晒盖场所、发病个体及时清理出套养田。

近几年套养观察，套养田中华鳖主要发生疖疮病，与茭白田中的氨浓度有关。用强氯精（有效氯98%）对水体进行消毒，每立方米水体用1克强氯精，隔天连防3次能有效控制。或者用碘三氧防治，用量按100克/亩使用，每15天用1次，连续使用2～3次能有效控制。

7. 茭白采收与中华鳖适时迁捕 河姆渡双季茭6月上中旬采收梅茭，9月上旬采收秋茭，单季茭9月中旬至10月上旬采收结束。采茭时尽量做到轻手轻脚，避免对中华鳖产生不必要的伤害。秋茭采收结束后，根据气温在10月底或 11 月上旬及时回迁中华鳖，因为这时中华鳖已很少进食，即将进入冬眠期。当水温低于 12℃以下时，中华鳖就会潜入泥土中冬眠，如不及时迁出，将增加捕捉难度和工作量。迁出后在池塘暂养，以后可以根据市场需要及时捕获出售。

五、茭白田养殖泥鳅技术

1. 田块选择和配套设施的修建

（1）田块选择。选择水源充分、水质良好、无污染、排灌容易、管理方便的田块，底质以保水性能良好的沙壤土为佳。

（2）田块修整。包括鳅沟、鳅窝和田埂的建设。鳅沟是泥鳅栖息的主要场所，可挖成“田”字或“井”字形，沟宽 40 厘米，深 50 厘米。鳅窝设在田块的四角或对角，鳅窝宽 1～2 米，深 50～60 厘米，鳅窝与鳅沟相通。鳅沟、鳅窝的面积占田块总面积的 6%～8%。在挖鳅沟、鳅窝的同时，利用土方加高田埂，使田埂高出田坂 60 厘米，以保证茭白田蓄水时田坂水深达 20～30 厘米，鳅沟水深 7～8 厘米。田埂顶宽 30 厘米，田埂内坡覆盖地膜，以防田埂龟裂、渗漏、滑坡。

（3）进排水设施。套养泥鳅的茭白田要有独立的进、排水系统。进、排水口要对角设置。这样在加注新水时，有利于田水的充分交换。进水经注水管伸入田块行悬空注水，水管出水处绑一个长 50 厘米的 40 目筛绢过滤袋，以防止野杂鱼、蝌蚪、水蜈蚣、水蛇等敌害生物随水入田。排水口安装拦鳅栅，拦鳅栅为密网眼铁丝网制成的高 50 厘米、宽 60 厘米的长方形栅框。挡鳅栅上端高出田埂 10 厘米，为防止暴雨时因排水口不畅而发生田水漫埂逃鳅，可在靠排水口一边的田埂上开设 1～2 个溢水口，溢水口同样安装牢固的拦鳅栅。

（4）田块围栏。围栏的目的：一是预防泥鳅翻埂逃逸；二是防止蛇、蛙等敌害生物入侵。具体方法是在田埂顶部每隔 1.5～2 米钉一直立的木桩，沿木桩围一道直立的塑料薄膜，薄膜上端绑扎固定在木桩上，桩下端用泥块压实、盖牢，薄膜墙高 60～80 厘米。

2. 放苗前的准备工作

（1）田块消毒。鳅苗放养前 10 天左右，每亩用生石灰 15～20 千克或漂白粉 1.0～2.5 千克，兑水搅拌后均匀泼洒。

（2）施用基肥。在茭白田灌水前，每亩施发酵后的猪、牛等畜粪 600 千克左右。其中，250 千克均匀地施于鳅沟，其余的施在田块上，并深翻入土。翻土时，要注意保护好鳅沟和鳅窝。

3. 鳅苗的放养

（1）放养亲鳅。用作繁殖的亲鳅，雌鳅最好选取体长 15 厘米、体重 30 克以上、腹部膨大的个体，雄鳅可略小。个体大的雌鳅怀卵量大，雄鳅精液多，繁殖的泥鳅质量好、生长快。亲鳅要求无病、无伤，体表黏膜无脱落。雌雄比例为1∶2。

（2）放养鳅苗。鳅苗可从市场选购笼捕的无病、无伤、体质健壮的鳅苗或购买池塘人工繁育的苗种，放养鳅苗一般以身长5～6厘米的二龄苗为好。放养时间一般在追施的化肥全部沉淀后（一般在茭白移植后8～10天），可放养20～30尾进行“试水”，在确定水质安全后再放苗。密度控制在每亩放养0.8万～1万尾。

（3）鳅苗的消毒。无论是亲鳅还是鳅苗，放养前均须进行鳅体消毒。消毒方法：鳅种放养前用3%食盐水或0.01%高锰酸钾浸浴8～10分钟，可有效预防泥鳅体表疾病的发生。另外，要剔除受伤和体弱的鳅苗。

4. 饲养管理

（1）施肥。泥鳅属杂食性鱼类，常以有机碎屑、浮游生物和底栖动物为饵料。在养殖过程中，应对鳅沟、鳅窝定期追施经发酵的畜禽粪便等，也可施用氮、磷、钾等化肥。田水透明度控制在15～20厘米，水色以黄绿色为好。

（2）投饵。泥鳅食谱很广，喜食畜禽内脏、猪血、鱼粉、米糠、麸皮、啤酒渣、豆腐渣以及人工配合饲料等。当水温在20～23℃时，动物性饲料、植物性饲料应各占50%，水温24～28℃时，动物性饲料应占70%，日投喂量为泥鳅体重的3%～5%。但在具体投饵时，还应根据水质、天气、摄食等情况灵活掌握，做到定时、定位、定质、定量。

5. 日常管理

（1）水质调节。茭白移植和鳅苗放养初期，水位应保持在10～15厘米。随着茭白长高和泥鳅长大，要逐步加高水水位到20厘米左右，使泥鳅始终能在茭白丛中畅游索饵。茭田排水时，不宜过急、过快；夏季高温季节，要适当提高水位或换水降温，以利于泥鳅度夏生长。

（2）清污防逃。要坚持每天巡田，仔细检查田埂有否漏洞，拦鳅栅有否堵塞、松动，若发现问题则应及时处理。

（3）清野除害。发现蛙卵、水蜈蚣等，应及时用抄网捞除。如有水蛇，可将稻草扎成2～3米长的大草捆置于鳅窝中，水蛇能将草捆做成蛇窝，不定期提起草捆将蛇抖出而除之。出现水鼠可用毒鼠药诱杀。

6. 病害防治　在鳅病防治上，应定期施用消毒杀菌和杀虫等药物，定期投喂药饵（如土霉素、大蒜素等）进行病害防治。在茭白的病害防治上，以生物防治为主。可采取生物制剂防治，也可选用高效、低毒的化学农药，早防早治，防重于治。在操作时以喷雾为主，用药后及时换水。

7. 捕捞与上市　在养殖过程中，可根据市场需求“捕大留小，分期分批上市”。具体操作：一是在10月下旬前后用捕笼具捕捞后直接上市或用网箱（水泥池）暂养囤存后上市；二是11月下旬天气转冷前再彻底干池集中捕捉上市。经过6个月的养殖，一般可获亩产商品鳅150～180千克，茭白1 000～1 200千克，亩产值0.8万～0.9万元，纯利0.5万～0.6万元，经济效益十分显著。

六、茭白-鱼-鸭立体种养技术

茭白、鱼、鸭三位一体立体种养技术的优点：一是茭白田养鱼、养鸭后，农民只能使用低毒农药和减少农药使用量，这样茭白的农药残留减少，茭白品质也有所提高；二是这种立体种养技术明显提高了土地和水资源利用率，单位面积效益增加；三是鱼、鸭觅食清除了田间不同种类的杂草、无效分蘖和茭白基部害虫（长绿飞虱、螟虫等），从而减轻虫害和草害；四是鸭粪是鱼的好饲料，鱼粪和鸭粪是茭白的有机肥，实现了资源的循环利用；五是鸭子野养使鸭肉嫩美，提高了鸭子的单价和效益。

1. 田块的选择和配套设施建设　选择有利于防洪、排灌条件好、土层深厚、肥沃的田块，垄畦式宽窄地栽培，按畦宽1.2米，沟宽40厘米、深25厘米作好垄畦，将沟中泥匀铺在畦面上，每亩栽茭白1 000～1 200丛为宜。过密则影响养鱼，过稀则影响茭白产量。采用宽窄行可为鱼生长创造有利的空间。每亩挖2个长2米，宽、深各1米的孤鱼坑，鱼沟通到鱼坑，呈“十”字形或“井”字形，做好避水沟、防洪沟，加高田埂，排、灌自如。

2. 鱼苗投放和管理　一般在3月下旬，每亩投放鲤鱼苗350尾、草鱼50尾为宜。以细绿萍和卡洲萍作为辅助饲料，以麦麸、米皮糠、豆饼、豆腐渣、菜饼等为精料，定点、定量、定时投喂（以20分钟吃完为准）。在鱼苗投放时，使用5%食盐水进行鱼体消毒。放养后要经常检查水蛇危害，一旦发现及时捕杀。到年底前后，田鱼可分批捕捞上市，这时鲤鱼尾重0.25～0.5千克、草鱼尾重约1.25千克。

3. 养鸭技术　7月上旬购进鸭苗，鸭苗先在家里饲养半月，以提高其生活能力。放养到茭白田后，需防止老鼠危害。每亩放养12～15只。放养鸭子前，田中央要搭一个3米^{2}左右的避雨棚，供鸭子在下大雨和晚上休息时用。如小面积放养，田埂四周要拦网。饲养后期在田间也可适当投放部分鸭饲料。10月中下旬鸭子收获上市，鸭单只重可达1～1.25千克。

4. 农药和化肥施用　茭田常换新鲜水，严禁使用对鱼、鸭毒性高的农药。防治茭白害虫时，可选用的农药有Bt、吡虫啉、扑虱灵等；防治病害的农药有三唑酮、多菌灵、托布津等。在施药时畦面要有3厘米深水，在出苗前每亩施2 000千克有机肥，在此基础上，再施茭白专用肥或复合肥50千克左右，施用时间在3月中下旬；在施肥时，只保持鱼沟有水，过2天后再灌水，以免鱼食肥后造成不良影响。

第四节　采收、储藏、保鲜、加工技术

一、茭白的采收技术

茭白采收季节分夏秋两季。秋茭一般在9月底至10月初开始收，夏茭一般在5月底至6月初始收。秋茭的采收标准是茭株孕茭部显著膨大，心叶相聚，两片外叶向茎合拢，茭白似蜂腰状，当假茎露出1～2厘米的洁白茭肉时，称为“露白”，说明茭白已经成熟，需立即采收。但夏茭采收期间，气温较高，成熟较快，容易发青变老，因此，不要等“露白”，只要见叶鞘中部茭肉膨大而出现皱痕时就要采收。为提高茭白品质，一般采收宜适当偏早，如河姆渡双季茭、浙茭2号以在开芽眼前采收为宜。高山茭白和冷水茭白的采收时间与一般夏秋茭的采收时间有差异。高山茭白的采收时间在7月中旬至8月初，恰好是平原夏茭和秋茭采收期的中间，冷水茭白的采收期通常与高山茭白相似。但是，常规的茭白采收时间有时往往因气候的变化而提前或推迟。

秋茭和夏茭采收方法有所不同。采收秋茭时在薹管中部拧断，小心不能伤及根系，以免影响第二年夏茭的生长；采收夏茭时，可直接扭住茭株，用力折断。现在茭白采收一般使用专用镰刀。秋茭9月底始收后，每隔3～4天采收1次，旺期可缩短到2天采收1次；夏茭5月底始收后，每隔2～3天采收1次，孕茭旺期要缩短为隔天或每天采收。采收后，将薹管（即地上部的短缩茎）削去，外壳（即叶鞘）剥掉后上市的称为光茭（或玉茭）。有的采收后，只削去薹管和茭白叶鞘，保留2～3张外壳，这种称为毛茭（或壳茭）。毛茭因茭肉受外壳的保护，容易保持洁白、柔嫩，并且便于运输和储藏。但对于茭白储存、保鲜和加工的特殊要求及流程，可适当调节采收方法。

二、茭白储藏技术

茭白是一种含水量高的蔬菜，其水分含量达93.88%。若采后保存不当，极易失去水分而导致萎蔫。茭白在常温下较难保存，一般仅能保持3～5天，时间过长会出现红变和腐烂现象，影响食味。由于茭白具有较强的生产地域性和季节性，一直以来对其系统研究不多，尤其是茭白的储藏保鲜和深加工技术。但江苏、浙江的一些科研单位和大专院校对其进行了相关研究，并探索出一整套茭白的储藏保鲜技术和流程。同时，也摸索出多种茭白深加工技术。以下介绍几项简易储藏、冷库冷藏技术。

1. 简易储藏技术　简易储藏技术有很多种，多数是茭农在长期的生产储

运过程中总结出来的。但通常能储放的时间不长，长的1周，短的2～3天，最长的也在10天以内。因此，简易的储藏技术通常用于供销前的短暂储藏。

（1）清水储藏。选择老嫩适中的茭白，去鞘后，留2～3张茭壳。茭体坚实粗壮、肉质洁白，盛放在水缸或水池中，放满清水后压上石块，使茭白浸入水中，以后经常换水，始终保持缸、池水的清洁。用这种方法短期储藏茭白，质量新鲜、外观和肉质均佳，但储藏时间不超过1周。

（2）明矾水储藏。明矾水储藏茭白的方法有2种。一种是将经过挑选的、质量好的茭白剥去外壳，按次序分层铺在缸内或池内，离盛器口15～20厘米高，然后用经过消毒的竹片呈“井”字形夹好，上面压上石块，再倒入明矾水，使水高于茭白10～15厘米。明矾水是用每50千克清水加0.5～0.6千克明矾搅拌至溶解而成。另一种是带壳储，要求与水藏相同。堆放方法和用水量与上述相似。管理上，要求每3～4天检查1次，发现水面有泡沫时，要及时清除。若泡沫过多、水色发黄，要及时换水，以防茭白腐烂。

（3）仓库堆藏法。茭白处理后及时在阴凉通风处充分摊晾，然后摊放在仓库地面上，最多叠放3～4层。因在室温下储藏，一般用于采收后至分销前的极短时间，通常为3～5天，对均衡供应有一定的作用。

（4）窖藏法。此法一般用于北方的晚熟茭白，经前述处理后，直接摊放在地窖内的菜架上，保持窖温0～8℃，干燥和低温使茭白可短期储存，但易引起失水萎蔫。

（5）盐封法。选择缸或池作为容器，在底部铺上一层厚5～10厘米的食盐，将茭白平铺在容器内，堆至距容器口5～10厘米处，再用食盐密封好。此法适于空气干燥、气温较冷的地区。

2. 冷库冷藏技术　随着茭白产业的发展和产量的提高，简单的储藏技术已不能满足10天以上的长时间储藏。同时，茭农和相关企业更多地研究和采用冷藏库对茭白进行冷藏保鲜，这样可使茭白保鲜延长至1～2个月。具体的茭白冷藏程序如下。

（1）冷库的选择。冷库应建于茭白货源较集中的产区，进出交通方便，有利于茭白的运输。冷库要尽量避免阳光的直接照射，以建在阴凉处为佳。冷库周围应有良好的排水条件，地下水位要低，保持干燥对冷库很重要。冷库的库容大小与制冷设备规格应根据储藏量和规划的要求来确定。

（2）冷藏前准备事项。冷藏前准备工作得好坏，直接影响到茭白的冷藏质量和经济效益。为此，必须认真做好茭白冷藏前的各项工作。冷藏前的准备工作包括合理采收、预冷、分级、切割、药剂保鲜处理、密封装箱、冷库消毒、冷库存放等。

合理采收。需冷藏的茭白要适时采收。如采收太早，则茭白太嫩，水分过高，品质较差，产量也低；如采收太迟，则茭白过熟，易老发青，品质下降，而且易发霉腐烂，不耐储藏，影响商品价值。一般采收相对成熟的茭白，花茎中心叶聚，外面 2 张叶向花茎靠拢，心叶短于外叶，叶鞘上形成茭白眼，茭白眼处收束像蜂腰，这时便可以采收。一般在早上露水干后采收。如果露水期间采收，必须将茭白分摊晾干，除去茭白外壳的表面水分。茭白不能浸水，雨中采收的茭白不能储藏。在采收时，要做到轻拿轻放，防止机械损伤，尽量缩短运输时间。采收的茭白应无病虫害，去鞘后留 2～3 张外壳，以保护茭白肉。

预冷。茭白从田间采收后，不能放在日光下暴晒，应尽快运到阴凉通风处摊晾，以散去热量，降低温度。如整车采收，应尽量快装、快运、快卸，并迅速放到冷库中预冷，使茭白接近储藏要求的温度，并达到快速抑制呼吸，减少失水和乙烯的产生，减缓衰老及病原菌和生理病害的发生。

分级。要严格挑选和剔除青茭、灰茭、糠茭和断裂损伤的茭白。根据茭白大小和完整情况进行分级，对小茭白应分级包装，另行储藏。

切割。茭白的个体长度以 25～28 厘米为宜。但对不同茭白品种个体的合适长度可适当调节。茭白大头底面切口必须平整，以免割破塑料袋，导致茭白变质腐烂。

药剂保鲜。对切割后的茭白进行药剂保鲜，采用浙江省农业科学院食品科学研究所配制的茭白专用保鲜剂，以 500～800 倍液喷洒在茭白的切口处，特别是冷藏保鲜 1 个月以上的，必须用药剂保鲜处理。经药剂处理后的茭白色泽如初、质味不变。

密封装箱。茭白内用聚乙薄膜袋密封包装，外用 60 厘米×40 厘米×30 厘米（长×宽×高）的纸板箱或竹筐盛装，每袋茭白重量以 10～25 千克为宜。纸板箱在宽度方向两侧各开直径 5 厘米的 3 个通气孔。但对于冷藏时间在 1 个月以下的茭白可只用尼龙袋简便包装，每袋茭白重量 40 千克。但必须另行储藏。

冷库的处理和消毒。茭白冷藏前，应对冷库清扫和通风，并用 1%～2% 福尔马林或漂白粉液喷洒，库墙、库顶及架子等用石灰浆加 1%～2%硫酸铜刷白消毒。再用清水冲洗地面，之后通风换气，保持冷库干洁。

冷库存放。包装好的茭白存放于冷库大门的两侧，中间留过道宽度为 50～60 厘米，以便管理人员检查和观察。包装箱存放行距为 25 厘米，包装箱与冷库壁的距离为 10～12 厘米。堆放高度要保证包装箱与进区风口下端距离不小于 5 厘米。如有条件，装茭白的纸板箱或筐最好存放于储藏架上。另外，应有序存放，先出售的茭白应存放于冷库的门口一侧或最上层。

三、茭白深加工

茭白通常以鲜食为主。目前，在许多茭白种植成规模的地区大都建有储藏保鲜冷库，这对拉长茭白销售旺季、增加茭白产值具有重要的意义。但要进一步开拓茭白销售渠道，延长茭白产业链，茭白深加工则是一条新的路子。许多科研人员对此进行了有益尝试。以下对茭白深加工的方法进行总结。

（一）保鲜出口茭白

1. 工艺流程　原料选择→去壳→整理→包装运输。

2. 操作要点

（1）品种选择。应采用茭肉洁白、质细致密的茭白，如苏州蜡台茭、浙江梭子茭等。

（2）去壳、整理。由于茭壳外带叶片和叶鞘，产品质量不易保证，尤其蚜虫、螟虫容易躲存，因此保鲜出口茭白应剥去外叶和叶鞘，仅在顶端保留 1～2 张心叶，并剔除灰茭、青茭、畸形茭以及虫咬、伤残茭白，再用刀去根、去薹管，基部削平。茭白长度、粗度及单茭重因品种不同而异。一般长度为 30～40 厘米（可食部分 20～35 厘米），粗 2～4 厘米，单茭重 50～100 克。

（3）包装运输。保鲜茭白用聚乙烯薄膜袋、纸箱包装，每袋 500 克（或 1 000 克），每箱 20 袋（或 10 袋），计每箱 10 千克。纸箱尺寸：长 73 厘米、宽 37 厘米、高 20 厘米。该产品可空运，采用冷藏集装箱运输时，原料应先做预冷处理，冷藏箱温度为 0～2℃，每标准箱可装 420 箱左右。

3. 质量标准　感官指标、理化指标及卫生指标均符合国家食品质量要求。

（二）清渍茭白罐头

1. 原料　新鲜茭白、食盐、砂糖、柠檬酸、植物油、生抽、味精。

2. 设备　刀具、蔬菜切割机、夹层锅、排气床、真空封罐机、高压灭菌锅。

3. 工艺流程　原料挑选→清洗→切根、刨皮→切段、条→漂洗→预煮、冷却→分选、整理→装罐、注汤汁→排气、密封→杀菌、冷却→保温检验→成品。

4. 操作要点

（1）原料挑选。挑选新鲜柔嫩、肉质洁白，无黑心、斑心，嫩茎完好，成熟度适中（不宜过老），无霉烂、病虫害、机械伤的茭白原料。

（2）切根、刨皮。合格的原料经清洗后，用刀具或蔬菜切头机切去根基部粗老部分，再用刨刀刨去外表皮。

（3）切段、条。去皮后的原料用蔬菜切割机先切成长 10 厘米左右的段，再切成边长约 1 厘米的正方条。经漂洗后送预煮。

(4) 预煮、冷却。切条后的原料放入沸水中热烫2～3分钟，并及时冷却至室温。

(5) 分选、整理。预煮、冷却后的原料经挑选，剔除断裂、破损等不完整者，整理后送装罐。

(6) 装罐、注汤汁。

容器：采用玻璃罐为宜（因为消费者可直接看到整洁、美观的内容物）。

装罐：把合格的茭白条整齐地竖立在玻璃罐内，装罐量控制在净重的65%以上。本工艺采用中号玻璃罐，净重为380克，其固形物装罐量250～260克，汤汁120～130克。

配汤汁：按清水96%、食盐2%、白砂糖2%、柠檬酸0.05%的比例配制汤汁。经加热煮沸、过滤后备用。

(7) 排气、密封。采用加热排气法。要求密封时罐中心温度达75℃以上；采用抽气密封法，控制真空度为39.9～53.3千帕。

(8) 杀菌、冷却。采用高压灭菌法。如对本工艺净重380克的玻璃罐，其杀菌程序为121℃ 20分钟，并反压冷却至38℃。

(9) 保温检验。杀菌、冷却后置于37℃保温箱中，保温7个昼夜。

5. 质量标准

(1) 感官指标。

色泽：固形物呈白色或乳白色，汤汁清晰。

滋味及气味：具有清渍茭白罐头应有的滋味及气味，无异味。

组织及形态：固形物为边长约1厘米的去皮正方段条，刀口切面平整。每罐长短、粗细大致均匀。汤汁清晰，允许有极轻微的碎屑。

(2) 理化指标。

净重：允许公差±3%。

固形物含量：净重的60%～65%。

氯化钠含量：0.8%～1.5%。

重金属含量：符合《果、蔬罐头卫生标准》(GB 11671—2003) 的要求。

(3) 微生物指标。符合罐头食品商业无菌要求，无致病菌及因微生物作用所引起的腐败象征。

(4) 产品保质期。常温下2年。

(三) 油焖茭白罐头

1. 原料 茭白片100千克、白砂糖2.5～3.0千克、食盐0.85～0.90千克、生抽1.0～1.5千克、酱色液0.3～0.4千克、熟生油9.0～9.5千克、味精0.05千克、清水100千克。

2. 工艺流程 原料验收→切片→漂洗→沥干→焖煮、调味→装罐、注汤汁→排气、密封→杀菌、冷却→保温检验→成品。

3. 操作要点

（1）原料验收。选用清渍茭白罐头加工中的不合格原料和下脚料，剔除黑心、斑点、霉烂、病虫害等。

（2）切片。用刀具或蔬菜切片机把原料切成宽1～1.5厘米、厚0.3～0.5厘米的片状，经漂洗除去碎屑，沥干后送焖煮调味。

（3）焖煮调味。按配方先把白砂糖、食盐、生抽、酱色液等加入部分清水，搅拌均匀后，倒入夹层锅内与茭白片混合，加热煮沸后焖35～45分钟，加入熟生油（生油经180℃熬炼10分钟），加盖再焖10分钟后起锅。焖煮液经过滤后加入味精，再把焖煮液定量至50千克，并撇出浮油6.0～7.0千克，焖煮液可作为汤汁，应保温备用。

（4）装罐、注汤汁。

容器：采用玻璃罐或蒸煮袋。

装罐量：控制固形物为净重的75%、汤汁20%、浮油5%。本工艺用采小号玻璃罐装罐，净重为230克，其装罐量为固形物173克、汤汁46克、浮油11克。

（5）排气、密封。采用加热排气法，要求密封时罐中心温度达75℃以上；采用抽气密封法，控制真空度为41.3～53.3千帕。

（6）杀菌、冷却。采用高压灭菌法。如对本工艺净重230克的玻璃罐，其杀菌程序为118℃ 30分钟，并反压冷却至38℃。

（7）保温检验。杀菌、冷却后置于37℃保温箱中，保温7个昼夜。

4. 质量标准

（1）感官指标。

色泽：固形物呈浅金黄色。汤汁较清晰，呈浅黄色。

滋味及气味：具有熟生油、生抽、白砂糖、食盐、酱色液、味精等调味制成的油焖茭白罐头应有的滋味及香味，无异味。

组织及形态：固形物为薄片状，肉质脆嫩，汤汁较清晰，允许有轻度浑浊。

（2）理化指标。

净重：允许公差±3%。

固形物含量：净重的75%。

氯化钠含量：1.5%～2.0%。

重金属含量：符合《果、蔬罐头卫生标准》（GB 11671—2003）的要求。

（3）微生物指标。符合罐头食品商业无菌要求，无致病菌及因微生物作用所引起的腐败象征。

（4）产品保质期。常温下2年。

（四）软包装即食茭白

1. 工艺流程 盐渍半成品茭白→分切脱盐→脱水→调味→包装封口→杀菌→冷却→成品。

2. 操作要点

（1）脱盐。盐渍茭白可根据需要切成不同的形状进行脱盐。脱盐量可根据需要灵活掌握，但对初学者来说，以脱尽为宜。

（2）脱水。脱去盐分后的茭白需要脱去一定的水量才有利于调味。一般情况下，脱水量应掌握在30%左右为宜，过多或过少均会对调味效果及口感产生不良影响。

（3）调味。根据需要，可采用固态或液态方式调味。味型可选择鲜辣、酸甜、咖喱等以及适合不同地区消费者的特定味型。

（4）包装封口。即食茭白的包装可选用透明或不透明材料。但应以质感良好、封口性佳以及阻隔性好为标准。物料充填后，采用真空封口。需要协调真空度、热封温度及热封时间的关系。其原则是必须保证有良好的真空度及封口牢度。

（5）杀菌。可采用高压或常压、蒸汽或水浴方式杀菌。

（6）冷却。杀菌完成后的包装产品应尽快冷却、待干燥，检验后即成为产品，可随时出售。

3. 质量标准 感官指标、理化指标及卫生指标均符合国家食品质量要求。

（五）脱水茭白

选用新鲜茭白肉，切成细丝或薄片，经沸水（加少量食盐）煮2～5分钟后捞出，沥水晾干后再经太阳下晒干或经烘箱烘干，企业化生产则用隧道式脱水设备烘干。此外，可将新鲜茭白肉整条用淡盐沸水煮5～8分钟后，晾干，再撕成条，至太阳下晒干。晒干后的成品应立即装入聚乙烯薄膜袋中密封保存，防潮。食用时用温水浸泡1～2小时后烹调。

感官指标、理化指标及卫生指标均符合国家食品质量要求。

（六）茭白的干制

1. 工艺流程 鲜茭白→整理分切→热烫→冷却脱水→烘制→回软包装→成品。

2. 操作要点

（1）整理分切。选择老嫩适度的茭白去壳清洗，根据需要分切成丝、片或自定形状。

（2）热烫。将整理分切好的茭白投入沸水中，依形状大小热烫2～5分钟不等，热烫完毕，迅速放入冷水中冷却。

（3）脱水。将冷却后的茭白装入尼龙丝袋于离心机中离心脱水，脱水完毕，分摊于烘盘中干燥。

（4）烘制。烘房温度先控制在75℃左右维持数小时，尔后逐渐降至55～60℃，直至烘干为止。干燥期间需注意通风排湿，并且需倒盘数次，以利于均匀干燥。

（5）回软包装。将干燥后的脱水茭白适当回软后，即可进行包装出售。

3. 质量标准 感官指标、理化指标及卫生指标均符合国家食品质量要求。

（七）休闲蜜饯型茭白

1. 工艺流程 咸坯→整条或分切→脱盐→脱水→浸料→干燥→包装→成品。

2. 操作要点

（1）脱盐。咸坯整条或分切后漂去盐分和杂质，以基本脱尽为目标。

（2）脱水。采用离心或压榨方法脱去大部分水分。一般应脱去60%左右的水分。

（3）浸料。可根据所设定的口味采用糖渍、料液渍、酱料渍等方式制成不同形状和口味的产品。

（4）干燥。可采用自然干燥或烘房干燥方式进行干燥。一般在60～70℃条件下烘至含水量为18%～20%时即可。应注意烘烤过程中隔一定时间要进行通风排湿，并适当进行倒盘，以使干燥均匀。

（5）回软。包装干燥后的产品一般应经过一定时间的回软才能进行包装，并成为产品。回软期通常需24小时左右。

3. 质量标准 感官指标、理化指标及卫生指标均符合国家食品质量要求。

（八）盐渍茭白

选择鲜嫩茭白，剥壳，削去老头、青皮、嫩尖，入缸（池）盐渍。初腌时每100千克茭白加食盐5～7千克，腌24小时后翻缸（池），再加食盐18～20千克，分层铺撒，压紧，顶面再盖一层盐，并用石块压紧。数日后，卤水可淹没茭白，在盐渍期间应注意遮光，并检查卤水是否将茭白浸没。如卤水不足，可另配盐水补足。

因盐渍茭白的盐度过高，食用时必须先浸泡数日漂洗脱盐，再进行烹调。感官指标、理化指标及卫生指标均符合国家食品质量要求。

（九）盐渍半成品

1. 工艺流程 茭白去壳→剔除不合格品→一道盐渍→弃液→二道盐渍→半成品原料→包装出售。

2. 操作要点

（1）对原料的要求。无论茭白深加工的终端产品为何物，原料均要求为色白、无虫蛀、无黑心以及老嫩适度（七八成熟）。凡不符合前述条件者，均不适合用于半成品的加工原料。

（2）一道腌制。将鲜制茭白去壳、洗净、分切，每 100 千克用盐 10 千克，另加含盐 10%的盐水 50 千克，面上加以一定重压。过 7 天左右（因湿度而异，中间适当倒池），等茭白软化且食盐已基本深入茭白内部即可进入二道盐渍。

（3）二道盐渍。将一道盐渍后的茭白弃液沥干，每 100 千克茭白用盐 15 千克后密封加压，经 15～30 天半成品茭白即成。

（4）包装出售。将半成品盐渍茭白称重包装真空封口后即可出售。消费者购买半成品盐渍茭白后，只需开袋脱盐即可作为菜肴的主料或配料。

3. 质量标准　感观指标、理化指标及卫生指标均符合国家食品质量要求。

（十）速冻茭白

1. 工艺流程　原料选择→去壳→分等级整理→热烫→杀青→速冻→包装→冷藏。

2. 操作要点

（1）原料选择。选用符合加工规格的新鲜茭白，茭肉洁白、质地致密、柔嫩的品种，无病虫害，剔除灰茭、青茭等。

（2）去壳。用小刀轻轻划破茭壳，注意不要划伤茭肉，然后剥去壳随即放入盛有清水的容器内，注意避光、避风以免发青。

（3）分等级整理。茭肉根据需要可加工成整支或丁、丝、片等规格。将剥好的茭肉切去根部不可食用部分，修削略带青皮的茭肉，剔除不符合加工要求的茭肉，整支规格可按长度分成大、中、小 3 个级别，即 18～22 厘米、14～18 厘米、12～14 厘米。茭白丁一般为 1 厘米×1 厘米×1 厘米，加工过程中尽可能不脱水。

（4）热烫杀青。根据茭肉不同规格大小决定热烫时间。一般整支的茭肉放入沸水中热烫 5～8 分钟，茭肉丁为 2～3 分钟，使茭肉中过氧化物酶失活即可。然后，将热烫后的茭肉迅速放入 3～5℃清水中冷却，使茭白中心温度降到 12℃以下，用振动沥水机沥去表面水分。整支茭肉沥水要求不高，可置漏水的容器中自然沥水。

（5）速冻、包装。经冷却后的茭肉采用流态水速冻装置或螺旋式速冻装置，使单体快速冻结，保持新鲜茭肉的风味。根据茭肉的规格决定冻结所需要的时间，最终使产品中心温度达到－18℃以下。称重后一般用聚乙烯塑料袋包装。常用的包装规格为 5 000 克×20 包/箱。放入瓦楞纸箱，包装间温度要求在 12℃以下，以免产品回温，影响质量。

（6）冷藏。经速冻包装好的产品，迅速放入储藏冷库。冷库温度要求保持在－24～－18℃。

3. 质量标准 感观指标、理化指标及卫生指标均符合国家食品质量要求。

主要参考文献

陈建明，何月平，张珏锋，等，2012. 我国茭白新品种选育和高效栽培新技术研究与应用［J]. 长江蔬菜（16)：6－11.

胡美华，王来亮，金昌林，等，2011. 单季茭白种苗繁育新技术——薹管寄秧育苗法［J]. 长江蔬菜（23)：21－23.

翁丽青，符长焕，郑春龙，等，2005. 茭白甲鱼共育防治福寿螺技术研究［J]. 中国蔬菜（7)：28－29.

张尚法，叶自新，2019，水生蔬菜栽培新技术［M]. 杭州：杭州出版社.

周杨，2016. 茭白不同育苗繁殖技术及其特点［J]. 浙江农业科学，57（10)：1639－1641.

第十章　南方丘陵山区果园机械化生产装备

果园机械化是实现水果产业高效运行的前提基础，果园机械化水平程度将直接影响其经济效益。果园机械可以大大减轻劳动强度，提高生产效率，不仅可以有效地降低人力和物力成本，还可以提高经济效益。在我国南方，凭借适宜的自然条件，水果种植面积一直呈现扩大的趋势，“人工成本高”和“用工荒”问题开始显现，果园机械化生产、规范化管理的需求明显增加，果园机械化生产的重要性逐渐凸显出来。本章主要针对南方丘陵山区果园机械化生产需求，从宜机化改造技术、种植机械、管理机械、采收机械和运输机械 5 个方面介绍南方丘陵山区果园机械化生产装备，阐述总体结构和工作原理，推荐果园机械化生产典型机型。

第一节　宜机化改造技术

丘陵山区是我国南方地区重要的农业生产资源之一，也是高质量发展特色现代果园的重要战场和潜在利润增长点。目前，丘陵山区果园生产机械化程度低，再加上人口老龄化、农业从业人口日趋减少等因素，严重制约了水果产业的发展壮大。通过转变发展思路，将“以地适机”作为指导方针，对丘陵山区果园进行宜机化改造，切实改善农机通行和作业条件，提高农机适应性，为丘陵山区果园机械作业创造条件，进而促进丘陵山区水果产业可持续发展。

一、地块选择

原则上，改造前地块所处山体坡度不大于 25°，优先改造坡度小于 15°的缓坡地块；地块道路通达性较好、土层深厚满足果树生长发育、集中连片、排灌基础好、能够规模化实施改造的耕地。

二、缓坡地宜机化改造技术

1. 地块清杂　通过挖掘机、推土机、运输机等机械清理杂树、杂草等杂物。清理出的树根、石块可选择低洼处就近挖坑深埋，并填平压实。

2. 布局放线　结合改造区域原貌地形图或正摄影像图并实地踏勘，以较大的地块为基准，因地就势，将临近的小地块归并为大地块，缓坡地块布局必须与灌溉系统、排水系统、田间道路系统的布局相协调。平坝区域地块，以排、灌沟渠或机耕道路作为骨架，按条带状布局地块，选好基准位置，确定放线基点，均匀等宽放线打桩，地块长度不低于 50 米；坡耕地块，以坡面为规划单元，以道路和固定渠道为骨架，按条带状布局地块，选好基准位置，确定放线基点，垂直等高线放线打桩，地块长度不低于 40 米。根据果树生长特性、农艺技术及机械化作业要求，合理确定缓坡化改造的厢面宽度，一般应大于 10 米。

3. 土方挖填　土方挖填宜在雨水少的秋冬季节施工。组合选配挖掘机、推土机等工程机械，高效作业。土层深厚的地块，土方挖填采取生熟土混合作业；土层较浅的地块，挖填前需将表层熟土剥离就近集堆，待挖填完成后再进行均匀摊铺回填，遇局部岩层，采用炮机松碎后移除或深埋，页岩可利用挖掘机挖松裸露风化增厚土层。平坝区域地块，将高差较小的相邻地块挖填进行合并，规范调整土形，合理控制坡度，厢面地块要求里高外低、中间高两边低。坡度变化不大的坡面地，将高差较小的相邻地块进行挖高填低合并，规范调整土形，降缓坡度，减少台位，坡度保持一致。地形有波状起伏的坡面，将地面平整和增厚土层，使地表平整度满足农业机械作业要求。最大挖填高度不大于 1.5 米，砾石埋置深度不小于 50 厘米。

4. 地块平整　缓坡改造成形后，用挖掘机将表土捣碎均匀平铺，耕层深度达到 40 厘米。单块旱地纵向坡度≤10%，单块旱地横向坡度≤3%。单块旱地耕作面起伏高差≤15 厘米。平地缓坡化建设断面示意图如图 10－1 所示。

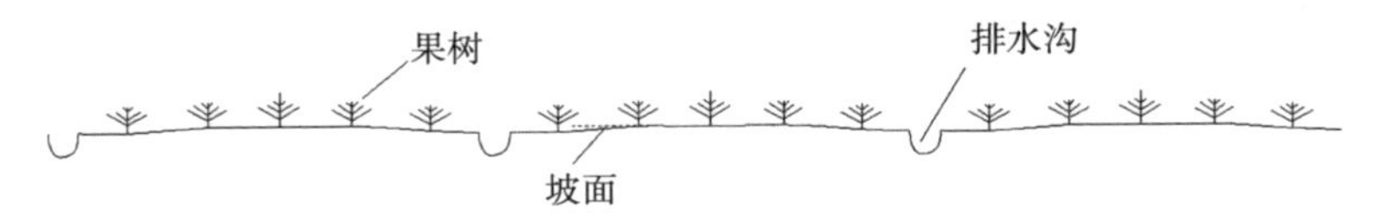

图 10－1　平地缓坡化建设断面示意图

5. 开沟排水　重点规划坡面排水系统，根据缓坡坡向、雨水汇集与流向，合理布局背沟及主排水沟，形成完整的坡面排水体系。排水沟以土沟为主，背沟与主排水沟相通，主排水沟口修建沉沙凼。根据需要布置截水沟。主沟厢间距 10～20 米，主沟、背沟、围沟深度不小于 50 厘米。

6. 道路建设　在宜机化改造区域，根据生产需要及改造单元大小和走向等，科学规划布局生产作业道路，实现相邻缓坡地之间、缓坡地与外部道路之间互联互通、衔接顺畅，路面宽 2～3 米，坡度小于 15%。生产作业道路沿等高线布设，宜呈斜线形；陡坡地形，道路宜呈 S 形盘旋设置。生产作业道路与缓坡地之间合理设置下田通道。进出地块坡道坡度小于 20%，宽 2～3 米。

三、坡改梯宜机化改造技术

1. 地块清杂 通过挖掘机、推土机、运输机等机械清理建设范围内的杂树、杂草等杂物。清理出的树根、石块可在低洼处就近挖坑深埋，填平压实。

2. 梯台放线 通过实地踏勘，以较大地块为基准，因地就势，将临近的小地块归并为大地块。坡度变化不大的坡面地，选好梯台基准位置，确定放线基点，沿等高线分布，逐梯放线打桩。馒头山形的坡地，梯台沿山底自下而上分层布设。在放线过程中，遇局部地形复杂处，大弯就势，小弯取直，规划建成宽度基本一致的梯台。根据果树生长特性、农艺技术及机械化作业要求，尽量达到单个梯台面净宽为2米的偶数倍，局部地区可以因地制宜处理。

3. 土方挖填 在施工作业中，表土宜剥离就地集堆，利用挖掘机或推土机挖高填低。页岩可利用挖掘机挖松裸露风化增厚土层。对具备表土剥离的地块，先剥离表层耕作土壤堆积待用。根据坡地情况，合理修建梯台间埂坎，以稳定为基础，梯台埂坎尽量由原土构成，埂坎高度宜控制在2米以下，并将梯台间坎壁夯筑牢固。对上、下两台地块高度落差超过2米，高度落差在2米以内但土壤层占比不足80%的，原始地形非等宽的异形地块，因挖切下来的岩石过多或土方量过大，无法就近消散摊铺，此类地块可以不进行等宽梯台布置。

4. 梯台平整 梯台整治成形后，将剥离的表层耕作土壤均匀铺平或生熟土混合，不宜纯生土覆盖，摊铺后的土壤深度达40厘米以上（含基岩破碎层在内），摊铺后的土壤深度符合农艺要求。每个梯台纵向坡度应小于10%，横向坡度应小于5%，里高外低，便于排水。梯台建设断面示意图如图10-2所示。

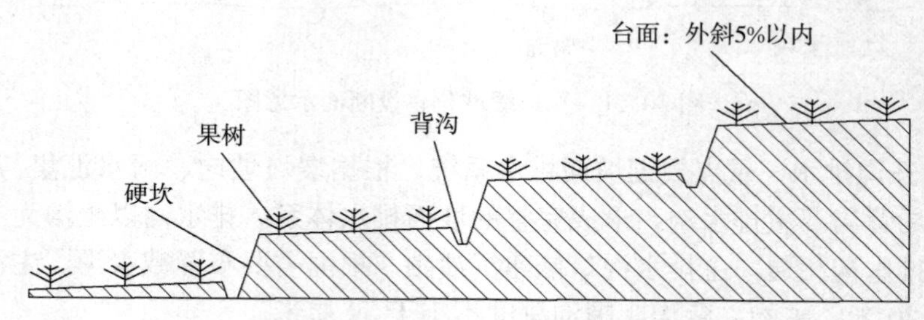

图10-2 梯台建设断面示意图

5. 开沟排水 梯台平整后，根据梯台坡向和相邻梯台雨水汇集与流向，合理布局背沟及主排水沟，背沟与主排水沟相通，主排水沟口修建沉沙凼。根据需要布置截水沟。背沟深度为20～60厘米、宽度30～80厘米，因地制宜，采取V形沟或U形沟布局，单个地块内无明显低洼现象，主次沟系之间形成适当高度落差。

6. 道路建设　完善田间运输道路和作业机耕道，运输道路宽度为3.5～5米，田间作业机耕道宽度为2.5～3米，搭建台式地块衔接通道，通道宽度为2.5～3米，进出地块坡道坡度小于20%。改造后，要达到地块与作业机耕道相通、机耕道与运输道路相通、运输道路与外部路网相通。

四、土壤培肥

宜机化改造完成后，通过秸秆还田、绿肥种植、粪肥施用等绿色生态培肥方式，采用深松、旋耕等农业机械，及时培肥熟化土壤，提高土壤有机质含量和肥力。

五、宜机化改造工程施工

按照规划设计和现场修正方案组织施工。在机型选用上，遵循工程机械、农业机械、大中小型机械配套组合的原则，土石方以工程机械为主，耕整地以农业机械为主，主作业面以中大机械为主，辅作业面以小微机械为主。作业顺序是否依次或交叉作业，将综合考虑天气、工序、机手等因素确定。生熟土处理是否生熟分离或生熟混合作业，以不影响地力为原则，土层浅、挠动大的采取分层作业，土层深、挠动小的采取混合作业。

六、宜机化改造主要机械

（一）挖掘机

挖掘机又称挖土机，是用铲斗挖掘高于或低于承机面的物料，并装入运输车辆或卸至堆料场的土方机械，广泛应用于农业工程及民用建筑、交通运输、矿山采掘等领域。在宜机化改造过程中，挖掘机通过更换工作部件可以用于地块清理、土方挖填、开挖水沟、道路建设等各个环节。

挖掘机的分类方法较多。按其斗容量大小，分为大型挖掘机（4米^{3}以上）、中型挖掘机（1～4米^3）和小型挖掘机（1米^{3}以下）；按照挖掘斗数，分为单斗挖掘机和多斗挖掘机；按照行走方式，分为履带式挖掘机和轮式挖掘机；按照传动方式，分为液压挖掘机和机械挖掘机；按照铲斗，分为正铲挖掘机、反铲挖掘机、拉铲挖掘机和抓铲挖掘机。其中，履带式单斗反铲液压中小型挖掘机在宜机化改造中应用最为广泛。以下介绍履带式单斗反铲液压挖掘机。

1. 总体结构与工作原理　履带式单斗反铲液压挖掘机按照装置和系统来说主要分为工作装置、行走装置、操纵装置、动力装置、回转驱动装置和回转支承、电气系统、液压系统、润滑系统、热平衡系统及其他辅助系统。结构如

图 10-3 所示。

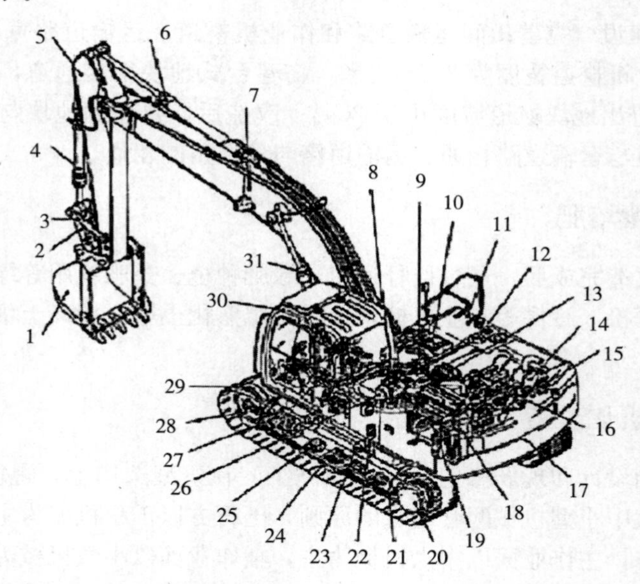

图 10-3　履带式单斗反铲液压挖掘机结构

1. 铲斗　2. 连杆　3. 摇杆　4. 铲斗油缸　5. 斗杆　6. 斗杆油缸　7. 动臂　8. 中央回转接头　9. 回转马达　10. 电瓶　11. 柴油箱　12. 液压油箱　13. 主阀　14. 消声器　15. 主泵　16. 柴油机　17. 配重　18. 散热器　19. 冷凝器　20. 行走马达　21. 履带主链节　22. 旋转多路控制阀　23. 托链轮　24. 履带导向装置　25. 支重轮　26. 空气滤清器　27. 缓冲弹簧　28. 引导轮　29. 履带板　30. 驾驶室　31. 动臂油缸

工作时，首先行进（直线、转向）到作业位置，然后收缩或伸长动臂液压缸和斗杆液压缸完成动臂升降和斗杆的收放，铲斗接触作业面后进行挖掘作业，挖掘完成后转台回转，进行卸载作业。

2. 典型机型

徐工 XE205DA 履带液压挖掘机	
铲斗容量（米^3）	0.93～1.2
发动机额定功率［千瓦/(转/分)］	135/2 050
铲斗挖掘力（千牛）	157/116
最大挖掘深度（毫米）	6 660

（二）推土机

推土机是一种能够进行挖掘、运输和排弃岩土的土方工程机械，最初在履带式拖拉机前面安装人力提升的推土装置而形成，随着技术的不断进步，推土铲刀和松土器全部由液压缸提升，在宜机化改造工程中，广泛应用于地块平整、梯台推土、沟穴填平和杂树清除等环节。推土机按照行走方式，可分为履带式和轮胎式两种，轮胎式使用较少；按照用途，可分为通用型及专用型两种，通用型广泛用于土石方工程中。以下介绍履带式推土机。

1. 总体结构与工作原理　履带式推土机主要由发动机、推土铲、履带底盘、驾驶室和机罩等组成。结构如图 10－4 所示。工作时，推土铲安装在推土机前端，液压油缸降下推土铲，将铲刀置于地面，向前可以推土，向后可以平地。

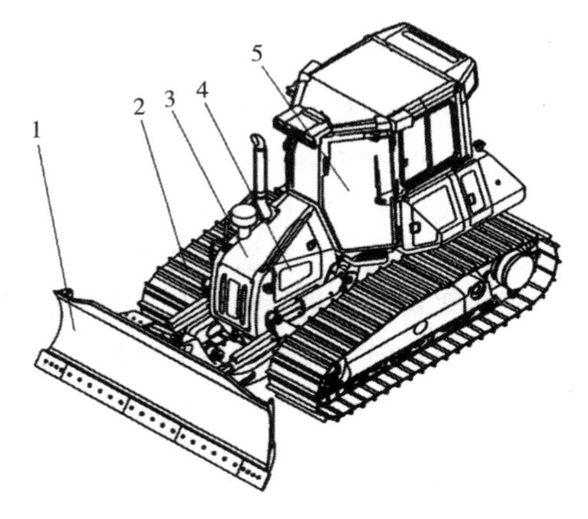

图 10－4　履带式推土机结构

1. 推土铲　2. 履带底盘　3. 机罩　4. 发动机　5. 驾驶室

2. 典型机型

东方红 YD160－5 履带式推土机

发动机额定功率［千瓦/(转/分)］	131/1 850
推土铲全宽（毫米）	3 390
推土铲全高（毫米）	1 160
铲刀入土深度（毫米）	552

第二节　种植机械

近年来，随着新型矮砧密植果树栽培技术的广泛推广，果树苗需求量显著增加，果树苗种植采用机械化作业可以大大减轻劳动强度和减少劳动力成本。目前，我国针对不同的果树分别研制了不同的种植机械，但大部分种植作业质量与农艺要求还有一定差距，未能大面积推广。果树苗种植机械主要包括起苗机、挖穴机和移栽机等，满足人工投苗、半自动化和自动化 3 种种植方式。

一、起苗机

起苗是水果生产机械化的重要环节，合格的起苗机是标准化果园生产不可或缺的作业机具，起苗的质量直接关系到果树苗种植的成活率和生长发育。因此，起苗机的作业要求必须满足农艺要求，通常要求果苗的主根长度应保持至少20厘米，起苗深度标准差应控制在3厘米以内，不能损伤根部的皮、侧根及侧须等部分，对果树苗根须的损伤应控制在3%以内。起苗机按照起苗铲的形状，分为直铲式、弧形铲式、U形铲式和半圆球形铲式；按照铲的数量，可分为两铲式、三铲式、四铲式和六铲式；按照挂接方式，可分为车载式、牵引式和自走式。

1. 车载直铲式起苗机 车载直铲式起苗机主要由开合液压缸、铲刀组件、活动机架、固定机架、升降机架和升降液压缸等组成，结构如图10－5所示。起苗机安装在拖拉机后悬挂装置上，液压动力来源于拖拉机动力输出轴驱动的齿轮泵。工作时，首先开合液压缸将2个活动机架张开，然后操控升降液压缸下降到合适位置，移动到将要移栽的果树苗根部区域，闭合2个活动液压缸，当果树苗处于起苗铲的中心位置时，操控液压缸完成起苗操作，再次操控升降液压缸将带土球的果树苗抬起，运送到指定位置。

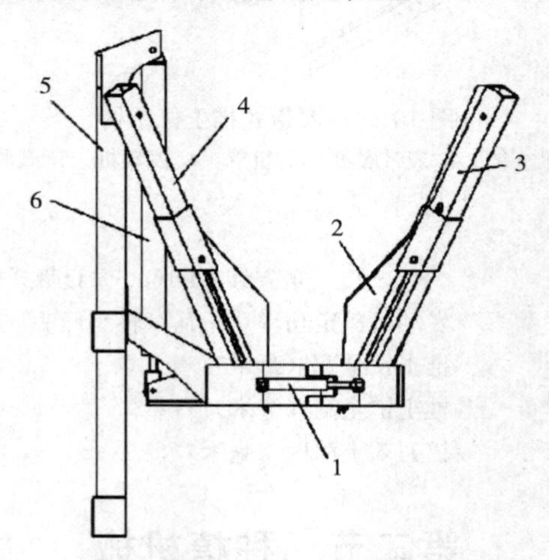

图10－5 车载直铲式起苗机结构

1. 开合液压缸 2. 铲刀组件 3. 活动机架 4. 固定机架 5. 升降机架 6. 升降液压缸

2. 牵引式弧形铲式起苗机 牵引式弧形铲式起苗机主要由牵引动力、牵引机构、行走升降总成、起苗铲总成和挖掘底盘组成，结构如图10－6所示。行走升降总成与挖掘底盘共同构成起苗机主体，弧形铲总成安装于挖掘底盘上，牵引动力与起苗机主体通过牵引机构挂接。工作时，牵引动力与起苗机主体通过牵引机构挂接，两者的连接处为活动支点，牵引动力为起苗机提供田间行走动力，通过液压泵、液压元件、液压油路为液压缸提供起苗作业动力；起苗机到达指定作业地点后，环形支架中心对准待移栽果树苗，果树苗进入环形支架后闭合开合支架；挖掘底盘上的螺旋固定装置将螺旋杆拧入土壤中，实现起苗机主体的固定；锁定除挖树铲液压缸外的所有液压油路，弧形挖树铲在液压缸的推动下分段对土球进行挖掘；完成土球的挖掘后，反向旋转螺旋杆解除固定，推动行走升降总成中的液压缸使行走轮架绕固定支点反向转动相同角度，提升果树苗；推动挖掘底盘中的左右液压缸，使环形支架与果树苗垂直翻转 90°，以降低其高度，进而通过牵引动力搬运到路上，完成起苗作业。

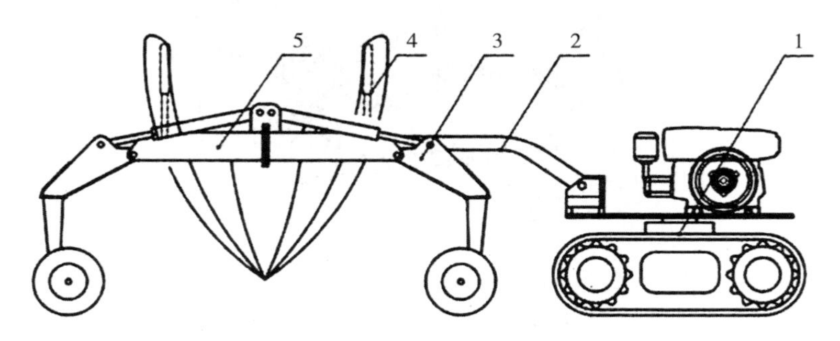

图 10-6　牵引式弧形铲式起苗机结构

1. 牵引动力　2. 牵引机构　3. 行走升降总成　4. 起苗铲总成　5. 挖掘底盘

3. 自走式弧形铲式起苗机　自走式弧形铲式起苗机主要由机架、行进装置、控制装置、立架、翻转驱动液压缸、升降块、升降驱动液压缸、支撑架、起苗驱动液压缸、弧形铲、履带、防滑筋、支撑脚等组成，结构如图 10-7 所示。工作时，起苗机移动到合适位置，弧形铲中间空隙包绕着果树苗，然后控制装置启动，首先控制升降驱动液压缸将整个起苗装置下降，使弧形铲插入土壤中，然后起苗驱动液压缸启动将弧形铲向内翻转将树根包住，再次启动控制升降驱动液压缸将整个起苗装置抬升，翻转驱动液压缸启动以使立架向机体后侧翻仰，此时行进装置带着整个果树苗移动到指定地方。

4. 半圆球形起苗机　半圆球形起苗机主要由发动机、行走系统、液压系统及起苗系统等组成，结构如图 10-8 所示。工作时，操作控制台上的液压操纵杆，使半环铲刀开口略朝下，变幅支架至上限位；行走至需要挖掘的果树苗附近，通过操纵扶手改变起苗机位置，使果树苗中心位于半环铲刀开口的中间位置；改变液压系统的行程，使变幅支架下降，使得入土刀扎入土中；启动液压回转马达为旋振装置提供动力，使旋振装置产生扭振，进而带动半环铲刀从苗一侧切入土壤中；当半环铲刀从另一侧方向上旋出土壤后，将半环铲刀回旋 90°，使半环铲刀旋至果树苗底部中心位置；再将变幅支架向上变幅，则所挖掘果树苗脱离土坑，完成果树苗的带土球起苗，然后将果树苗根部土球包扎移至指定位置。

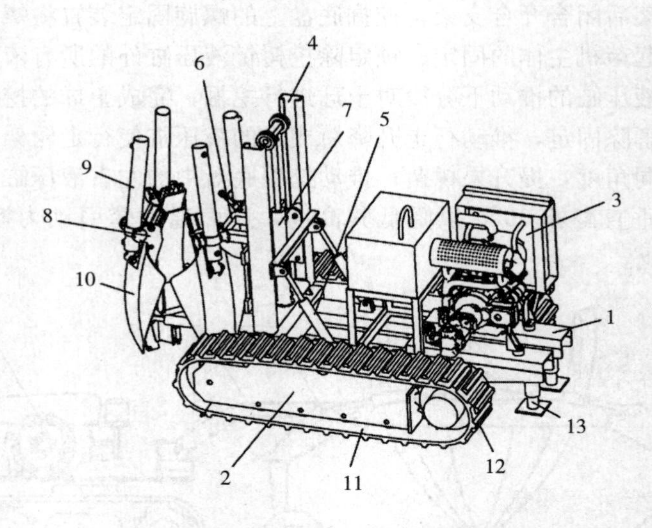

图 10-7　自走式弧形铲式起苗机结构

1. 机架　2. 行进装置　3. 控制装置　4. 立架　5. 翻转驱动液压缸　6. 升降块　7. 升降驱动液压缸　8. 支撑架　9. 起苗驱动液压缸　10. 弧形铲　11. 履带　12. 防滑筋　13. 支撑脚

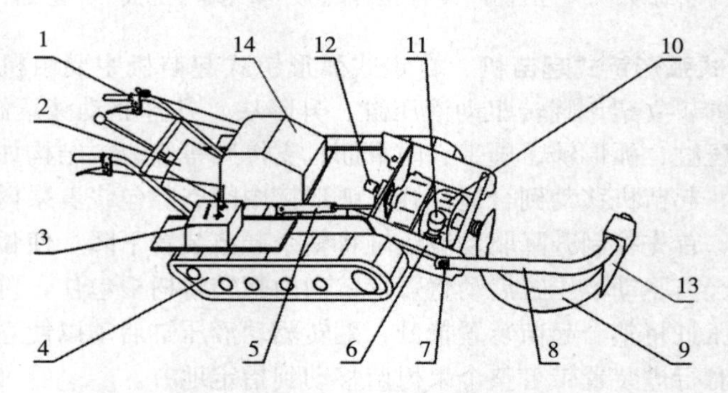

图 10-8　半圆球形起苗机结构

1. 操纵扶手　2. 行走传动机构　3. 控制台　4. 履带行走底盘　5. 液压系统　6. 变幅支架　7. 锁紧块　8. 活动臂　9. 半环铲刀　10. 旋振装置　11. 液压回转马达Ⅰ　12. 液压回转马达Ⅱ　13. 入土刀　14. 发动机

5. 典型机型

威威直铲式起苗机

根球直径（厘米）	60～90
根球深度（厘米）	75
铲数（片）	3

常青机械 C40 弧形铲式起苗机

根球直径（厘米）	40
根球深度（厘米）	38
铲数（片）	3

意大利 HOLMAC 半圆球形起苗机

功率（千瓦）	36.5
树球大小（厘米）	40～140

二、挖穴机

挖穴机主要用于果树苗种植前的挖穴，可根据不同果树苗根球大小配不同大小的钻头打出不同大小的坑，也可用于果园施肥，能够让果农从繁重的体力劳动中解放出来。挖穴机主要有悬挂式和便携式两类，便携式又分为手提式和背负式两种。

1. 悬挂式挖穴机

（1）总体结构与工作原理。悬挂式挖穴机主要由机架、传动轴、减速器、钻头和拉杆等组成，结构如图 10－9 所示。钻头一般采用双螺旋形，有的挖穴机装有 2 个或 2 个以上的钻头，称为多钻头挖穴机。这样能充分利用拖拉机功率，提高生产率。悬挂式挖穴机动力较大，功效高，可挖较大的坑穴，适用于地形平缓或拖拉机能通过的果园。

图 10－9　悬挂式挖穴机结构

1. 传动轴　2. 拉杆　3. 机架　4. 减速器　5. 钻头

工作时，挖穴机通过液压悬挂装置挂在拖拉机后面，由拖拉机动力输出轴输出的动力经传动系统驱动钻头进行挖穴作业，也有用液压马达直接驱动钻头进行作业的。为使钻头在工作时不因遇到石块、树根等超负荷障碍物时受损，在传动轴上装有安全离合器，在超负荷状态下离合器会自动打滑，从而切断动力的传递。

（2）典型机型。

三农机械悬挂式挖穴机	
配套动力（马力*）	≥15
穴径（毫米）	20～1 000
穴深（毫米）	800～2 000
生产率（个/时）	120～180

2. 手提式挖穴机

（1）总体结构与工作原理。手提式挖穴机主要由汽油发动机、离合器、减速器、螺旋式钻头和操作手把等组成，结构如图 10 - 10 所示，一般采用双人抬或单人背的方式进行挖穴地点转移，适合在坡度较大的果园或者零星小地块的果园作业，操作时振动力轻微，扭矩小，运转平稳可靠，一般体力人员均可使用。工作时，将汽油发动机阻气阀拔出，调速杆扳离停止位置，左手握住操作手把，右手握住调速杆慢慢拉动几次，均力拉动启动绳，待发动机起动后，将启动绳轻轻放回原处，调速杆扳至空闲位置，令钻轴静止，准备挖穴；在转移到挖穴地点后，将启动的挖穴机抬起，钻头直接插入土中，开始挖穴工作，挖穴进行速度由人工控制；待作业达到预定挖穴深度后，提出钻头，分离动力输出轴，转移机具进行下一个穴点作业；规划坑穴全部完工后，将调速杆扳至停止位置，关闭汽油发动机。

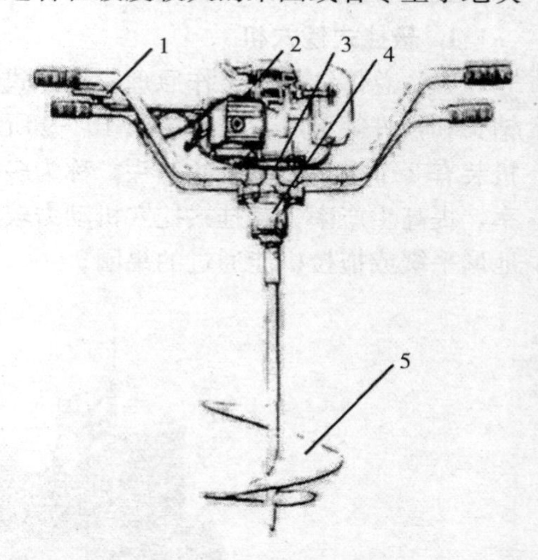

图 10 - 10　手提式挖穴机结构

1. 操作手把　2. 汽油发动机　3. 离合器　4. 减速器　5. 螺旋式钻头

* 马力为非法定计量单位。1 马力≈735.5 瓦。

（2）典型机型。

宏晨机械手提式挖穴机

配套动力（千瓦）	3.2
穴径（毫米）	10～500
穴深（毫米）	75
生产率（个/时）	80

3. 背负式挖穴机　背负式挖穴机主要由背负式发动机、机架、传动软轴、钻头和操纵部分等组成，结构如图10－11所示，具有坑径在20毫米以下的挖穴能力，适用于培育容器苗的种植，目前尚在研究完善中。其与背负式割灌机相似，利用防振架将发动机背在背后，通过挠性传动软轴，将发动机扭矩传递给钻头。工作时，启动发动机，当发动机达到一定转速时，离合器主动盘重锤所产生的离心力克服了弹簧的拉力，离合器自动接合，经软轴将动力传递给钻头；钻头垂直向下运动，在扭矩和轴向力的作用下切削土壤，切下的松碎土壤上升，运到地表后被抛离到坑的周围；待作业达到预定挖穴深度后，提出钻头，离合器分离，转移机具进行下一个穴点作业；规划坑穴全部完工后，关闭汽油发动机。

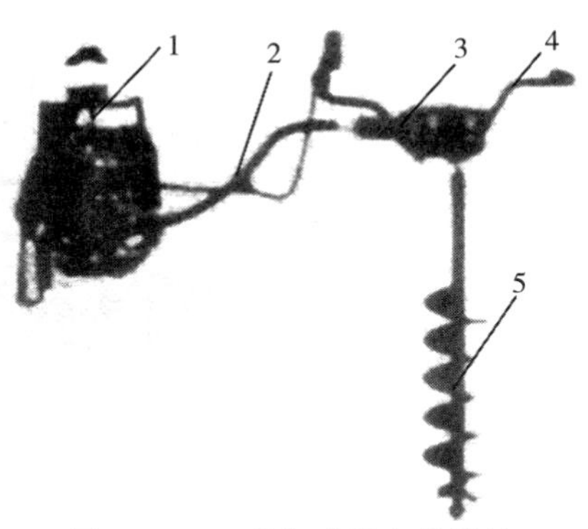

图10－11　背负式挖穴机结构

1. 背负式发动机　2. 传动软轴　3. 机架　4. 操纵部分　5. 钻头

三、移栽机

目前，果树苗采用人工移栽，利用开沟机开好沟或者挖穴机挖好穴，人工将树苗根据经验按规定的株距摆放好，随后利用铁锹覆土，作业人员紧随其后进行镇压完成移栽。针对果树苗移植作业量大、移栽机械空白的情况，国内一些科研单位和企业对果树苗移栽机进行了初步探索，并且取得了一定的研究成果，但都还处于科研样机研制和试验阶段，尚未进行批量生产上市。本部分主要对现阶段国内研制的几款科研样机进行介绍，阐述总体结构与工作原理。

1. 连续开沟式果树苗移栽机　连续开沟式果树苗移栽机主要由限深轮、绞龙、开沟装置、机架、锥形覆土轮、圆形镇压轮、苗箱和工作台等组成，结构如图10－12所示。移栽机采用三点悬挂方式作业，作业速度由机手控制。

工作时，苗箱中的果树苗摆放整齐有序，便于工作人员拿取；随着拖拉机前进，作业人员将果树苗放入开沟装置中，当到达扶苗器最前端时，松开果树苗，进行下一棵果树苗充苗；果树苗在扶苗器中，由锥形覆土轮完成覆土工序，圆形镇压轮完成镇压压实工序，一次性完成地表开沟、充苗、扶苗、覆土及压实等作业工序。

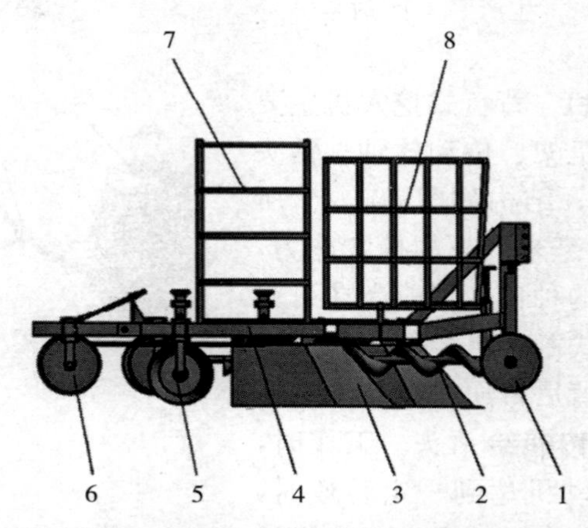

图 10-12　连续开沟式果树苗移栽机结构

1. 限深轮　2. 绞龙　3. 开沟装置　4. 机架　5. 锥形覆土轮　6. 圆形镇压轮　7. 苗箱　8. 工作台

2. 夹盘式果树苗移栽机　夹盘式果树苗移栽机主要由机架、旋耕装置、开沟器、苗盘、覆土板、镇压轮、夹盘栽植器、座位、变速箱及轮胎等组成，结构如图 10-13 所示。作业时，移栽机采用后三点悬挂方式作业，机手控制

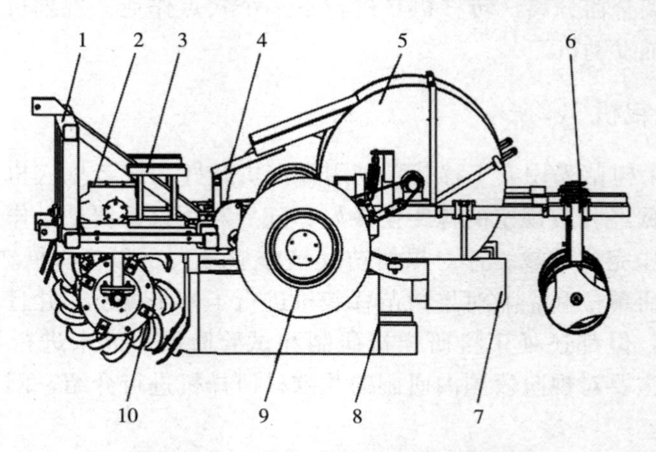

图 10-13　夹盘式果树苗移栽机结构

1. 机架　2. 变速箱　3. 座位　4. 苗盘　5. 夹盘栽植器　6. 镇压轮　7. 覆土板　8. 开沟器　9. 轮胎　10. 旋耕装置

好作业速度与方向。随着拖拉机前进，作业人员从苗盘取出果树苗，将其水平放在夹盘栽植器开口部分；夹盘滚动过程中，在滚轮作用下把果树苗夹紧并运输到脱苗开口部分，果树苗在开沟器后端扶苗作用下，落在开好的移栽沟中，开沟器后端挡土板可防止果树苗落下前土先落入沟中；随后，由两侧覆土板将土回填到沟里，并由镇压轮进行压实，完成果树苗田间移栽。

第三节　管理机械

果园管理是一个复杂的过程，涉及草、水肥药、枝条和套袋等管理，管理质量直接影响水果产量和品质。近年来，受到中央、地方政府的积极推动和扶持，丘陵山区果园管理机械化水平逐年提高。果园管理主要包括果园除草、施肥、植保、灌溉、修剪和套袋等作业环节，涉及的机械主要包括除草机、施肥机、植保机、水肥一体化系统和修剪机等。

一、果园除草机械

果园除草是水果生产中十分重要的环节，及时有效地清除杂草可以促进果树生长、提高水果品质。目前，国内仍以人工除草为主，劳动强度较大，工作效率低，机械化除草是必然趋势。近年来，国内根据果园发展实际情况，并结合国外先进技术和已有机具，进行产品研发和性能改进，目前已经成功研制出多种除草机。本部分对几种常用的果园除草机进行介绍。

1. 背负式除草机

（1）总体结构与工作原理。背负式除草机由汽油发动机、变速箱、离合器、软轴传动、背垫、把手、刀片等组成，通过高速旋转的刀片进行除草作业，结构如图 10－14 所示。工作时，操作者利用背负架将发动机背在身后，通

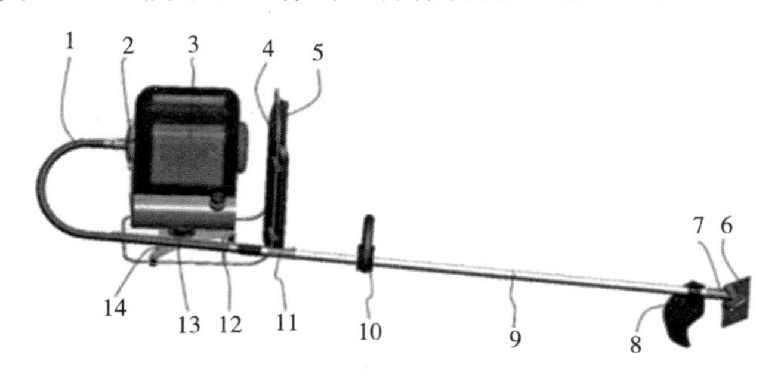

图 10－14　背负式除草机结构

1. 软轴传动　2. 离合器　3. 汽油发动机　4. 背垫　5. 背带　6. 刀片　7. 变速箱　8. 护罩　9. 工作杆　10. 前把手　11. 后把手　12. 背负架　13. 轴承　14. 底座

过控制油门大小来调整发动机的供油量，进而调整发动机输出轴的转速；当转移果园场地时，关小油门，使发动机转速降至离合器工作转速下，离合器飞块与离合碟分离，刀片停止工作。

（2）典型机型。

中洲园林机械背负式除草机

动力（千瓦）	1.15
刀片	3 齿刀片或打草头
操作杆长度（毫米）	1 480
净重（千克）	8.5

2. 小型往复式除草机

（1）总体结构与工作原理。小型往复式除草机主要由割刀、带轮、传动带和悬挂架等组成，结构如图 10－15 所示。工作时，除草机悬挂在微耕机前端，动力由微耕机传入，随着机器前进，动刀片往复运动进行除草作业。

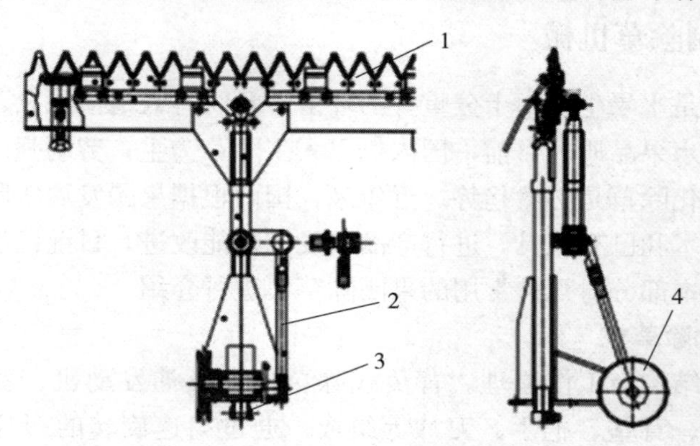

图 10－15　小型往复式除草机结构

1. 割刀　2. 传动带　3. 悬挂架　4. 带轮

（2）典型机型。

浙江长旭 CXB－801 除草机

动力（马力）	7.5
除草宽度（毫米）	800/1 200①
除草高度（毫米）	10～80
除草直径（毫米）	30

① 除草宽度只有 2 个类型，即 800 毫米或者 1 200 毫米。

3. 双圆盘除草机

（1）总体结构与工作原理。双圆盘除草机主要由连接架、变速箱、割草机架、切割器、四连杆结构和升降油缸等组成，结构如图 10－16 所示。工作时，除草机挂接在拖拉机前端，由拖拉机输出轴驱动传动系统，当转速达到一定值后，自动离合器结合，驱动立轴转动，立轴带动刀片高速旋转将杂草割断，液压油缸调节除草高度及除草机的升降。

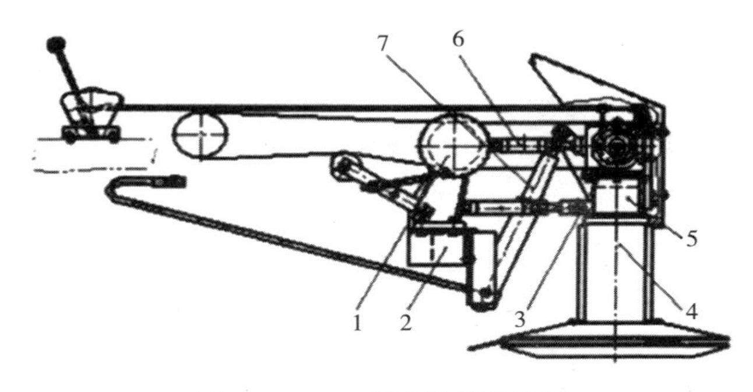

图 10－16　双圆盘除草机结构

1. 传动系统　2. 连接架　3. 变速箱　4. 切割器　5. 割草机架　6. 四连杆结构　7. 升降油缸

（2）典型机型。

联盛机械 9GXD－90 双圆盘除草机

动力（马力）	12～25
除草宽度（毫米）	900
除草高度（毫米）	≤50
生产率（亩/时）	3～5

4. 株间自动避障除草机

（1）总体结构与工作原理。株间自动避障除草机主要由机架、液压系统、传动系统、地轮和除草单体等组成，结构如图 10－17 所示。工作时，根据果园行距情况，调节行宽液压和地轮高度，满足作业要求；拖拉机牵引除草机前进，动力通过后输出轴传递到液压系统，液压系统通过液压马达驱动除草刀盘旋转；当触杆碰到果树时，触杆绕旋转轴转动，带动位移传感器和气弹簧伸出，当位移传感器达到控制系统设置的阈值时，控制系统生成控制信号缩回避障液压缸，带动除草刀盘进入果树行间；当触杆避开果树后，触杆和位移传感器在气弹簧的作用下回到初始位置，控制系统控制避障液压缸伸出，除草刀盘重新进入果树株间作业，完成避开果树并在株间除草的作业过程。

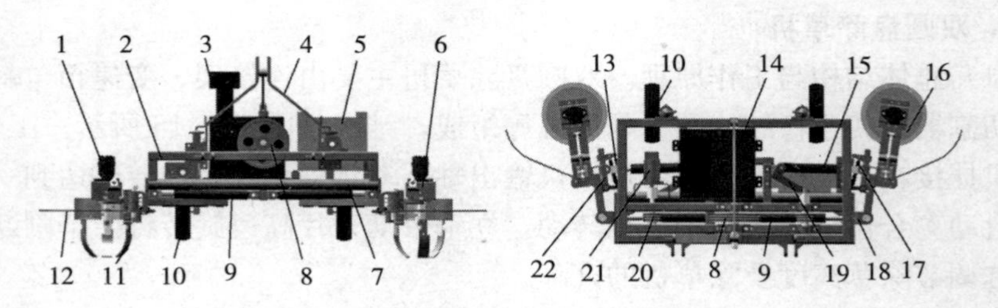

图 10-17　株间自动避障除草机结构

1. 液压马达　2. 机架　3. 电磁阀组　4. 三点悬挂　5. 风冷却器　6. 除草单体　7. 圆管　8. 大带轮　9. 行宽调节液压缸　10. 地轮　11. 除草刀　12. 触杆　13. 位移传感器　14. 液压油箱　15. 避障液压缸　16. 除草刀盘　17. 气弹簧　18. 行宽调节机构　19. 自动避障机构　20. 小带轮　21. 液压泵　22. 信号采集机构

（2）典型机型。

时代沃林 X5 避障除草机

避障形式	双侧
除草宽度（毫米）	2 600
适合行距（米）	2～2.5
配套动力（马力）	40

5. 乘坐式除草机

（1）总体结构与工作原理。乘坐式除草机主要由发动机、机架、切割装置、行走驱动轮和操纵杆等组成，结构如图 10-18 所示。机架为整体焊接结构，切割装置与机架连接，并随机架一起沿行驶方向运动。前置轮在机具作业时具有减震作用，可提高整机的稳定性。工作时，除草机的动力通过带传动传

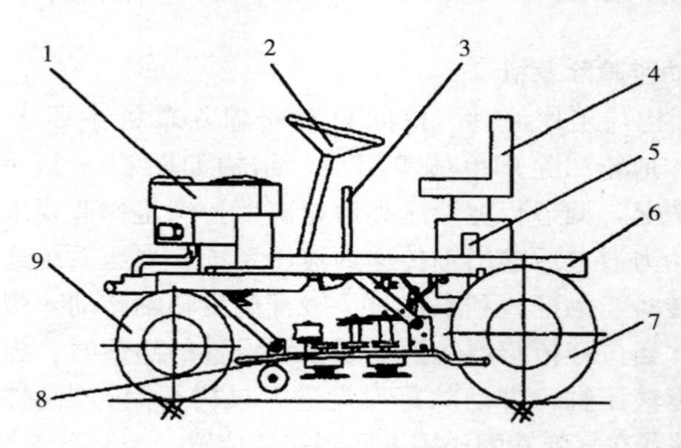

图 10-18　乘坐式除草机结构

1. 发动机　2. 方向盘　3. 操纵杆　4. 座椅　5. 蓄电池　6. 机架　7. 行走驱动轮　8. 切割装置　9. 转向轮

给带轮，进而通过主轴带动刀具旋转，完成割草；同时，把动力传给后桥，从而控制行走轮，实现自走。

（2）典型机型。

日本 9GZ－221 乘坐式除草机

耗油率［克/（千瓦·时）］	310
最低离地高度（毫米）	130
生产率（亩/时）	≥5
动力（千瓦）	16.4

6. 遥控式除草机

（1）总体结构与工作原理。遥控式除草机主要由底盘、发动机、直流驱动装置、发电机、控制器、遥控器、割刀装置和升降电机等组成，结构如图 10－19 所示。工作时，发动机带动发电机进行发电，驱动器带动行驶驱动轮；发动机动力传给割刀装置，刀盘高速旋转切割杂草；升降电机控制升降机构高度；遥控器可远程控制发动机启动/停机、除草机向前/向后行驶、行驶速度调节、转弯、底盘高度调节、发动机转速调节。

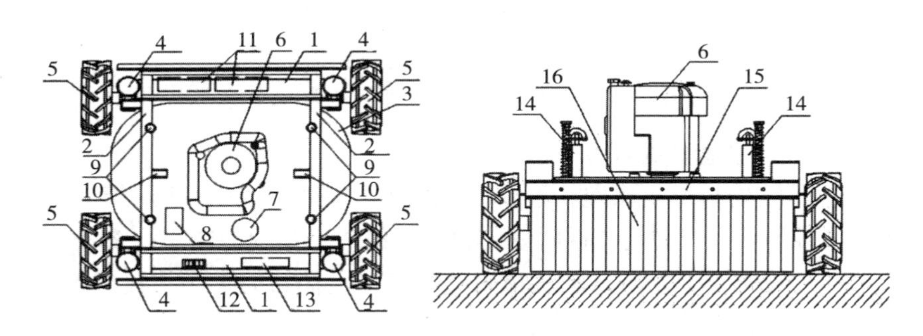

图 10－19　遥控式除草机结构

1. 横梁　2. 纵梁　3. 割刀装置　4. 直流驱动装置　5. 底盘　6. 发动机　7. 发电机　8. 遥控器　9. 升降导套　10. 升降电机支座　11. 电池　12. 电源开关　13. 控制器　14. 升降电机　15. 挡板卡条　16. 挡板

（2）典型机型。

苏州博田 9ZG－690 遥控式除草机

遥控距离（米）	≥100
最低离地高度（毫米）	108
生产率（米^2/时）	3 000
动力（千瓦）	11.5

二、果园施肥机械

果园施肥是水果生产过程中的关键作业环节，施肥质量直接影响果树养分的吸收，合理施肥是果园保质保量的重要举措。目前，果园施肥主要采用有机肥、无机肥和微生物肥相结合的方式，以控氮、稳磷、增钾、补钙、加微生物有机肥为原则。果园机械化施肥可以减轻劳动强度、降低人工成本，是实现果园减肥、提质、增效的重要措施。现阶段施肥方式如图 10 - 20 所示，主要有撒施、挖穴施肥、开沟施肥 3 种。挖穴施肥机见挖穴机部分，本部分对果园撒肥机和开沟施肥机进行介绍。

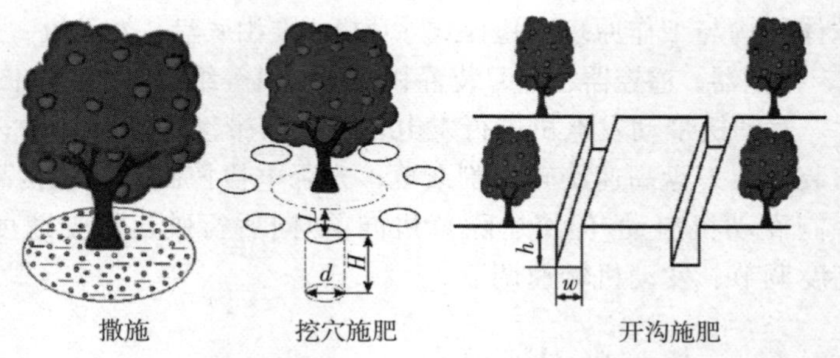

图 10 - 20　3 种果园施肥方式

注：L 为距树冠的距离，H 为坑深，d 为坑径，h 为沟深，w 为沟宽。

1. 果园离心圆盘式撒肥机

（1）总体结构与工作原理。果园离心圆盘式撒肥机一般由肥料箱、驱动器、排肥量调节控制杆、排肥筒、排肥量控制器等组成，结构如图 10 - 21 所示，一般用于撒施颗粒肥。工作时，肥料箱内的肥料在搅拌器的作用下流到转动的排肥筒，肥料在离心力的作用下以接近正弦波的形式均匀撒开，施肥宽度可调。

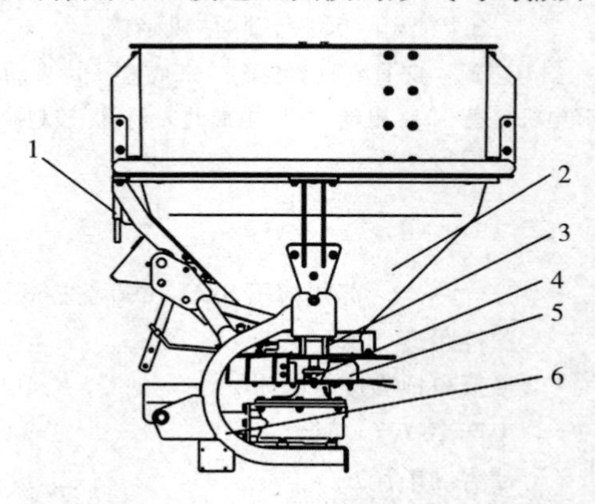

图 10 - 21　果园离心圆盘式撒肥机结构

1. 排肥量调节控制杆　2. 肥料箱　3. 排肥量控制器　4. 驱动器　5. 排肥筒　6. 弯管架

（2）典型机型。

佐佐木 CMC500 撒肥机

配套动力（千瓦）	33.0～51.5
肥箱容量（升）	500
最大作业宽度（米）	5
作业速度（千米/时）	2～15
外形尺寸（长×宽×高）（毫米）	4 000×1 500×1 600

2. 自走式果园有机肥撒施机

（1）总体结构与工作原理。自走式果园有机肥撒施机一般由肥料箱、链板输肥机构、撒肥装置、撒肥范围调整装置、升降板、履带底盘、柴油机、传动系统和撒肥控制装置等组成，具体结构如图 10－22 所示。动力由柴油机提供，转向机构为液压转向，动力由链条传到变速箱经过变速换向后传递给撒肥装置。工作时，肥料通过链板输肥机构向后输送，落至撒肥装置上，撒肥圆盘高速旋转将肥料均匀撒至田中，撒肥控制装置可根据需肥量控制肥料箱末端升降板调节出肥口开度，实现定量施肥。

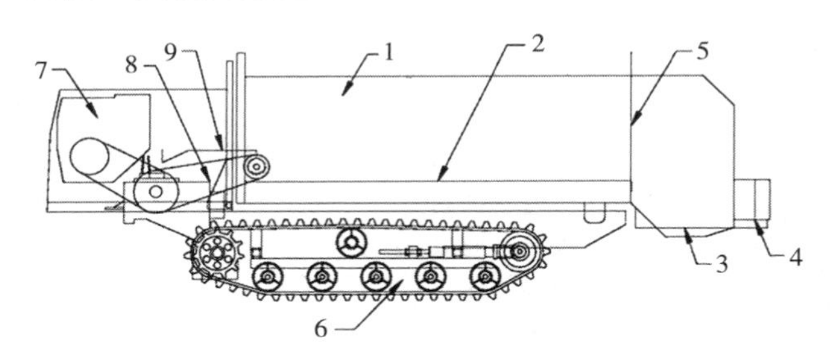

图 10－22　自走式果园有机肥撒施机结构

1. 肥料箱　2. 链板输肥机构　3. 撒肥装置　4. 撒肥范围调整装置　5. 升降板　6. 履带底盘　7. 柴油机　8. 传动系统　9. 撒肥控制装置

（2）典型机型。

天盛 2FZGB 型自走式撒肥机

肥料斗容积（米^3）	1～6（大小定做）
撒播幅宽（米）	6～12
配套动力（马力）	60
重量（千克）	3 300
外形尺寸（长×宽×高）（毫米）	4 200×1 850×2 000

3. 手扶式果园开沟施肥机

（1）总体结构与工作原理。手扶式果园开沟施肥机一般由柴油机、动力底盘、变速箱、开沟刀盘、肥料箱、排肥器、施肥管、覆土器等组成，结构如图 10－23 所示。工作时，动力通过变速箱分别带动底盘行走和传递给工作传动变速箱，变速箱分别带动开沟刀盘开出深沟和带动排肥器将肥料通过施肥管施于沟底，最后经覆土器的刮板将沟填埋，实现开沟、施肥、覆土联合作业，完成开沟施肥作业。

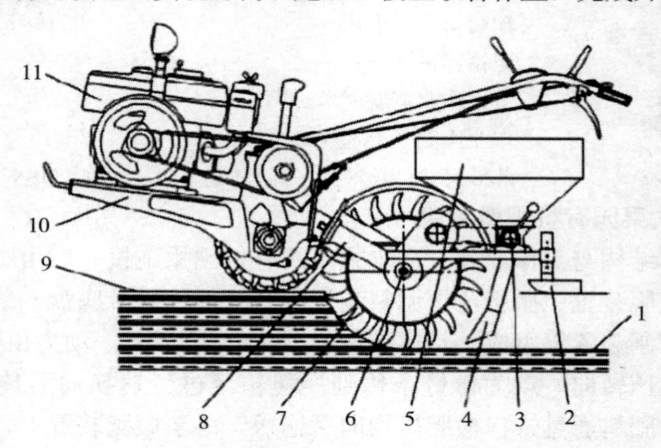

图 10-23　手扶式果园开沟施肥机结构

1. 沟底　2. 覆土器　3. 排肥器　4. 施肥管　5. 肥料箱　6. 刀盘轴　7. 开沟刀盘　8. 变速箱　9. 沟顶　10. 动力底盘　11. 柴油机

（2）典型机型。

春耕手扶式果园开沟施肥机	
配套动力（马力）	8
开沟深度（厘米）	≤20
开沟宽度（厘米）	8～15
作业速度（千米/时）	0.6～0.8

4. 侧边果园开沟施肥机

（1）总体结构与工作原理。侧边果园开沟施肥机主要由机架、悬挂架、肥箱、动力变速箱、覆土挡板、传动变速箱、开沟刀盘和施肥管等组成，结构如图 10-24 所示。工作时，开沟施肥机挂接到拖拉机上，动力由拖拉机输出轴传至

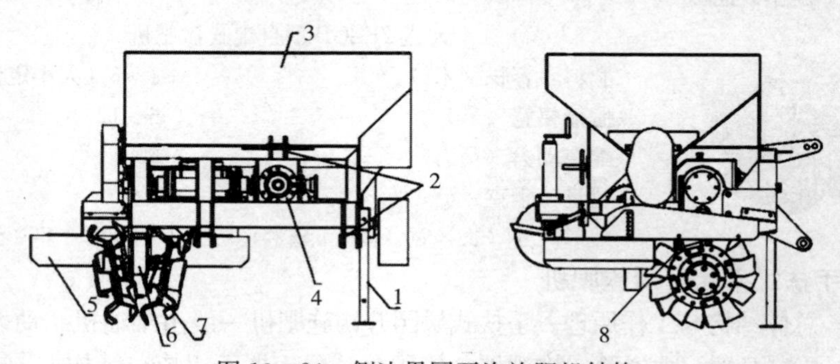

图 10-24　侧边果园开沟施肥机结构

1. 机架　2. 悬挂架　3. 肥箱　4. 动力变速箱　5. 覆土挡板　6. 传动变速箱　7. 开沟刀盘　8. 施肥管

动力变速箱，随着拖拉机前行，传动变速箱带动开沟刀盘高速旋转开出施肥沟，肥箱中的输送绞龙旋转，肥料由施肥管掉入沟中，施肥管下端后方的两块覆土挡板将开沟后两侧的土壤刮起并对沟进行掩埋，实现开沟、施肥、覆土一体化作业。

（2）典型机型。

保东 2FGY40－30 果园开沟施肥机

配套动力（马力）	40～80
施肥深度（厘米）	25～30
开沟位置偏离中心尺寸（厘米）	40
作业速度（千米/时）	1～2.4

5. 自走式果园开沟施肥机

（1）总体结构与工作原理。自走式果园开沟施肥机一般由履带动力底盘、悬挂架、肥箱、排肥器、覆土挡板、施肥管、传动变速箱、开沟刀盘、升降油缸等组成，结构如图 10－25 所示。该机体积小，操作灵便，可原地转向，在机器左侧手动操作。工作时，履带动力底盘前行，开沟刀盘转动，开沟刀切削入土并将土抛起；肥料由螺旋排肥器排出，经施肥管落入所开沟槽内；同时，挡板将开沟刀抛起的土挡住，使其回落至已开沟槽内，实现开沟、施肥、覆土一体化作业。

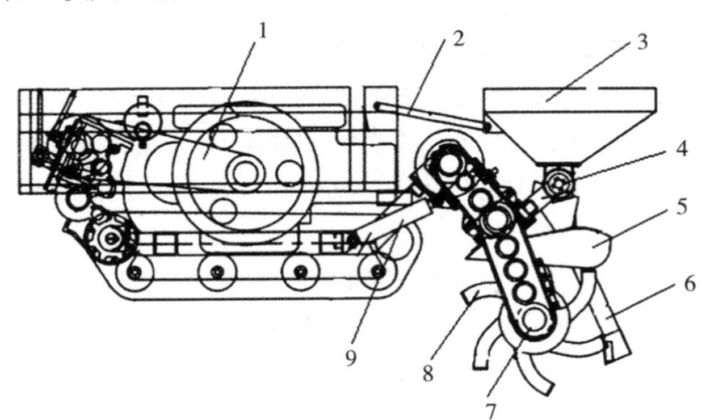

图 10－25　自走式果园开沟施肥机结构

1. 履带动力底盘　2. 悬挂架　3. 肥箱　4. 排肥器　5. 覆土挡板　6. 施肥管　7. 传动变速箱　8. 开沟刀盘　9. 升降油缸

（2）典型机型。

益丰机械自走式多功能开沟施肥机

配套动力（马力）	28
施肥深度（厘米）	20～35
开沟宽度（厘米）	30
作业速度（千米/时）	0.45～1.2

三、果园植保机械

果园植保是果园管理关键环节，其工作量约占整个果园管理工作量的30%。果园机械化植保不仅能够提高农药利用率，减少农药使用量，在降低劳动强度、提升作业效率、节约生产成本等方面也具有突出优势，是果园植保发展的必然趋势，先进的施药技术与植保机械是实现果园植保机械化的基础。目前，国内果园施药技术主要包括管道喷雾、风力辅助喷雾、对靶喷雾、静电喷雾、循环喷雾、变量喷雾和航空喷雾等。果园植保机械主要分为地面植保机械和航空植保机械，地面植保机械主要包括背负式喷雾机、风送喷雾机、静电喷雾机、循环喷雾机和变量喷雾机等，航空植保机械则主要包括单旋翼植保无人机和多旋翼植保无人机等。

（一）果园施药技术

1. 管道喷雾技术 管道喷雾技术于20世纪80年代中期引入我国，管道喷雾技术指通过地下埋设喷药管道，将药液输送到果园，通过药泵对药液加压带动多个喷枪同时作业，广泛适用于南方丘陵山区果园，尤其是坡度较大的果园。但由于该技术仍然存在管道压力不稳定、管道药液残留腐蚀等问题，后续仍需进行针对性攻关。

2. 风力辅助喷雾技术 风力辅助喷雾技术区别于一般喷雾机只靠液泵压力使药液雾化，是利用高速风机产生的强气流，将经过药泵和喷头雾化形成的细小雾滴吹送到果树冠层。因此，风力辅助喷雾技术既能保证喷雾距离，又能增强雾滴穿透性和沉积均匀性，同时气流扰动叶片翻转提高了叶片背面药液附着率。

3. 对靶喷雾技术 基于实时传感器技术，采用图像识别技术和叶色素光学传感器，通过对叶色素的测试，通过传感探测技术以及超声波、红外线等检测，当检测到有果树存在时，控制喷头对准目标喷雾，实现农药的对靶喷施，减少农药浪费。

4. 静电喷雾技术 高压静电发生装置作用使喷出的雾滴带上大量的静电荷，使带电雾滴与果树冠层形成“静电环绕”效应，雾滴带有强烈的静电性能，从而增加雾滴在作物表面的附着能力。静电喷雾技术能够显著提高雾滴沉积量，特别是果树背面雾滴沉积率。

5. 循环喷雾技术 近年来，随着果树矮化技术的推广，植保机械可以横跨果树进行覆盖喷雾，并且采用药液回收装置拦截并收集未沉积的药液回收再利用，药液正确处理之后能够再次进行喷洒。这既可提高农药的有效利用率，又减少了农药飘移污染。

6. 变量喷雾技术 果园变量喷雾技术最早开始于20世纪70年代，是将对靶喷雾与变量控制相结合，通过非接触式靶标探测技术获得树冠特征信息，在大量试验基础上，建立与树冠特征信息相适应的喷雾决策模型，依据模型反馈的喷雾参数进行动态调节，最终实现变量喷雾。

7. 航空喷雾技术　航空喷雾技术指利用飞机或其他飞行器将农药从空中均匀喷施在目标区域的施药方法。近年来，植保无人机在国内呈现井喷式发展，以植保无人机为载体的航空喷雾技术在我国得到广泛应用。

（二）机械

1. 背负式喷雾机

（1）总体结构与工作原理。背负式喷雾机一般由汽油机、药箱、风机和喷洒部件等组成，喷雾性能好，适用性强，其结构如图 10－26 所示。工作时，汽油机带动风机叶轮旋转产生高速气流，在风机出口处形成一定压力，其中大部分高速气流经风机出口流入喷管，少量气流经风机一侧的出口流经药箱上的通孔进入进气管，使药箱内形成一定的压力，药液在压力的作用下经输液管调量阀进入喷嘴，从喷嘴周围流出的药液被喷管内的高速气流冲击形成雾粒喷洒出去，完成作业。

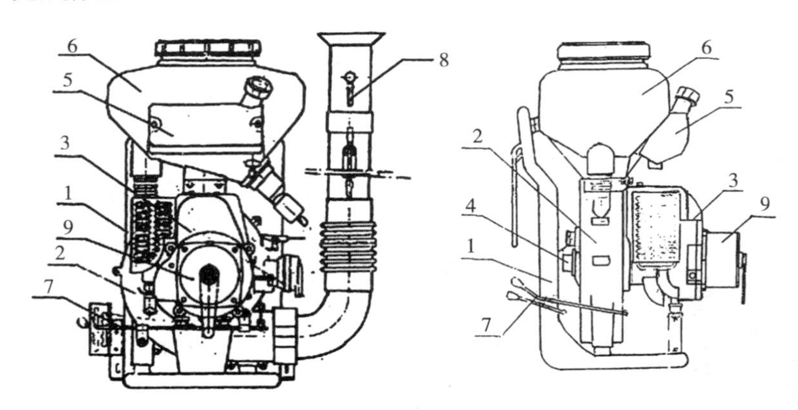

图 10－26　背负式喷雾机结构

1. 机架　2. 风机　3. 汽油机　4. 水泵　5. 油箱　6. 药箱　7. 操纵部件　8. 喷洒部件　9. 起动器

（2）典型机型。

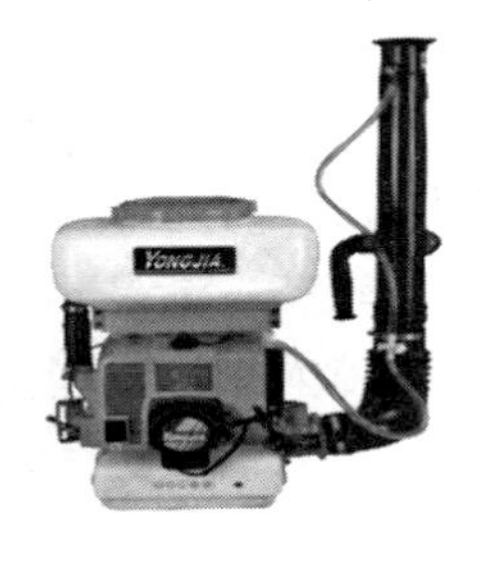

永佳 3W－700J 背负式喷雾机

配套动力（千瓦）	2.2
药箱容积（升）	20
射程（米）	≥16
耗油率（克）	554
包装尺寸（长×宽×高）（毫米）	500×440×780

2. 风送喷雾机

（1）牵引式风送喷雾机。

总体结构与工作原理：牵引式风送喷雾机主要由牵引架、机架、风机、药箱、喷头、隔膜泵等组成，结构如图 10－27 所示。工作时，喷雾机与拖拉机的下拉杆连接，拖拉机动力输出轴动力经联轴器和变速箱传递到隔膜泵和风机；隔膜泵给药箱中的药液加压，药液经过输液管到达喷头进行喷雾；风机产生气流，呈辐射状，使雾滴二次雾化，并将雾滴吹至果树上，气流还能吹动果树枝叶，叶面和背面均匀吸附雾滴。

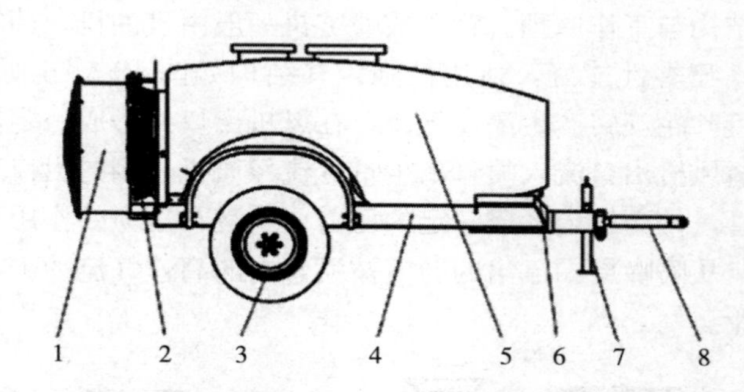

图 10－27　牵引式风送喷雾机结构

1. 风机　2. 喷头　3. 轮胎　4. 机架　5. 药箱　6. 隔膜泵　7. 支架　8. 牵引架

典型机型：

诺力瓦 3WF－1600 牵引式风送喷雾机

配套动力（马力）	60～100
工作压力（兆帕）	0.3～2
水平射程/垂直射程（米）	10～15/3～7（静风）
喷雾半径（毫米）	8～12
药箱容积（升）	1 600

（2）轮式自走式风送喷雾机。

总体结构与工作原理：轮式自走式风送喷雾机主要由发动机、药箱、隔膜泵、风送辅助装置、低量雾化系统和电控操控台等组成，结构如图 10－28 所示。工作时，首先根据果园茂密程度调节喷头的流量及方向使之适应相对应的树形，动力通过分动箱分别传递到隔膜泵、风机及行走车体等工作部件；药箱中药液经隔膜泵加压后流向管路分配装置，其中一路回流至药箱起搅拌作用，其余三路经喷头喷出；风送辅助装置通过液压系统控制改变风机转速，满足不同树形所需风量、风速；待各工作装置稳定至工作状态后，打开喷雾系统并调整喷雾压力；喷雾机前进，进行风力辅助喷雾。

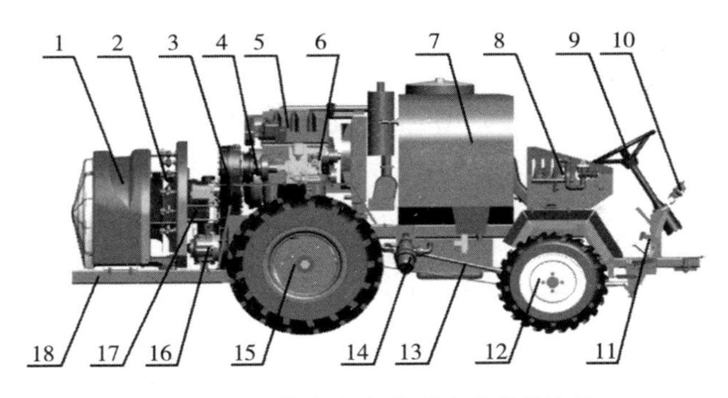

图 10－28　轮式自走式风送喷雾机结构

1. 风送辅助装置　2. 低量雾化系统　3. 分动箱　4. 电磁离合器　5. 发动机　6. 隔膜泵　7. 药箱　8. 管路分配装置　9. 转向装置　10. 电控操作台　11. 离合制动踏板　12. 前桥　13. 万向联轴　14. 过滤器　15. 后桥　16. 离合器　17. 车架　18. 静液压装置

典型机型：

中农丰茂 3WF－1600 牵引式风送喷雾机

配套动力（千瓦）	17
工作（施药）压力（兆帕）	0.5～1
转弯半径（米）	≤1.2
喷雾半径（毫米）	4
药箱容积（升）	400

（3）履带自走式风送喷雾机。

总体结构与工作原理：履带自走式风送喷雾机由履带、底盘、发动机、操作台、隔膜泵、风机和喷头等组成，结构如图 10－29 所示。工作时，隔膜泵

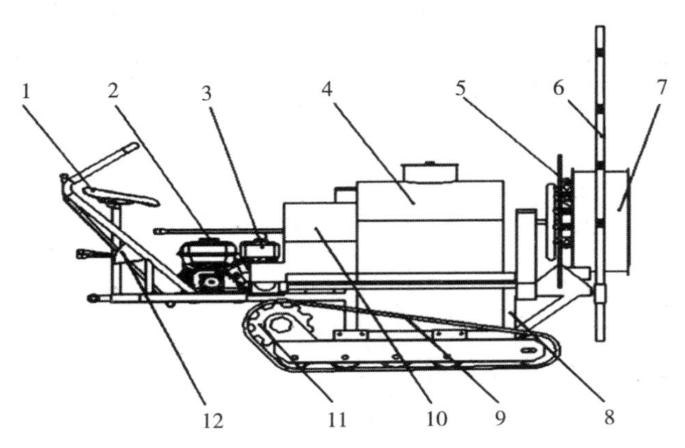

图 10－29　履带自走式风送喷雾机结构

1. 操作台　2. 发动机　3. 隔膜泵　4. 药箱　5. 喷头　6. 喷头支撑杆　7. 风机　8. 底盘　9. 履带　10. 换向器　11. 驱动轮　12. 离合器手柄

作为动力源为药箱中的药液加压，通过输液管将药液送到各个喷头，实现一次雾化；风机作为动力源，产生的高压气流通过导风板对雾滴进行二次雾化，由原来的喷雾变成弥雾，增加了农药附着率，达到更好的防病治虫效果。

典型机型：

博田 3WZF-400 履带自走式风送喷雾机

配套动力（千瓦）	12.8
工作压力（兆帕）	2.0～3.5
工作效率（亩/时）	15～20
静风射程（毫米）	8～11
药箱容积（升）	400

3. 静电喷雾机

（1）总体结构与工作原理。静电喷雾机主要由车架、离心风机、隔膜泵、高压电源、药箱、喷头、液压泵等组成，结构如图 10-30 所示。工作时，隔膜泵给药箱中的药液加压使其进入喷嘴并雾化；高压电源启动，电极与雾流之间形成高压电场，雾滴进入电场区会被感应成带与电极相反的电荷，带电荷后的雾滴在内流道气流作用下快速脱离喷头强电场区后，被外气流和内气流共同输运到作物靶标，可以防止带电荷雾滴在喷头处吸附沉积。

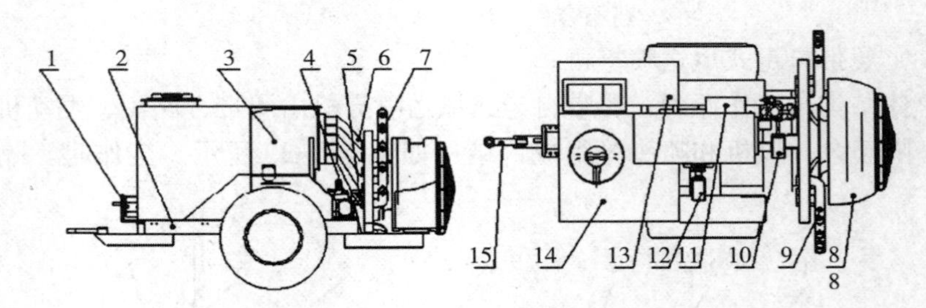

图 10-30 静电喷雾机结构

1. 液压泵 2. 车架 3. 离心风机 4. 隔膜泵 5、10、12. 液压马达 6. 软管 7. 喷头 8. 轴流风机 9. PVC 管 11. 高压电源 13. 油箱 14. 药箱 15. 牵引链接

（2）典型机型。

博远 3WFQD-1600 静电喷雾机

配套动力（马力）	40～80
工作压力（兆帕）	0.5～2.5
喷头数量（个）	14
喷洒射程（单侧）（毫米）	8～12
药箱容积（升）	1 600

4. “冂”型循环喷雾机

（1）总体结构与工作原理。“冂”型循环喷雾机主要由机架、药箱、液泵和药液回收器等组成，结构如图 10-31 所示。工作时，采用牵引的方式挂接到拖拉机上，由拖拉机后输出轴提供动力；“冂”型罩盖骑跨在果树上，并根据冠层尺寸进行宽度调节；液泵给药液加工，使药液以雾滴形式从喷头喷出；“冂”型罩盖拦截脱离靶标区的雾滴，收集在承液槽中，然后通过药液回收器吸取承液槽中的药液回收至药箱，实现未沉积药液的回收。

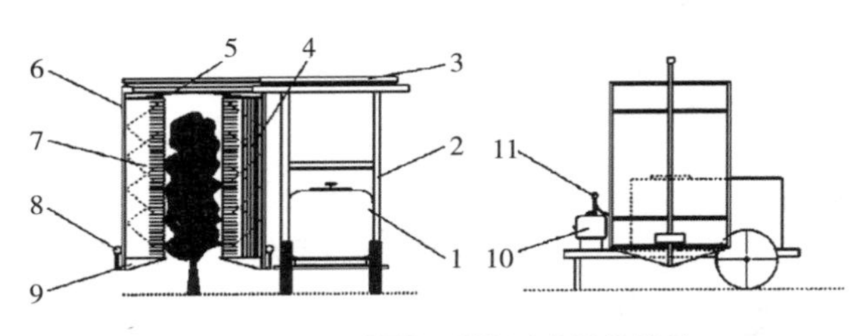

图 10-31　“冂”型循环喷雾机结构

1. 药箱　2. 机架　3. 罩盖宽度调节油缸　4. 栅格端面罩盖　5. 顶部弹性遮挡　6. 壁面罩盖　7. 平板端面罩盖　8. 药液回收器　9. 承液槽　10. 液泵　11. 分配阀

（2）典型机型。

Nestor 循环喷雾机	
作业幅宽（米）	0.94～2.70
树冠高度（米）	2.10～2.35
药箱容积（升）	2 000

5. 变量喷雾机　目前，针对果园变量喷雾机，国内研究人员开展了部分探索并研发了相应样机，主要研究集中在超声波传感法、激光传感法、红外探测法和机器视觉法。但总的来说，由于果树冠层参差不齐、枝叶时疏时密等复杂条件，目标检测可靠性、稳定性、喷雾实时精准调节等方面还有所欠缺，总体上仍处于样机试验阶段，尚未形成产业化成果。

6. 单旋翼植保无人机

（1）总体结构与工作原理。单旋翼植保无人机主要由发动机、传动系统、飞控箱和喷雾系统等组成，结构如图 10-32 所示。工作时，发动机驱动旋翼提供升力，同时输出动力至尾部旋翼；在飞行过程中，各种传感器获得无人机的运动状态信息，飞控系统根据这些信息控制无人机姿态、飞行速度、飞行高度和喷头开关等；旋翼产生的向下气流增加雾流对果树的穿透性，防治效果好。

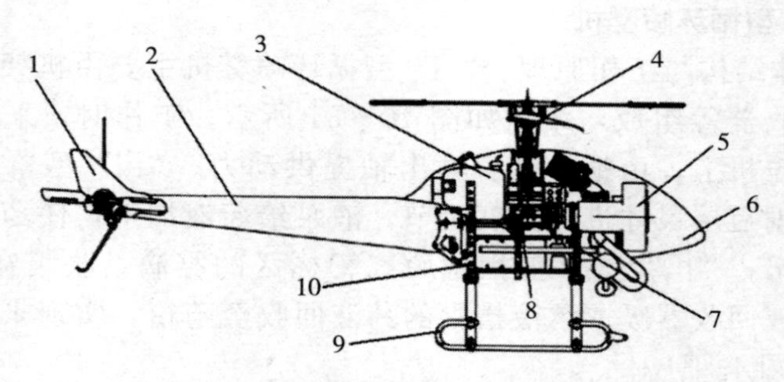

图 10－32　单旋翼植保无人机结构

1. 尾旋翼　2. 尾管　3. 油箱　4. 主螺旋　5. 发动机　6. 机罩　7. 飞控箱　8. 传动系统　9. 起落架　10. 喷雾系统

（2）典型机型。

汉和水星一号单旋翼植保无人机

作业幅宽（米）	6～7
电池容量（毫安时）	24 000
标准作业载重（千克）	20
作业效率（亩/架次）	30～40

7. 多旋翼植保无人机

（1）总体结构与工作原理。多旋翼植保无人机一般由电池、电机、飞行桨、机架、控制系统、药箱、喷头等组成，其结构如图 10－33 所示。工作时，操作人员将无人机飞行到指定作业区域上空或者自主飞行，打开无线遥控开关，液泵通电运转，将药箱中的药液通过软管输送到喷杆，最后由喷头喷出。无线遥控开关控制继电器的通断，能及时地控制液泵的工作状态，从而能实现对防治对象的喷洒，对其他作物少喷或不喷，合理有效地提高了农药的利用率。

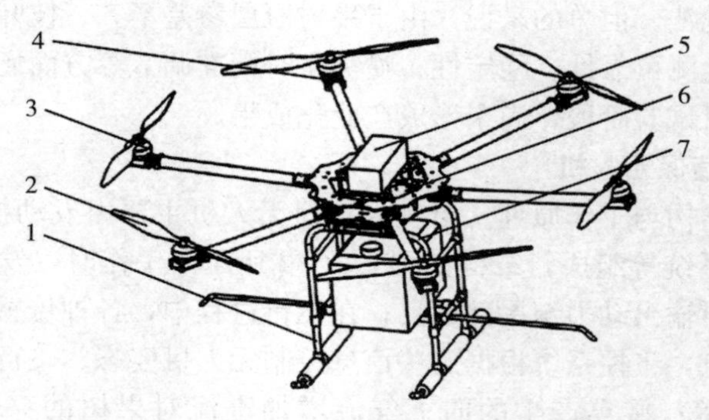

图 10－33　多旋翼植保无人机结构

1. 机架　2. 飞行桨　3. 电机　4. 喷头　5. 电池　6. 控制系统　7. 药箱

（2）典型机型。

大疆 T16 型植保无人机	
最大功率（千瓦）	5.6
药箱容积（升）	15
喷洒幅度（米）	4～6.5
作业飞行速度（米/秒）	7
整机尺寸（长×宽×高）（毫米）	2 520×2 212×720

四、果园水肥一体系统

水肥一体化作为一项将滴灌与施肥结合在一起的现代化先进农业技术，可以根据果树需水需肥规律随时供给，近些年得到迅速发展，具有节肥、节水、节约劳动力等显著效果，减少水肥使用量，减少对环境产生的污染，是果园水肥管理发展的趋势，广泛应用于果园生产管理中。

1. 总体结构与工作原理　果园水肥一体化系统由中心控制计算机、系统首部装置、电磁阀和控制电缆、滴（喷）灌管网系统组成，系统示意图如图 10－34 所示。工作时，系统的土壤湿度传感器可以实时监测到土壤中的水分数据，当土壤中的水分低于标准值，系统就能自动打开灌溉系统，为果园进行灌溉；当土壤中的水分达到了标准值，系统又可以自动关闭灌溉系统，通过土壤湿度传感器对土壤湿度进行实时监测，为灌溉提供数据支撑，从而达到节水目的。同理，系统通过土壤氮磷钾传感器可以实时监测到土壤中的养分数据，当监测到土壤中的养分低于标准值，系统就能自动打开施肥系统；当土壤中的养分达到标准值，系统又可以自动关闭施肥系统，通过及时的数据作为参考，在保证土壤养分的前提下，最大限度地节约化肥的使用。

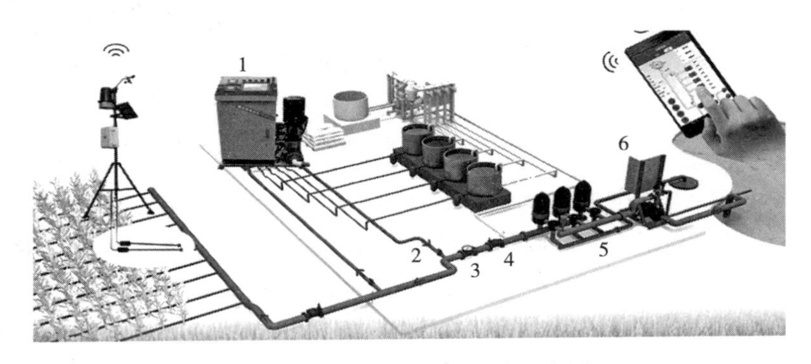

图 10－34　水肥一体化系统示意图

1. 施肥机　2. 手动阀　3. 水表　4. 减压阀　5. 过滤器　6. 水泵

2. 典型机型

韦恩水肥一体化系统	
工作压力（巴）	1～5
最大注肥流量（升/时）	1 050
最大灌溉区（个）	12
注肥通道（个）	3
EC/pH 检测	在线

五、修剪机械

修剪是果树管理的重点，对幼树进行修剪，可以促进其生长，形成良好树形，提前结果丰产；对成熟期的果树进行修剪，可以维持生长和结果相对平衡，延迟果树衰老；对衰老的果树进行修剪，可以复壮，维持产量；修剪还可以控制果树形状，便于规范化管理和机械化操作。因此，果树修剪是一项技术要求高且费时费工的管理环节，机械化修剪是发展趋势。根据果树修剪程度不同，可以分为精剪和粗剪，精剪是指利用修枝剪进行单枝修剪，粗剪是指利用机械进行整株几何修剪。

（一）修枝剪

受限于南方丘陵山区果园种植模式，果树修剪方式仍以单枝修剪为主。高枝修剪主要是通过搭建扶梯和人工攀爬方式完成，部分条件较好的果园开始引进作业平台来辅助高枝修剪。修枝剪按照动力不同，分为手动剪、气动剪、电动剪和油动链锯，如图 10－35 所示。

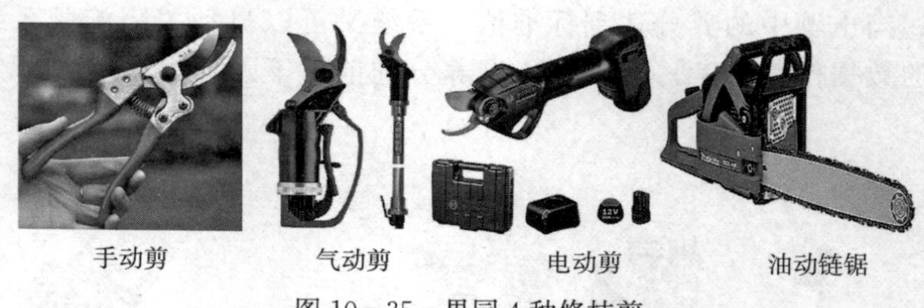

图 10－35　果园 4 种修枝剪

1. 手动剪　手动剪以人力为修剪动力，一般修剪 30 毫米以下的枝条，劳动强度大，费力费时，长时间作业容易造成破皮和关节损伤，但因价格便宜、操作简单，目前大部分还是使用手动剪进行修枝作业。

2. 气动剪　气动剪是以压缩空气为动力的修枝工具，一般由空气压缩机、气动剪刀（气动剪刀由动刀和定刀组成）、储气罐、快速接头和气管等组成，气动剪可以根据枝条高度选择短枝剪和高枝剪。工作时，按下手柄上的阀门，高压气体推动气缸内活塞运动，活塞推动动刀做旋转运动，动刀和定刀啮合完成剪枝作业，随后复位弹簧将活塞顶回初始位置。

3. 电动剪　电动剪一般采用锂电池或者背负式铅酸电池作为动力源，主要由蓄电池、控制电路、电动机、传动机构和刀头组成，电动剪也可以根据枝条高度选择短枝剪和高枝剪。工作时，蓄电池为电动剪供电，电动机驱动传动系统实现剪刀的开闭运动。

4. 油动链锯　油动链锯以汽油机为动力，一般由发动机、传动系统、锯枝机构等组成，根据锯把型式，可分为高把和矮把两类，可实现不同高度枝条的修枝作业。工作时，动力通过传动系统驱动链锯，使链锯沿导板作连续运动来锯切枝条。

（二）几何修剪机

几何修剪机多用于葡萄园和矮化密植果园的整株修剪，修剪后的果园便于后续的机械化操作。几何修剪机按照刀具的运动方式，可分为圆盘锯式修剪机、旋转刀盘式修剪机和往复式修剪机。

1. 圆盘锯式修剪机　圆盘锯式修剪机主要由圆盘锯、液压马达、可伸缩臂等组成，如图 10－36 所示。修剪机采用拖拉机前置式，可以进行单侧修剪和顶部剪梢。修剪机通过液压马达带动圆盘锯高速旋转进行枝条修剪，可伸缩臂控制修剪的高度和宽度。具有代表性的产品有意大利 BMV 公司生产的 F1800P 型圆盘锯式修剪机。

图 10－36　F1800P 型圆盘锯式修剪机

1. 液压马达　2. 圆盘锯　3. 可伸缩臂

2. 旋转刀盘式修剪机　旋转刀盘式修剪机主要由液压马达、可伸缩臂和装在机架上的 3～6 个刀片等组成，如图 10－37 所示。修剪机采用拖拉机前置式，可以进行单侧修剪和顶部剪梢。修剪机通过液压马达驱动切割器做旋转运动，竖直方向可伸缩臂调节修剪高度，水平方向可伸缩臂调节修剪宽度。具有代表性的产品有意大利 BMV 公司生产的 E 系列旋转刀盘式修剪机。

3. 往复式修剪机　往复式修剪机主要由液压马达、往复切割器和可伸缩臂等组成，如图 10－38 所示。修剪机通过两个相互独立的可伸缩臂调节往复切割器的位置，竖直方向可伸缩臂调节修剪高度，水平方向可伸缩臂调节修剪宽度，液压马达驱动切割器做往复运动进行修剪作业。具有代表性的产品有法国贝兰克公司生产的 Panorama 往复式修剪机。

图 10－37　E 系列旋转刀盘式修剪机

1. 液压马达　2. 可伸缩臂　3. 刀片

图 10－38　Panorama 往复式修剪机

1. 往复切割器　2. 液压马达　3. 可伸缩臂

六、其他管理机械

1. 悬挂式电动柔性疏花机　悬挂式电动柔性疏花机主要由悬挂底板、活动底座、平移丝杠、仿形丝杠、疏花架等组成，结构如图 10－39 所示。工作时，由超声波传感器测出疏花机与目标果树的相对距离，控制系统控制平移步进电机转动，疏花架进入作业范围，进一步平移到适合的水平位置；通过测距杆超声波传感器组计算出疏花架与目标果树树冠轮廓的平行度，微处理器发送角度控制信号驱动仿形步进电机工作，带动疏花架绕活动底座转动到与目标果树冠层平行的角度位置，通过控制疏花无刷直流电动机带动疏花胶条组以不同的转速甩击果树花穗，从而实现机械化柔性疏花。

2. 三节臂机载式疏花机　三节臂机载式疏花机主要由机架、传动轴、液压缸、疏花轴、疏花绳以及电控箱等组成，结构如图 10－40 所示。工作时，疏花节臂根据需要，灵活安装于竖直杆的不同位置上；拖拉机输出轴带动液压泵转动，液压泵为液压缸伸缩运动提供动力，液路分配阀控制液压缸伸缩行程，以实时控制疏花距离；电控箱内块调速器别控制疏花轴旋转速度，从而带动疏花绳旋转甩击果树花穗。

3. 手持式自动套袋机

（1）总体结构与工作原理。手持式自动套袋机主要由纸袋储存及传送装置、纸袋变向装置、纸袋张开装置、果柄自动识别及封口装置等组成，结构如图 10－41 所示。工作时，储袋仓拉开，将多个套袋装入储袋仓并关闭，打开

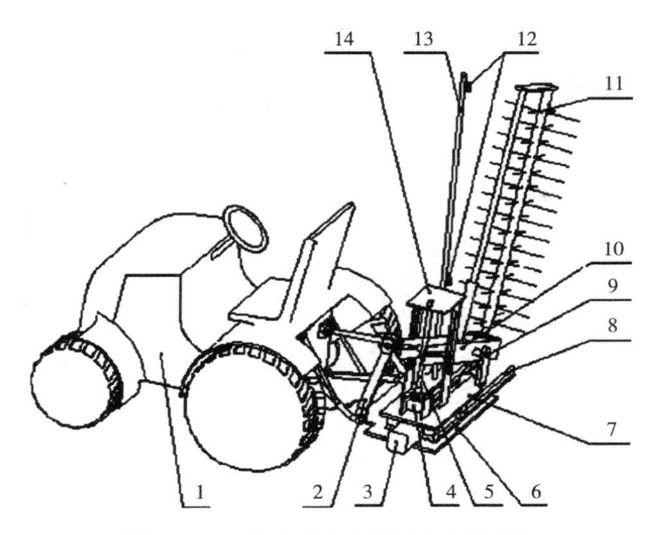

图 10－39　悬挂式电动柔性疏花机结构

1. 拖拉机　2. 悬挂架　3. 平移步进电机　4. 仿形步进电机　5. 仿形丝杠　6. 悬挂底板　7. 活动底座　8. 滑轨　9. 平移丝杠　10. 疏花架　11. 疏花胶条组　12. 超声波传感器　13. 测距杆　14. 仿形架

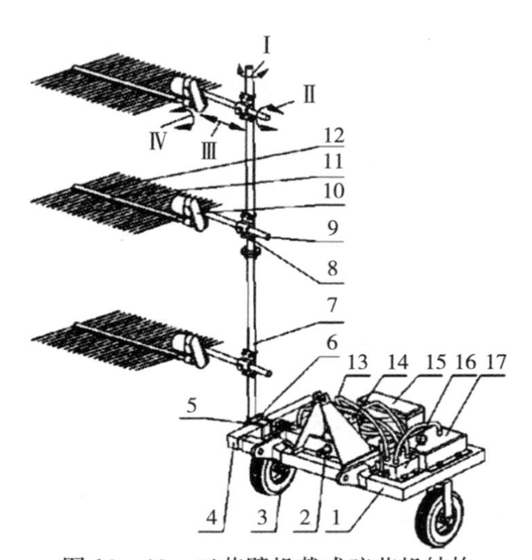

图 10－40　三节臂机载式疏花机结构

1. 机架　2. 传动轴　3. 限位轮　4. 活动梁　5. 液压缸　6. 竖直杆支架　7. 竖直杆　8. 疏花节臂支架　9. 疏花节臂伸缩杆　10. 疏花轴动力总成　11. 疏花轴　12. 疏花绳　13. 液压油管　14. 液压泵　15. 电控箱　16. 液路分配阀　17. 液压油箱

注：Ⅰ为疏花节臂支架转动方向，Ⅱ为疏花节臂伸缩杆转动方向，Ⅲ为疏花节臂伸缩杆移动方向，Ⅳ为疏花轴动力总成转动方向。

电源开关，纸袋传送开始，捻纸轮将套袋传送至纸袋变向装置，纸袋变向装置将纸袋变向并传递到纸袋张开装置，纸袋张开装置通过吸力吸住套袋的两面将套袋打开，这时将套袋机对准水果，果柄自动识别及封口装置识别果柄的位置后，自动封口，完成水果套袋。

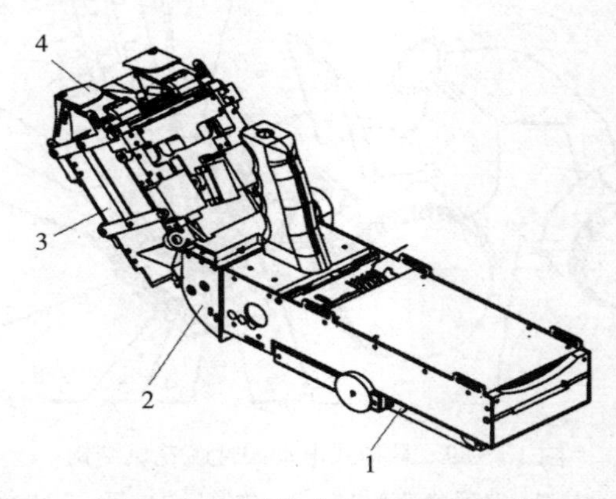

图 10-41　手持式自动套袋机结构

1. 纸袋储存及传送装置　2. 纸袋变向装置　3. 纸袋张开装置　4. 果柄自动识别及封口装置

（2）典型机型。

梦现速美果水果套袋机

每次纸袋装载量（个）	50
封口时间（秒）	1
重新初始化时间（秒）	1
产品重量（克）	800
外形尺寸（长×宽×高）（毫米）	370×125×100

第四节　采收机械

果园采收是果园生产过程中最费工、最费时的一个环节，所用劳动力占整个生产过程所用劳动力的40%左右，具有季节性强和劳动密集型的特点，采收质量直接关系到水果后续的储存、加工和销售，从而影响果农经济效益。机械化采收不仅能提高作业效率，减少劳动力，减轻劳动强度，降低采收成本，而且能提高水果的经济效益。因此，加大研究和发展水果采收机械有着重要的实用价值及意义。目前，果园采收机械主要包括采收作业平台、树干振动式采收机、树冠振动式采收机、气吸式采收机和齿梳式采收机，主要用于能一次性采收且对机械损伤不敏感的水果或者用于加工的水果，如葡萄、浆果蓝莓、枸杞、柑橘等。近年来，随着传感技术和控制技术的快速发展，国内外专家学者对多种类型果园采收机器人进行了深入研究，并取得大量的研究成果，未来果园采收机器人在果园采收环节中将有巨大的应用空间。

一、果园采收作业平台

1. 总体结构与工作原理　果园采收作业平台主要包括机架、果实输送系统、采摘工作台、工作台支撑与调节装置、果箱承载与落箱装置等组成，结构如图 10－42 所示。工作时，作业平台由拖拉机牵引行进，根据果园实际的行距和果树高度设定采摘工作台的宽度与高度，以适应大多数果园的采摘要求，保证采摘者处于较为理想的采摘高度；各个工位的采摘者独立手动调节各自传送装置的仰角和摆角，将果实摘下后直接放置在子传送装置上，果实进入果箱中，安装在垂直传送装置上的旋转机构做旋转运动，使落入果箱内的果实相对均匀地分散在果箱中；垂直传送装置上安装有传感器和单片机，可实时监测和调整果箱中果实堆积平面与垂直传送装置末端的相对位置，从而保证垂直传送装置末端与果实堆积平面始终处于设定的高度范围内，达到降低果实碰撞损伤的目的；当果箱装满后，采摘者停止采摘，人工操作满载果箱通过承重滑轮组滑落到地面，再将空箱放置在工作位上，调节好垂直传送装置的位置后，采摘者恢复作业，平台继续进行采收。

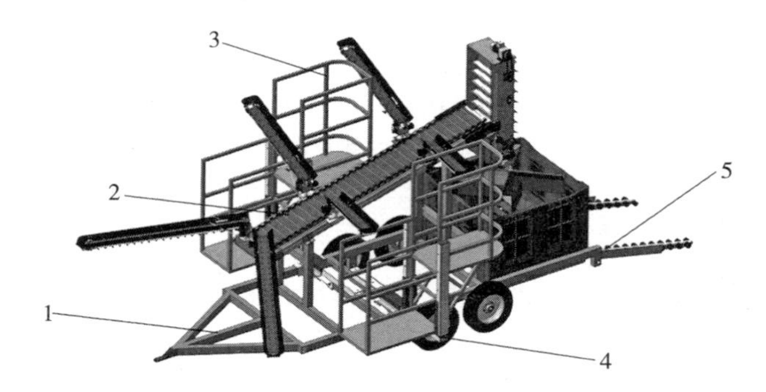

图 10－42　果园采收作业平台结构

1. 机架　2. 果实输送系统　3. 采摘工作台　4. 工作台支撑与调节装置　5. 果箱承载与落箱机构

2. 典型机型

埃普乐 AP150 果园采收作业平台

作业人数（个）	4～6
最大作业宽度（米）	4.3
最大作业高度（米）	3.5
行走速度（千米/时）	≤15
作业效率（千克/时）	≥1 000

二、树干振动式采收机

1. 总体结构与工作原理 树干振动式采收机主要由机架、激振液压马达、夹持器和振动箱体等组成，结构如图 10－43 所示。工作时，调节高低液压缸使夹持机构调节到夹持树干的合适高度；调节振动头到适合夹持树干的位置，调节夹持液压缸的伸缩，夹持机构夹持住树干；启动激振液压马达带动偏心块旋转，偏心块产生的激振力通过夹持机构传递给果树树干，果树产出一定频率和振幅的受迫振动，果树带动果实做加速运动，果实产生的惯性力大于果实与果树的结合力，果实从树上掉落，完成作业。

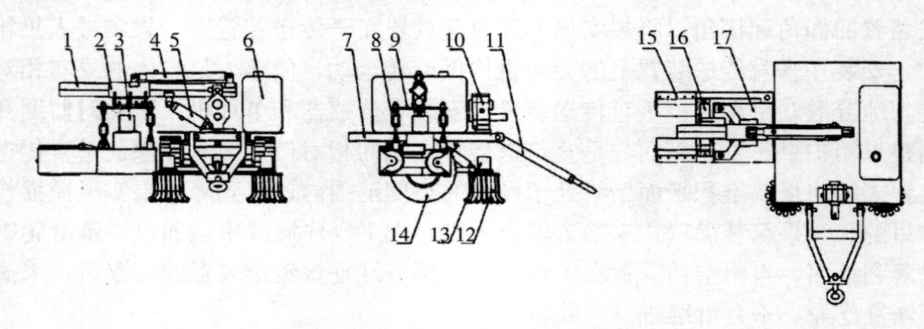

图 10－43　树干振动式采收机结构

1. 悬挂横梁　2. 导杆套　3. 激振液压马达　4. 横向伸缩液压缸　5. 高低调节液压缸　6. 油箱　7. 机架　8. 悬挂吊环　9. 悬挂板　10. 液压泵　11. 牵引架　12. 橡胶集条棒　13. 清扫液压马达　14. 车轮　15. 夹持器　16. 夹持液压缸　17. 振动箱体

2. 典型机型

森海 4ZG－16 型果实采摘机

配套动力（千瓦）	≥22
树干直径（厘米）	≤16
工作频率（赫兹）	50
作业效率（秒/棵）	≤30

三、树冠振动式采收机

树冠振动式采收机以蓝莓采收机为例，采用倒 U 形设计，主要由田间行走底盘、传动系统、振动采摘机构、辅助行走轮、接收机构和输送机构等组成，结构如图 10－44 所示。工作时，采收机由田间行走底盘带动，从蓝莓植株两侧跨行通过；振动采摘机构上的振动指棒伸入蓝莓树冠内与蓝莓枝条接触，对果树施加强迫振动，果树受到振动后以一定的频率和振幅振动，树枝上的果实加速运动，当果实受到的惯性力大于果实和树枝之间的结合力时，果实与枝分离；与蓝莓树枝分离的果实落入接收机构，蓝莓果实沿着接收板落入输送机构，随着输送机构的输送带落入收集箱，完成采收作业。

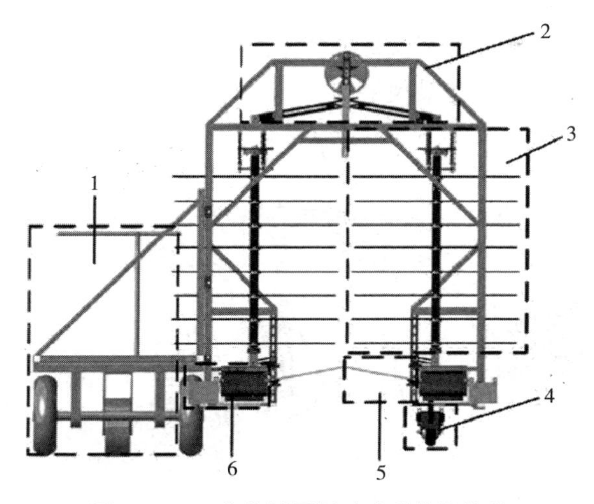

图 10－44　蓝莓树冠振动式采收机结构

1. 田间行走底盘　2. 传动系统　3. 振动采摘机构　4. 辅助行走轮　5. 接收机构　6. 输送机构

四、气吸式采收机

气吸式采收机主要由电机、抽风机、无级调速旋钮、吸风口、气吸管道、收集桶和行走轮等组成，结构如图 10－45 所示。工作时，电机带动抽风机高速旋转，收集桶内产生负压，负压气流经过气吸管道，气吸管道一端与收集桶上的吸风口相连，另一端沿着果树枝条以不同角度给果实提供吸力；无级调速旋钮调节电机转速，进而改变收集桶和气吸管道内的风速及风压，电机转速越快，风速和风压越大，吸力越强；当吸力大于果实和果柄之间的连接力时，果实脱落，完成采收作业。

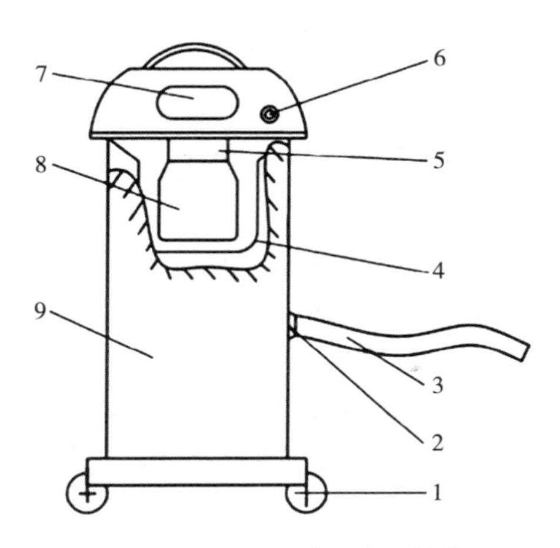

图 10－45　气吸式采收机结构

1. 行走轮　2. 吸风口　3. 气吸管道　4. 防尘罩　5. 抽风机　6. 无级调速旋钮　7. 散热口　8. 电机　9. 收集桶

五、齿梳式采收机

齿梳式采收机主要由底盘、液压缸、齿梳采收头、发动机、收料箱等组成，结构如图 10-46 所示。工作时，主臂和副臂液压缸共同控制采收头在竖直方向上的运动，立柱回转马达带动机械臂旋转调整采收角度，采摘马达通过变速箱带动齿梳采收头旋转采收果实。

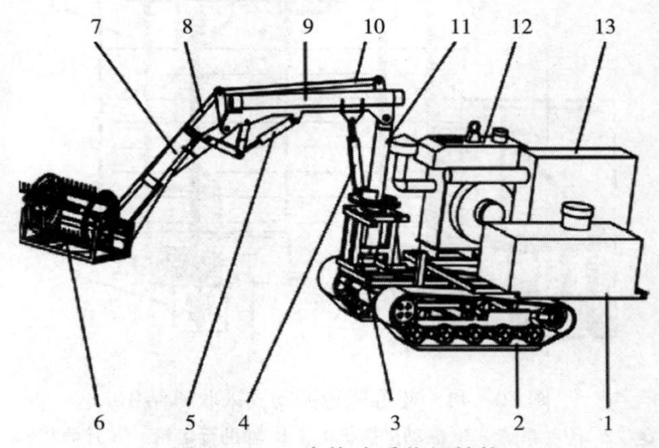

图 10-46　齿梳式采收机结构

1. 油箱　2. 底盘　3. 采收底座　4，5. 液压缸　6. 齿梳采收头　7. 副臂　8. 拉杆 1　9. 主臂　10. 拉杆 2　11. 立柱　12. 发动机　13. 收料箱

六、果园采收机器人

与采收机械相比，采收机器人自动化、智能化较高，但也具有较大的设计难度。采收机器人主要分为四大部分，包括视觉识别和定位系统、机械臂系统、末端执行控制系统以及移动平台。近年来，我国针对果园采收机器人关键技术开展了较多研究，但是多处于实验室开发阶段或测试阶段，机器人采收技术与实际推广应用还有很大差距。本部分对几款典型的采收机器人研究成果进行介绍。

1. 苹果采收机器人　苹果采收机器人主要由液压采摘车和伺服电机式采摘系统组成，液压采摘车包括底盘、发动机、行走操纵台，采摘系统包括视觉系统、升降平台、机械臂、电动推杆、末端执行器、柔性管、苹果收集箱等，结构如图 10-47 所示。

工作时，采收机器人先在远处利用双目视觉传感器识别并定位树上苹果，然后选定其中一个目标，将信息发给信息与决策系统，转换成单目视觉系统的信息，再近距离识别并锁定目标，末端执行器根据已建立基于图像反馈的控制

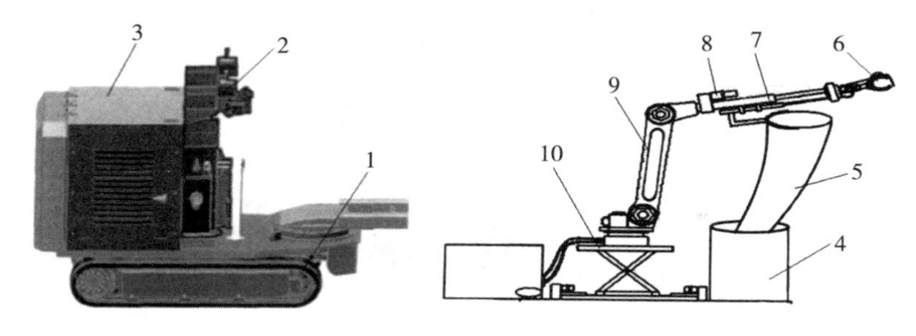

图 10-47　苹果采收机器人结构

1. 底盘　2. 行走操纵台　3. 发动机　4. 苹果收集箱　5. 柔性管　6. 末端执行器
7. 电动推杆　8. 视觉系统　9. 机械臂　10. 升降平台

方法，实现采收；采收一个目标后，机器臂回到初始位置进行下一目标的采收，直至采收完成已识别和定位的所有目标，机器人移动并重新进行目标的识别、定位和采收。

2. 柑橘采收机器人　柑橘采收机器人主要由视觉控制系统、机械臂控制系统、末端执行器控制系统和底盘行走系统等组成，结构如图 10-48 所示。工作时，利用 caffee（深度学习框架）训练的 SSD 神经网络模型测出柑橘区域，并判断是否有障碍物以及障碍物的类型；对不存在障碍物的区域，再利用 SVM（支持向量机）对其区域进行精确定位，以获得图像坐标系下坐标点；通过双目摄像机，获得相机坐标下的三维点坐标，再将双目相机获取的目标点转换为采收机器臂坐标下的三维空间坐标点，完成柑橘果实的识别与三维空间的定位；最后将目标点发送给采收系统，采收系统达到目标点，控制末端执行器进行采摘，完成采收作业。

图 10-48　柑橘采收机器人结构

1. 机械臂控制系统　2. 末端执行器控制系统
3. 视觉控制系统　4. 底盘行走系统

3. 猕猴桃采收机器人　猕猴桃采收机器人主要由视觉系统、机械臂、计算机、控制单元、末端执行器和移动平台等组成，并在平台上安装果实筐、补光灯等装置，结构如图 10-49 所示。工作时，采收机器人系统初始化，启动 Kinect V2 相机拍摄猕猴桃果实图像，传送至主计算机进行图像识别，检测到猕猴桃果实；控制系统根据猕猴桃果实位置，发送指令给移动平台，采收机器人到达采摘区域，进行猕猴桃果实图像识别和定位，将果实位置信息发送至控制器；控制器发送指令给采收机械臂，到达目标位置，检测末端执行器是否抓取果实，依次对果实簇中的果实进行抓取-采收-卸果，完成该区域果实采收任务，采收机器人完成复位，到达下一个采收区域，直到采收作业完成。

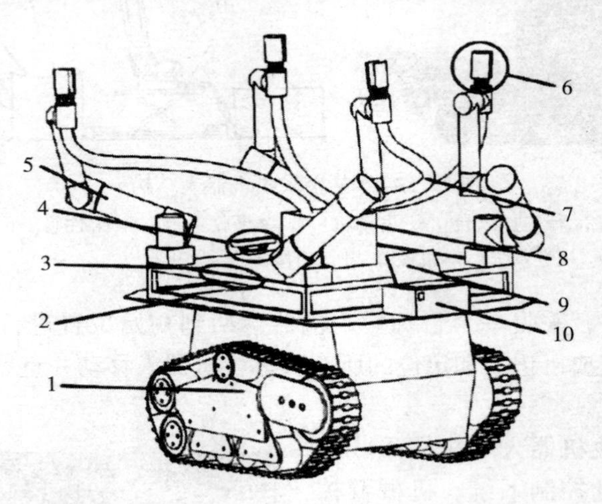

图 10-49　猕猴桃采收机器人结构

1. 移动平台　2. 连接支架　3. LED补光灯　4. 视觉系统　5. 机械臂　6. 末端执行器　7. 波纹管　8. 果实筐　9. 计算机　10. 控制单元

4. 葡萄采收机器人　葡萄采收机器人主要由视觉系统、移动平台、机械臂、末端执行器和控制箱等组成，结构如图 10-50 所示。工作时，机器人通过视觉系统确定目标果实以及机械臂的工作空间后，将位置信息传达给控制系统；控制系统在接收到相关信息之后，将信息转换到机器人基准坐标系中进行计算规划，然后将位置指令发送到机械臂的不同关节控制器；在机械臂到达指定采收位置后，通过末端执行器抓取葡萄并剪切下来，并将葡萄放入指定位置的果实筐中，完成一次采收过程，然后重复上述过程进行下一次采收。

5. 草莓采收机器人　草莓采收机器人主要由移动平台、机械臂、双目视觉系统、末端执行器、果实筐和控制箱等组成，结构如图 10-51 所示。工作时，导航模块控制移动平台自主行走至采收点；果实识别定位模块首先对机器人左侧果实进行识别定位，并将视场内成熟果实序列空间坐标发送到机械臂控制模块；机械臂根据指示将末端执行器定位至果实位置，完成果实吸附、夹持、切割及放入果实筐，完成单个采收环节；如此循环直到左侧视场所有果实采收完成；机械臂恢复至初试位置腰关节旋转 180°，开始对右侧果实进行采收。

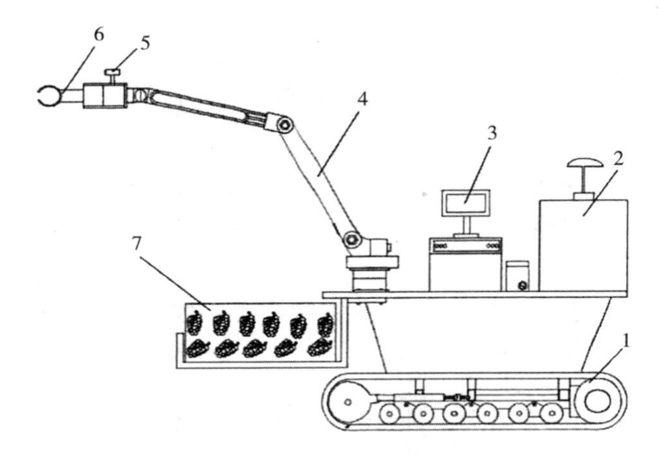

图 10－50　葡萄采收机器人结构

1. 移动平台　2. 控制箱　3. 显示器　4. 机械臂　5. 视觉系统　6. 末端执行器　7. 果实筐

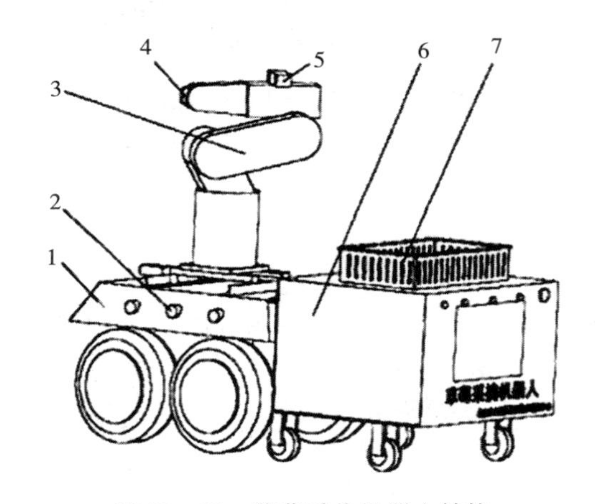

图 10－51　草莓采收机器人结构

1. 移动平台　2. 声呐传感器　3. 机械臂　4. 末端执行器　5. 双目视觉系统　6. 控制箱　7. 果实筐

第五节　运输机械

南方丘陵山区果园地形特征难以有完善的路网，生产农资和果实的运输相对比较困难，劳动强度大，提高山区果园运输机械化势在必行。目前，国内研发的丘陵山区运输机械主要可以分为履带式运输机、轨道运输机和索道运输机。

一、履带式运输机

1. 总体结构与工作原理 履带式运输机主要由履带底盘、车架、发动机、变速箱、扶手和车厢等组成，结构如图 10－52 所示。工作时，发动机动力通过变速箱传递给履带底盘驱动轮驱动运输机前行，通过转向操纵机构控制运输机转向，变速箱操纵机构控制运输车前进后退速度。

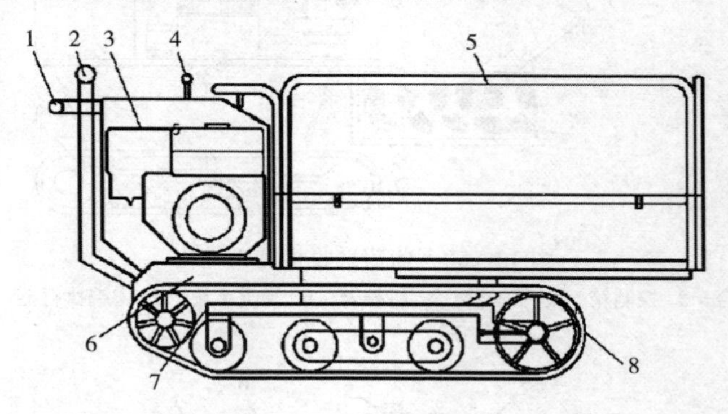

图 10－52 履带式运输机结构

1. 扶手 2. 转向操纵机构 3. 发动机 4. 变速箱操纵机构 5. 车厢 6. 变速箱 7. 车架 8. 履带底盘

2. 典型机型

小推机械 XT350 手扶履带运输机

载重（千克）	500
安全爬坡角度（°）	20
配套功率（马力）	6.5
外形尺寸（长×宽×高）（毫米）	1 600×600×800

二、单轨运输机

1. 总体结构与工作原理 单轨运输机主要由轨道、汽油机、离心离合器、驱动轮组件、紧急制动器和拖车等组成，结构如图 10－53 所示。工作时，单轨运输车动力由汽油机提供，输出轴与离心离合器相连，通过调节汽油机气门大小来控制动力通断，汽油机动力经离合器后通过 V 带传递给变速箱，减速扩扭后将动力传给驱动机构，通过滚轮齿条传动将旋转运动转化为直线运动，实现运输车稳定运行，同时带动拖车完成运输作业；单轨车运行时，驱动轮组件通过双齿轮啮合及双导向轮确保运输车严格沿轨道运行，避免运输车侧翻和脱轨。

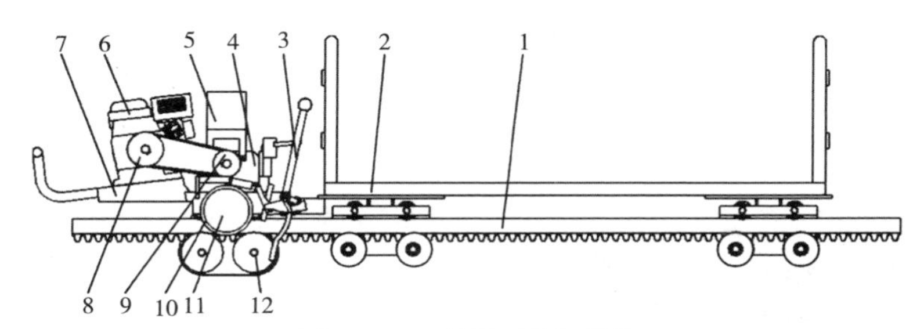

图 10-53　单轨运输机结构

1. 轨道　2. 拖车　3. 启动操纵杆　4. 变速箱及换挡机构　5. 电源　6. 汽油机　7. 固定框架　8. 离心离合器　9. V 带传动组件　10. 驻车制动器　11. 紧急制动器　12. 驱动轮组件

2. 典型机型

利豪机械 MF-200M 单轨运输机

最大载重（45°时）（千克）	200
最大倾斜角度（°）	45
配套功率（千瓦）	3
驱动方式	齿轮·齿条式

三、双轨运输机

1. 总体结构与工作原理　双轨运输机主要由发动机、传动机构、机架、行走机构、拖车、轨道等组成，结构如图 10-54 所示。工作时，发动机动力通过传动机构传递给钢丝绳绕“8”字形的驱动卷轮和从动卷轮，钢丝绳两端分别固定在轨道两端，由安装在运输机机架前后两端的导向轮和下压轮完成钢丝绳在卷轮的绳槽内顺利导入和导出，通过钢丝绳与卷轮间的摩擦实现运输机的驱动，并带动拖车实现运输；调节传动机构中的滑动齿轮位置，实现前进、后退和空挡切换；操纵碟刹和抱轨刹，实现减速和临时停车；操纵防下滑安全

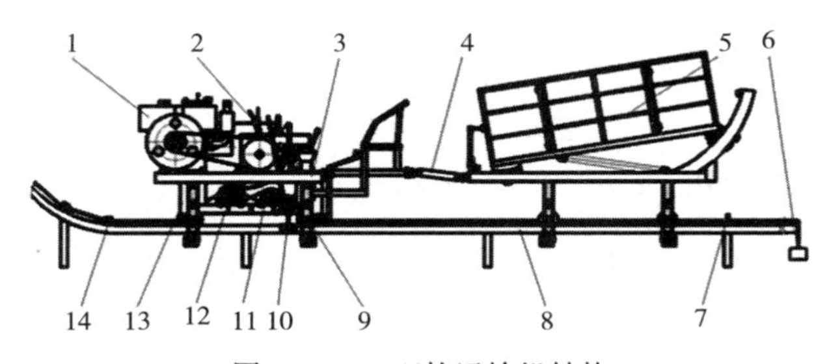

图 10-54　双轨运输机结构

1. 发动机　2. 传动机构　3. 机架　4. 万向节　5. 拖车　6. 钢丝绳与配重块　7. 水平弯钢丝绳限位桩　8. 轨道　9. 行走机构　10. 抱轨刹　11. 从动卷轮　12. 驱动卷轮与碟刹　13. 钢丝绳下压导向组件　14. 垂直弯钢丝绳自动回位钩桩

装置，实现在斜坡位置长时间停车；调整防侧滑承重轮和防上跳轮与轨道间的间隙，实现运输机的转弯。

2. 典型机型

广东振声双轨运输机	
最大载重（千克）	300
最大倾斜角度（°）	40
配套功率（千瓦）	2.2
运行速度（米/秒）	0.5～0.6

四、电牵引式单轨运输机

电牵引式单轨运输机主要由卷扬机、钢丝绳、导轨立柱、压轮立柱、水平限位轮、竖直限位轮、轨道、拖车和连接轴等组成，结构如图 10－55 所示。工作时，卷扬机由遥控器或手动按钮控制，两种控制方式互不影响。当运输机处于停止状态时，由于卷扬机处于较高的位置处，卷扬机带有的制动系统通过钢丝绳将拖车固定在一定的位置上。若按“上行”按钮，则拖车在卷扬机动力的驱动下上行；若按“下行”按钮，则拖车在重力作用下开始下行，这时适当地控制卷扬机的制动系统，可以有效地控制拖车的下行速度。

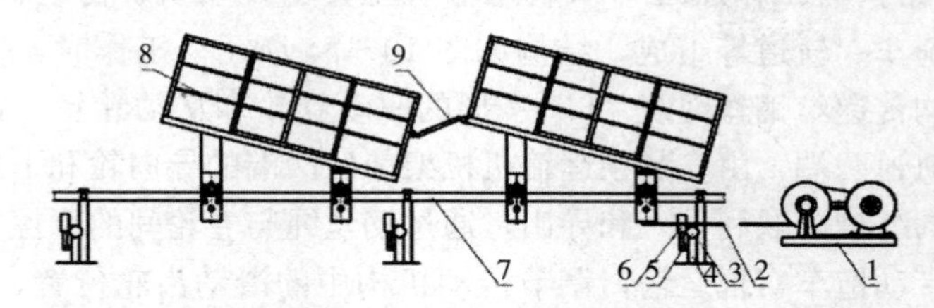

图 10－55　电牵引式单轨运输机结构

1. 卷扬机　2. 钢丝绳　3. 导轨立柱　4. 压轮立柱　5. 水平限位轮　6. 竖直限位轮　7. 轨道　8. 拖车　9. 连接轴

五、索道运输机

索道运输机主要由驱动装置、水平托索机构、转向机构、龙门支架、物品挂钩、自动张紧机构、垂直托索机构、组合托索机构等组成，结构如图 10－56 所示。工作时，油动或电动动力通过带轮、胶带传输到减速器，由减速器带动驱动盘使链索运动，链索的相邻链环互呈 90°，其中一个链环用来驱动，另一个链环用来连接挂钩；根据地形、地势和兼顾果树等需要，以一定的距离作为支架的间隔，在直线度较好的传输线路段采用钢筋混凝土单立柱支架，在转弯及较复杂的路段，则用龙门架（水泥杆或钢管制作）；在单立柱架或龙门架上，根据需要安装水平托索机构、转向机构、自动张紧机构、垂直托索机构、组合托索机构，链索在上述机构中实现上下坡、转弯和直线的盘山循环运行；在一定间隔的物品挂钩上，果农站在地面可随意上载或下卸物品，实现山地果园物品循环运送。

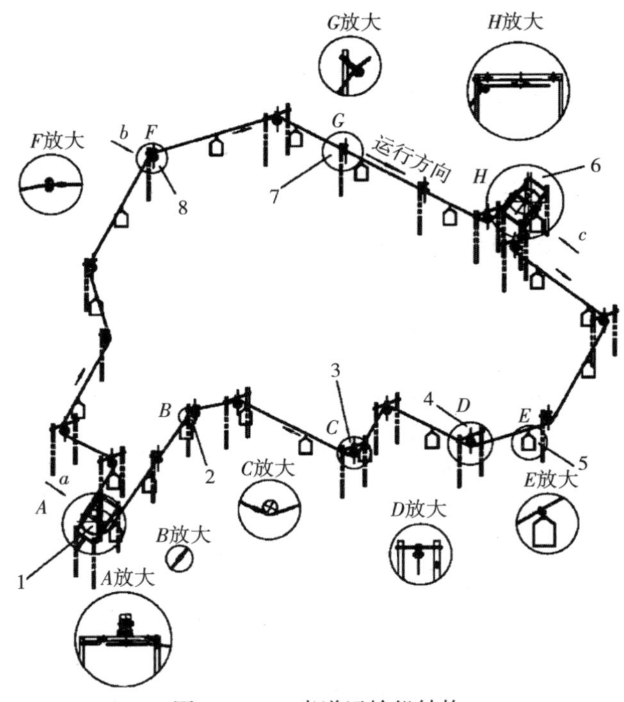

图 10-56　索道运输机结构

1. 驱动装置　2. 水平托索机构　3. 转向机构　4. 龙门支架　5. 物品挂钩　6. 自动张紧机构　7. 垂直托索机构和单立柱架　8. 组合托索机构

注：图中大写字母 A～H 标示的内容为局部放大示意，小写字母 a～c 为局部放大的正视方向。

主要参考文献

安志辉，2016. 一种四轮驱动的遥控割草机：中国，CN 106034541A [P]. 10-26.

陈爱民，2020. 一种水果套袋机器人：中国，CN 201610513207.8 [P]. 04-07.

陈嘉瑶，王英，梁冬泰，等，2021. 小型化轴向振动式蓝莓采摘机设计与试验 [J]. 机械设计，38 (4)：37-43.

丁素明，傅锡敏，薛新宇，等，2013. 低矮果园自走式风送喷雾机研制与试验 [J]. 农业工程学报，29 (15)：18-25.

樊桂菊，王永振，仉利，等，2018. 履带风送式喷雾机的设计与试验 [J]. 农机化研究，40 (5)：117 - 120，126.

冯青春，郑文刚，姜凯，等，2012. 高架栽培草莓采摘机器人系统设计 [J]. 农机化研究，34 (7)：122 - 126.

高密市益丰机械有限公司，2016. 一种开沟、施肥一体机：中国，CN 201610062960. X [P]. 01 - 30.

高密市益丰机械有限公司，2019. 一种开沟施肥机：中国，CN 201920589174. 4 [P]. 04 - 27.

高自成，李立君，李昕，等，2013. 齿梳式油茶果采摘机采摘执行机构的研制与试验 [J]. 农业工程学报，29 (10)：19 - 25.

洪添胜，苏建，朱余清，等，2011. 山地橘园链式循环货运索道设计 [J]. 农业机械学报，42 (6)：108 - 111.

胡友呈，2018. 自然环境下柑橘采摘机器人的目标识别与定位方法研究 [D]. 重庆：重庆理工大学.

华中农业大学，2013. 一种牵引式单轨道果园运输机：中国，CN 201010605421. 9 [P]. 04 - 10.

解禄观，2008. 具有自动起动功能的背负式机动喷雾机：中国，CN 200820057062. 6 [P]. 04 - 09.

雷哓晖，吕晓兰，张美娜，等，2019. 三节臂机载式疏花机的研制与试验 [J]. 农业工程学报，35 (24)：31 - 38.

李君，徐岩，许绩彤，等，2016. 悬挂式电动柔性疏花机控制系统设计与试验 [J]. 农业工程学报，32 (18)：61 - 66.

李亚军，2016. 中型履带式反铲液压挖掘机工作装置参数研究及仿真 [D]. 太原：太原科技大学.

刘进宝，2014. 基于树干振动机理的林果采摘机的设计与分析 [D]. 乌鲁木齐：新疆农业大学.

刘双喜，徐春保，张宏建，等，2020. 果园基肥施肥装备研究现状与发展分析 [J]. 农业机械学报，51 (S2)：99 - 108.

柳国光，楼婷婷，徐锦大，等，2016. 丘陵山地无人驾驶单轨运输车设计 [J]. 中国农机化学报，37 (12)：127 - 130，156.

马强，2012. 苹果采摘机器人关键技术研究 [D]. 北京：中国农业机械化科学研究院.

穆龙涛，2019. 全视场猕猴桃果实信息感知与连贯采摘机器人关键技术研究 [D]. 杨凌：西北农林科技大学.

裴晓康，刘洪杰，杨欣，等，2020. 苹果苗木夹盘式移栽机的设计与试验 [J]. 农机化研究，42 (4)：109 - 112，179.

山东天盛机械科技股份有限公司，2019. 一种履带自走式撒肥机：中国，CN 201920378710. 6 [P]. 03 - 22.

宋坚利，何雄奎，张京，等，2012. “П”型循环喷雾机设计 [J]. 农业机械学报，43

(4)：31-36.
宋帅帅，杨欣，殷梦杰，等，2018. 果树苗木移栽机开沟装置模型建立与参数设计 [J]. 农机化研究，40 (5)：36-40，45.
王利源，李鑫，赵鹏，等，2018. 3WFQ-1600 型牵引式风送喷雾机喷雾性能试验研究 [J]. 农机化研究，40 (9)：167-171.
王鹏飞，刘俊峰，程小龙，等，2015. 乘坐式果园割草机割刀使用性能研究 [J]. 农机化研究，37 (8)：181-183，188.
王荣炎，郑志安，徐丽明，等，2019. 枸杞气吸采摘参数试验研究 [J]. 农机化研究，41 (11)：165-171.
王亚龙，2017. 牵引式果园采摘作业平台设计与研究 [D]. 杨凌：西北农林科技大学.
王哲，2017. 酿酒葡萄叶幕整形修剪装置的研究 [D]. 石河子：石河子大学.
吴昊，肖冰，王琦，等，2017. 果苗苗木起苗机的初步分析 [J]. 林业机械与木工设备，45 (10)：27-29.
邢军军，2012. 自走式大坡度双轨道果园运输机的设计及仿真 [D]. 武汉：华中农业大学.
熊永森，王金双，徐中伟，2007. 小型往复式果园割草机设计 [J]. 农机化研究 (6)：68-69.
于畅畅，徐丽明，王庆杰，等，2019. 篱架式栽培葡萄双边作业株间自动避障除草机设计与试验 [J]. 农业工程学报，35 (5)：1-9.
张加清，刘丽敏，陈长卿，等，2012. 大棚果园开沟深施肥机的设计研究 [J]. 农机化研究，34 (3)：119-122.
张宁，2014. 双圆盘割草机关键部件的虚拟样机设计及动力学分析 [D]. 呼和浩特：内蒙古农业大学.
张伟博，2019. 葡萄采摘机器人结构及运动控制研究 [D]. 济南：山东科技大学.
赵德金，郭艳玲，李志鹏，等，2014. 小型液压挖树机的设计与研究 [J]. 安徽农业科学，42 (19)：6448-6451.
郑永军，陈炳太，吕昊暾，等，2020. 中国果园植保机械化技术与装备研究进展 [J]. 农业工程学报，36 (20)：110-124.
周良富，张玲，薛新宇，等，2016. 3WQ-400 型双气流辅助静电果园喷雾机设计与试验 [J]. 农业工程学报，32 (16)：45-53.
朱余清，洪添胜，吴伟斌，等，2012. 山地果园自走式履带运输车抗侧翻设计与仿真 [J]. 农业机械学报，43 (S1)：19-23.
株式会社佐佐木，2013. 圆盘有机肥料撒肥机 (CMC500)：中国：CN 201330050036.7 [P]. 03-01.
祝志芳，曾雨露，2017. 背负式割灌机的创新设计与研究 [J]. 南昌工程学院学报，36 (1)：73-77.

第十一章　南方特色蔬菜关键环节机械化生产装备

南方地区跨越温带和亚热带区域，地势多样，气候、种质、人力资源丰富，具有发展特色蔬菜产业得天独厚的优势。具体表现：南方沿海地区相对发达，人们对特色蔬菜的需求量巨大；南方沿海城市均为我国重要的外贸港口，特色蔬菜出口优势较大；南方地势复杂，生物资源丰富，具有大量的野生特色蔬菜种质资源；高山资源丰富，适于高山蔬菜生产；南方山区污染少，满足对环境有特殊要求的蔬菜生产。然而，相对应的制约因素也很明显，如南方山多、地块小、机械化程度低，大多仍采用人工作业，无法实现规模化、集约化生产，用工难、用工贵尤为突出。本章主要针对南方特色蔬菜机械化生产需求，对水生蔬菜、豆类（青毛豆）、甘蓝类、茄果类、芥菜类（榨菜）等南方特色蔬菜关键环节机械化生产装备进行介绍，阐述总体结构与工作原理，并推荐了典型机型。

第一节　水生蔬菜机械

水生蔬菜是指适合在淡水环境生长，其产品可作为蔬菜食用的维管束植物，主要包括莲藕、茭白、荸荠、慈姑、菱、水芹、芋头、芡实、莼菜、水蕹菜、豆瓣菜、蒲菜、蒌蒿 13 大类。然而，水生蔬菜因其生长在水中，相比陆生蔬菜作业环境更为恶劣、劳动更密集，严重制约着水生蔬菜产业发展。近 10 年，通过科研院校、农机企业、技术推广部门和种植农户等多方共同努力下，水生蔬菜生产专用机械取得了较快发展，部分关键作业环节已经实现机器换人。

一、水生蔬菜种植机械

1. 莲藕种植装置　莲藕种植装置主要由种植房、种植箱、营养箱、营养土、营养液、液压泵、营养槽等组成，结构如图 11－1 所示。该装置结构简单，为莲藕生长提供了一个良好的环境，在单位空间内可以大大增加莲藕的种植密度，增加莲藕的光照时间，莲藕生长速度快，提高单位面积莲藕产量，有利于提高生产效率，能够大规模生产应用。

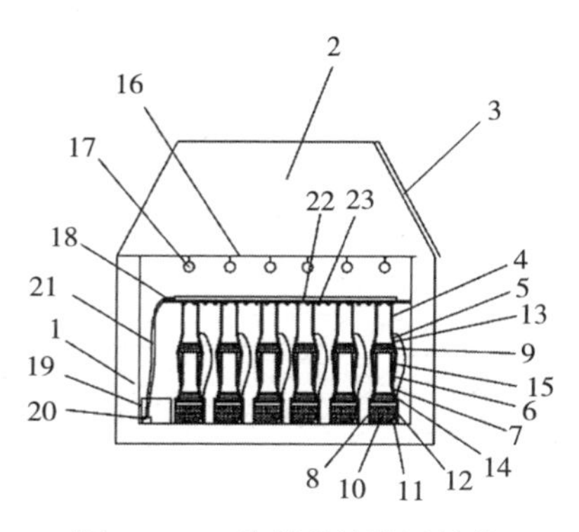

图 11-1 莲藕种植装置结构

1. 种植房 2. 梯形房顶 3. 太阳能电池 4. 主支架 5. 上种植箱 6. 副支架 7. 下种植箱 8. 营养箱 9. 营养土 10. 营养液 11. 液压泵 12. 液压油管 13. 上营养槽 14. 下营养槽 15. 连接管 16. 支撑板 17. 照明灯 18. 横梁 19. 配药箱 20. 药液泵 21. 管道 22. 洒药管 23. 喷头

2. 藜蒿扦插机 藜蒿扦插机主要由悬挂架、机架、苗箱、分苗机构、取苗机构、曲柄摇杆机构、传动系统、覆土装置、接苗装置和扦插装置等组成，结构如图 11-2 所示。工作时，传动系统将动力传递给分苗机构和曲柄机构；苗秆在分苗机构扰动和自身重力作用下，在苗箱中自动有序地摆放；在负压风机作用下，取苗机构气嘴接头出口处于负压状态；曲柄摇杆机构回转带动气嘴接头做往复回转运动，实现苗箱取苗；导苗装置从气嘴接头取下苗秆并将其送入接苗装置且使其呈直立状态；扦插装置做回转运动将接苗装置中的苗秆插入土壤中，完成扦插作业。

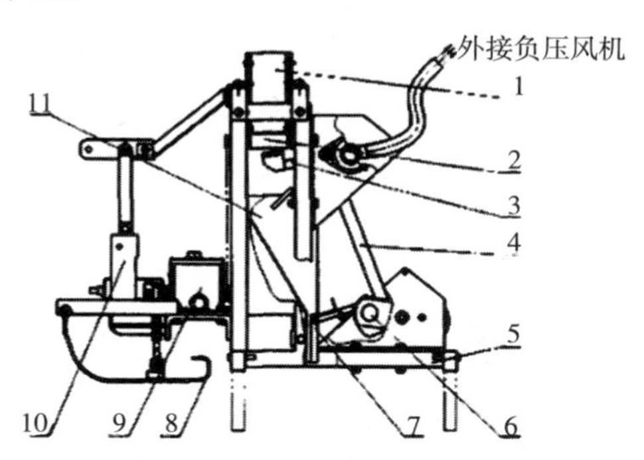

图 11-2 藜蒿扦插机结构

1. 苗箱 2. 分苗机构 3. 取苗机构 4. 曲柄摇杆机构 5. 机架 6. 扦插装置 7. 接苗装置 8. 覆土装置 9. 传动系统 10. 悬挂架 11. 导苗装置

3. 芡实定植播种机 芡实定植播种机主要由行走电机、电池、漏种板、水槽（育种盘）、操作区、排种电机、操纵台、扶手、转向把手、排种管、除泥器、行走机构、传动系统等组成，结构如图 11－3 所示。工作时，行走电机通过传动系统带动行走机构，播种机以固定速度前行；取出水槽中的育种盘固定在操作区上，调节操纵台上转速调节器调节播种间距，落在漏种板上的种子在排种电机的作业下，逐粒将种子投入水中，完成播种作业。

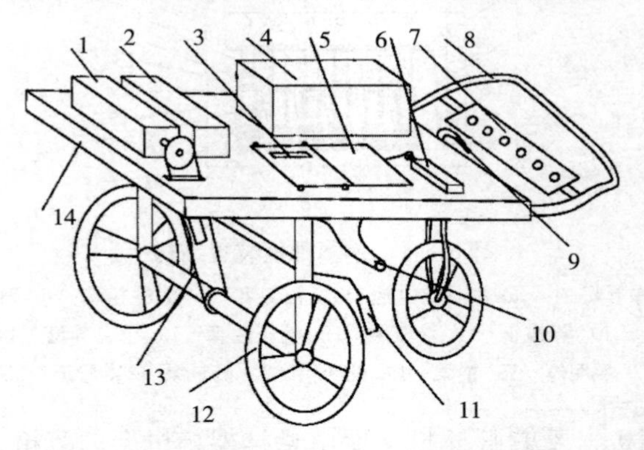

图 11－3　芡实定植播种机结构

1. 行走电机　2. 电池　3. 漏种板　4. 水槽（育种盘）　5. 操作区　6. 排种电机　7. 操纵台　8. 扶手　9. 转向把手　10. 排种管　11. 除泥器　12. 行走机构　13. 传动系统　14. 台板

4. 芋头播种机　芋头播种机主要由机架、传送带、固定板、排种管、排种板、种箱、开沟器、镇压轮等组成，结构如图 11－4 所示。工作时，由拖拉机带动播种机前进，动力通过传动系统传递给传送带和镇压轮；传送带带动排种板在固定板表面上滑动，当两块板孔对齐时，芋头种掉入排种管中，随后掉入由开沟器开好的沟内，排种板掉入机架前端的回收箱内；镇压轮通过镇压柱将芋头种向下推压到土壤内，并使其保持直立状态，完成播种作业。

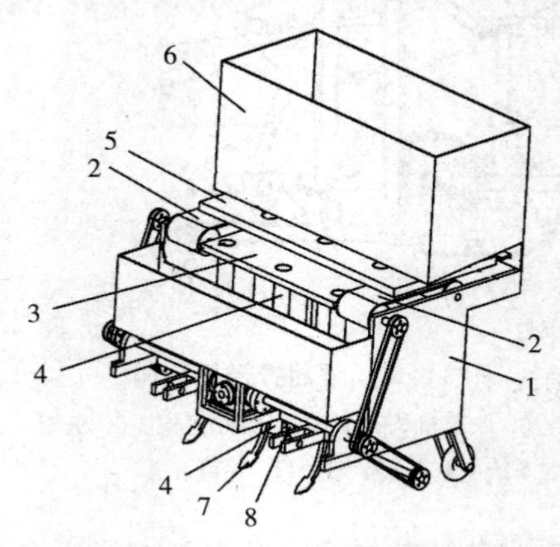

图 11－4　芋头播种机结构

1. 机架　2. 传送带　3. 固定板　4. 排种管　5. 排种板　6. 种箱　7. 开沟器　8. 镇压轮

二、水生蔬菜管理机械

1. 水生蔬菜施肥机　水生蔬菜施肥机主要由柴油机、底座、滚轮、肥料储存箱、出料管、分流箱、水泵、抽水软管、送水管、喷水接头、喷头、把手等组成，结构如图 11-5 所示。工作时，将机器推到水田边，将抽水软管伸入田内，柴油机带动水泵运转，抽水到分流箱内，肥箱内的肥料会通过出料管进入分流箱内，肥料与水混合并从喷头喷出，种植人员拿着喷头对田内均匀喷洒肥水，实现施肥作业。

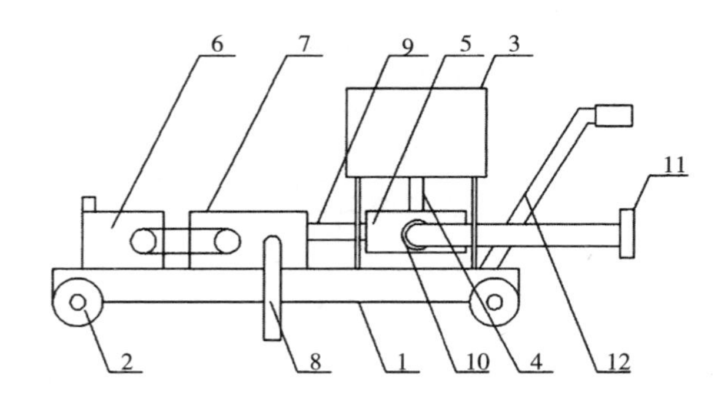

图 11-5　水生蔬菜施肥机结构

1. 底座　2. 滚轮　3. 肥料储存箱　4. 出料管　5. 分流箱　6. 柴油机　7. 水泵　8. 抽水软管　9. 送水管　10. 喷水接头　11. 喷头　12. 把手

2. 滴灌施肥系统　滴灌施肥系统主要由控制器、肥料池、水泵、主管道和滴灌带等组成，可多块田共用一套施肥系统，主管道放在田埂上，分行前将滴灌带沿着预留水道布置，在另一侧田埂上固定好，布置现场如图 11-6 所示。工作时，肥料在肥料池溶解混合均匀，变频水泵泵入施肥主管道，滴灌带通过三通管接头与主管道连接，电磁阀或手动阀控制滴灌带开关，精准施肥至水生蔬菜下方水体内，收获前夕将滴灌带收起，方便后期收获作业。

图 11-6　滴灌施肥系统布置现场

3. 施肥（喷药）无人机

（1）总体结构与工作原理。施肥（喷药）无人机主要由无人机本体、安装架、肥箱（药箱）、支架、肥料抛洒机构（喷药机构）等组成，结构如图 11－7 所示，通过更换相应的挂载机构实现施肥、喷药功能。施肥工作时，操作人员将无人机飞行到指定作业区域上空或者自主飞行，打开无线遥控开关，旋转马达带动抛料盘旋转，落在抛料盘上的肥料，则被抛料盘以离心力的作用抛洒出去，实现了肥料的抛洒，且抛洒均匀。

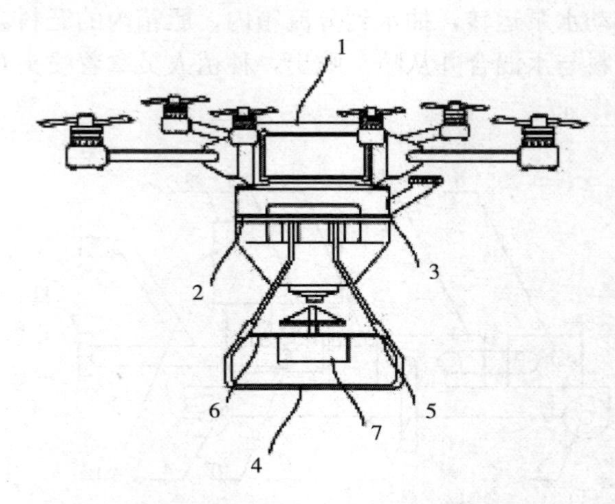

图 11－7　施肥（喷药）无人机结构

1. 无人机本体　2. 安装架　3. 肥箱（药箱）　4. 支架　5. 固定套　6. 横杆　7. 肥料抛洒机构（喷药机构）

（2）典型机型。

羽人施肥无人机

载荷（千克）	25
电池容量（毫安时）	16 000
适用物料（毫米）	0.5～10
悬停时间（满载）（分钟）	6

4. 茭白间苗机　茭白间苗机主要由操作杆、手柄、电机、转动圆盘、转动杆、锥形顶、间苗刀头和挡板等组成，结构如图 11－8 所示。工作时，将操作杆倾斜放置，间苗刀头对准要进行间苗的茭白，之后打开电机，转动圆盘带动转动杆转动，从而带动间苗刀头转动几圈，间苗长度均匀，切割过程中茭白苗向外侧飞出，被挡板拦住，防止其乱飞。

三、水生蔬菜收获机械

1. 挖藕机　目前，挖藕机的主要原理是利用高压水冲挖采收莲藕，让莲藕自行浮出水面或借助人工取出，按结构形式大体主要分为船式挖藕机、浮筒

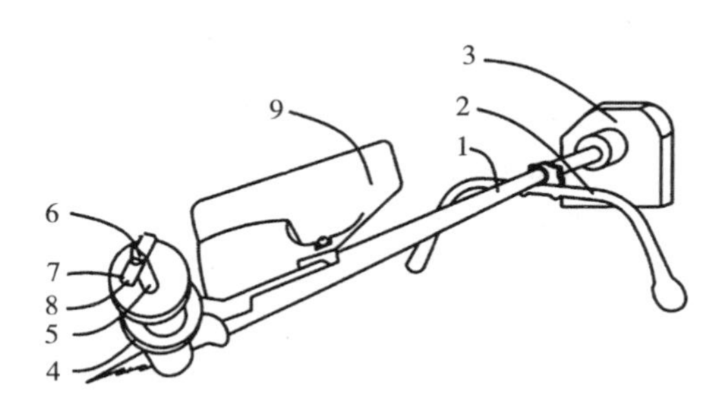

图 11－8　茭白间苗机结构

1. 操作杆　2. 手柄　3. 电机　4. 转动圆盘　5. 转动杆　6. 锥形顶　7. 间苗刀头　8. 刀片　9. 挡板

式挖藕机、水泵机组漂浮式挖藕机和水泵机组岸基式挖藕机。

（1）船式挖藕机。

总体结构与工作原理：船式挖藕机主要由船式拖拉机本体、水力系统、机械采挖系统和液压系统等组成，结构如图 11－9 所示。工作时，柴油机带动水泵高速转动，水泵通过过滤器和进水管将藕田中的水吸进产生高速水流，大量水流在喷头处聚集喷出，形成高压水柱冲刷泥土；液压马达驱动曲柄滑动装置带动喷头直线往复摆动，实现莲藕周边泥土滑切和冲刷，莲藕脱离泥土，自动浮出水面，完成挖藕作业。

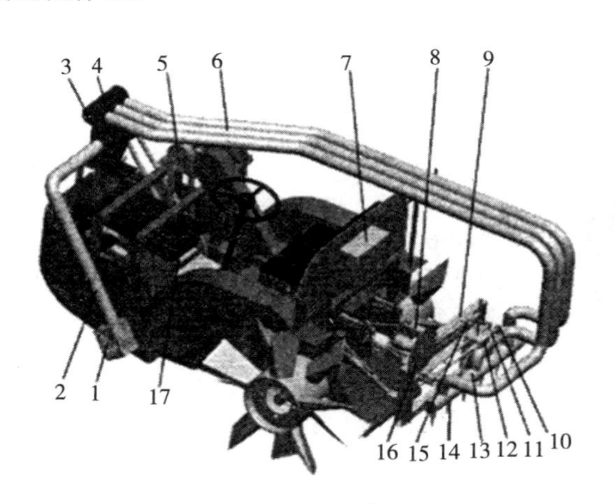

图 11－9　船式挖藕机结构

1. 进水口过滤器　2. 进水管　3. 水泵　4 水泵分水器　5. 减速机　6. 出水管　7. 液压系统　8. 悬挂装置　9. 支撑装置　10. 支座　11. 滑杆　12. 滑块　13. 喷头分水器　14. 喷头　15. 连杆　16. 圆盘　17. 船式拖拉机本体

典型机型：

微山湖 4CW-2.6 型船式挖藕机	
采净率（%）	96
工作效率（公顷/时）	0.02～0.03
工作幅宽（米）	2.6
适合水深（米）	0.3～1.3

（2）浮筒式挖藕机。

总体结构与工作原理：浮筒式挖藕机主要由喷流结构、驱动轮、过滤装置、机架、汽油机水泵机组和管道等组成，结构如图 11-10 所示。工作时，浮筒产生浮力使机器浮于水面，转向通过改变驱动轮角度而实现；汽油机带动水泵通过管道将藕田中水从过滤装置吸入，并将水送至喷流机构中喷嘴喷出，冲刷莲藕周边淤泥，莲藕浮出水面。

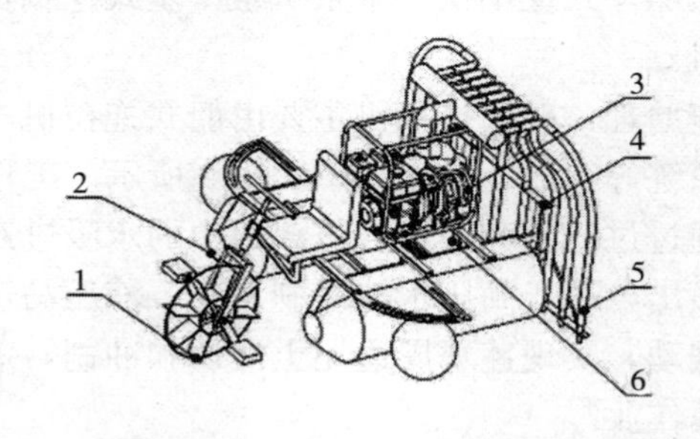

图 11-10　浮筒式挖藕机结构

1. 驱动轮　2. 机架　3. 汽油机水泵机组　4. 喷流结构　5. 管道　6. 过滤装置

典型机型：

人和机械浮筒式挖藕机	
采净率（%）	96
适合深度（米）	0.3～1.3
工作幅宽（米）	2.6
配套动力（马力）	14

（3）水泵机组漂浮式挖藕机。水泵机组漂浮式挖藕机主要由浮台、储水箱、水泵、增压器、出水管、软管、喷头、莲藕采集箱、过滤器等组成，结构如图 11-11 所示。工作时，通过喷头喷射的水流冲击藕田底部泥土或淤泥，莲藕浮出水面，从而不破坏藕的完整性且结构简单，方便使用；同时，利用浮台和浮台两侧卡接的采集箱将水面漂浮的藕收集起来，有效地提高了工作效率。

（4）水泵机组岸基式挖藕机。水泵机组岸基式挖藕机主要由机架、离合

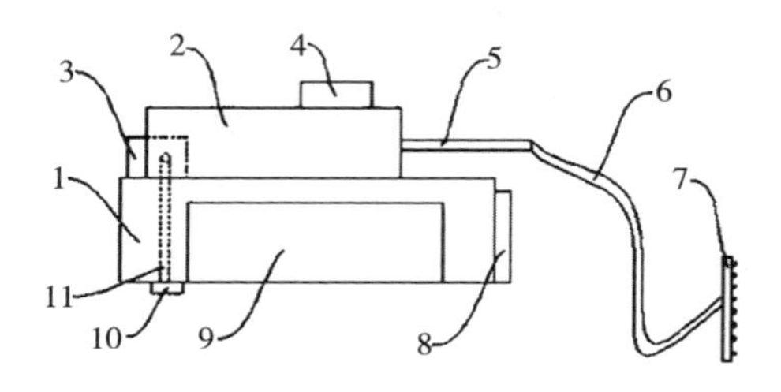

图 11-11　水泵机组漂浮式挖藕机结构

1. 浮台　2. 储水箱　3. 水泵　4. 增压器　5. 出水管　6. 软管　7. 喷头　8. 莲藕采集口　9. 莲藕采集箱　10. 过滤器　11. 抽水管

器、减速器、变速控制箱、油箱、发电机、发动机、喷杆等组成，结构如图 11-12 所示。工作时，水泵机组从藕田取得循环水供挖藕机喷管使用，喷杆在液压电器控制下左右摆动，摆幅可调节；喷杆摆到左右极限后，挖藕机会按行进方向步进一段距离，喷杆摆动速度及挖藕机步进距离可调；通过调节各参数，可获得适合不同品种、不同土壤等情况的组合，以达到最佳的挖藕效果。

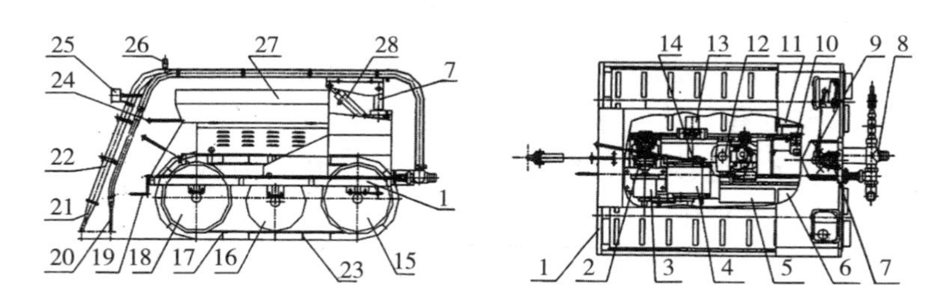

图 11-12　水泵机组岸基式挖藕机结构

1. 机架　2. 离合器　3. 减速器　4. 变速控制箱　5. 油箱　6. 油管　7. 支撑架　8. 阀门　9. 摆动油缸　10. 发电机　11. 蓄电池　12. 发动机　13. 齿轮泵　14. 链轮　15. 张紧轮　16. 支撑轮　17. 橡胶带　18. 驱动轮　19. 流量调节手柄　20. 辅助喷嘴　21. 主喷嘴　22. 喷杆　23. 板条　24. 操纵手柄　25. 控制器　26. 水压表　27. 罩壳　28. 升降油缸

2. 便携式莲蓬采摘机　便携式莲蓬采摘机主要由刀箱、壳体、把手、输出口、输送腔和切割装置等组成，结构如图 11-13 所示。工作时，操作人员按下启动开关，直流电机通过联轴器将动力传至叶片轴带动左右切割刀片转动，从而实现了左右切割刀片的啮合配合；随着两切割刀片由下至上同速逆向转动将莲蓬的叶柄夹断，叶柄被夹断后的莲蓬在两切割刀片的托持下跟随着刀片向上转动，莲蓬被刀片捧送至输送腔内；旋转的螺旋叶片挤推莲蓬向前运动；到达输出口时，莲蓬即依靠其自身重力迅速下落，掉落至操作人员系在腰前的篓筐内，完成对莲蓬的采摘和收集工作。

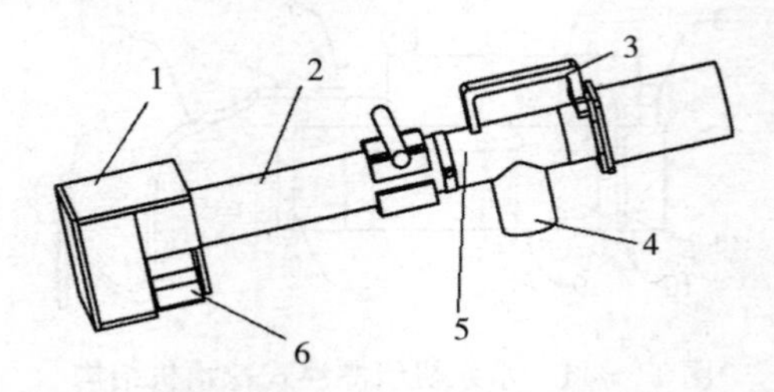

图 11-13　便携式莲蓬采摘机结构

1. 刀箱　2. 壳体　3. 把手　4. 输出口　5. 输送腔　6. 切割装置

3. 荸荠收获机　荸荠收获机主要由履带底盘、除草机构、采集机构、筛选机构、液压缸、传动带、机架、发动机、控制室、传动装置、水泵和水泵进水装置等组成，结构如图 11-14 所示。工作时，液压缸调整好除草机构、采集机构及水泵进水装置高度；发动机通过传动装置带动除草机构、采集机构、水泵、水枪旋转控制机构、筛选机构、水泵进水装置分别进行工作；水泵进水装置过滤进水，除草机构进行除草，高压水枪进行土壤剥离，与土壤分离后荸荠浮于水面；采集机构收集荸荠，采集后输入清洗槽内，高压水枪冲洗后，荸荠进入筛选机构；筛选机构进行筛选，不合格的荸荠被剔除。

4. 芡实采集装置　芡实采集装置主要由吸风机、隔离网、吸管、套口、采摘装置、支撑管、连接管、调节管和收集筐组成，结构如图 11-15 所示。工作时，吸风机产生负压，且带动采摘装置转动，手动控制调节管与连接管，将进料槽对准所要收集的芡实，采摘装置拨动芡实植物，将芡实拨入套口内，经负压作用被吸走，因为隔离网的阻挡而落入收集筐内，完成采集作业。

5. 慈姑收获机　慈姑收获机主要由拔取装置、清洗装置、切球装置、支撑装置、行走机构、螺旋桨等组成，结构如图 11-16 所示。工作时，螺旋桨运动带动收获机到达慈姑种植区；拔取装置拉拽慈姑使其被拔起，并随传送链往后输送至清选装置；水泵将水吸取并运送到喷嘴处，再经喷嘴喷射到慈姑上，冲洗下落的淤泥和脏水进入水田或湖内；被清洗过后的慈姑继续送到切球装置，PLC 控制器控制切球气缸伸出，刀片对慈姑进行切割，慈姑球茎与慈姑主体分离，收集慈姑球茎，完成收获作业。

6. 芋头收获机　芋头收获机主要由夹持带、同步带轮、偏心轴、铲柄、挖掘铲、导轮、摇杆、曲柄轴、机架、逐料筛、曲柄等组成，结构如图 11-17 所示。工作时，收获机通过三点悬挂挂接在拖拉机后方，输出轴带动偏心轴回转，挖掘铲在偏心轴和摇杆的作用下上下振动，在铲断芋头根须的同时，给土壤和芋头施加交变载荷，以振松土壤，实现芋头与土壤的初次分离；芋头在夹

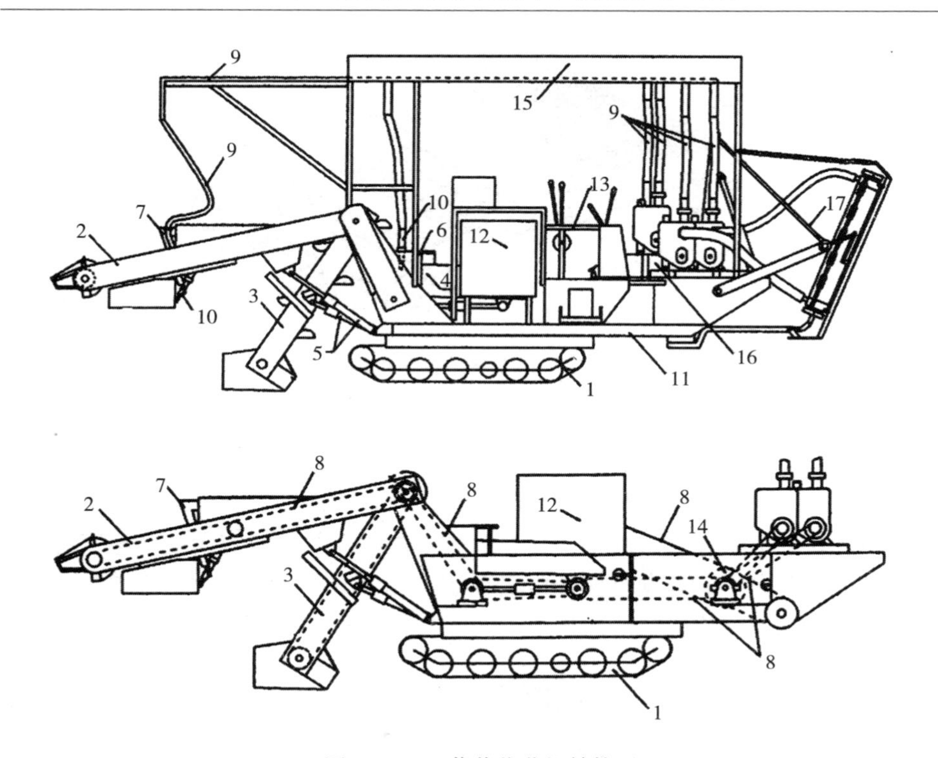

图 11-14　荸荠收获机结构

1. 履带底盘　2. 除草机构　3. 采集机构　4. 筛选机构　5. 液压缸　6. 清洗槽　7. 水枪旋转控制机构　8. 传动带　9. 出水管　10. 高压水枪　11. 机架　12. 发动机　13. 控制室　14. 传动装置　15. 遮罩棚　16. 水泵　17. 水泵进水装置

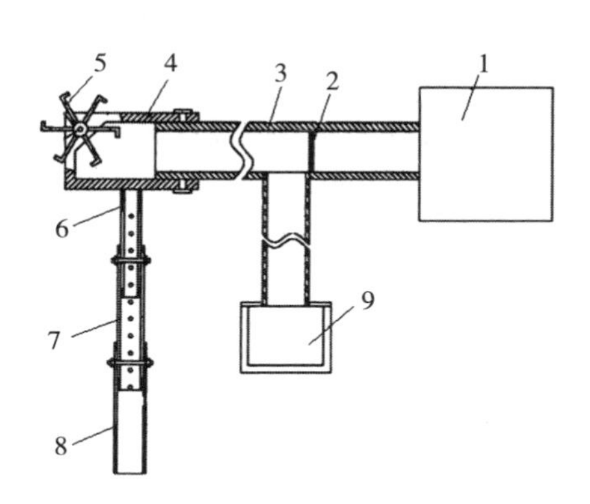

图 11-15　芡实采集装置结构

1. 吸风机　2. 隔离网　3. 吸管　4. 套口　5. 采摘装置　6. 支撑管　7. 连接管　8. 调节管　9. 收集筐

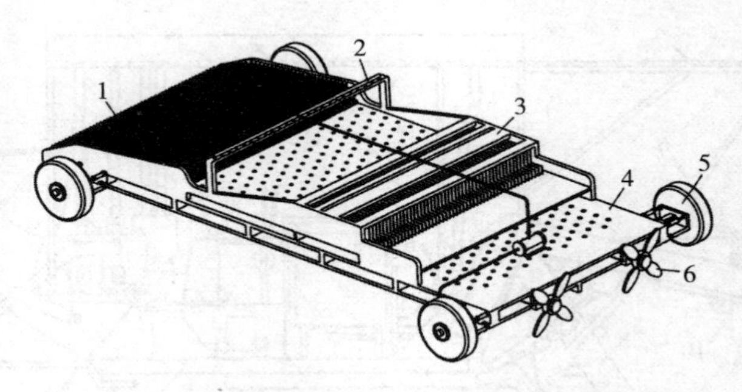

图 11-16　慈姑收获机结构

1. 拔取装置　2. 清选装置　3. 切球装置　4. 支撑装置　5. 行走机构　6. 螺旋桨

持带导向作用下进入夹持输送机构，夹持带夹住茎秆并向上输送，当茎秆脱离夹持带后，以一定高度落掉至逐料筛上，逐料筛在曲柄轴和曲柄的作用下做平面圆周运动。由于离心力的作用，芋头会被抛起，并以一定高度和速度再次落回逐料筛上，在不断地抛落撞击中实现芋头与土壤分离，最后芋头被铺放至田垄，由人工完成捡拾。

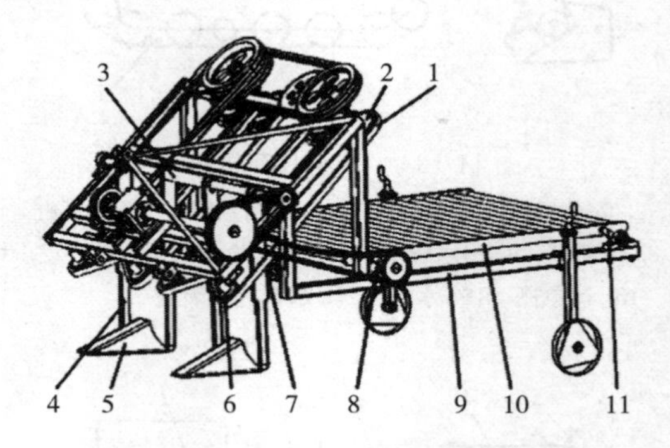

图 11-17　芋头收获机结构

1. 夹持带　2. 同步带轮　3. 偏心轴　4. 铲柄　5. 挖掘铲　6. 导轮　7. 摇杆　8. 曲柄轴　9. 机架　10. 逐料筛　11. 曲柄

四、水生蔬菜初加工机械

1. 莲蓬脱粒机　莲蓬脱粒机主要由机架、电机、输出轴、上料斗、下料斗、撕料棒等组成，结构如图 11-18 所示。工作时，将采摘的莲蓬放入料斗中，电机高速旋转带动撕料棒高速旋转打碎莲蓬外壳；打碎的莲蓬碎片和莲子一起从下料斗的出口自然漏到莲蓬格网筛上，较大的莲蓬碎片从莲蓬格网筛下滑到机架外，较小的莲蓬碎片和莲子一起继续下落至莲子格网筛上，然后莲子下滑到机架外的箩筐中，而较小的莲蓬碎片从长条状的莲子格网中落到地上，完成脱粒作业。

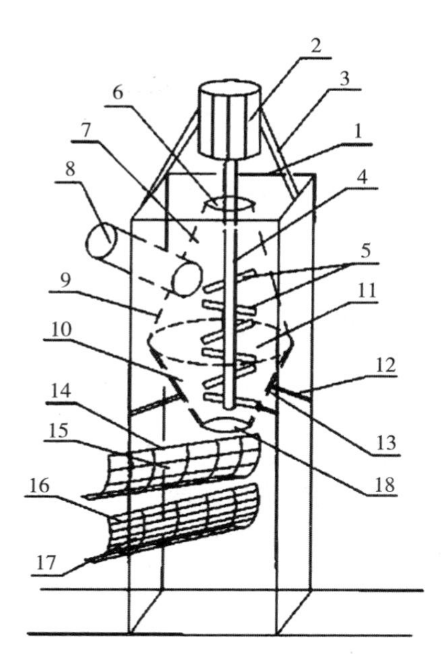

图 11－18　莲蓬脱粒机结构

1. 机架　2. 电机　3. 电机支架　4. 输出轴　5. 撕料棒　6. 入口　7. 上料斗　8. 进料圆筒　9. 进料斗　10. 下料斗　11. 料斗仓　12. 料斗仓支架　13. 橡胶层　14. 莲蓬格网筛　15. 莲蓬格网　16. 莲子格网筛　17. 莲子格网　18. 出口

2. 莲子脱壳机

（1）总体结构与工作原理。莲子脱壳机主要由机架、莲子进料器、莲子进料斜溜槽、切割器、出料器、电动机等组成，结构如图 11－19 所示。工作时，莲子送入料斗，沿着斜溜槽单个莲子进料滚向脱壳系统，部分不沿着圆柱方向滚动的莲子则在机器的振动下，慢慢调整方向，直到莲子滚动而下，进入脱壳系统进行脱壳；脱壳系统是一排按一定间距安装于轴上的高速刀具，莲子碰到高速刀具，在莲子中间位置破壳，在沿挤压通道不断行进过程中，莲子被挤压，接着被快速推出，完成脱壳作业。

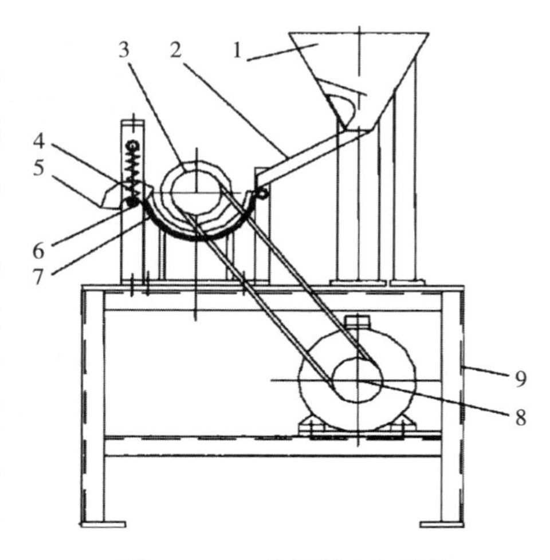

图 11－19　莲子脱壳机结构

1. 莲子进料器　2. 莲子进料斜溜槽　3. 切割器　4. 弹性支撑　5. 出料器　6. 调节螺栓　7. 挤压通道　8. 电动机　9. 机架

（2）典型机型。

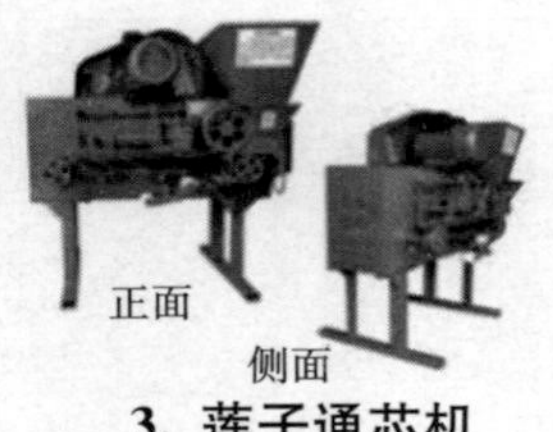

兴莲机械莲子脱壳机

电机动力（千瓦）	1.5
破损率（%）	≤2
加工莲子范围（毫米）	15～21
加工效率（千克/时）	≥40

3. 莲子通芯机

（1）总体结构与工作原理。莲子通芯机主要由电机、进料装置、磁力牵引装置、识别工位、通芯工位和出料斗等组成，结构如图 11－20 所示。工作时，进料装置逐个进料，夹持机构对莲子夹紧并利用磁力牵引装置驱动滚轮旋转，从而调整夹持区间的莲子呈卧式状态，莲子姿态校正后通过两个色标传感器进行头尾识别，头尾识别后机器运转到后面两个相应的工位去芯，去芯时气缸驱动空心针插入莲子头部，另一个气缸驱动集芯管与空心针相向运动使得莲子前后夹紧，同时电磁水阀打开，高压水流将莲芯完整地冲出，完成去芯作业后，机器运转到落料工位，夹持机构自动松开，莲子自动落入莲子收集框。

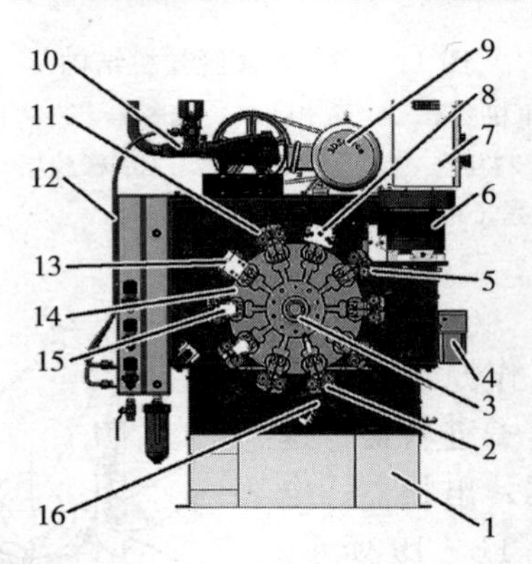

图 11－20　莲子通芯机结构

1. 莲框　2. 出料工位　3. 主轴　4. 供油系统　5. 夹持组件　6. 进料装置　7. 电控系统　8. 磁力牵引装置　9. 电机　10. 高压水泵　11. 识别工位　12. 高压水管　13. 通芯工位Ⅰ　14. 转盘　15. 通芯工位Ⅱ　16. 出料斗

（2）典型机型。

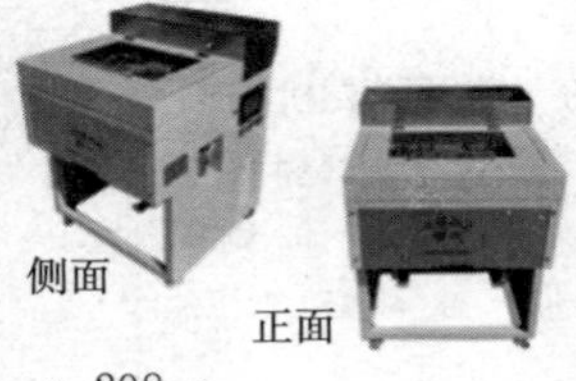

兴莲机械莲子通芯机

通芯率（%）	≥90
破损率（%）	≤10
加工莲子范围（毫米）	14～21
加工效率（千克/时）	25

4. 莲藕去皮机

（1）总体结构与工作原理。莲藕去皮机主要由传送带、导藕斗、喂入辊、仿形支撑弹簧、静刷轮、动刷轮和机架组成，结构如图 11－21 所示。工作时，均匀放置在传送带上的莲藕被送至导藕斗，莲藕逐个由喂入辊夹持送进动静刷轮内进行去皮。

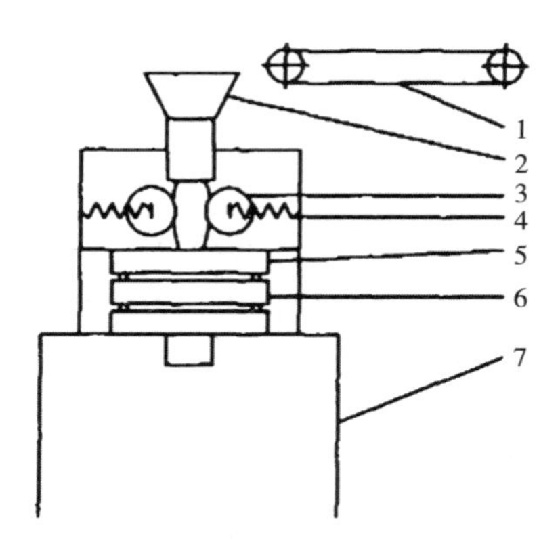

图 11－21　莲藕去皮机结构

1. 传送带　2. 导藕斗　3. 喂入辊　4. 仿形支撑弹簧　5. 静刷轮　6. 动刷轮　7. 机架

（2）典型机型。

创宏机械莲藕去皮机

功率（千瓦）	1.2
外形尺寸（长×宽×高）（毫米）	2 200×900×1 400
加工效率（千克/时）	300

5. 莲藕切片机

（1）总体结构与工作原理。莲藕切片机主要由电机、皮带、主轴、导料筒、刀片安装盘、挡料板、调节螺栓等组成，结构如图 11－22 所示。工作时，将莲藕装在导料筒内，下端通过挡料板顶住，挡料板的高度可通过调节螺栓调整；电动机带动主轴转动，刀片快速切削莲藕；挡料板旋转至放开位置，切断的莲藕通过落料孔落下，刀片回程，挡料板旋转至挡块位置，导料筒内莲藕通过重力作用其下端落到挡块上，从而实现往复切削。

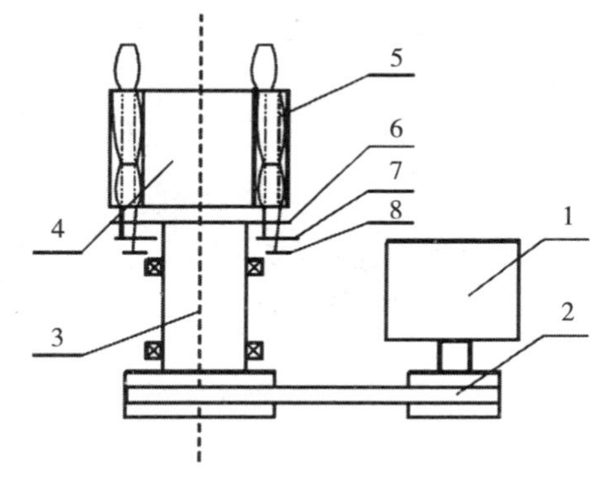

图 11－22　莲藕切片机结构

1. 电机　2. 皮带　3. 主轴　4. 导料筒　5. 莲藕　6. 刀片安装盘　7. 挡料板　8. 调节螺栓

（2）典型机型。

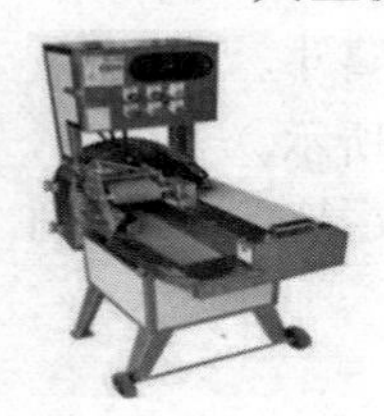

创宏机械莲藕切片机

切割长度（毫米）	1～60
功率（千瓦）	1.3
外形尺寸（长×宽×高）（毫米）	760×580×1 300
加工效率（千克/时）	500～800

第二节　豆类（青毛豆）蔬菜机械

青毛豆又叫鲜食大豆、菜用大豆等，原主产于东北地区，现在主要种植省份为浙江、江苏、福建、安徽、上海、广东和台湾等，备受居民青睐，已逐渐成为我国出口创汇的主要蔬菜之一。青毛豆种植过程中，收获是占用劳动力较多的环节，占生产周期总劳动力的40%以上，采摘效率低严重制约青毛豆产业的发展。因此，本部分将国内青毛豆收获机研究现状和典型机型进行介绍。

一、青毛豆脱荚机

1. 研究现状　农业农村部南京农业机械化研究所设计了5TD60型青毛豆脱荚机，主要由机架、电机、风机、输送夹持装置、进料口、集料台、清选筛等组成，结构如图11-23所示。工作时，由人工将单株青毛豆植株茎秆根部置于夹持输送机构中，青毛豆植株逐渐进入上、下两脱荚辊之间，在拍捋作用下，豆荚从茎秆上被采摘脱落。

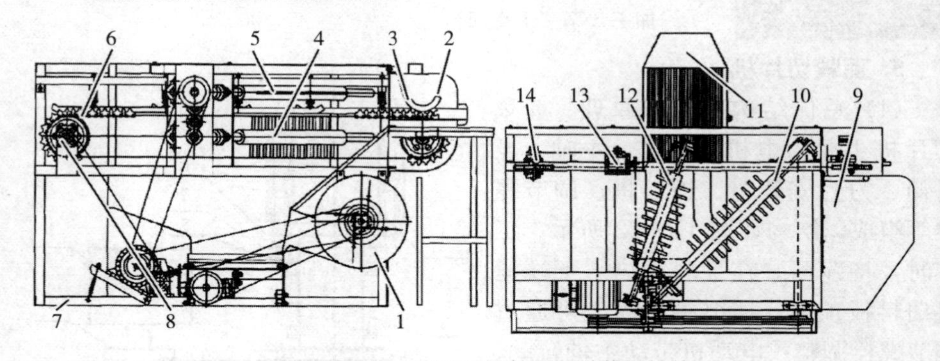

图11-23　5TD60型青毛豆脱荚机结构

1. 风机　2. 进料口　3. 压料杆　4. 下脱荚辊　5. 上脱荚辊　6. 输送夹持装置　7. 机架　8. 电机　9. 集料台　10. 前脱荚辊组　11. 清选筛　12. 后脱荚辊组　13. 减速机　14. 驱动链轮

辽宁省农业机械化研究所设计了5MDZJ-380-1400型青毛豆脱荚机，主要由机架、喂入机构、脱荚滚筒、发动机、传动系统和风机等组成，结构如

图 11 - 24 所示。工作时，发动机提供总动力，青毛豆植株在喂入机构的带动下进入脱荚滚筒的上方，脱荚滚筒上的胶指通过旋转作用把豆荚及茎叶从植株上捶打下来，落入滚筒下方输送带上，风机把茎叶排出，豆荚落入豆荚输出带。

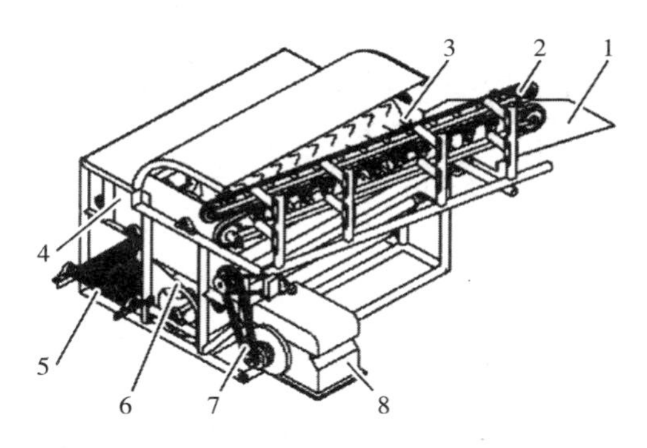

图 11 - 24 5MDZJ - 380 - 1400 型青毛豆脱荚机结构

1. 机架 2. 喂入机构 3. 脱荚滚筒 4. 发动机 5. 传动系统 6. 风机 7. 豆荚输出带 8. 茎叶排出口

2. 典型机型

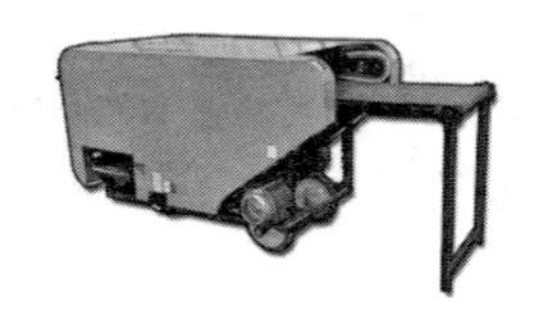

众达机械 KC - 800 青毛豆脱荚机

脱荚率（%）	≥98
破损率（%）	≤1
功率（千瓦）	4.5
作业效率（千克/时）	400

二、青毛豆联合收获机

1. 研究现状 浙江省农业机械研究院设计了弹齿角度可调青毛豆收获机，主要由履带底盘、柴油机、导入辊、采摘滚筒、输送装置、清选装置、集料筐等组成，结构如图 11 - 25 所示。工作时，柴油机提供动力，由液压马达驱动履带底盘向前行走，导入辊把青毛豆植株导入至采摘滚筒前下端，采摘滚筒上的采摘弹齿旋转把植株上的豆荚和茎叶捋下来，豆荚和茎叶随着滚筒旋转抛入输送装置中，输送装置把豆荚和茎叶输送至清选装置进行清选，茎叶被排出，豆荚掉入集料筐中，完成收获作业。

河南农业大学设计了自走式青毛豆收获机，主要由仿形轮、捡拾装置、采摘滚筒、高度调节系统、驾驶室、输送装置、滚轴筛、风机、储运箱、动力系统等组成，结构如图 11 - 26 所示。工作时，收获机向前行驶，采摘滚筒逆时针旋转，带动柔性弹齿自下而上挑过整棵植株，将豆荚和细小枝叶从植株摘

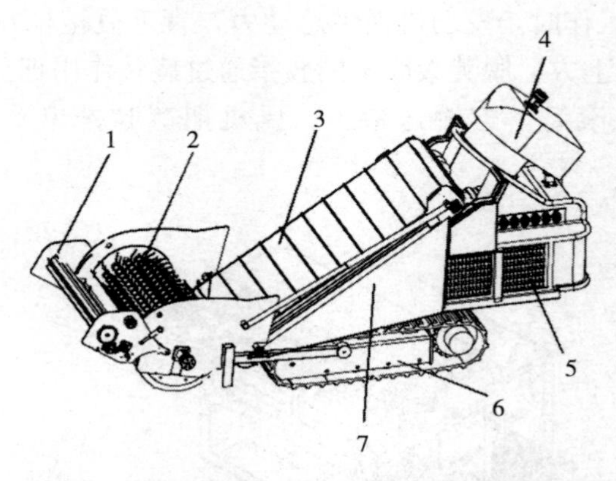

图 11－25　弹齿角度可调青毛豆收获机结构

1. 导入辊　2. 采摘滚筒　3. 输送装置　4. 清选装置　5. 集料筐　6. 履带底盘　7. 柴油机

下；随着滚筒的旋转，摘下的豆荚和枝叶在弹齿的带动作用下向后运动，最后被甩到后面的输送带上，并运送到滚轴筛上被除去大杂，之后在风机的作用下除去小杂，最后进入储运箱，完成青毛豆收获作业。

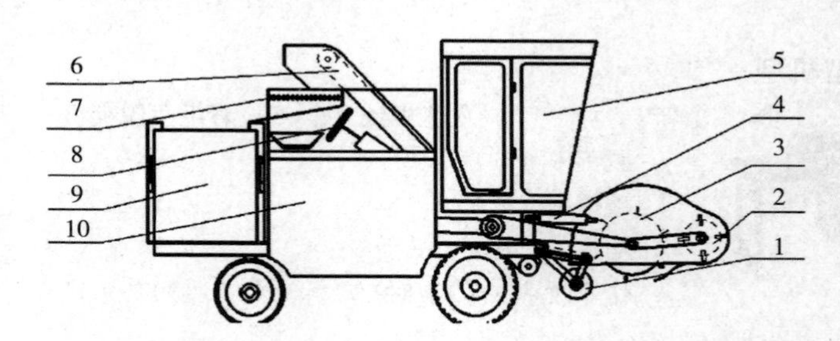

图 11－26　自走式青毛豆收获机结构

1. 仿形轮　2. 捡拾装置　3. 采摘滚筒　4. 高度调节系统　5. 驾驶室　6. 输送装置　7. 滚轴筛　8. 风机　9. 储运箱　10. 动力系统

海门市万科保田机械制造有限公司设计了青毛豆联合收获机，主要由割台、犁刀、敲泥杆、底盘、输送带、齿形板、振动筛、清洗箱和限深轮等组成，结构如图 11－27 所示。工作时，机器前行，犁刀入土掘松植株根部土壤，限深轮随地面的起伏上下浮动实现仿形挖掘；夹持器夹住植株根部轻松拔起后往后输送，根部的泥土被敲泥杆击落还田；植株后移到 C 点处时，上夹持器释放，下夹持器夹住根部并继续往后输送；在到达 B 点处，采摘器开始第一次采摘，再往后，辊刀式采摘器进行第二次采摘；采摘完成后，毛豆秸秆被下夹持器抛出还田，豆荚和茎叶送至清选箱由振动筛分选；豆荚下落到底仓，由输送绞龙送往收集仓，茎叶由风机吹出还田。

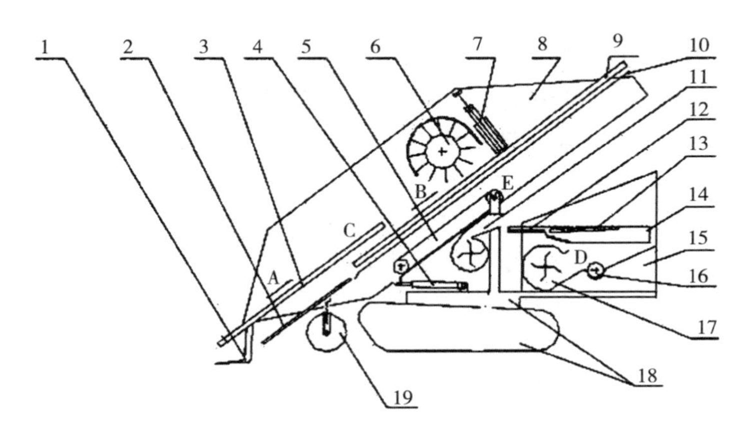

图 11-27　青毛豆联合收获机结构

1. 犁刀　2. 敲泥杆　3. 上夹持器　4. 油缸　5. 输送带　6. 滚筒式采摘器　7. 辊刀式采摘器　8. 割台　9. 下夹持器　10. 导泥槽　11. Ⅰ级风机　12. 齿形板　13. 齿形筛网　14. 振动筛　15. 清洗箱　16. 输送绞龙　17. Ⅱ级风机　18. 底盘　19. 限深轮

2. 典型机型

亿卓 4TD-16 型青毛豆收获机

采摘宽度（毫米）	1 600
外形尺寸（长×宽×高）（毫米）	5 200×2 200×2 700
功率（千瓦）	63
作业效率（公顷/时）	≥0.12

雷肯 4YZ-MD 自走式毛豆收获机

采摘宽度（毫米）	2 200
外形尺寸（长×宽×高）（毫米）	8 080×2 630×3 380
功率（千瓦）	103
行走速度（千米/时）	0～20

第三节　甘蓝类蔬菜机械

甘蓝是人们喜爱的蔬菜之一，在我国南方各地均有大量种植。在甘蓝生产作业过程中，收获用工量占到甘蓝生产总量的 40%左右。而我国南方甘蓝仍以人工收获为主，存在劳动强度大、用工量高、生产效率低等问题，严重制约着甘蓝产业的发展。因此，本部分将国内外甘蓝收获机研究现状和典型机型进行介绍，并提出甘蓝收获机发展建议。

一、研究现状

农业农村部南京农业机械化研究所设计了4GYZ-1200甘蓝收获机，主要由集料筐、底盘、夹持输送带安装架、割台机架、夹持输送机构、拨禾轮、拔取机构、双圆盘切根机构、横向输送带和变速器等组成，结构如图11-28所示。工作时，拔取机构下降至离地面2～3厘米，引拔杆以一定角度插入甘蓝下部；当整机向前运动时，引拔杆将地里的甘蓝以固定角度拔取，同时拨禾轮通过自身旋转将甘蓝头部向后拨动，使甘蓝进入夹持输送机构；夹持输送机构在将甘蓝扶持向后输送的同时，双圆盘切割刀片将甘蓝的根部切除，切除根部的甘蓝将进入横向输送装置，最后进入集料筐中，完成甘蓝收获作业。

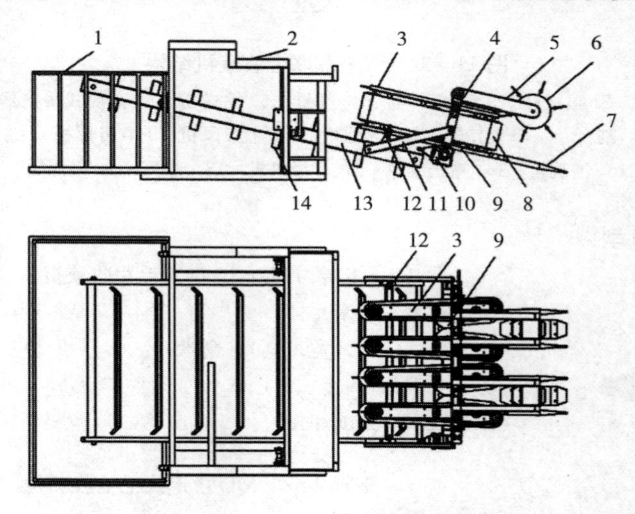

图11-28　4GYZ-1200甘蓝收获机结构

1. 集料筐　2. 底盘　3. 夹持输送带安装架　4. 割台机架　5. 拨禾轮罩壳　6. 拨禾轮　7. 拔取机构　8. 夹持输送机构　9. 双圆盘切根机构　10. 变速器　11. 割台连接板　12. 割台安装架　13. 横向输送带　14. 横向输送带挡板

浙江大学设计了履带自走式甘蓝收获机，主要由履带动力底盘、拨轮、导向杆、双横向输送带、切根装置、剥叶输送带、剥叶辊、集料筐和操作台等组成，结构如图11-29所示。工作时，引拔铲铲尖插入甘蓝植株底叶以下，随着机器前行，将甘蓝植株连根拔起，甘蓝沿着引拔铲铲面弧线与导向杆，在拨轮的辅助作用下导入至输送提升装置；甘蓝植株在双横向输送带的夹持作用下向上输送，锯齿式输送链夹持甘蓝根部，起到辅助输送的作用；双圆盘刀式切根装置在输送过程中切断甘蓝根部及部分外包叶；根部随即落至地面，甘蓝球体同切断的外包叶继续向上输送至剥叶装置；经剥叶辊的旋转摩擦、碰撞作用，松散的外包叶被剥离，随剥叶输送带排出甘蓝收获机，甘蓝球体则进入集料筐，完成甘蓝收获作业。

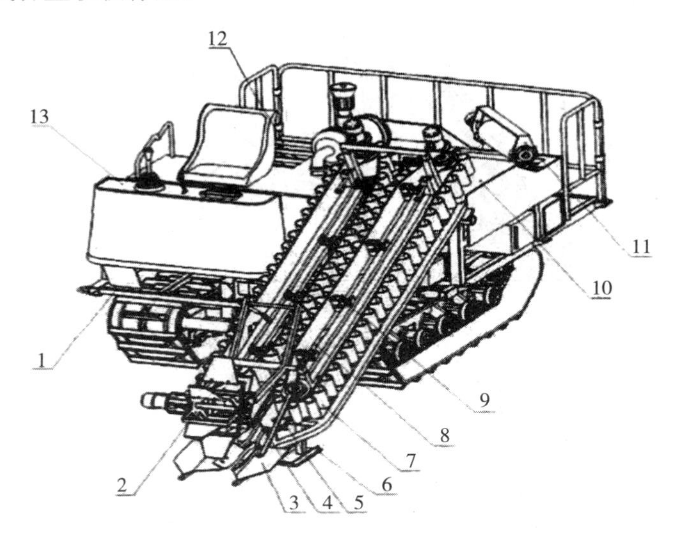

图 11-29　履带自走式甘蓝收获机结构

1. 履带动力底盘　2. 拨轮　3. 引拔铲　4. 导向杆　5. 锯齿式输送链　6. 防陷托板　7. 双横向输送带　8. 切根装置　9. 张紧轮　10. 剥叶输送带　11. 剥叶辊　12. 集料筐　13. 操作台

昆明理工大学设计了牵引式甘蓝收获机，主要由导入装置、双螺旋拔取装置、压顶装置、切根装置、除叶装置、输送机构、机架、地轮和收集装置等组成，结构如图 11-30 所示。工作时，拔取装置悬浮于空中，双螺杆以设定角度插入甘蓝下部，随着拖拉机前行，双螺杆将地里的甘蓝以固定角度拔取并传输；拔出来之后，在双螺杆旋转输送的作用力以及扶持作用之下，甘蓝由皮带传送到机器后方，经过切根装置切除根茎，切掉的部分散落机械之外，之后传送至除叶装置，去除外面的包叶并传送到存储部分，然后统一传送装箱，完成收获作业。

东北农业大学设计了半悬挂式甘蓝收获机，主要由导入装置、犁形机构、双螺旋拔取输送装置、带式扶持装置、仿形机构、切根装置、地轮、提升输送装置、机架、除叶装置和收集箱等组成，结构如图 11-31 所示。工作时，收获机半悬挂于拖拉机侧边，收获部件处于浮动状态；随着拖拉机向前行驶，双圆盘导入装置对行收获，通过相对旋转的曲面双圆盘导入装置将垄上的甘蓝喂入与地面呈一定角度的双螺旋拔取输送装置；拔出的甘蓝在双螺旋拔取输送装置导向力和皮带摩擦力的作用下，向后部输送；当甘蓝被输送到切根装置的圆

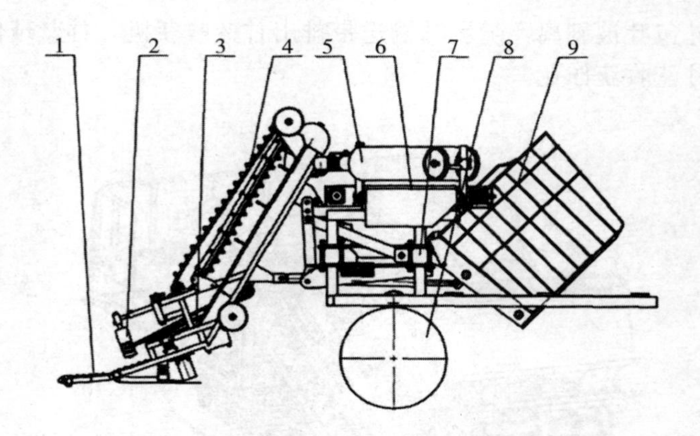

图 11-30　牵引式甘蓝收获机结构

1. 导入装置　2. 双螺旋拔取输送装置　3. 压顶装置　4. 切根装置　5. 除叶装置　6. 输送机构　7. 机架　8. 地轮　9. 收集装置

盘切刀时，甘蓝的根和部分外包叶被切除，切除的根和外包叶落到田间；切掉根的甘蓝由链式输送装置提升，输送到除叶装置去除剩余外包叶并通过其输送皮带将甘蓝结球输送到收集箱中，完成收获作业。

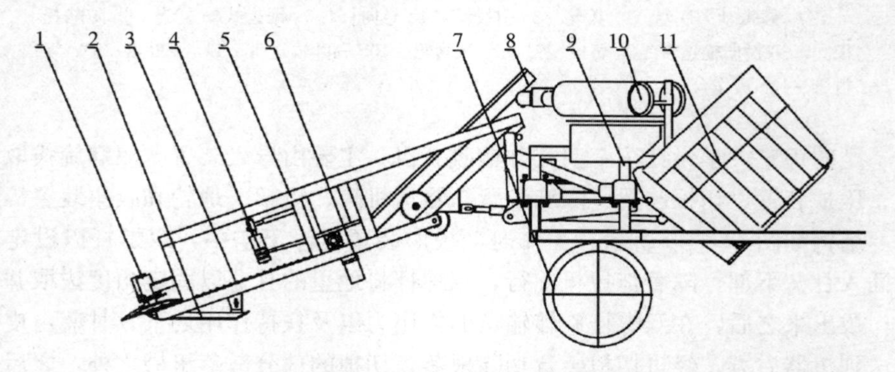

图 11-31　半悬挂式甘蓝收获机结构

1. 导入装置　2. 犁形机构　3. 双螺旋拔取装置　4. 带式扶持机构　5. 仿形机构　6. 切根装置　7. 地轮　8. 提升输送装置　9. 机架　10. 除叶装置　11. 收集箱

内蒙古自治区农牧业科学院设计了一种甘蓝辅助收获平台，主要由车体、车厢、转动底座、输送机、角度调节装置、水平转动限位装置和安全锁定装置等组成，结构如图 11-32 所示。工作时，输送机水平放置，将甘蓝采摘后，放置到输送机上，输送到车厢内进行统一收集；当收获完成后，将安全锁定装置与输送机打开，角度调节装置驱动输送机向上转动，使得输送机整体在车厢内，方便在非田间环境运输行走。

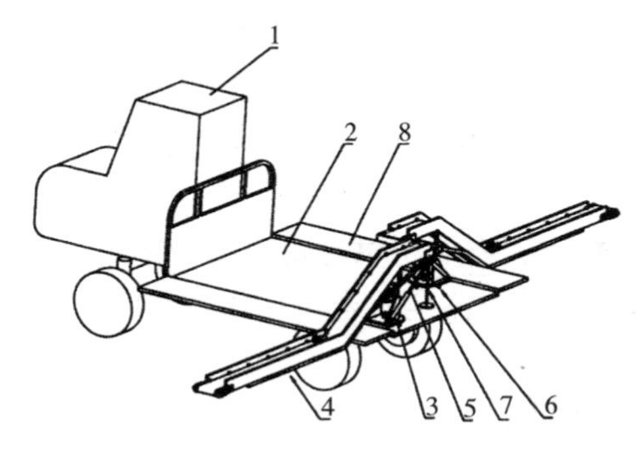

图 11-32　甘蓝辅助收获平台结构

1. 车体　2. 车厢　3. 转动底座　4. 输送机　5. 角度调节装置　6. 水平转动限位装置　7. 安全锁定装置　8. 车厢侧板

二、典型机型

意大利 HORTECH 公司 RAPID T 型甘蓝收获机

收获行数（行）	1
适应行距（厘米）	≥35
功率（马力）	80
净重（千克）	800

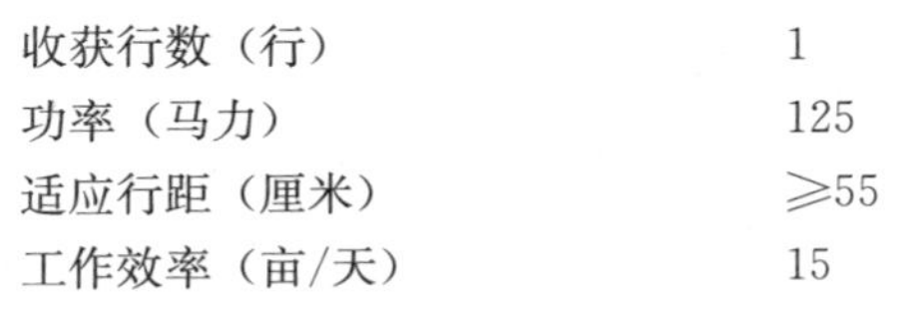

比利时 KOROVM DB 型甘蓝收获机

收获行数（行）	1
功率（马力）	125
适应行距（厘米）	≥55
工作效率（亩/天）	15

华龙甘蓝辅助收获平台

机器轮距（毫米）	2 200
载重（千克）	3 000
收获幅宽（毫米）	14 000
行走方式	自走式

三、发展建议

1. 小型化、轻量化　南方地区普遍为小而散的种植模式，国外和北方大型收获机并不适合南方，应将甘蓝收获机的整体尺寸缩小，并采用自走式，将部分结构的材料变为轻质材料，实现甘蓝收获机的小型化和轻量化。

2. 甘蓝收获机关键部件的优化设计　南方甘蓝种植地块环境比较复杂，土壤多为黏性土，甘蓝收获机扶正导向机构应自动调节高度，提高机器对复杂作业工况的适应能力。

3. 自动化、智能化 现有甘蓝收获机多采用机械式或液压式传动，自动化水平较低，随着电子控制技术的发展，应向机电液一体化控制的方向发展；针对甘蓝成熟期不一致的问题，改变一次性收获方式，开发多次选择性收获机。

4. 农机农艺融合发展 农业机械化的实现必须是农艺的标准化，要发展与甘蓝收获机相适应的农艺，制定符合机械化收获的种植模式。

第四节 茄果类蔬菜机械

茄果类蔬菜是指茄科植物中以浆果作为食用的蔬菜，主要有番茄、茄子和辣椒等，含有丰富的营养物质，在南方各地普遍栽培，占有重要的地位。目前，茄果类蔬菜生产机械主要包括耕整地机械、育苗机械、嫁接机械、移栽机械、田间管理机械和收获机械，耕整地机械和田间管理机械一般为通用机械，机械化水平较高，育苗机械、嫁接机械和移栽机械有部分成熟机型进行了广泛应用，收获机械仍停留在方案设计和样机研制阶段，未有成熟机型进行推广应用。因此，本部分主要对茄果类蔬菜育苗机械、嫁接机械和移栽机械进行介绍，阐述机器总体结构与工作原理，并列举典型机型。

一、育苗机械

1. 半自动穴盘播种机

(1) 总体结构与工作原理。半自动穴盘播种机主要由机架、吸种盘、针式吸嘴、换向电磁阀、气泵、牵引电磁铁、抛振式种盘等组成，结构如图 11－33

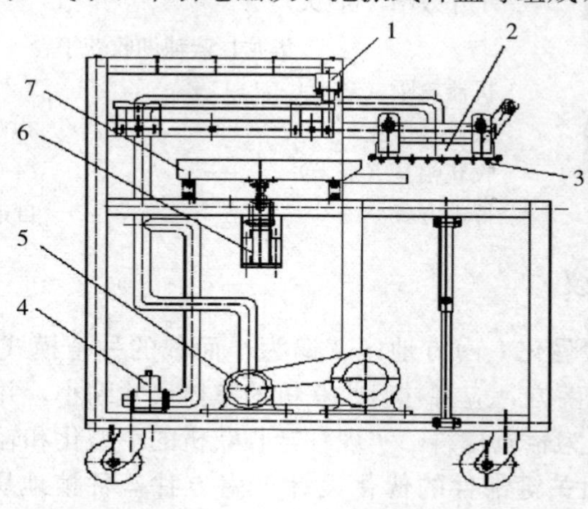

图 11－33 半自动穴盘播种机结构

1. 机架 2. 吸种盘 3. 针式吸嘴 4. 换向电磁阀 5. 气泵 6. 牵引电磁铁 7. 抛振式种盘

所示。工作时，将装有基质的穴盘放置在播种工位，穴盘将被夹具自动定位；接通负压气路，吸种盘上的吸嘴吸住处于悬浮状态的种子，完成取种过程；直滑轨将引导已经完成吸种的吸种盘做水平移动到穴盘正上方，开启正压气管，将种子从吸嘴上吹落至育苗穴盘中，完成投种过程，吸种盘复位。

（2）典型机型。

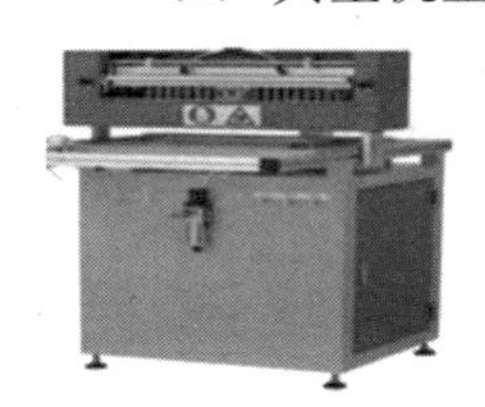

韦恩 SQM200 型半自动播种机

适用穴盘	标准
最快速度（秒/行）	1.5
工作效率（盘/时）	200～250

2. 全自动播种流水线

（1）总体结构与工作原理。全自动播种流水线主要由基质搅拌机构、进盘机构、上土装置、压穴装置、滚筒式播种机构、覆土装置、洒水装置和出盘叠放机构组成，结构如图 11－34 所示。工作时，穴盘经过放盘、上土、刮土、压穴、播种、覆土、洒水、出盘等过程完成整个播种过程；输送带传输带动穴盘前行，压好穴的穴盘经过滚筒式播种装置下方，滚筒式播种装置利用负压吸种、正压排种实现穴盘精密播种。

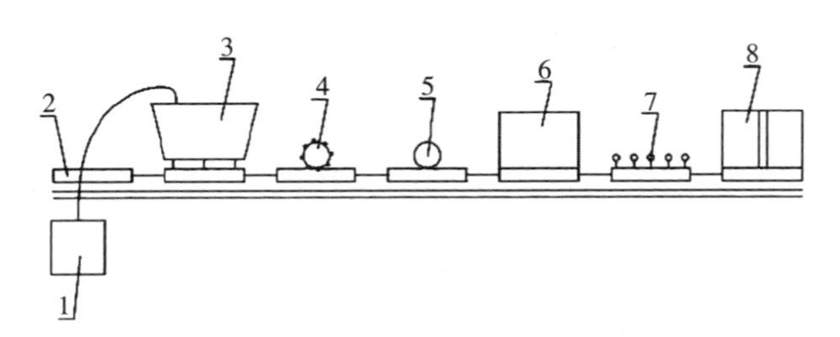

图 11－34　全自动播种流水线结构

1. 基质搅拌机构　2. 进盘机构　3. 上土装置　4. 压穴装置　5. 滚筒式播种机构　6. 覆土装置　7. 洒水装置　8. 出盘叠放机构

（2）典型机型。

韦恩 SLM500 型全自动播种流水线

穴盘规格	32～200 孔标准穴盘
播种范围（毫米）	0.1～5.0
播种精度（%）	98
工作效率（盘/时）	600～1 000

二、嫁接机械

1. 半自动嫁接机

（1）总体结构与工作原理。半自动嫁接机主要由机架、接穗对接部件、接穗夹持装置、接穗切部件切削刀、砧木部件切削刀、砧木夹持装置、砧木部件气缸、接穗部件气缸和控制中心等组成，结构如图 11－35 所示。工作时，人工水平方向供给接穗和砧木苗并由夹持装置夹持，接穗切部件切削刀和砧木部件切削刀分别对接穗和砧木进行切削，切削完成后，气缸推动夹持装置进行对接处理，完成嫁接作业。

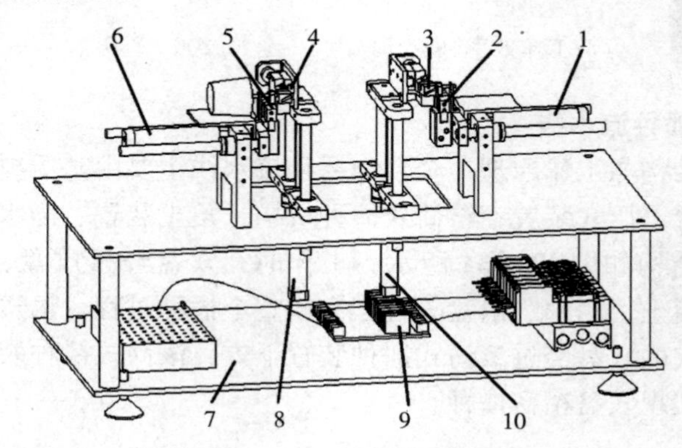

图 11－35　半自动嫁接机结构

1. 接穗对接部件　2. 接穗夹持装置　3. 接穗切部件切削刀　4. 砧木部件切削刀　5. 砧木夹持装置　6. 砧木对接部件　7. 机架　8. 砧木部件气缸　9. 控制中心　10. 接穗部件气缸

（2）典型机型。

帅耀诺半自动嫁接机

适用人员（人）	2
重量（千克）	170
外形尺寸（长×宽×高）（毫米）	670×180×950
工作效率（株/时）	300～600

2. 全自动嫁接机

（1）总体结构与工作原理。全自动嫁接机主要由机架、接穗输送机构、砧木输送机构、嫁接苗输送机构、接穗处理系统、砧木处理系统、嫁接夹自动输送机构和电气控制柜等组成，结构如图 11－36 所示。工作时，接穗输送机构将接穗穴盘中的苗输送到作业位置，砧木输送机构将砧木穴盘中的苗送到作业位置，接穗夹持搬运机构将经切苗处理的接穗子叶以及砧木夹持搬运机构将经过切苗处理的砧木各自搬运到作业位置进行切口贴合，嫁接夹自动输送机构将嫁接夹搬运到作业位置进行嫁接苗切口固定，切口固定的嫁接苗垂直下降到嫁接苗穴盘孔中，完成嫁接作业。

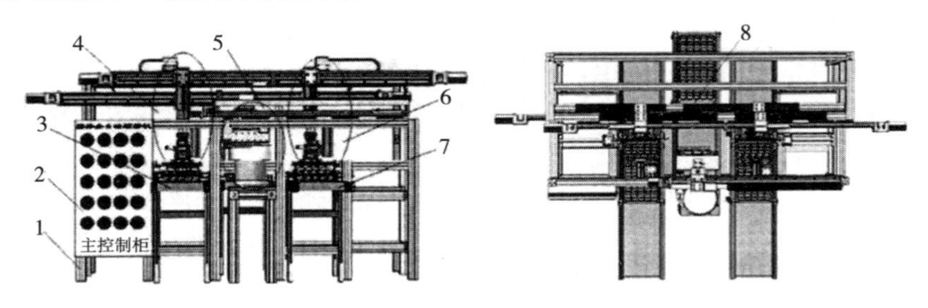

图 11-36　全自动嫁接机结构

1. 机架　2. 电气控制柜　3. 接穗输送机构　4. 接穗处理系统　5. 嫁接夹自动输送机构　6. 砧木处理系统　7. 砧木输送机构　8. 嫁接苗输送机构

（2）典型机型。

帅耀诺全自动嫁接机	
适用人员（人）	1
功率（千瓦）	2
外形尺寸（长×宽×高）（毫米）	1 600×700×1 750
工作效率（株/时）	1 200

三、移栽机械

1. 悬挂式半自动移栽机

（1）总体结构与工作原理。悬挂式半自动移栽机主要由主架、传动机构、地轮、移栽装置、覆土镇压装置、座椅、栽植装置、苗盘支架、仿形机构等组成，结构如图 11-37 所示。工作时，地轮通过传动机构驱动栽植装置上的控

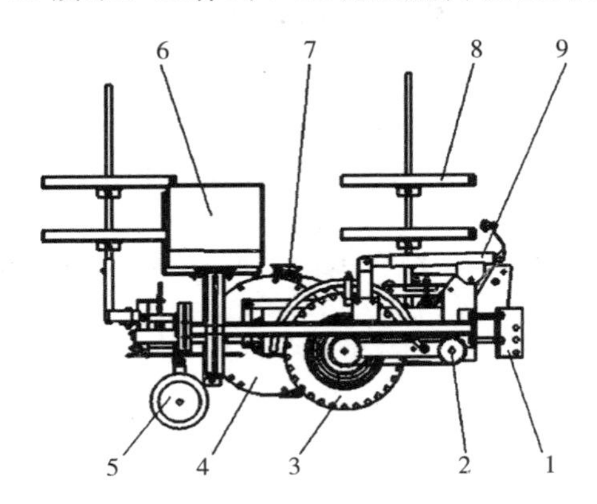

图 11-37　悬挂式半自动移栽机结构

1. 主架　2. 传动机构　3. 地轮　4. 移栽装置　5. 覆土镇压装置　6. 座椅　7. 栽植装置　8. 苗盘支架　9. 仿形机构

制盘转动，控制盘上均布吊杯式栽植器，控制盘转动时由于偏心圆盘的作用使吊杯式栽植器与地面始终保持垂直；当栽植器转到最高位置时，进行投苗；当栽植器转到最低位置时，栽植器杯嘴进行打穴，同时钵苗自由落入穴中；最后由覆土装置进行覆土镇压完成移栽，栽植器关闭并离开地面等待下一次投苗。

（2）典型机型。

富来威 2ZBX－2 悬挂式半自动移栽机

配套动力（马力）	20～50
行距（毫米）	500～1 000
株距（毫米）	190～800
工作效率（公顷/时）	0.1～0.16

2. 自走式半自动移栽机

（1）总体结构与工作原理。自走式半自动移栽机主要由方向控制机构、发动机、控制面板、储苗盘、投苗机构、插植机构、覆土机构、驱动机构、行走底盘等组成，结构如图 11－38 所示。工作时，作业人员先将储苗盘内的幼苗取下摆放在前储苗盘中，再依次投放到投苗机构的苗盒里，经插植机构栽植到田间，并通过覆土机构对栽植到田间的幼苗进行覆土，完成移栽作业。

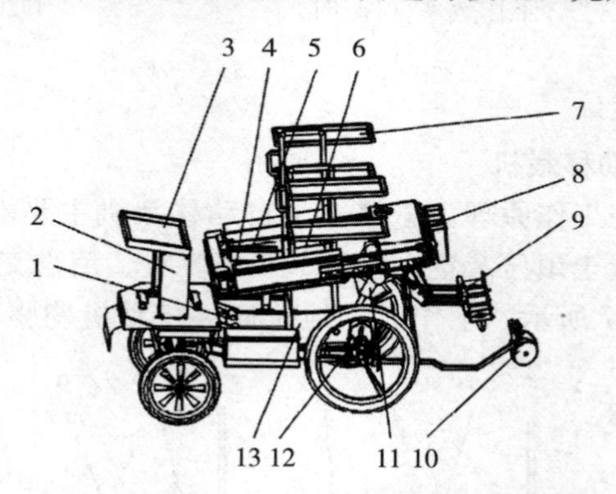

图 11－38 自走式半自动移栽机结构

1. 方向控制机构 2. 发动机 3. 前储苗盘 4. 蓄电池 5. 控制面板 6. 车座 7. 储苗盘 8. 投苗机构 9. 插植机构 10. 覆土机构 11. 顶杆电机 12. 驱动机构 13. 行走底盘

（2）典型机型。

鼎铎 2ZB－2 自走式吊杯移栽机

种植行数	2
种植株距（厘米）	10～60
种植行距（厘米）	25～50
工作效率（株/时）	2 000～8 000

3. 自走式全自动移栽机

（1）总体结构与工作原理。自走式全自动移栽机一般由操作控制装置、动力底盘、载苗架、取苗爪、鸭嘴和覆土轮等组成，结构如图 11－39 所示。作业时，苗盘放置于栽苗架上，通过机载触摸屏控制伺服电机将苗盘移动到合适位置后，取苗爪将秧苗从苗盘中夹取出来，并移动到旋转托杯正上方；随后取苗爪按照设定时序实行推苗动作，秧苗随即落入托杯中；鸭嘴和旋转托杯合理匹配，保证托杯中的苗准确落入鸭嘴中；最后由鸭嘴将秧苗植入泥土中，再由镇压轮进行覆土镇压保证秧苗的直立度。

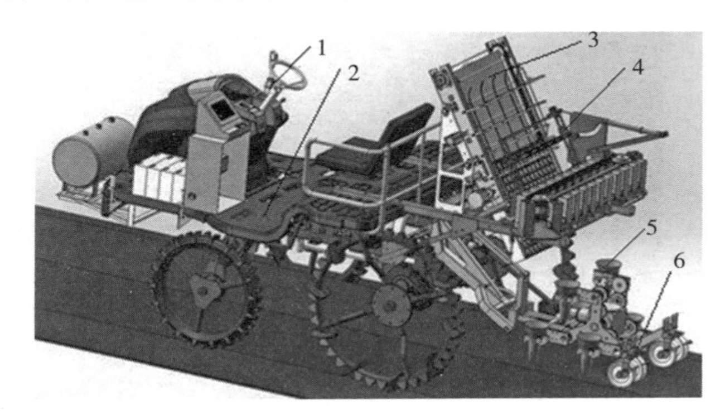

图 11－39　自走式全自动移栽机结构

1. 操作控制装置　2. 动力底盘　3. 载苗架　4. 取苗爪　5. 鸭嘴　6. 覆土轮

（2）典型机型。

洋马 PF2R 自走式全自动移栽机

种植行数	2
种植株距（厘米）	45
种植行距（厘米）	26～80
工作效率（公顷/时）	0.13

第五节　芥菜类（榨菜）蔬菜机械

近年来，浙江省榨菜的常年栽培面积稳定在 40 万亩左右，是浙江省的大宗优势农产品之一，榨菜产业已经形成大生产、大流通、大市场的产销格局。目前，榨菜机械化生产瓶颈问题在收获环节，我国的榨菜机械化水平基本属于空白阶段，导致榨菜收获“人工成本高”和“用工荒”问题突出，生产成本增高，实现榨菜机械化收获需求越来越迫切。本部分将国内榨菜收获机研究现状进行介绍，并提出榨菜收获机发展建议。

一、研究现状

西南大学设计了一款与微耕机匹配作业，具有自动对行、单行电动切割及倒铺功能的榨菜切割装置，主要由对行圆盘、对行支杆、护刀板、倒铺板、平行四杆连接机构、直流减速电机、圆锯片、底板等组成，结构如图 11-40 所示。工作时，切割装置底板贴土滑行，切割装置中间的切割通道对准榨菜切割部位，随后榨菜缩短茎被圆锯片切割，通过倒铺板将切割过后的榨菜倒铺在一边，等待集中收获。

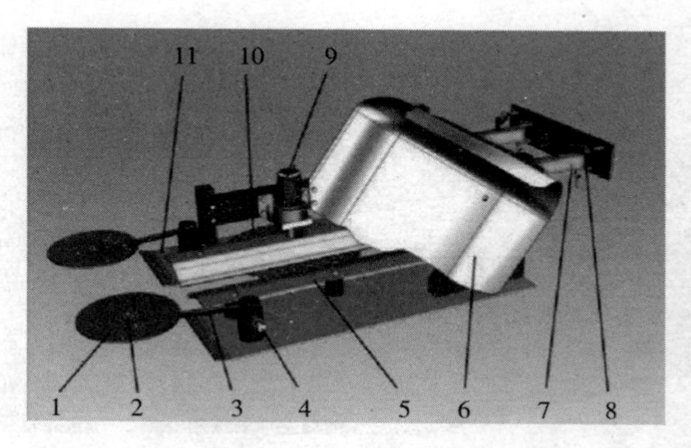

图 11-40　榨菜切割装置结构

1. 对行圆盘　2. 单向滚针轴承　3. 对行支杆　4. 紧固螺栓　5. 护刀板　6. 倒铺板　7. 平行四杆连接机构　8. 预紧弹簧　9. 直流减速电机　10. 圆锯片　11. 底板

重庆市农业科学院等设计了一种榨菜收获机割台，主要由切叶装置、排叶装置、切根装置、机架、提升装置、输送装置、喂入装置等组成，结构如图 11-41 所示。工作时，传动系统将动力传递到割台输入轴，并从输入轴传递到割台所有旋转部件；切叶装置切除榨菜头上部的菜叶，并通过旋转运动将菜叶运送到排叶装置，排叶装置将菜叶推送到割台外部，同时切根装置随着机器向前行走，前段紧紧贴着地面，榨菜根部通过中间缝隙的刀刃切断；最后通过输送装置及提升装置将榨菜头输送到清选系统，完成收获作业。

农业农村部南京农业机械化研究所设计了一种自走式单行榨菜联合收获机，主要由引拨装置、圆盘切根装置、机架、行走装置、操控系统、杂质清除装置、输送提升装置、剪叶装置、排叶螺旋滚筒、旋转叶片拨轮等组成，结构如图 11-42 所示。收获时，行走装置匀速前进，榨菜在引拨装置的作用下拢叶扶正，同时一级剪叶装置将瘤状茎上方的大部分叶片去除还田；榨菜在高度实时调节的圆盘切根装置和二级剪叶装置作用下精准分离根、茎、叶，并主动向后推送，由输送提升装置运送至机具后方的杂质清除装置，经去杂滚刷清理后收集装箱，完成联合收获作业。

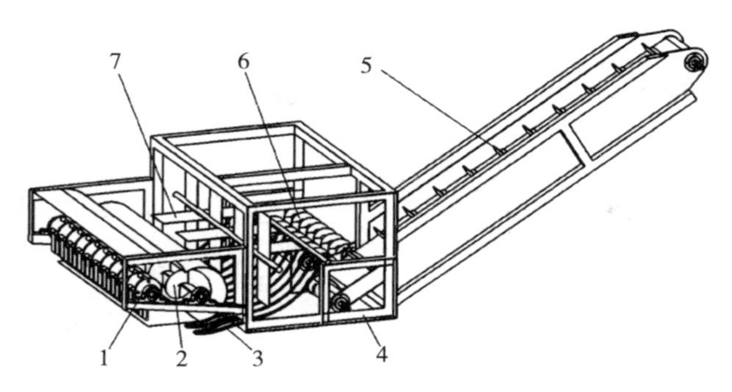

图 11-41　榨菜收获机割台结构

1. 切叶装置　2. 排叶装置　3. 切根装置　4. 机架　5. 提升装置　6. 输送装置　7. 喂入装置

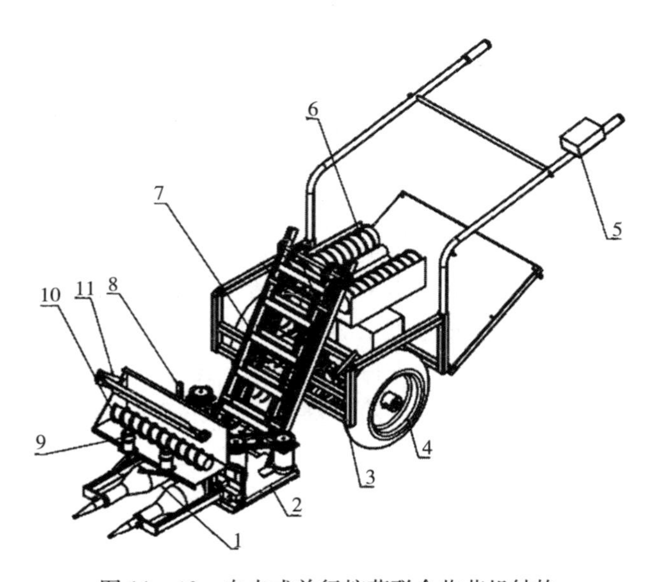

图 11-42　自走式单行榨菜联合收获机结构

1. 引拔装置　2. 圆盘切根装置　3. 机架　4. 行走装置　5. 操控系统　6. 杂质清除装置　7. 输送提升装置　8. 二级剪叶装置　9. 一级剪叶装置　10. 排叶螺旋滚筒　11. 旋转叶片拨轮

农业农村部南京农业机械化研究所还设计了一种自走式多行榨菜联合收获机，主要由切根机构、仿形调节机构、高度调节机构、履带底盘、收集箱、动力传动机构、切叶机构、机架、夹叶提升输送机构、除叶机构等组成，结构如图 11-43 所示。收获时，榨菜被输送至夹叶提升输送机构末端时，瘤茎上方的茎叶将被拢叶对辊拢持，靠近瘤茎处被切叶圆盘刀切割，茎叶落入排叶绞龙排出还田；与此同时，瘤茎掉落至除叶机构的橡胶对辊上，翻转轴带动其翻转，橡胶对辊相对内转向下拽剥残余在瘤茎上的叶片；之后，去叶除杂后的榨菜落到平带升运装置上送至收集箱；收获机在前进过程中，仿形调节机构根据地面高低自动调节切割高度。

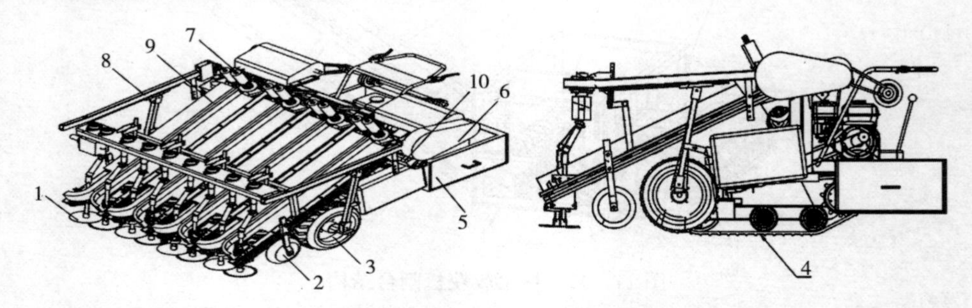

图 11－43　自走式多行榨菜联合收获机结构

1. 切根机构　2. 仿形调节机构　3. 高度调节机构　4. 履带底盘　5. 收集箱　6. 动力传动机构　7. 切叶机构　8. 机架　9. 夹叶提升输送机构　10. 除叶机构

西南大学设计了一种小型自走式榨菜收获机，主要由动力总成、变速箱、机架、扶手、扶叶器、弹性齿夹持输送带、切根刀盘、切叶切茎刀和行走轮等组成，结构如图 11－44 所示。工作时，扶叶器将散开的茎叶直立扶起送至夹持输送带入口；夹持橡胶带与夹持中间支架辐条将茎叶渐渐夹紧，并斜向上运动，完成榨菜的垂直方向拔取和水平向后输送；在夹持的同时，切根刀盘在机架的前行推力和土壤摩擦力的双重作用下被动旋转并向前滚动，完成切根动作；在夹持运输的过程中，位于夹持带上方和下方并与夹持带线速度方向成一定角度布置的两把切刀完成榨菜的除缨操作；切断茎叶后的榨菜在重力作用下掉入位于机架下部的料箱中。

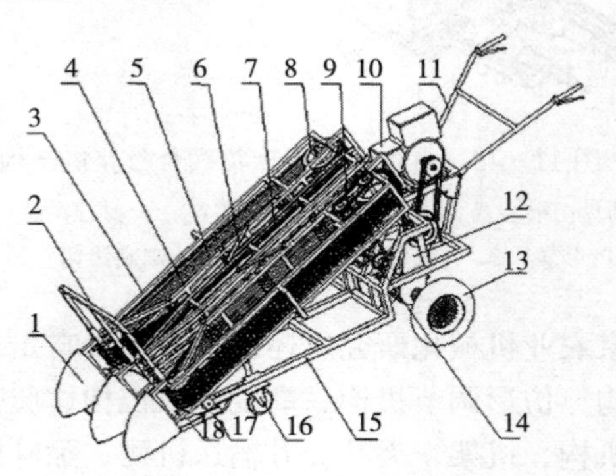

图 11－44　小型自走式榨菜收获机结构

1. 扶叶器　2. 飞拱　3. 拔取夹持装置外机架　4. 内支架　5. 弹性齿夹持输送带　6. 切叶切茎刀　7. 中间支架　8. 大夹持带轮　9. 直角换向器　10. 动力总成　11. 扶手　12. 变速箱　13. 行走轮　14. 离合器组件　15. 机架　16. 万向轮　17. 切根刀盘架　18. 切根刀盘

重庆市农业科学院等设计了一种榨菜收获机，主要由切割输送装置、提升输送机构、瘤茎收集筐、操作机构、变速箱、发动机、机架、高度调节装置、履带底盘等组成，结构如图 11－45 所示。工作时，往复切割刀切割榨菜根，切割高度由高度调节装置调节，茎叶在输送的过程中由圆盘锯切除，瘤茎输送到提升输送机构，进而输送至收集筐中，完成收获作业。

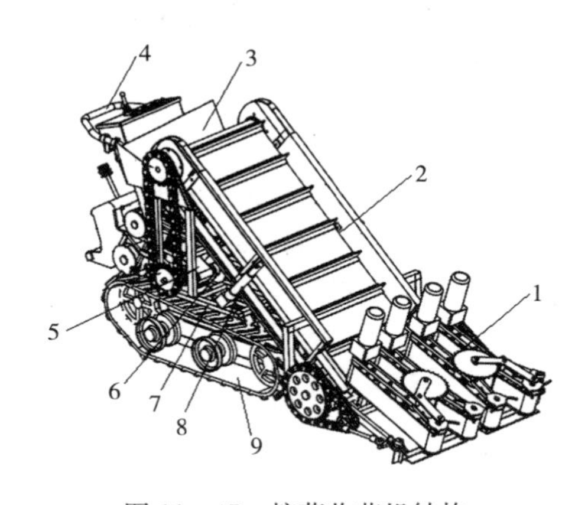

图 11－45　榨菜收获机结构

1. 切割输送装置　2. 提升输送机构　3. 瘤茎收集筐　4. 操作机构　5. 变速箱　6. 发动机　7. 机架　8. 高度调节装置　9. 履带底盘

宁波特能机电有限公司设计了一种榨菜收割机，主要由打叶装置、螺旋输送装置、操作室、收储箱、升运装置、卸料装置、机架、除杂装置、履带底盘等组成，能一次性完成断叶、松土、拔出、切根等作业，结构如图 11－46 所示。工作时，打叶装置打掉榨菜顶端大部分叶片，榨菜根部的泥土接触到位于铲架下方的铲刀处，完成松土、松根、断根；铲架与控制器连接，通过铲架上的行距探头及油缸实现铲刀的调节功能，使其位于更合理的位置；除杂装置将带有短叶柄及少量泥土的榨菜进一步清理，分离残余杂质，获得分离更彻底的干净榨菜；最后通过升运装置及卸料装置完成榨菜的卸货。

吴渭尧还设计了另一款榨菜收割机，主要由菜叶收集装置、夹持拔取装置、操作台、收储箱口、除杂装置、输送装置、榨菜运输带等组成，能够一次性完成榨菜拔取、除泥、切根切叶等功能，结构如图 11－47 所示。工作时，松土铲将榨菜根部土壤铲松，随后夹持拔取装置将榨菜茎叶夹持拔起，双圆盘切割器将榨菜的叶片及根部切下，切下的叶片及根部掉入土壤中，除杂装置将含有少量叶柄及泥土的榨菜进行清理，分离残余杂质，最终将干净榨菜传送落入收储箱。

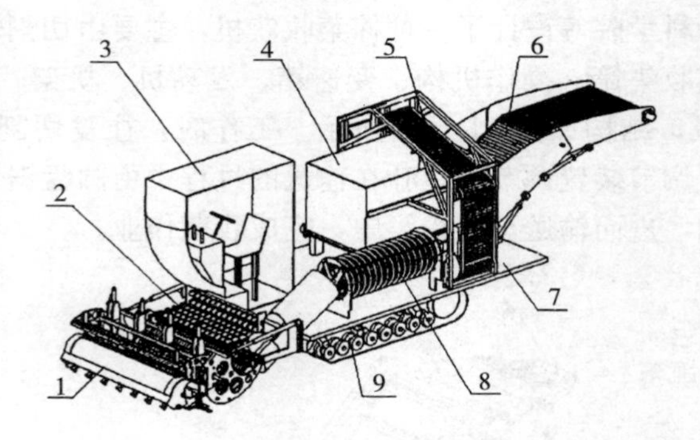

图 11-46　榨菜收割机结构

1. 打叶装置　2. 螺旋输送装置　3. 操作室　4. 收储箱　5. 升运装置　6. 卸料装置　7. 机架　8. 除杂装置　9. 履带底盘

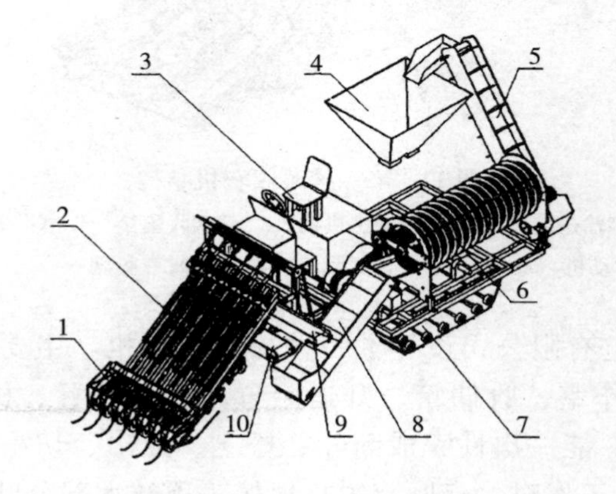

图 11-47　榨菜收割机结构

1. 菜叶收集装置　2. 夹持拔取装置　3. 操作台　4. 收储箱口　5. 升运装置　6. 除杂装置　7. 履带底盘　8. 输送装置　9. 菜叶运输带　10. 榨菜运输带

二、发展建议

1. 加强榨菜物料特性研究　测量统计榨菜植株的主要物理形态参数，进行榨菜缩短茎的切割部位试验、切割力正交试验和切割劈裂破损试验，以期得出最佳切割位置，优化切割参数，找出降低或者避免出现切割劈裂破损问题的方法，为榨菜收获机的设计提供理论数据。

2. 加强关键作业部件的优化设计　采用现代机械设计理论和方法，运用CAD、CAE、ANSYS等软件，优化理论研究，为进行机械的运动学、动力学仿真提供技术平台，以达到优化机械结构的目的。

3. 提升机械智能化水平　榨菜的收获作业环节较为复杂，单一的机械结构形式和较低的智能化程度无法满足作业要求，将机械系统和电气控制、液压控制或气动控制结合起来，实现榨菜收获自动对行、切割高度自动调节、自主导航定位、作业参数实时监测和智能测产等功能，将损失率和损伤率降低，大大提高作业效率。

4. 加强农机农艺融合研究　在榨菜生产过程中，整地、播种、移栽等作业环节是否配套也影响收获机的作业性能。因此，在未来的研究中，应该对榨菜农艺种植参数规范化，培育适合机收的榨菜品种，加强农机农艺融合，提高各个环节机具作业的匹配度，形成榨菜机械化作业技术模式。

主要参考文献

曹样根，2016. 一种芡实种子的采集装置：中国，CN 201620033406.4 [P]. 01-14.

陈志宏，陈静，张余，等，2016. 一种芡实定植播种机：中国，CN 201620694812.5 [P]. 07-05.

董春旺，罗昕，胡斌，等，2008. 半自动穴盘育苗精量播种机的设计 [J]. 石河子大学学报（自然科学版），26 (5)：630-632.

杜冬冬，2017. 履带自走式甘蓝收获机研究及称重系统开发 [D]. 杭州：浙江大学.

冯伟，李平，张先锋，等，2018. 榨菜收获机割台结构设计与试验 [J]. 南方农业，12 (34)：127-129，133.

龚境一，2018. 青菜头切割装置的设计与优化研究 [D]. 重庆：西南大学.

龚境一，叶进，杨仕，等，2018. 榨菜收获机的设计研究 [J]. 农机化研究，40 (3)：120-124.

郭洋民，2015. 水田莲藕采挖机设计与研究 [D]. 武汉：华中农业大学.

杭颂斌，孙永乐，2015. 青毛豆联合收获机：中国，CN 201510194559.7 [P]. 04-23.

何达力，王磊，黄海东，等，2013. 藜蒿扦插机分苗取苗机构的设计与运动分析 [J]. 华中农业大学学报，32 (4)：116-121.

胡彩旗，2016. 芋头直立播种机：中国，CN 201611189632.2 [P]. 12-21.

黄磊，2016. 乘坐式全自动移栽机车架结构仿真分析与优化 [D]. 镇江：江苏大学.

黄小从，2012. 电动式莲蓬快速脱粒机：中国，CN 201220333980.3 [P]. 07-11.

李军，2016. 茄科整排全自动蔬菜嫁接机的研究 [D]. 北京：中国农业大学.

廖剑，王锐，李旭，等，2019. 莲藕机械化施肥技术研究现状与展望 [J]. 湖北农机化 (23)：181-184.

林一涛，2019. 乘坐式浮筒挖藕机的设计与试验 [D]. 武汉：华中农业大学.

刘和平，2014. 一种高压水冲式挖藕机：中国，CN 201420391360.4 [P]. 07-16.

龙永坚，王江述，李欣，2020. 一种农林用施肥无人机：中国，CN 202022409501.9 [P]. 10-27.

马广，2018. 气吸滚筒式穴盘精量播种流水线设计 [J]. 浙江大学学报（农业与生命科学版），44（4）：476－480.
马锁才，陈书金，2016. 一种马蹄收获机：中国，CN 201610470572.5［P］. 06－18.
潘松，徐谐庆，吴罗发，等，2019. 鲜莲子通芯机的设计与试验［J］. 中国农机化学报，40（11）：94－99.
庞有伦，张涛，宋树民，等，2019. 青菜头收获机：中国，CN 201911405907.5［P］. 12－31.
彭三河，2004. 莲藕柔性去皮机的研究［J］. 包装与食品机械（6）：7－8.
秦广明，肖宏儒，宋志禹，2011. 5TD60 型青大豆脱荚机设计与试验［J］. 中国农机化（5）：80－83.
秦战强，刘仁鑫，陈立才，等，2020. 芋头收获机设计及仿真分析［J］. 中国农机化学报，41（1）：31－36.
唐兴隆，李英奎，任桂英，等，2019. 蔬菜嫁接装置技术研究与试验［J］. 中国农机化学报，40（12）：78－80，195.
童俊华，刘晓晨，武传宇，等，2016. 便携式自动莲蓬采收装置：中国，CN 201611112455.8［P］. 12－07.
王福义，2016. 5MDZJ－380－1400 型毛豆摘荚机的设计［J］. 农业科技与装备（9）：11－13.
王俊，杜冬冬，胡金冰，等，2014. 蔬菜机械化收获技术及其发展［J］. 农业机械学报，45（2）：81－87.
王显锋，张红梅，徐新华，等，2015. 自走式菜用大豆摘荚机的设计［J］. 大豆科学，34（2）：310－313.
王勇，王文，2018. 西蓝花收获作业机：中国，CN 201821455355.X［P］. 09－05.
王玉伟，2015. 吊杯式栽植器参数化设计及试验研究［D］. 呼和浩特：内蒙古农业大学.
吴爱兵，2016. 一种慈姑自动收获机器人及其电学控制系统：中国，CN 201610917168.8［P］. 10－20.
吴渭尧，2013. 榨菜收割机：中国，CN 201310720088.X［P］. 12－23.
吴渭尧，2014. 一种榨菜收割机：中国，CN 201410218522.9［P］. 05－22.
肖宏儒，2019. 一种自走式青菜头联合收获机：中国，CN 201910125923.2［P］. 02－20.
肖宏儒，2019. 一种青菜头多行联合收获机：中国，CN 201911111282.1［P］. 11－14.
徐善，2017. 一种立体式莲藕的种植装置：中国，CN 201710227703.1［P］. 08－01.
许世超，2017. 牵引式甘蓝收获机关键机构设计与试验研究［D］. 昆明：昆明理工大学.
杨培刚，刘丽萍，熊少华，等，2014. 新型莲藕切片机设计与优化［J］. 食品与机械，30（2）：99－101，136.
姚森，张健飞，肖宏儒，等，2021. 4GYZ－1200 甘蓝收获机的设计与试验［J］. 农机化研究，43（3）：52－57.
余建国，张建强，陈军，等，2021. 2ZB－2 型蔬菜移栽机设计与试验研究［J］. 农机化研究，43（11）：115－119，124.
赵林斌，奚业文，钱玉玲，2016. 一种莲藕施肥装置：中国，CN 201610707573.7［P］. 08－23.

郑传祥，2003. 莲子脱壳机设计与试验 [J]. 农业机械学报 (5)：106-108.
周成，2013. 甘蓝收获关键技术及装备研究 [D]. 哈尔滨：东北农业大学.
周锦连，张哲，陈英，等，2017. 一种茭白间苗机：中国，CN 201721921870.8 [P]. 12-30.
周良墉，2002. 4OZ-3 型自走式水压莲藕掘取机 [J]. 农业机械 (8)：58.

图书在版编目（CIP）数据

南方特色果蔬品种资源和高效生产技术 / 孟秋峰，李刚，翁丽青主编. —北京：中国农业出版社，2023.5

ISBN 978-7-109-30758-2

Ⅰ.①南…　Ⅱ.①孟…②李…③翁…　Ⅲ.①果树园艺②蔬菜园艺　Ⅳ.①S6

中国国家版本馆 CIP 数据核字（2023）第 099164 号

中国农业出版社出版

地址：北京市朝阳区麦子店街 18 号楼

邮编：100125

责任编辑：冀　刚

责任校对：周丽芳

印刷：三河市国英印务有限公司

版次：2023 年 5 月第 1 版

印次：2023 年 5 月河北第 1 次印刷

发行：新华书店北京发行所

开本：700mm×1000mm　1/16

印张：20.75

字数：396 千字

定价：98.00 元
